U0332282

Undersea Fiber Communication

Key Technology , System Design and OA&M

海底光缆通信

——关键技术、系统设计及 OA&M

原　荣◎编著

人民邮电出版社

北　京

图书在版编目（CIP）数据

海底光缆通信 ：关键技术、系统设计及OA&M / 原荣
编著. -- 北京 ：人民邮电出版社，2018.7
ISBN 978-7-115-48472-7

Ⅰ. ①海… Ⅱ. ①原… Ⅲ. ①海底电缆－光纤通信－
通信线路 Ⅳ. ①TN913.33

中国版本图书馆CIP数据核字(2018)第102117号

内 容 提 要

本书根据ITU-T、OIF和GB/T最新标准和国内外最新技术进展，系统介绍了海底光缆通信系统的基本理论、最新进展、关键技术、传输终端和中继设备。本书共分9章，内容包括海底光缆通信系统的关键技术，光中继/无中继系统的最新技术和设备进展，海底光缆通信系统的技术设计、工程设计、可靠性设计，系统测试技术及仪器、系统运行管理和维护（OA&M）。

本书内容全面新颖、符合最新国际国内标准、系统性强、概念清晰、由浅入深、图文并茂。

本书可作为从事海底光缆通信系统、光纤通信系统研究教学以及相关专业设备制造、规划设计、维护管理的有关人员的参考书。

◆ 编　　著 原　荣
　责任编辑 李　强
　责任印制 彭志环

◆ 人民邮电出版社出版发行　　北京市丰台区成寿寺路11号
　邮编 100164　电子邮件 315@ptpress.com.cn
　网址 http://www.ptpress.com.cn
　涿州市京南印刷厂印刷

◆ 开本：787×1092 1/16
　印张：24　　2018年7月第1版
　字数：450千字　　2018年7月河北第1次印刷

定价：128.00元

读者服务热线：(010)81055488　印装质量热线：(010)81055316
反盗版热线：(010)81055315

前　言

30 多年来，光波系统以不可思议的速度在陆上和海底铺设。当今信息时代，海底光缆起着极其重要的作用，因为世界上 97% 以上的国际通信业务通过海底光缆传输。

海底光缆通信技术得到了飞速发展，海底光缆通信系统历经三代，目前正在经历着基于波分复用、EDFA/Raman 光放大、偏振复用 / 相干检测技术、软件判决前向纠错技术（SD-FEC）、数字信号处理（DSP）技术、先进光调制技术的第四代海底光缆通信系统。

每话路成本的降低，给运营商和开发商带来额外的利润，所以，它们不断地推动开发新的技术，追求增加每根光纤的传输容量和频谱效率。同时，技术的进步也给用户带来了实惠。这是推动技术进步的主要因素。

与卫星通信系统相比，在传输容量、可靠性和质量方面，海底光缆通信系统已使全球通信网络发生了彻底的变革。

毋庸置疑，海底光缆正以超强的力量影响着我们的社会！全世界，静静地躺在海底的光缆对我们的日常生活和数据安全是多么的重要！可以设想，当我们一觉醒来打开手机，因海底光缆故障，我们收不到大洋彼岸的任何信息时，会是一种什么样的心情！

西方工业国家把海缆（早期是电缆，后来是光缆）作为一种可靠的战略资源已有一个多世纪了。当前海底光缆通信领域由欧洲、美国、日本的企业主导，这些企业承担了全球 80% 以上的海底光缆通信系统市场的建设。连接我国的主要海底光缆系统的设备、工程施工维护几乎被这些公司垄断。为了保证国家安全，重要的海底光缆中国必须自己铺设，所用设备原则上也必须自己制造。国内急需培养这方面的技术开发、关键器件设计生产（包括 100G、400G 系统的收发模块、DSP 芯片、光电器件等）、设备制造人才。欣慰的是，近年来国内已对此给予了重视，华为技术有限公司在国内成立了华为海洋网络有限公司，在海外成立了加拿大华为技术研究中心；中兴通讯科技有限公司也加大了对海底光缆通信系统技术的研究力度；烽火科技集团有限公司也成立了烽火海洋网络设备有限公司，致力于掌握海底光缆通信系统的关键技术和工程施工维护技术，开发生产海底光缆、岸上设备和海底设备。

本书根据国际电信联盟电信标准部（ITU-T）、光互联网论坛（OIF）最新国际标准规范、GB/T 推荐性国家标准和国内外最新技术进展，系统、简明扼要地介绍了海底光缆通信系统的基本理论、最新进展、关键技术、终端设备和中继器的构成、功能和工作原理。本书共 9 章，各章主要内容如下。

第 1 章介绍了海底光缆通信系统在世界通信网络中的地位和作用、发展历程、最新进展和国内外有关标准。

第 2 章介绍了海底光缆通信系统的关键技术，如全光放大中继技术、先进光调制技术、前向纠错技术、光纤及其色散补偿和管理技术、偏振复用 / 相干检测技术、数字信号处理（DSP）技术、奈奎斯特脉冲整形技术、100G 和 400G 系统进展及关键技术等。

第 3 章介绍了光中继海底光缆通信系统及设备技术、监控故障定位技术、供电系统设备技术和增益均衡技术等。

第 4 章介绍了无中继海底光缆通信系统及设备技术、各种泵浦系统技术。

第 5 章介绍了海底光缆通信系统 Q 参数和 OSNR 理论及其计算、光功率预算、系统技术设计和升级考虑。

第 6 章概述了海底光缆通信系统工程设计的有关问题，如路由选择勘察、网络拓扑结构、海底光缆及所用光纤分类特性及应用、系统设备选购等。

第 7 章简述了海底光缆通信系统故障率分析、可靠性保证措施和预算，以及安全性考虑。

第 8 章介绍了海底光缆通信系统测试技术及仪器，包括相干光时域反射仪（C-OTDR）、电脉冲回波仪（电时域反射仪）、系统 Q 参数测量、拉曼开关增益和增益系数的测量技术原理和构成等。

第 9 章介绍了海底光缆通信系统的运行管理和维护（OA&M）系统构成、功能及工程实例、故障检测定位技术和故障修复过程。

衷心感谢中国电子科技集团公司第三十四研究所的领导和有关部门给我提供创作的物质技术条件和机会，使我有幸能收集学习国内外有关文献资料，了解国内外光纤通信、海底光缆通信系统技术和设备的最新进展，编写了《海底光缆通信——关键技术、系统设计及 OA&M》一书。本书如能对我国海底光缆通信技术的进步和发展、产品开发和工程建设、运行管理和维护有益，作者将甚感欣慰。

为了本书的编写，罗青松、胡肖松提供了英文资料；吴锦虹提供了帮助；卢熙提供了北京资料调研协助；深圳大学杨淑雯教授提供了 OFC 会议文集，在此，作者表示诚恳的谢意！

本书在编写过程中，参考引用了 OFC 等国外的最新科技文献、英文著作、ITU-T、OIF 技术标准规范和 GB/T 推荐性最新国家标准——《海底光缆通信工程设计规范》和《海底光缆工程验收规范》，在此特向有关作者表示衷心的感谢！

衷心感谢人民邮电出版社李强编辑为本书出版所做出的贡献！

因作者水平所限，书中可能会有遗漏及错误之处，敬请读者指出。

原 荣

目 录

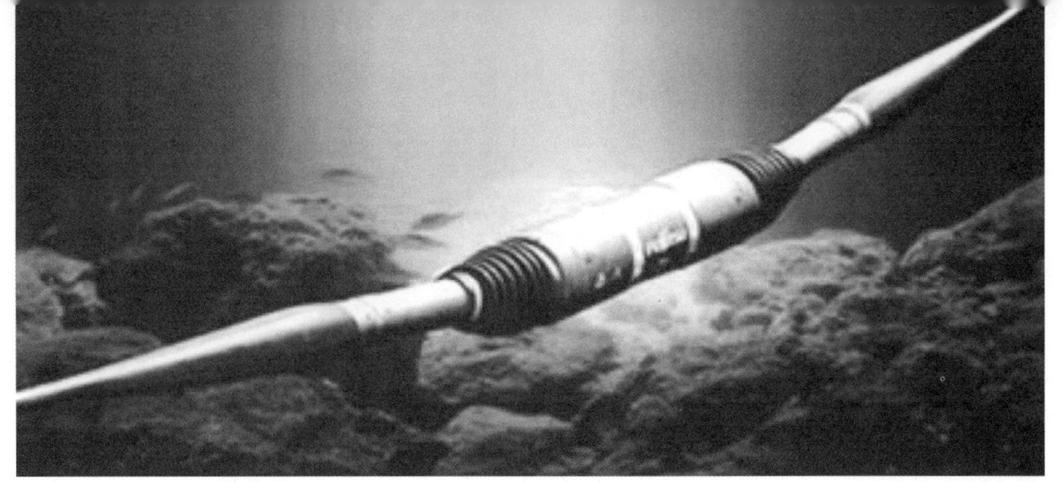

第 1 章
海底光缆通信系统概述

1.1 海底光缆通信系统在世界通信网络中的地位和作用

海底光缆通信容量大、可靠性高、传输质量好，在当今信息时代，起着极其重要的作用，因为世界上绝大部分互联网越洋数据和长途通信业务是通过海底光缆传输的，有的国外学者甚至认为，可能占到 99% [97]。中国海岸线长、岛屿多，为了满足人们对信息传输业务不断增长的需要，大力开发建设中国沿海地区海底光缆通信系统，改善中国通信设施，对于推动整个国民经济信息化进程、巩固国防具有重大的战略意义。

随着全球通信业务需求量的不断扩大，海底光缆通信发展应用前景将更加广阔。

一个全球海底光缆网络可看作由 4 层构成，前三层是国内网、地区网和洲际网，第 4 层是专用网。连接一个国家的陆地和附近的岛屿，以及连接岛屿与岛屿之间的海底光缆组成国内网。国内网是在一个国家范围内分配电信业务，并向其他国家发送电信业务。地区网是连接地理上同属一个区域的国家，在该地区分配由其他地区传送来的电信业务，以及汇集并发送本地区发往其他地区的业务。洲际网是连接世界上由海洋分割开的每一个地区，因此我们称这种网为全球网或跨洋网。第 4 层与前三层不同，它们是一些专用网，如连接陆地和岛屿之间的国防专用网、连接岸上和海洋石油钻井平台间的专用网，这些网由各国政府或工业界使用。

1.1.1 国内网络

一般来说，国内网络由陆上光缆组成，但是以下一些情况可在国内敷设海底光缆：

（1）沿海用户被多山地带所分割；

（2）在不安定地区缺乏必要的基础设施；

（3）两地相距太远，用常规的陆上技术难以实现通信；

（4）海岸城市在市区采用现有技术已不可能埋设光缆，比如现有光缆管道已满，需埋设新管道，但是费用太高；或者安装管道可能严重破坏城市街道等。

短距离海底光缆尽量不用海底光放大器或海底光中继器，因为建设和维护中继器的费用都非常高，系统需要使用发射功率相当高的光发射机和远泵光放大器（见第 4 章）。

敷设大容量海底光缆干线连接沿海城市，对于通信业务迅速增长的发展中国家是一种有效途径。这些海底光缆与陆上光缆线路一起，可构成备份环或格状网结构，支持最复杂的服务和应用，有利于电信业务的管理和畅通，并提高网络的可靠性和抗毁能力。在这些应用中，海底终端由中心局或远端站管理，提供极大的传输容量，满足日益增长的需要。因此，海底光缆通信系统在国家通信网络中扮演着重要的角色。

1.1.2 地区网络

在地区网络中，借助海底光缆分支技术，海底干线光缆把几个国家连接在一起，为几个国家提供服务，每个国家独立地接入网络。假如一个国家的分支光缆断裂，则只中断到该国的业务，其他国家可以继续使用干线光缆进行通信。地区网络的这种结构，可保证每个国家通信线路的独立性，维护每个国家的主权，防止国家机密的泄露。早期的分支单元由无源分路器和合路器组成；而现在，所有的地区网络都采用了 WDM 技术，使用光分插复用器（OADM）作为分支单元，在不同的位置分出或插入特定的波长信号。

这种地区网络具有很高的经济性，因为单根光缆可以连接许多国家。从该地区发出的电信业务再与洲际网的连接点汇集。比如“非洲 1 号”环非洲海底光缆网络，全长 32 000 km，连接 40 个国家，初期传输速率为 2.5 Gbit/s，采用 SDH-16 设备和 16 个波长的密集波分复用技术，每个信道工作在 2.5 Gbit/s，信道间距为 100 GHz，图 1-1

所示为其设备配置。

据 2016 年报道，南非最大的电信运营商 MTN，以及沙特阿拉伯、埃及和南非等电信公司签署合作协议，计划联合建设连接非洲、中东和中南亚甚至欧洲的非洲 1 号（Africa-1）海底光缆系统。该系统将采用 100G 技术、至少用三对光纤进行敷设，全长超过 12 000 km，沿着非洲东海岸线延伸至沙特阿拉伯、埃及和巴基斯坦，同时建设 5 000 km 支线连接其他国家。

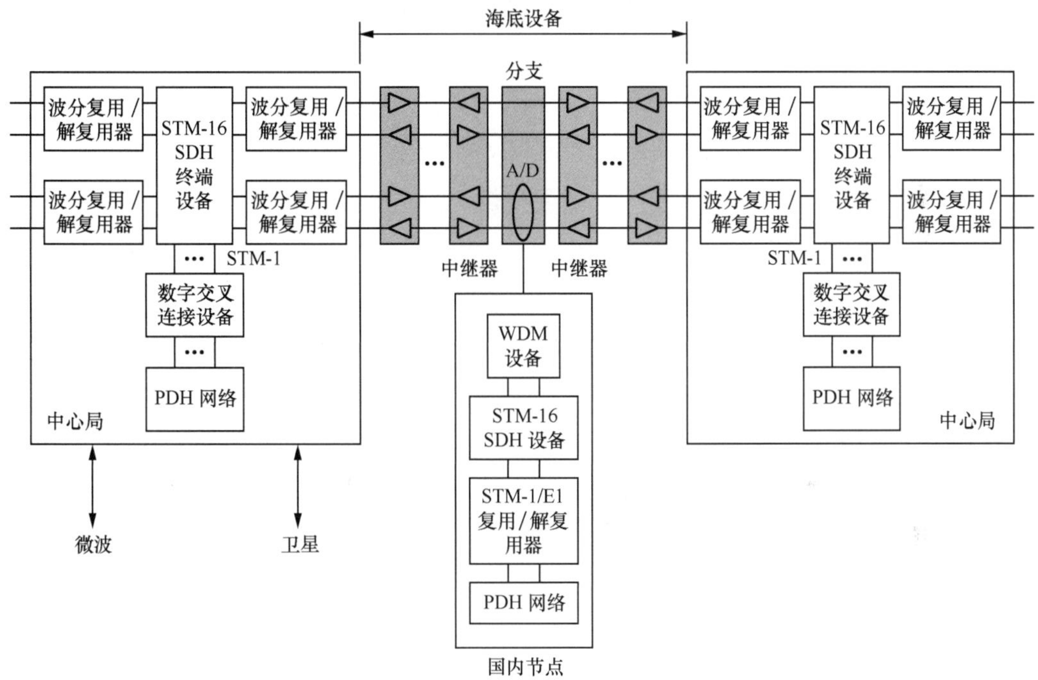

图 1-1　环非洲海底光缆设备配置

作为一种长期投资，地区网络在其整个寿命周期内，为了适应传输速率的不断增长和地区内通信业务的不断变化，网络必须具有足够大的容量，适于多种用途，满足至少 20 年内的业务增长。

由于光纤容量大，在具有多根光纤的同一根光缆内，可以汇集国内网和地区网的所有信息，允许在每个国家内设置登陆点，使用分开的光纤路由从地区网电信业务中分出属于国内的业务。这是一种满足沿海国家高质量接入全球通信网络的最经济的解决办法。

1.1.3　洲际网络

通过海底光缆，把世界上所有地区网络连接在一起构成洲际网络，它是一个能够管理世界范围内的电信业务的网中之网。

通常，地区网络传输距离约为 3 000 km，横跨大西洋的海底光缆约为 7 000 km，而横跨太平洋的海底光缆约为 12 000 km。对于这种长距离系统，光纤非线性是限制系统性能的主要因素。

跨洋海底光缆通信线路常常调动开发新的海底光缆传输技术的积极性，使海底光缆通信技术明显占领网络技术的制高点。洲际网络技术的推力是保持领先于传输容量增加的需求，继续不断扩展的全球市场，适应宽带业务的迅速变化，提供业务不会中断的运行机制和架构。

海底光缆传输技术主要是：光放大中继 DWDM 系统 100 Gbit/s 及其以上信道速率传输技术、光纤非线性解决技术、可重构光分插复用器分支单元（ROADM-BU）自愈网络结构技术、可靠性保证技术和全球网络管理技术等。

1.1.4 专用网

专用网属于全球网络的第 4 层，它服务于多个近海钻井平台和陆上石油公司之间的通信、岛屿与岛屿间的通信、陆地与岛屿间的通信。

在大多数情况下，当两地间的海底光缆达到设计容量后，通常不对已经存在的光缆基础设施升级，而是铺设新的光缆，因为铺设一个新线路的费用，并不比升级一个已经存在的线路费用高多少。

1.1.5 海底光缆通信系统组成和分类

海底光缆通信系统按有 / 无海底光放大中继器可分为有中继 / 无中继海底光缆系统。有中继海底光缆系统通常由海底光缆终端设备、远供电源设备、线路监测设备、网络管理设备、海底光中继器、海底分支单元、在线功率均衡器、海底光缆、海底光缆接头盒、海洋接地装置以及陆地光电缆等设备组成，如图 1-2 和图 3-1 所示。

无中继海底光缆系统通常由海底光缆终端设备、网络管理设备、海底分支单元、海底光缆、海底光缆接头盒以及岸上光电缆等设备组成，如图 4-1 所示。

海底光缆通信系统按照终端设备类型可分为 SDH 系统和 WDM 系统。

图 1-2 表示海底光缆通信系统构成和边界的基本概念，通常海底光缆通信系统包括中继器和 / 或海底光缆分支单元。图中 A 代表终端站的系统接口，在这里系统可以接入陆上数字链路或到其他海底光缆系统；B 代表海滩节点或登陆点。A-B 代表陆上部分，B-B 代表海底部分，O 代表光源输出口，I 代表光探测输入口，S 代表发送端光接口，R 代表接收端光接口。

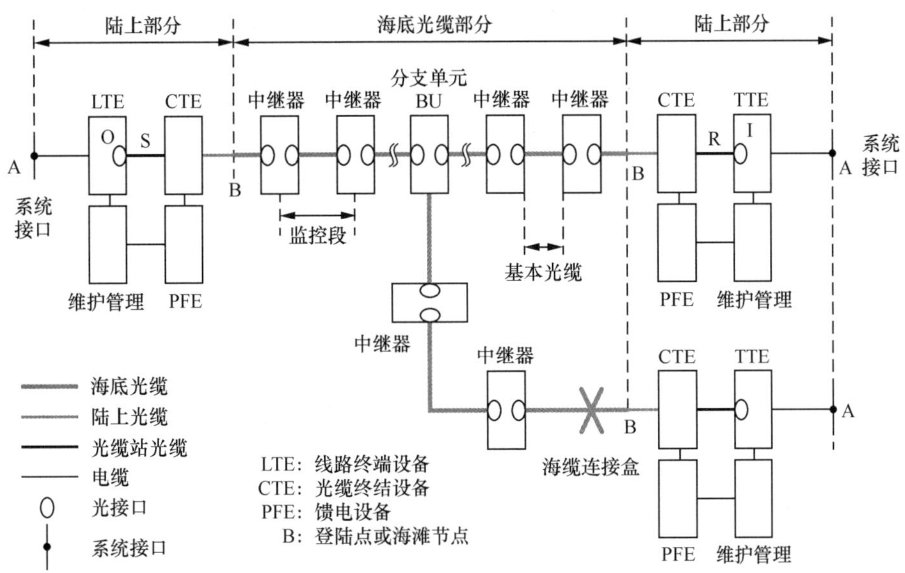

图 1-2　海底光缆通信系统和边界 [9]

图 1-2 各部分由 ITU-T G.972 给出定义。

陆上部分，处于终端站 A 中的系统接口和海滩连接点或登陆点之间，包括陆上光缆、陆上连接点和系统终端设备。该设备也提供监视和维护功能。

海底光缆部分，包括海床上的光缆、海缆中继器、海缆分支单元和海缆接头盒。

B 是海底光缆和陆上光缆在海滩的连接点。

LTE（Line Terminal Equipment，线路终端传输设备），它在光接口终结海底光缆传输线路，并连接到系统接口。

维护管理器，用于监视维护和管理活动，是一台连接到监视和遥控维护设备的计算机，在网络管理系统中对网元进行管理（见第 9.1.3 节）。

PFE（Power Feeding Equipment，馈电设备），该设备通过海底光缆中的电导体，为海底光中继器和 / 或海底光缆分支单元提供稳定恒电流。

CTE（Cable Terminating Equipment，海缆终端设备），该设备提供在连接 LTE 光缆和连接海底光缆之间的接口，也提供 PFE 馈电线和光缆馈电导体间的接口。通常，CTE 是 PFE 的一部分。

海底光缆中继器包含一个或者多个光放大器。

BU（Branching Unit，分支单元），连接两个以上（不含两个）海缆段的设备。

基本光缆段，是两种设备（中继器、分支单元或终端传输设备）间光缆的总长度。

监视段，是海底光缆的一部分，用于故障定位，使用监视系统可以分辨哪个中继器发生了故障。

系统接口，是数字线路段终结点，指定设备数字传输系统 SDH 设备时分复用帧上的一点。

光接口，是两个互联的光线路段间的共同边界。

光缆连接盒，用于连接两个海底光缆的盒子。

1.2 海底光缆通信系统发展历程

1.2.1 海底光缆通信系统发展过程

在陆地干线光缆通信系统应用不久，海底光缆敷设就开始了。从 1980 年英国在国内沿海建立第一条光纤长 10 km、传输速率 140 Mbit/s、只有一个电中继器的通信系统算起，海底光缆通信系统已 37 年了。自此以后，海底光缆通信技术得到了飞速发展，海底光缆通信系统历经四代。到目前为止，铺设海底光缆线路已达百万千米。与模拟同轴电缆系统、卫星通信系统相比，在传输容量、可靠性和质量方面，海底光缆通信系统已使全球通信发生了彻底的变革。

1988 年，第一条横跨大西洋，连接美国、法国和英国的海底光缆 TAT-8 系统运行，以及横跨太平洋，连接日本、美国的 HAW-4/TCP-3 海底光缆系统开通，至此以后远洋洲际通信系统就不再铺设海底电缆了。这些海底光缆系统采用电再生中继器和 PDH 终端设备，工作在第二个光纤低损耗（1.3 μm）窗口，传输速率为 295 Mbit/s，提供 40 000 个电话电路[67]，使用常规 G.652 光纤，中继间距约为 70 km，被称为第一代海底光缆通信系统。

由于 1.55 μm 单频半导体激光器的出现，以及 1.55 μm 窗口光纤损耗的降低，1991 年出现了 1.55 μm 光纤窗口的系统。这种系统也采用电再生中继器和 PDH 终端设备，传输速率为 560 Mbit/s，使用 G.654 损耗最小光纤，中继间距几乎是第一代系统的两倍，这种工作在 1.55 μm 光纤窗口的系统被称为第二代海底光缆系统。

表 1-1 所示为单波长低速光中继海底光缆通信系统参数[11]。

表 1-1　单波长低速光中继海底光缆通信系统参数

系统	280M	420M	560M	1800M	2500M
投入运行时间（年）	1987	1989	1991	1991	1993
传输容量（64 kbit/s/ch）	3 840	5 760	7 680	24 192	30 720
信息比特速率（Mbit/s）	280	420	560	1 800	2 488
线路比特速率（Mbit/s）	296	442	591	1 870	2 592

续表

系统	280M	420M	560M	1800M	2500M
线路码	24B1P	24B1P	24B1P	扰码的 NRZ（SDH）	24B1P
最大系统长度（km）	> 8 000	> 8 000	> 8 000	～ 1 000	> 8 000
中继间距（km）	>50	>50	>100	>100	>70
水深（m）	～ 8 000	～ 8 000	～ 8 000	～ 8 000	～ 8 000
光纤类型	ITU–T G.652	ITU–T G.652	ITU–T G.652/G.654	ITU–T G.653	ITU–T G.653
工作波长（nm）	1 310	1 310	1 550	1 550	1 550
系统设计寿命（年）	25	25	25	25	25
可靠性 /25 年内维修次数	< 3 次	< 3 次	< 3 次	故障平均时间 10 年	
误码性能	ITU-T G.821	ITU-T G.821	ITU-T G.821	ITU-T G.821	ITU-T G.821
抖动性能	ITU-T G.823	ITU-T G.823	ITU-T G.823	ITU-T G.823	ITU-T G.823

20 世纪 90 年代，掺铒光纤放大器（EDFA）产品的出现，使全光中继放大成为现实，这就为海底光缆系统全光中继取代传统电再生中继创造了条件。1994 年高速大容量 SDH 光传输设备引入海底光缆系统，1997 年随着波分复用（WDM）技术的成熟，光纤损耗的进一步降低（0.18 dB/km）及色散移位光纤的商品化，使无中继传输距离不断增加，622 Mbit/s 的系统可达到 501 km，2.5 Gbit/s 的系统也可以达到 529 km。海底光缆通信系统每话路千米成本逐年降低，1996 年运行的 2×5 Gbit/s TAT-12/13 系统已降低到 20 美元。2000 年到 2003 年，从开关键控（OOK）调制变化到差分相移键控（DPSK），使用 C+L 波段 EDFA，6 000 km 信道速率 10 Gbit/s 系统单根光纤最大传输容量从 1.8 Tbit/s 提升到 3.7 Tbit/s，如图 1-3 所示。在 2004 年，40 Gbit/s 系统使用 DPSK 调制也达到 6 Tbit/s。此后的 5 年里，传输容量没有扩大，直到 2009 年，使用偏振复用 / 相干检测和先进的光调制技术，如 PM-QPSK，100 Gbit/s 信道速率信号传输 6 000 km 单根光纤容量才突破 6 Tbit/s，几乎达到 10 Tbit/s。所以作者认为，从 20 世纪 90 年代开始到 2009 年，偏振复用相干检测系统是第三代海底光缆通信系统。

2010 年以后，随着光纤通信技术，如偏振复用（PM）/ 相干检测技术、先进光调制技术、大芯径低损耗光纤技术、传输光纤分布式拉曼放大技术、数字信号处理（DSP）色散补偿技术、超强前向纠错技术（SFEC）、传输信号频谱整形技术，以及平面集成波导等技术的不断进步，海底光缆通信系统的信道速率也在不断提高，从 10 Gbit/s、40 Gbit/s 速率已提高到 100 Gbit/s 及以上，系统容量和频谱效率也大幅度提高，如图 1-3 至图 1-5 所示。2014 年，传输 6 000 km 的 100 Gbit/s 系统容量已超过 50 Tbit/s。2015 年，同样传输 6 000 km 每个波长 400 Gbit/s 系统容量也达到 2 Tbit/s[97]。这种基于 WDM+EDFA/Raman+ 偏振复用（PM）/ 相干检测技术的海底光缆系统，被称为第四代海底光缆系统。有学者认为，2010 年是相干技术时代[97]。各代海底光缆通信系统的特点如表 1-2 所示。

表 1-2 各代海底光缆通信系统的特点

	第一代 20 世纪 80 年代初期 ～ 90 年代初期	第二代 20 世纪 90 年代初期 ～ 90 年代中期	第三代 20 世纪 90 年代中期 ～ 2009	第四代 2010 ～
光纤损耗（dB/km）	0.4	0.22	0.18 ～ 0.16	0.16 ～ 0.15
光纤有效芯径面积（μm^2）	50	50	50 ～ 80	110 ～ 150
光纤类型	1.3 μm（色散为 0） SSMF	1.55 μm（色散为 0） DSF	1.55 μm（色散为 –3） NZDSF	1.55 μm，C+L 波段 纯硅大有效面积光纤
信道速率（Gbit/s） 和制式	0.280，PDH	0.560，PDH	2.5，5.0，10，40， SDH	100，400，SDH， 光通道
中继方式	光—电—光	光—电—光	EDFA+ 光纤拉曼放大	EDFA+ 光纤拉曼放大
中继距离（km）	50 ～ 70	70 ～ 100	50 ～ 100	50 ～ 100
复用方式	TDM	TDM	TDM+WDM	TDM+WDM+PM+ 空分
光调制方式	直接调制 OOK	直接调制 OOK	外调制 PM-BPSK，QPSK	外调制，脉冲整形， 多维调制 PM-QPSK/ QAM
误码纠错方式	FEC	FEC	FEC	SFEC
典型系统	TPC-3，TAT-8	TPC-4，TAT-9/10/11	TPC-5/6,，TAT-12/13	APG，SEA-ME-WE-5
其他				DSP 非线性补偿

图 1-3 和图 1-4 表示随着技术进步，单根光纤传输容量逐年扩大的情况。图 1-5 描述了单根光纤不同信道速率传输实验情况。共掺磷和铒光放大器（P-EDFA）可使 WDM 系统的带宽扩展到长波段（L 波段）。据报道，采用波分复用技术，在 C 波段复用 176 个信道，在 L 波段复用 256 个信道，使用偏振复用（PM）和 16QAM 调制技术，每个信道传输 160 Gbit/s 信号，在 240 km 纯硅芯单根光纤上实现了 69 Tbit/s 的创纪录的容量，频谱效率也达到了 6.4 bit/s/Hz。表 1-4 列出了近几年使用不同的调制和检测技术，得到的不同的传输容量和频谱效率的更多参数。

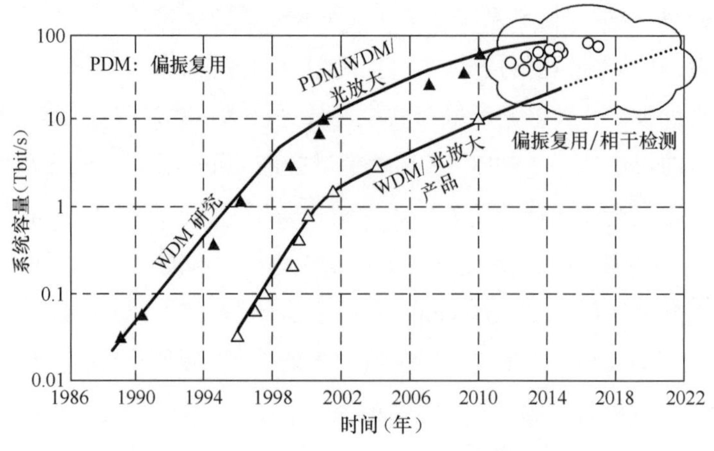

图 1-3 海底光缆通信系统单根光纤传输容量在不断扩大 [49][67]

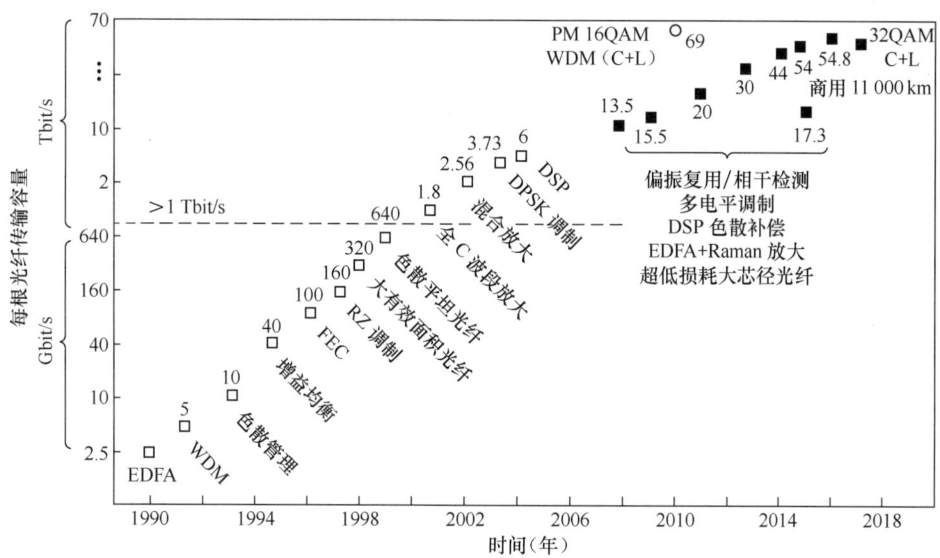

图 1-4　随着技术进步单根光纤传输容量在逐年扩大 [67]

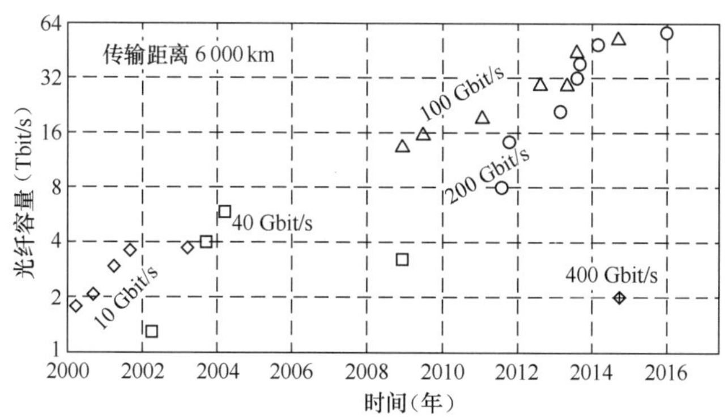

图 1-5　单根光纤不同信道速率传输实验

由于海底光缆通信质量优于微波和卫星，施工难度又小于陆上光缆，所以大量的海底光缆系统被敷设。到目前为止，有文献报道，全世界大约百万千米光缆已被铺设 [67]。随着光纤技术的进步，通话费用迅速降低，海底光缆传输的话务量急剧增长。

1.2.2　第四代海底光缆通信系统技术介绍

在光放大器带宽有限的情况下，为了扩大传输容量，科学家们从两个方向提高频谱利用率，即每单位频谱（Hz）每秒（s）传输的比特数（bit/s/Hz）。第一个方向是在发送端使用频谱整形技术，尽可能减小光信号的光谱宽度使之接近符号率（见第 2.9.2 节），这样信道间距也就可以减小到接近符号率。第二个方向是采用每符号携带比 QPSK 调制更多比特的多阶正交幅度调制（MQAM，M-ary Quadrature Amplitude

Modulation），如 8QAM、16QAM、32QAM 甚至 64QAM（见第 2.2.6 节）。8QAM 每个符号可以携带 3 比特信息；16QAM 每个符号可以携带 4 比特信息；64QAM 每个符号携带 6 比特信息。一般来说，2^m-QAM 可以携带 $\log_2 2^m$ 个比特信息。如果使用偏振复用（PM），则每个符号携带的比特数将加倍。

为了减小光纤衰减系数、扩大传输距离、减小非线性影响、提高光信噪比，我们可通过增大光纤有效芯径面积来实现（见第 2.4.1 节）。有人使用大有效芯径面积（150 μm^2）光纤和偏振复用（PM）归零码 QPSK 调制，通过实验研究了相干光 40 Gbit/s 跨洋距离传输，当传输距离 10 000 km 时，频谱效率可以达到 3.2 bit/s/Hz，实验中没有对光纤的色散进行补偿，最后只用 DSP 进行色散补偿 [46]。

数字信号处理（DSP）技术可显著提高受光纤色度色散（CD）、偏振模色散（PDM）和非线性效应影响的单信道 DWDM 的系统性能（见第 2.8 节）。

超强前向纠错技术（SFEC）可纠正光纤通信系统传输产生的突发性长串误码和随机单个误码，提高接收机灵敏度，延长无中继传输距离，增加传输容量，降低对系统光路器件的要求。它是提高光纤通信系统可靠性的重要手段（见第 2.3.1 节）。

C+L 波段 EDFA 中继器可使增益带宽达到 66 nm（见第 2.1.2 节）。通常，C 波段 EDFA 增益带宽只有 20 ～ 30 nm。混合使用分布式拉曼放大和 EDFA，可进一步扩大增益带宽（见第 2.1.5 节）。

例如，采用传输光纤受激拉曼散射（SRS）放大，在 1 430 ～ 1 502 nm 波长范围内，采用 4 种泵浦源对 C+L 波段 EDFA 泵浦，在 1 536.4 ～ 1 610.4 nm 波长范围内，信号增益带宽可以达到 74 nm，这种系统比 C+L 波段的 EDFA 放大中继系统的结构更简单。在这么宽的范围内，系统已实现了 DWDM 信号 7 400 km 无电中继传输。该系统使用 240 个波长，波长间距 37.5 GHz，每个波长携带 12 Gbit/s 的信号。

又比如，2017 年 5 月报道，NEC 使用 C+L 波段 EDFA、32QAM 调制，在 11 000 km 海底光缆单根光纤上实现了 50.9 Tbit/s 的传输容量、6.14 bit/s/Hz 频谱效率。

为了扩大系统容量，未来可能采用空分复用（SDM，Space Division Multiplexing），如图 1-6 所示，即采用光子晶体光纤、多模光纤（MMF，Multimode Fibers）或多芯光纤（MCF，Multicore Fibers）。多模光纤可以将互不相同的信息复用到不同的模式上。2011 年已有人将两个现行单模光纤系统信号在两个模式光纤中传输，进行了成功演示。7 个芯的多芯光纤仍然保持 125 μm 的光纤直径，该光纤已在越洋距离上进行了演示（ECOC 2014, MO3.3.1），但电功率效率是个严重的问题。7 个芯的 EDFA 也已进行了演示。2017 年，有人采用 7 芯光纤实现了大于 100 Tbit/s 的容量。最新的记录是采用 12 芯光纤传输了 8 830 km，达到 520 Tbit/s 的容量（OFC 2017, Th4D.3）。

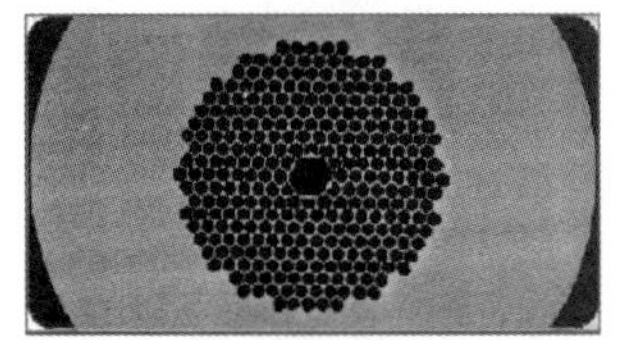
（a）光子晶体光纤

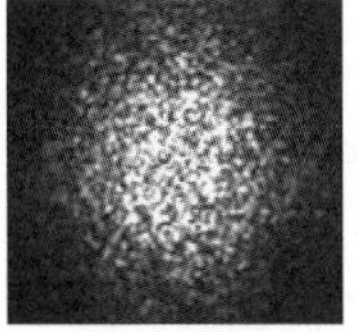
（b）多模光纤

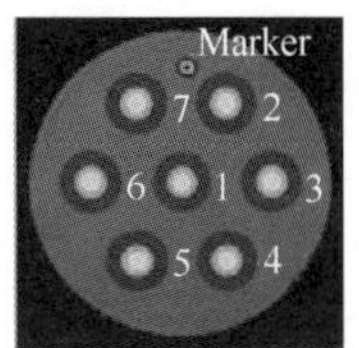

（c）多芯光纤

图 1-6　未来海底光缆系统可能使用的光纤 [67]

图 1-7（a）表示不同的复用 / 调制技术频谱效率（SE，Spectral Efficiency）逐年提高的情况 [8]，近来，除采用偏振复用外，还在偏振复用的基础上进一步采用偏振间插技术，进一步提高频谱利用率。图 1-7（b）所示为目前常用的先进调制技术的星座图。单偏振调制方式有通断键控（OOK）、二进制相移键控（BPSK）和正交相移键控（QPSK）；双偏振（x 和 y 偏振）复用的调制方式有 QPSK、16QAM 和 64QAM。此外，利用没有干扰的频谱重叠相干光正交频分复用（CO-OFDM，Coherent Optical OFDM）技术也可以提高频谱效率。

据 OFC 2017 年报道，单载波 400G/500G 信号、信道间距 50 GHz，DAC 以 43.125 Gbaud 对 I/Q 调制器驱动，使用 G.654 光纤拉曼放大，采用 PM-64QAM 或 128QAM 调制，传输 1 000 km 后，频谱效率分别达到 8 bit/s/Hz 或 10 bit/s/Hz[125]。

又据 OFC 2017 年报道，C 波段 235 个 WDM 系统，使用 PM-64QAM 调制，以 18 Gbaud 信号对 I/Q 调制器驱动，使用注入锁定零差相干检测技术，传输距离 160 km，频谱效率 9 bit/s/Hz，容量达到 42.3 Tbit/s[129]。

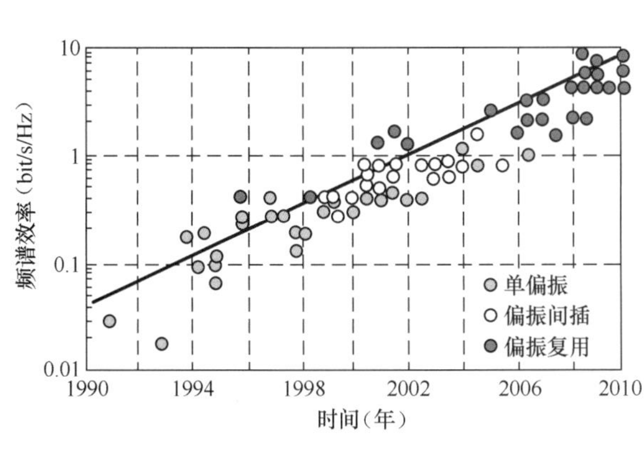

（a）频谱效率逐年提高

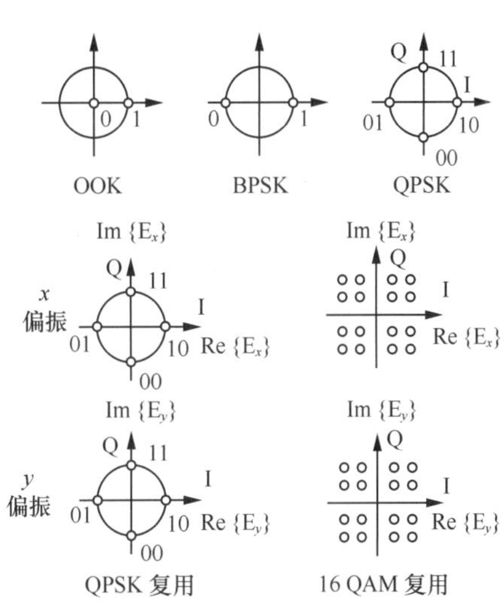

（b）几种先进的复用/调制技术的星座图

图 1-7　频谱效率随先进的复用 / 调制技术逐年提高 [68]

表 1-3 给出了第四代海底光缆通信系统采用的各种技术。

表 1-3　第四代海底光缆系统技术

使用技术	技术描述及性能
光纤技术 色散管理和补偿技术	用+/–色散光纤相间配置进行色散管理，采用大芯径有效面积纯硅芯单模光纤（PSCF）或 NZDSF；在相干系统中，发射机对非线性进行预补偿，接收机用 DSP 对非线性进行补偿
光发射技术	PM-RZ-BPSK、PM-QPSK 或 PM-QAM 调制，多维调制（见第 2.2.7 节），增益频谱预均衡技术（见第 3.6 节）
光接收技术	相干检测（见第 2.7 节）
超强前向纠错技术（SFEC）	提高接收机灵敏度约 5 ～ 8 dB（见第 2.3 节）
EDFA 光放大技术	用作接收机前置放大器、LD 功率放大器、在线中继放大器以及远泵前放和功放（见第 4.4 节）； EDFA 具有增益自调整能力，可提高非 WDM 系统的可靠性，C+L 波段技术（见第 2.1 节）
分布式拉曼放大技术	发送端和接收端均采用拉曼放大，或混合使用 EDFA/Raman 放大（见第 2.1 节）
数字信号处理（DSP）技术	色散补偿和时钟恢复，减少非线性影响（见第 2.8.2 节）
脉冲（频谱）整形技术	减小频谱宽度，使信道间距接近符号率，避免信道间干扰，提高频谱效率（见第 2.9.2 节）
空分复用	采用多芯光纤、光子晶体光纤、多模光纤，进一步提高每根光纤的传输容量 [97]

据报道，在已铺设的横跨大西洋海底光缆 6 550 km 线路上，有人进行了 64×40 Gbit/s WDM 系统的现场实验，频谱效率为 0.8 bit/s/Hz，对所有测量的信道，FEC 余量还有 3.3 dB[41]。

海底光缆通信技术的不断发展，使每对光纤传输的话路数也在不断扩大。1956 年敷设的穿越大西洋的模拟通信电缆系统（TAT-1），通话路数只有 48 路，第一代海底光缆通信系统（280 Mbit/s）是 20 000 路；第二代系统（560 Mbit/s）是 40 000 路；第三代系统，当速率达 10 Gbit/s 时，通话路数猛增到 640 000 路。

2009—2010 年，100 Gbit/s 信道传输系统同时在陆地网络和海底光缆系统开始演示。2013 年，信道速率 100 Gbit/s 传输系统第一次部署商用 [97]。100 Gbit/s 传输系统采用数字相干技术，发送端偏振复用多电平编码信号，接收端进行相干检测。把光 / 电转换后的信号进行模 / 数（A/D）转换，然后多比特信号进入数字信号处理器（DSP），对波形畸变、符号间干扰（ISI）、信号和本振间的偏振失配进行数字补偿。因为采用多电平编码调制、偏振复用和超强前向纠错，符号率可下降到 25 GSa/s 或 12.5 GSa/s，又因为 DSP 提供电子均衡技术，使系统对色度色散（CD）和偏振模色散（PMD）的容限也提高了。

2013 年，有人采用偏振复用 QPSK+8QAM 调制，信道速率 495 Gbit/s 的 8 波长 WDM 系统，进行了 12 000 km 的传输演示 [85]。

最困难的事情是如何实现 ADC 和 DSP 的电子集成化，最有可能的技术是 CMOS。43 Gbit/s 的 ADC+DSP 器件 2006 年已能批量提供，同样水平的 111 Gbit/s 的 ADC+DSP 器件 2010 年已经商用，这与对 100GE 市场批量需求的预测路线图一致。目前，100G 系统已成熟商用并已规模部署，一些电信运营商已在进行 400G 系统实验室测试。

2015 年，OIF 开展了 400G 系统的标准化工作，试图规范 400G 系统制式和光电集成模块标准，为供应商提供设备研制和生产指南。

使用不同的调制和检测技术，当 WDM 系统每个信道载运 100 Gbit/s 信号时，可实现不同的传输容量和频谱效率，如表 1-4 所示。表中使用的技术将在以后有关章节中介绍。

表 1-4　每信道 100 Gbit/s 的 WDM 系统的传输容量和频谱效率（不同的调制和检测技术）

信道速率（Gbit/s）	传输容量（Tbit/s）	频谱效率（bit/s/Hz）	传输距离（km）	调制和检测方式	资料来源	公司
107	1	1	1 200	NRZ-DQPSK 差分直接检测	OFC 2007	Alcatel-Lucent
111	16.4	2	2 550	PM-QPSK 单载波相干检测	OFC 2008	Alcatel-Lucent
112	7.2	2	7 040	PM-QPSK 单载波相干检测	OFC 2009	Alcatel-Lucent
495	8×0.495	4.125	12 000	QPSK+8QAM	OFC 2013、OTu2B.4	AT&T 实验室 OFS Labs
128	17.3		4 000	PM-QPSK, Raman/EDFA	OFC 2015、W3G.4	OFS Labs、Bell Labs、Alcatel-Lucent

随着光纤传输技术的进步，海底光缆通信技术发展很快。如前所述，近二十年来其商用系统历经三代。第四代海底光缆通信技术也正在发展中，目前，实用系统每根光纤已能支持 15 Tbit/s（150×100 Gbit/s）的容量，实验结果已接近香农限制，如图 2-38 所示。

2016 年年底报道，采用信道速率 100 Gbit/s 的偏振复用 / 相干检测 DWDM 系统——亚太直达海底光缆通信系统（APG，Asia Pacific Gateway）已交付使用，该系统连接中国、日本、韩国、越南、泰国、马来西亚、新加坡，全长约 10 900 km，传输容量达到 54.8 Tbit/s。

2016 年 12 月 30 日，中国联通宣布，其参与投资建设的亚欧 5 号海底光缆通信系统（SMW-5）经验收已具备业务开通条件。该系统连接中国、新加坡、马来西亚、印度尼西亚、孟加拉国、斯里兰卡、缅甸、巴基斯坦、吉布提、沙特阿拉伯、阿联酋、埃及、土耳其、意大利、法国等 19 个国家，骨干段信道传输速率 100 Gbit/s、设计容量 24 Tbit/s。

预计未来的海底光缆线路有可能采用超低损耗光纤，它比石英光纤最低损耗约低两个数量级。正在研究的超低损耗光纤的种类比较多，目前普遍看好氟化物光纤，但这种光纤工作波长为 2 ～ 3 μm，从理论上讲，氟化物光纤无中继距离可达数千千米。

但与此配套的光源、光放大器和光探测等器件还有待研究开发，目前，前景还不明朗。光子晶体光纤有望实现低损耗光纤。

1.2.3 连接中国的海底光缆通信系统发展简况

1993 年 12 月，中国与日本、美国共同投资建设的第一条通向世界的大容量海底光缆——中日海底光缆系统正式开通。这个系统从上海南汇到日本宫崎，全长 1 252 km，传输速率为 560 Mbit/s。有两对光纤，可提供 7 560 条电路，相当于原中日海底电缆的 15 倍，显著提高了中国的国际通信能力。

中国主要的国际海底光缆通信系统如表 1-5 所示，另外还有几条在中国香港登陆的国际海底光缆，如 1990 年 7 月开通的中国—日本—韩国海缆系统（H-J-K），1993 年 7 月开通的亚太海缆系统（APC），1995 年开通的泰国—越南—中国海缆系统（T-V-H），1997 年 1 月开通的亚太海缆网络（APCN）等。这些系统通达世界 30 多个国家和地区，形成覆盖全球的高速数字光通信网络。海底光缆通信技术的最新发展使一个全球通信网络的梦想变为可能。

亚太光缆网络二号（APCN-2）2001 年 NEC 开通时是 10 Gbit/s DWDM 系统，2011 年将设备升级到 40 Gbit/s，2014 年又升级到 100 Gbit/s，其光纤容量可扩大至原设计能力 2.56 Tbit/s 的 10 倍多。

跨太平洋高速海底光缆（FASTER）已于 2016 年 6 月 30 日正式投入使用，项目由中国移动、中国电信、中国联通、日本 KDDI、谷歌等公司组成的联合体共同出资建设，工程由日本 NEC 公司负责，采用信道速率 100 Gbit/s 的偏振复用 / 相干检测 100 个波长的 DWDM 系统，线路总长 13 000 km，设计容量 54.8 Tbit/s。

2016 年年底报道，NEC 宣布亚太直达海底光缆通信系统（APG，Asia Pacific Gateway）的全部工程建设已经完成，并已交付使用。该系统连接中国、日本、韩国、越南、泰国、马来西亚、新加坡，全长约 10 900 km，采用信道速率 100 Gbit/s 的偏振复用 / 相干检测技术 DWDM 系统，可以实现每秒超过 54.8 Tbit/s 的传输容量。该系统在新加坡与其他海底光缆系统连接，可达北美、中东、北非、南欧。APG 海缆是中国电信、中国联通与国外 13 家国际电信企业组成的联盟筹资建设。

新跨太平洋海缆系统（NCP，New Crossing-Pacific Cable System）由中国电信、中国联通、中国移动联合其他国家和地区企业共同出资建设，信道速率为 100 Gbit/s，设计总容量为 80 Tbit/s，采用鱼骨状分支拓扑结构，系统全长 13 618 km，在中国、韩国、日本、美国等地登陆，项目预计 2018 年正式投产。

表 1-5 连接中国的主要海底光缆系统

名称	连接国家	全长（km）	信道传输速率 / 容量	登陆站数	拓扑结构	光纤对数	开通 / 扩容时间
中韩海缆	中国和韩国	549	0.565 Gbit/s		点对点	2	1996 年
环球海缆（FLAG）	中国、日本、韩国、印度、阿联酋、西班牙、英国等	2.7×10^4	5 Gbit/s 10 Gbit/s 100 Gbit/s	12	分支形	2	1997 年 2006 年 2013 年
亚欧海缆（SEA-ME-WE-3）	中国、日本、韩国、菲律宾、澳大利亚、英国、法国等	3.9×10^4	2.5 Gbit/s ×8 波长 10 Gbit/s×8 波长 40 Gbit/s×8 波长	39	分支形	2	1999 年 2002 年 2011 年
亚太 2 号海缆（APCN-2）	中国、日本、韩国、新加坡、菲律宾、澳大利亚等	1.9×10^4	10 Gbit/s×64 波长 40 Gbit/s×64 波长 100 Gbit/s×64 波长	10	环形网 4 纤复用段共享保护	4	2001 年 2011 年 2014 年
C2C 国际海缆	中国、日本、韩国、菲律宾等	1.7×10^4	10 Gbit/s×96 波长，/7.68 Tbit/s		环形网	8	2002 年
太平洋海缆（TPE）	中国、韩国、日本、美国	2.7×10^4	10 Gbit/s×64/2.56 Tbit/s 100 Gbit/s/22.56 Tbit/s		环形网	4	2008 年 2016 年
亚洲—美洲海缆系统（AAG）	中国、美国、越南、马来西亚、菲律宾、新加坡、泰国	2.0×10^4	2.88 Tbit/s 100 Gbit/s	10	分支形	3/2	2010 年 2015 年
东南亚—日本海缆系统（SJC）	中国、日本、新加坡、菲律宾、文莱、泰国	1.0×10^4	64×40 Gbit/s 64×100 Gbit/s	8	分支形	6	2013 年 2015 年
亚太直达海缆系统（APG）	中国、韩国、日本、越南、泰国、马来西亚、新加坡等	1.1×10^4	100 Gbit/s /54.8 Tbit/s	11	分支形	4	2016 年
跨太平洋高速海缆（FASTER）	中国、美国、日本、新加坡、马来西亚等	1.3×10^4	100 Gbit/s×100 波长 /55 Tbit/s		分支形	3	2016 年
亚欧海缆（SEA-ME-WE-5）	中国、新加坡、巴基斯坦、吉布提、沙特阿拉伯、法国等 19 个国家		100 Gbit/s /24 Tbit/s		分支形		2017 年
新跨太平洋海缆（NCP）	中国、韩国、日本、美国等	1.3×10^4	100 Gbit/s /60 Tbit/s		分支形	6	预计 2018 年
中国香港—关岛海缆 HK-G	中国、美国（属地关岛）、越南、菲律宾	3 900	100 Gbit/s/48 Tbit/s	5	分支形		预计 2020 年

中国在高速大容量传输设备和海底光缆中继器方面，取得了显著进展。2008 年，华为技术有限公司与全球海事系统有限公司合资成立了华为海洋网络有限公司。该公司开发出了多款海底光缆中继器和分支器，借助全球海事系统有限公司海底光缆铺设和维护平台，2009 年以来，华为海洋网络有限公司先后于地中海、马六甲海峡、塔斯曼海、鄂霍次克海，接连中标了海底光缆通信系统的建设。2015 年 3 月，华为海洋网络有限公司斩获马来西亚—柬埔寨—泰国海底光缆系统的承建工程。2015 年 10 月，华为海洋网络有限公司又击败海底光缆通信网络界的强大竞争对手，中标喀麦隆—巴西 6 000 km 跨大西洋海底光缆通信系统工程。

2015 年 12 月，烽火科技集团有限公司成立全资子公司烽火海洋网络设备有限公司，在广东珠海建设海洋网络产业园，目前已启动海洋网络生产基地的投资建设，计划生产海底光缆、中继器，提供海底光缆通信系统设计、工程施工、调试开通、维护增值服务。2015 年 8 月，烽火承接了马来西亚电信 MR-BTU 全长 170 km G.653 光纤的海缆工程，将原来 7×10G 的老系统替换成 20×100G 的新系统，这是烽火海外首个海缆 100G 系统，2016 年 1 月已交付使用。

1.3 海底光缆通信系统标准简介

1.3.1 光纤通信系统技术标准化组织及其有关标准

国际上有三个组织在进行光纤通信系统技术的标准化，它们是国际电信联盟电信标准部（ITU-T）、电气和电子工程师学会（IEEE）和光互联网论坛（OIF，Optical Internetworking Forum）。对于 100G 超长 DWDM 系统的标准化，IEEE P802.3ba 负责开发 100G 以太网接口标准，IEEE P802.3bs 定义 200 Gbit/s 和 400 Gbit/s 以太网对各种带宽的要求。ITU-T 第 15 研究组（SG15）与 IEEE 紧密配合，制定新的标准传输速率和信号格式，以便支持管理 100GbE/400GbE 信号的有效传输；OIF 则负责制定 100G/400G 系统线路侧的收发模块规范，以便使这两个高速系统获得广泛的应用[54][55][113]。图 1-8 所示为 100G 端对端所涉及的标准及其组织。

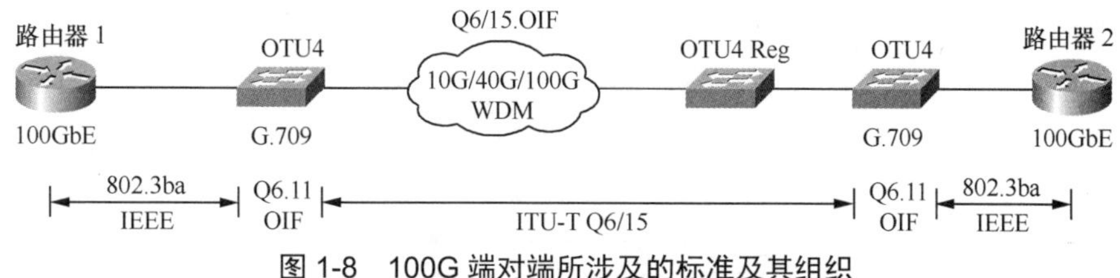

图 1-8　100G 端对端所涉及的标准及其组织

OIF 的任务是传输 OTU4 净荷信号，并添加帧对准信号，打包成 OTU4 帧。OIF 实现 100G 传输的方法是基于数字信号处理（DSP）技术的相干检测。

2014 年以来，ITU-T、IEEE、OIF 等国际标准化组织以及中国通信标准化协会（CCSA，China Communications Standards Association）相继开展了 400G 系统的标准化工作，400G 系统国际标准将逐步成熟完善，国内与 400G 系统设备有关的标准也已进入研究阶段。

2016 年，ITU-T 制定了 G.709 光传输网（OTN）接口标准[132]，发布了 OTN 模块帧结构支持文件 [ITU-T Supplement 58（2016）][132]。灵活的 OTN（FlexO，Flexible OTN）（G.709.1）允许使用 100GbE/OTN4 光模块，作为单独的 FlexO 物理层，从而受益于这些低成本的光模块。未来，光传输网也可以使用较高速率的以太网模块（如 200 Gbit/s 或 400 Gbit/s 物理层模块）。FlexO 也可以部分使用 100GbE 和 400GbE 以太网 FEC 结构，以便发挥以太网 IP 的优势。

2017 年 8 月，OIF 发布了灵活的相干 DWDM 传输框架文件，指定了一种灵活的相干 DWDM 传输的技术途径，提供了一些网络设备供应商对模块和器件供应感兴趣的技术方向指南[113]。

2017 年 12 月 6 日，以太网联盟批准了 IEEE 802.3bs 200GbE 和 400GbE 以太网补充标准，规范了 200 Gbit/s 和 400 Gbit/s 应用媒质接入、控制参数、物理层和管理参数，包括 400GbE 多模光纤 10 m 16 发 16 收；400GbE（4×100Gbit/s）单模光纤 500 m、8 波长 2 km 和 10 km 传输；200GbE 多模光纤 4 路并行 500 m、4 波长 CWDM 传输距离 2 km 和 10 km。

1.3.2　ITU-T 规范的光传输网（OTN）

ITU-T 第 15 研究组制定了光传输网（OTN，Optical Transport Network）（ITU-T G.709 12/2009）标准，将 100GbE 以太网净荷封装在光传输单元 4（OTU4，Optical Transport

Unit 4）中，被称为通用映射程序（GMP）。OTU4 支持较低速率 OTN 信号的复用信号（见表 1-6）。OTN 复用映射结构如图 1-9 所示。OTU4 速率约为 111.81 Gbit/s，包括 FEC 数据等开销。组成 100G 速率可能有两种可能，2×40G 和 10×10G，如图 1-10 所示。

表 1-6　OTU*k* 帧速率

OTU 类型	OTU 标称比特速率（kbit/s）		OTU 比特速率容差
OTU1	255/238 × 2 488 320	2 666 057.143	± 20 ppm
OTU2	255/237 × 9 953 280	10 709 225.316	
OTU3	255/236 × 39 813 120	43 018 413.559	
OTU4	255/227 × 99 532 800	111 809 973.568	
OTU*k* 速率 = 255/（239–*k*）×STM-*N* 帧速率			

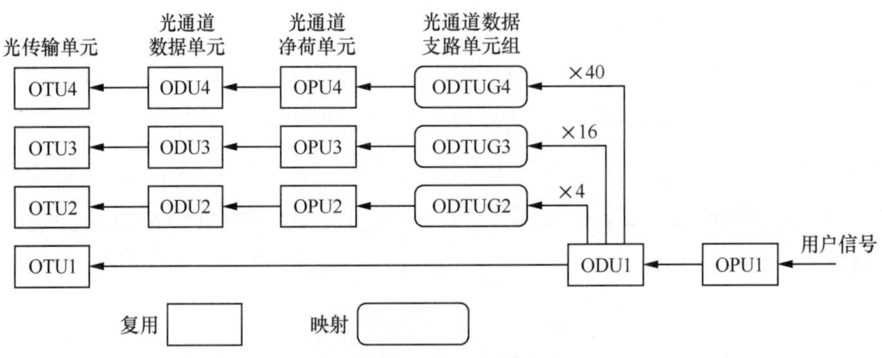

图 1-9　光传输网（OTN）复用映射结构

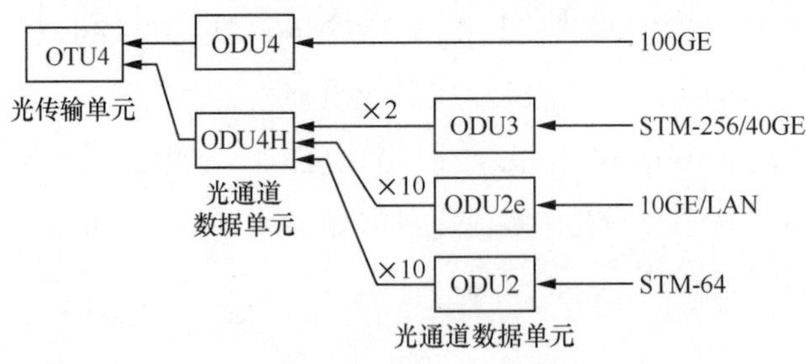

图 1-10　不同业务到 OTU4 的复用 / 解复用

ITU-T 在 2016 年制定的 G.709 光传输网（OTN）接口标准中[132]，给出了 OTNC*n* 复用制式，如图 1-11 所示。在复用进 OPUC*n* 之前，首先所有 OTNC*n* 用户数据被映射进它们自己的 ODU*k* 中，二级复用允许用户数据首先复用进传统的 OPU*k* 中。

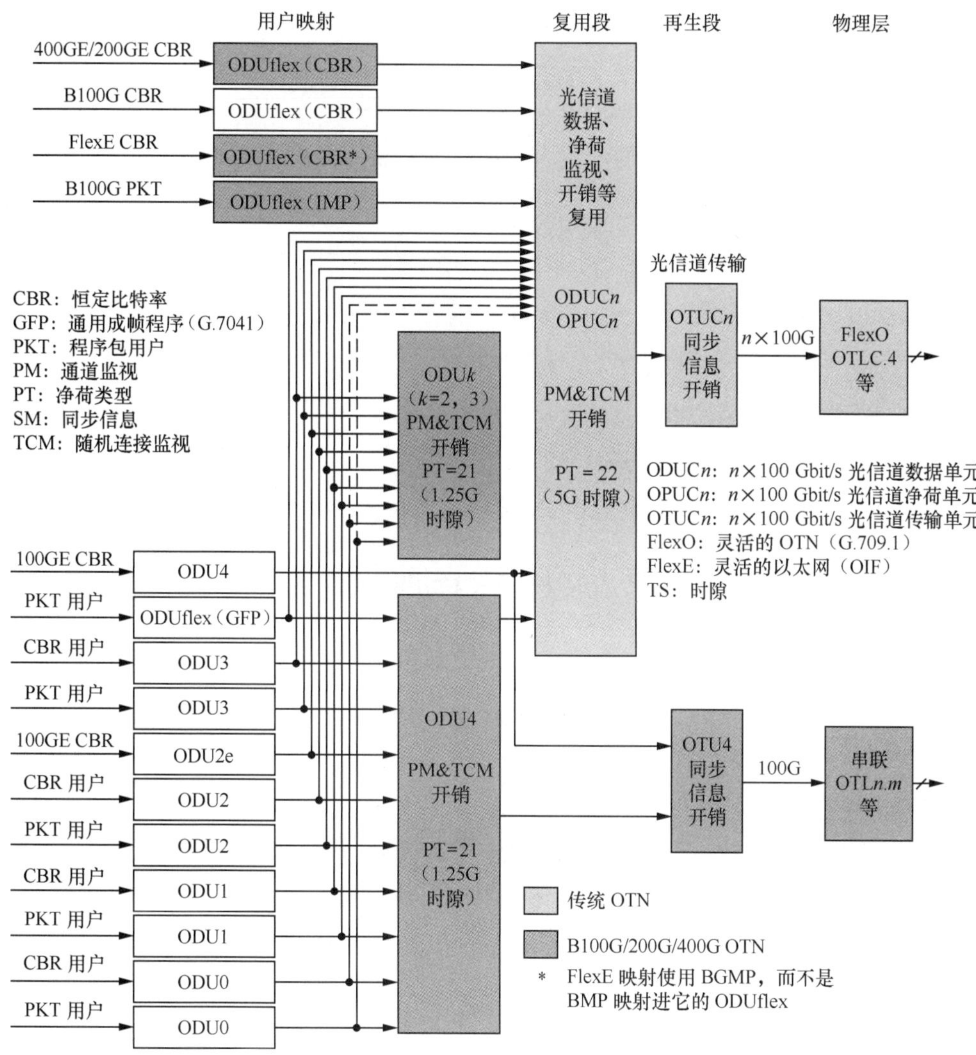

图 1-11　ITU-T G.709 OTNCn 映射复用制式 [132]

ODUflex（GFP）：灵活速率 ODU，当一个 GFP-F 映射进 OPUflex 时，用于携带用户数据包信号。

ODUflex（CBR）：灵活速率 ODU，用于携带恒定比特率（CBR）用户信号。

ODUflex（IMP）：灵活速率 ODU，当映射进 OPUflex 时，用于携带具有以太网空闲字节的用户数据包信号。

B100G 接口应能重复使用尽可能多的 100 Gbit/s OTN IP 接口。新 OTN 制式不仅要携带 400GbE，而且只要可能也要重复使用它的技术和物理层器件，以便从成熟的以太网器件成本中受益。一个 OPUC1 必须能够携带一个 ODU4 用户，而一个 OPUC4 必须能够携带一个 400GbE 用户。

光传输网 B100G 速率如表 1-7 所示。

表 1-7　OTN B100G 速率

OTUC*n*/ODUC*n* 信号速率	OPUC*n* 净荷域速率	OTUC*n*/OPUC*n* 帧周期
n×（239/226）×99.532 8 Gbit/s = *n*×105.258 138 Gbit/s	*n*×（238/226）×99.532 8 Gbit/s = *n*×104.817 727 Gbit/s	1.163 μs

ITU-T 定义了灵活的光传输网（FlexO），以便提供灵活的模块化物理层机制，用于支持不同的 B100G 信号接口速率。FlexO 在概念上与 OIF 的 FlexE 类似，和 FlexE 一样，FlexO 是一种模块化接口，包括一套 100 Gbit/s 光物理层数据流，允许 OTUC*n* 使用任意的 *n* 值，允许使用 100GbE/OTU4 光模块，未来也可以使用更高速率的以太网模块，如 200 Gbit/s 或 400 Gbit/s 物理层模块。FlexO 具有绑在一起的 *n* 个 100 Gbit/s 物理层，以便携带一个 OTUC*n*，每个 100 Gbit/s 物理层携带一片 OTUC。

1.3.3　ITU-T 海底光缆通信系统及其有关标准简介

ITU-T 海底光缆通信系统的标准开发工作由 ITU-T 第 15 研究组负责，现在已有 G.971 海底光缆系统一般特征、G.972 海底光缆系统相关术语定义、G.973 无中继器海底光缆系统特性、G.974 电再生中继器的海底光缆系统特性、G.975 海底光缆系统前向纠错、G.975.1 高比特率 DWDM 海底光缆系统前向纠错、G.976 海底光缆系统测试、G.977 光放大中继海底光缆系统特性、G.978 海底光缆特性、G.979 海底光缆系统监视系统特性等建议，另外还有 G.65x 光纤标准和 G.66x 光纤放大器标准。

图 1-12 所示为 ITU-T 组织有关海底光缆通信系统的建议。

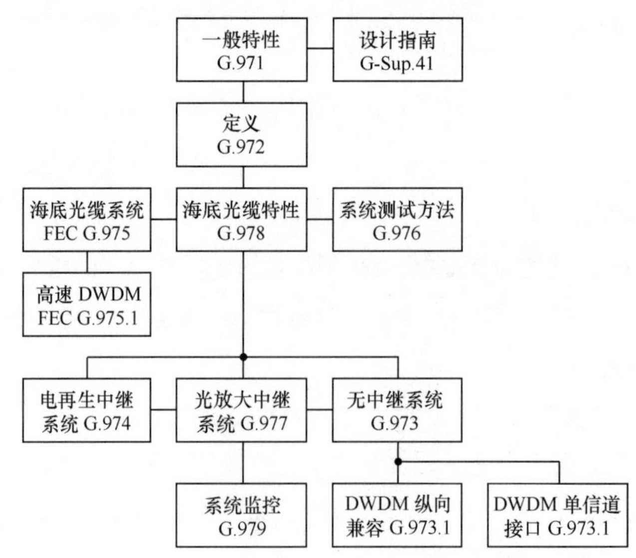

图 1-12　ITU-T 组织有关海底光缆通信系统的建议

现分别对 ITU-T 有关建议简要介绍如下。

1. ITU-T Series G. Supplement 41 海底光缆系统设计指南

ITU-T Series G. Supplement 41（06/2010）是关于光—电—光再生（3R）光中继、无中继和光放大中继系统的设计考虑。它包括以下一些内容：海底光缆系统光发射机 / 接收机、光缆及接头、中继器参数、网络拓扑结构、系统设计考虑、前向纠错、系统可靠性考虑、系统升级和物理层兼容性考虑。

发送机主要参数有：系统工作波长范围、频谱特性、单纵模和多纵模激光器最大频谱宽度、啁啾、边模抑制比、最大功率谱密度、信道最大和最小平均输出功率、WDM 信号中心频率、信道间隔、中心频率最大漂移、最小消光比、眼图特性、偏振性能、光源信噪比等。

接收机主要参数有灵敏度、负载、信道最大 / 最小平均输入功率、光通道代价、信道输入功率范围、接收机输入端最小 OSNR 要求。

海底光缆系统中继器有 3R 再生中继器、EDFA 光放大中继器和拉曼光放大中继器。

3R 再生中继器在系统配置时要重点考虑中继器的最小平均输入 / 输出功率。同时光接口处的信号功率和抖动特性也要与系统设计一致。

EDFA 中继器着重考虑以下参数：小信号增益、噪声指数、信号输入 / 输出功率、中继器最小平均输入 / 输出功率、抖动 / 相移特性、WDM 系统增益平坦性、偏振效应等。

拉曼放大中继器增益高、串扰小、噪声指数低、频谱范围宽，目前 ITU-T 还没有对其参数进行具体规定，还需要进一步研究。

G. Supplement 41 对中继器的机械 / 电气参数也进行了规范。

海底光缆通信系统拓扑结构有点对点结构、星形 / 分支星形结构、干线分支结构、花边形结构、环形 / 分支环形结构（见第 6.3 节）。

海底光缆系统的设计考虑主要是指光功率预算（见第 5.3 节和第 5.4 节）和色散管理（见第 2.5 节）两方面。光功率预算要考虑光噪声积累、色散和非线性效应等带来的传输损伤，并进行 OSNR 和 Q 参数预算。系统不同，色散管理方法也不同，以便限制脉冲展宽和其他传输效应。对于单波长系统，大多数链路段上一般使用具有接近零但不为零的负色散光纤，在少数色散补偿段上使用具有很高正色散值的光纤。对于多波长系统，大多数链路段上使用低负色散值 [约 –2 ps/（nm·km）] 的光纤（有时使用两种光纤：段首使用大有效面积光纤，段尾使用低色散斜率光纤），同时在色散补偿段使用具有较高正色散值的光纤。

2. G.971 海底光缆系统一般特性

G.971（07/2010）规范了海底光缆系统的一般特征和构成，以及海底光缆系统各标准间的关系。机械特性要求能够在海床和深达 8 000 m 深海进行安装，能够抵抗海底的水压、温度、磨损、腐蚀和水下生物的侵害，抵抗拖网和海锚的破坏，满足系统修复的要求。材料特性要求光纤在预定的可靠性和设计寿命期间内，能承受固有损耗和老化的影响，特别是弯曲、拉伸、氢、腐蚀和辐射的影响。传输特性至少要达到 ITU-T 建议 G.821 的要求。

G.971 附录 A 是各种海底光缆系统制造、施工和维护技术实现方面的通用要求，附录 I 是各国海缆船和海底设备的有关资料。

3. G.972 海底光缆系统术语定义

G.972（09/2011）规范了海底光缆系统术语定义，主要包括海底光缆系统配置、终端设备、海底光中继器和分支单元、海底光缆、制造安装及维护等方面的术语定义。

4. G.973 无中继海底光缆系统特性

G.973（07/2010）规范了无中继系统信号光接口、电 / 光接口性能特性，如表 4-1 和表 4-2 所示。该建议也规范了背对背信道最小 Q 参数、告警和自动切换条件、海底光缆色散管理方法（见第 2.5 节）。

G.973 附件 A 是无中继海底光缆系统的技术实现方法，根据传输距离的需要，给出无 / 有 EDFA、功放 / 前放 / 远泵 EDFA、分布式拉曼放大等 6 种不同结构的系统配置。

G.973 附件 B 是关于远泵光放大器（ROPA，Remote Optically Pumped Amplifiers）和使用远泵光放大器的无中继海底光缆系统功率预算。

G.973.1（11/2009）是关于无中继系统 DWDM 应用的纵向兼容性问题（见第 6.5 节），G.973.2 是关于无中继系统 DWDM 应用的单信道光接口问题。

5. G.974 电再生中继海底光缆系统特性

G.974（07/2007）是关于电再生（3R）中继海底光缆系统性能和接口要求的建议，包括系统、传输终端、再生中继器和海缆的性能特性。系统特性有误码率、可用性、抖动等数字线路段特性、光功率预算特性（见第 5.3 节）和系统可靠性特性（见第 5.1.2 节）。终端设备和中继器性能有系统接口、抖动、告警和自动切换等性能。

G.974 附件 A 是电再生中继海底光缆系统实现的建议，包括系统构成、线路信号及误码、供电设备（PFE，Power Feeding Equipment）及保护、再生中继器 / 分支单元特性及监视维护设备。

6. G.975/G.975.1 海底光缆系统 / 高比特率 DWDM 前向纠错

G.975（10/2000）和 G.975.1（02/2004）（含以后的两次修正）是关于海底光缆系统前向纠错的建议（见第 2.3 节）。

7. G.976 海底光缆系统测试方法

G.976（05/2014）规定了对海底光缆系统光纤、光缆、光纤放大器、终端设备、供电设备、线路 Q 参数测试（见第 8.4.1 节）和维修测试方法。测试包括质量测试、质量保证测试、安装测试、运行和维护测试。

附件有海底光缆系统 Q 参数定义、拉曼增益系数分布测试（见第 8.3.1 节），并给出了 OTDR 和 C-OTDR 的性能参数（见第 8.1.3 节和第 8.1.4 节）。

8. G.977 光放大中继海底光缆系统特性

G.977（01/2015）是关于光纤放大器作为线路中继器的海底光缆系统性能特性和接口要求建议，包括单波长系统、WDM 系统和 DWDM 系统。

该建议规范了以下一些系统性能特性：光功率预算、系统可靠性和扩容性能特性；传输终端设备性能、告警和自动切换特性；中继器、分支单元和光均衡器的机、电 / 光性能，以及监控设备、故障定位和可靠性特性；海底光缆色散图和色散管理实现方法。

G.977 附录 A 是光纤放大器中继海底光缆系统实现方法，包括系统构成、一般系统和相干检测系统功率预算举例（见第 5.3 节）、供电设备及其保护。

9. G.978 海底光缆特性

G.978（07/2010）是规范海底光缆特性的建议，包括海底光缆和海底光缆使用的光纤传输特性、机械特性、环境特性和电气特性。该建议也包括使用一种光纤或混合使用不同种类光纤构成的光缆段的传输特性。

10. G.979 海底光缆系统监视系统特性

G.979（10/2012）是海底光缆系统监视系统特性的建议，包括功能结构、监视设备和用于监视的参数特性（见第 9.1.3 节）。

11. G.66x 海底光缆通信系统使用的光放大器

ITU-T G.66x 系列文件规范了海底光缆通信系统使用的光放大器，它们是：

G.661（07/2007）光放大器件及支系统参数定义和测试方法；

G.662（07/2005）光放大器及支系统一般特性；

G.663（04/2011）光放大器和支系统应用；

G.664（10/2012）光传输系统光学安全要求；

G.665（01/2005）拉曼放大器和拉曼放大支系统一般特性。

12. 其他标准

其他一些 ITU-T 标准还有：

G.691（03/2006）使用光放大器的单信道 STM-64 和其他 SDH 系统光接口；

G.692（10/1998）使用光放大器的多信道系统光接口；

G.694.1（06/2002）DWDM 应用的频谱安排；

G.911（04/1997）光纤通信系统可靠性和可用性参数和计算方法（见第 7 章）。

ITU-T G.65x 系列文件对海底光缆使用的光纤进行了规范，对此第 6.4.3 节进行介绍。

另外，国际电气技术委员会（IEC，International Electrotechnical Commission）还制定了一些有关器件参数测量方法、可靠性和安全性要求的标准，它们是：

IEC 61290-3-3（11/2013）用信号功率与总 ASE 功率比测量噪声指数；

IEC 61290-10-5（05/2014）分布式拉曼放大器增益和噪声指数测量方法（见第 2.1.4 节）；

IEC 61290-10-5（02/2015）用光功率计测量光放大器功率和增益参数；

IEC TR 62324（2007）单模光纤拉曼增益系数连续波法测量指南（见第 8.3.1 节）；

IEC TR 61294-4 光放大器—第 4 部分：光放大（含拉曼放大器）安全使用最大允许的光功率。

IEC 60825-1（2014）激光产品安全—1. 设备分类和要求；

IEC 60825-2（2010）激光产品安全—2. 光纤通信系统安全（见第 7.3 节）。

1.3.4 中国海底光缆通信系统标准概况

虽然，从 1993 年开始，中国已陆续进行了有关海底光缆产品及系统标准的制定工作，但直到目前为止，尚未形成比较完备的海底光缆系统标准体系。据不完全统计，中国有关海底光缆标准已颁布实施和正在起草制定的国家标准（GB）、国家军用标准（GJB）、通信行业标准（YD）、电子行业（军用）标准（SJ）共有 10 多个，如表 1-8 所示。

表 1-8 中国有关海底光缆产品及系统标准建议

序号	标准号	标题或建议标题
1	GJB 1659（1993）	光纤光缆接头总规范
2	GB/T 18480（2001）	海底光缆规范
3	GJB 4489（2002）	海底光缆通用规范
4	GJB 5654（2006）	军用无中继海底光缆通信系统通用要求
5	GJB 5931（2007）	军用有中继海底光缆通信系统通用要求
6	YD/T 814.3（2005）	浅海光缆接头盒
7	YD/T 925（1997）	光缆终端盒
8	YD 5018（1996）	海底光缆数字传输系统工程设计规范
9	YD 5056（1998）	海底光缆数字传输系统工程验收规范
10	SJ 20380（1993）	海底光缆通信系统通用规范（2000 年修订）
11	SJ 51428/4（1997）	骨架式重型浅海 SU 型光纤光缆详细规范

续表

序号	标准号	标题或建议标题
12	SJ 51428/7（2000）	军用轻型浅海光缆详细规范
13	SJ 51428/8（2002）	可带中继的浅海光缆详细规范
14	SJ 51659/1（1998）	骨架式浅海光缆接头盒详细规范
15	SJ 51659/2（2000）	军用轻型浅海光缆接头盒详细规范
16	SJ 51659/3（2002）	TSE-773 浅海光缆接头盒详细规范
17	GB/T 51154-2015	海底光缆工程设计规范（2016 年 8 月 1 日起实施）
18	GB/T 51167-2016	海底光缆工程验收规范（2016 年 8 月 1 日起实施）

中华人民共和国住房和城乡建设部 2015 年 12 月 3 日批准《海底光缆工程设计规范》为国家标准，编号为 GB/T 51154-2015，自 2016 年 8 月 1 日起实施。本规范共分 11 章，主要内容有海底光缆系统的组成及系统制式、海底光缆数字信号传输系统设计、海底光缆线路设计、海底光缆线路及数字信号传输系统性能指标、海底光缆登陆站和附属设施要求、局站设备安装、远供电源系统设计、辅助系统设计以及维护工具及仪表的配置。本规范由住房城乡建设部负责管理，工业和信息化部负责日常管理，中国移动通信集团设计院有限公司负责具体技术内容的解释 [110]。

海底光缆数字信号传输系统支持的业务接口类型应符合表 1-9 的规定。

表 1-9　海底光缆数字信号传输系统支持的业务接口类型 [110]

业务接口类型	信号类型
SDH 接口	STM-N（N = 1、4、16、64 和 256）
以太网接口	GE、10GE、100GE 等
OTN 接口	OTU1、OTU2e、OTU3、OTU4 等

海底光缆数字信号传输系统线路光通道信号类型及速率应符合表 1-10 的规定。

表 1-10　海底光缆数字信号传输系统的线路光通道信号类型及速率 [110]

通道类型	信道信号速率（Gbit/s）	信号结构
2.5G	2.49 ～ 2.67	STM-16 或 OTU1
10G	9.95 ～ 12.00	STM-64 或 OTU2
40G	39.813 ～ 50.00	STM-256 或 OTU3
100G	111.81 ～ 140.00	OTU4

海底光缆数字信号传输系统宜工作在 1 550 nm 波段。

中华人民共和国住房和城乡建设部 2016 年 1 月 4 日批准《海底光缆工程验收规范》为国家标准，编号为 GB/T 51167-2016，自 2016 年 8 月 1 日起实施。本规范共分 11 章，主要内容有主要设备和器材的检验、海底光缆线路铺设前期准备、岸上光电缆敷设和接地装置安装及测试、海底光缆铺设和测试、登陆站设备安装、登陆站内设备功能检查及本机测试、海底光缆系统功能检查及性能测试等。本规范由住房和城乡建设部负责管理，工业和信息化部负责日常管理，中国移动通信集团设计院有限公司负责具体技术内容的解释[111]。

中国标准机构和海底光缆通信系统行业相关单位需不断加强对海底光缆通信系统标准的学习和研究，及时掌握国外先进海底光缆系统设计、制造和实验的理念，提高海底光缆通信系统设计、制造和性能实验的科学性和合理性，提高中国海底光缆通信系统的设计和制造水平。

中国是一个多岛屿国家，经济发展迅速，信息数据急剧增长，建设海底光缆通信系统是中国通信网建设的一个重要任务。此外，中国的海底光缆和海底光缆通信设备制造企业也在不断地进行新产品开发，并且向国际市场拓展。因此，对海底光缆系统标准进展进行跟踪，积极参与标准制定，对中国通信网建设和光通信产品制造都具有重要的意义。

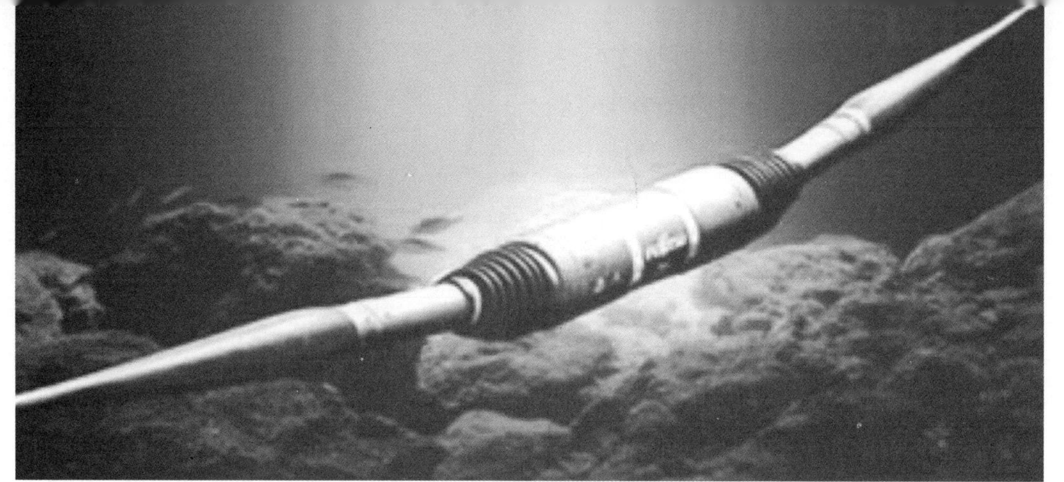

第 2 章 海底光缆通信系统关键技术

海底光缆通信系统的关键技术可分为岸上终端设备技术和水下传输系统技术。岸上终端设备技术有光调制技术、光复用技术、波分复用和偏振复用 / 相干检测技术、前向纠错技术、色散补偿和管理技术、远供电源技术、线路监视 / 维护技术、高速 DAC/ADC 技术以及数字信号处理（DSP）/ 奈奎斯特脉冲整形技术等。水下传输系统技术有海底光纤 / 光缆技术、光纤色散管理技术、全光放大中继技术、增益均衡技术、分支切换技术等。本章及以后各章将分别加以介绍。

2.1 全光放大中继技术

在几种关键技术中，最重要的是掺铒光纤放大器（EDFA）和分布式拉曼光纤放大技术，本节将分别加以介绍。

2.1.1 掺铒光纤放大器

1. 掺铒光纤放大器的作用和构成

EDFA 可用于光发射机高功率输出放大器、海底中继线路放大器以及光接收端低噪声前置放大器，如图 2-1 所示。在无中继系统中，远端泵浦光放大器可进一步延长传输距离。

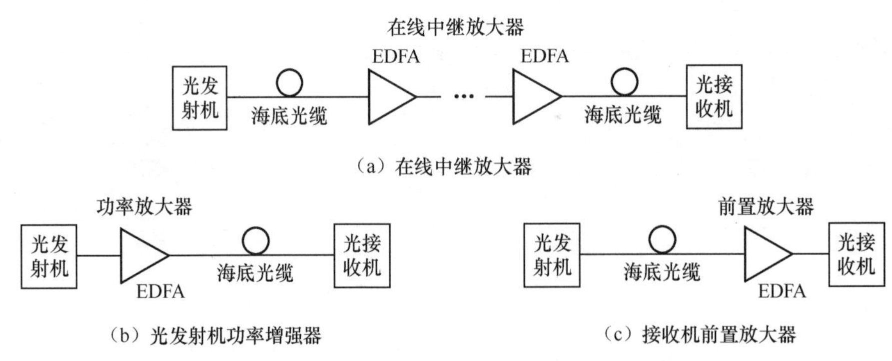

图 2-1　光放大器在海底光缆通信系统中的应用

使用铒离子作为增益介质的光纤放大器称为掺铒光纤放大器（EDFA）。铒离子在光纤制造过程中被掺入光纤芯中，EDFA 使用泵浦光直接对光信号放大，提供光增益。这种放大器的特性（如工作波长、带宽）由掺杂剂所决定。掺铒光纤放大器因为工作波长在靠近光纤损耗最小的 1.55 μm 波长区，比其他光放大器更引人注意。

图 2-2(a) 所示为一个实用光纤放大器的构成图。光纤放大器的关键部件是掺铒光纤和高功率泵浦源、作为信号和泵浦光复用的波分复用器（WDM），以及为了防止光反馈和减小系统噪声在输入和输出端插入的光隔离器。

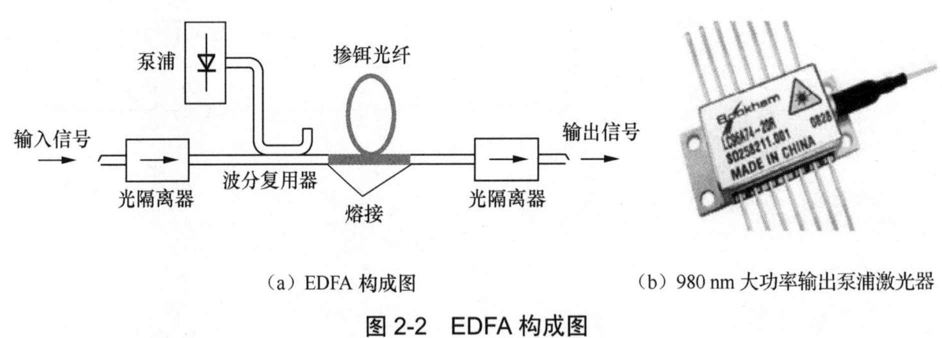

（a）EDFA 构成图　　（b）980 nm 大功率输出泵浦激光器

图 2-2　EDFA 构成图

2. EDFA 工作原理及其特性

EDFA 的增益特性与泵浦方式与光纤掺杂剂（如锗和铝）有关。图 2-3(a) 所示为硅光纤中铒离子的能级图。我们可使用多种不同波长的光来泵浦 EDFA，但是 0.98 μm 和 1.48 μm 的半导体激光泵浦最有效。在使用这两种波长的光泵浦 EDFA 时，只用几毫瓦的泵浦功率就可获得高达 30 ～ 40 dB 的放大器增益。

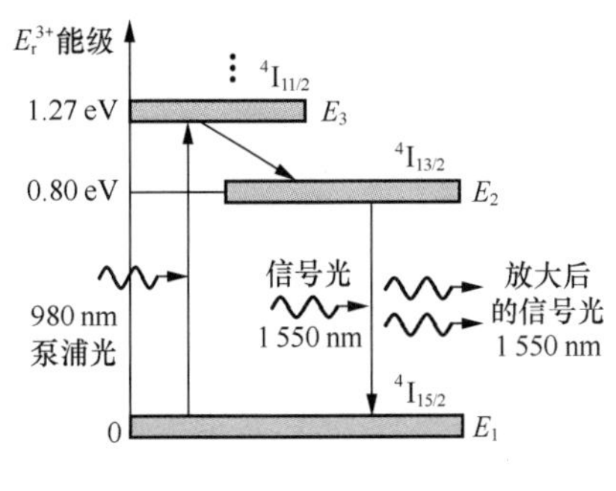

（a）光纤中铒离子能级

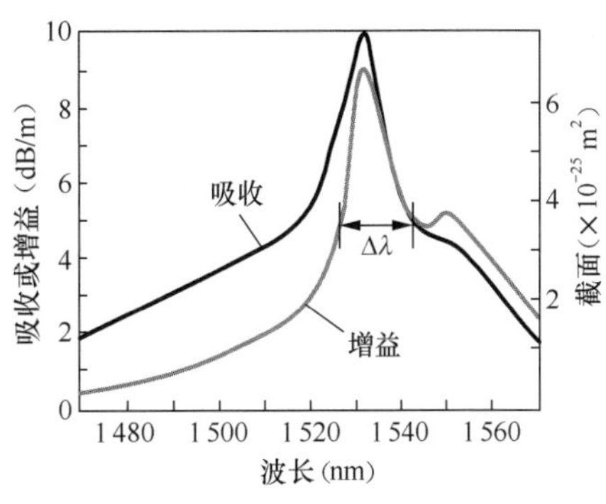

（b）EDFA 的吸收和增益频谱

图 2-3　掺铒光纤放大器的工作原理

若掺铒离子的能级图用三能级表示，如图 2-3（a）所示，其中能级 E_1 代表基态，能量最低，能级 E_2 代表中间能级，能级 E_3 代表激发态，能量最高。若泵浦光的光子能量等于能级 E_3 与 E_1 之差，掺杂离子吸收泵浦光后，从基态 E_1 升至激活态 E_3。但是激活态是不稳定的，激发到激活态能级 E_3 的铒离子很快返回到能级 E_2。若信号光的光子能量等于能级 E_2 和 E_1 之差，则当处于能级 E_2 的铒离子返回基态 E_1 时就产生信号光子，这就是受激发射，使信号光放大，获得增益。图 2-3（b）表示 EDFA 的吸收和增益光谱。为了提高放大器的增益，EDFA 应尽可能使基态铒离子激发到能级 E_3。从以上分析可知，能级 E_2 和 E_1 之差必须相当于需要放大信号光的光子能量，而泵浦光的光子能量也必须保证使铒离子从基态 E_1 跃迁到激活态 E_3。

EDFA 在光纤损耗最小的 1.558 μm 波长附近具有最大的增益。泵浦功率不到 20 mW，就可以制成增益大、噪声低、与信号偏振态无关的 EDFA。增益介质是掺杂的硅光纤，稳定性好，很容易与传输光纤熔接。

3. 增益饱和（或压缩）特性

EDFA 具有增益自调制能力。在 EDFA 泵浦功率一定且小信号输入时，放大器增益随入射信号功率的变化表现为开始恒定，但当信号功率增大到 –30 dBm 左右时，增益开始随信号功率的增加而下降，如图 2-4（a）所示，这是入射信号导致 EDFA 增益出现饱和的缘故。EDFA 的饱和输出功率因放大器的设计不同而异，典型值为 1 ～ 10 mW。这种特性被称为增益压缩，它可使海底光缆系统经久耐用。若中继放大器输入功率突然减小，由于增益压缩特性，其增益将自动增加，从而在系统寿命期限内可稳定光信号电平到设计值，如图 2-4（b）所示。在使用过程中，当光纤和无源器件损耗增加时，加到 EDFA 输入端口的信号功率减小，但由于 EDFA 的这种增益压缩特性，它的增益将将自动增加，从而又补偿了传输线路上的损耗增加 [见图 2-4(c)]。增益补偿的物理过程较慢，约为毫秒量级，因此增益补偿不会使传输光脉冲形状畸变。

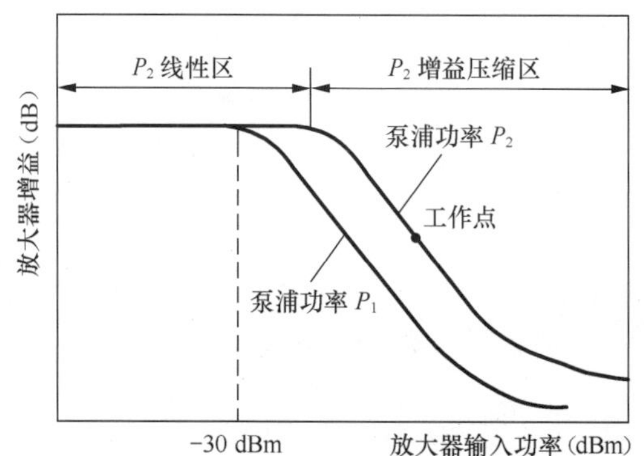

(a) EDFA 的输出功率因其增益饱和被压缩，这种增益自调整能力，允许泵浦功率降低，而不会显著影响系统性能

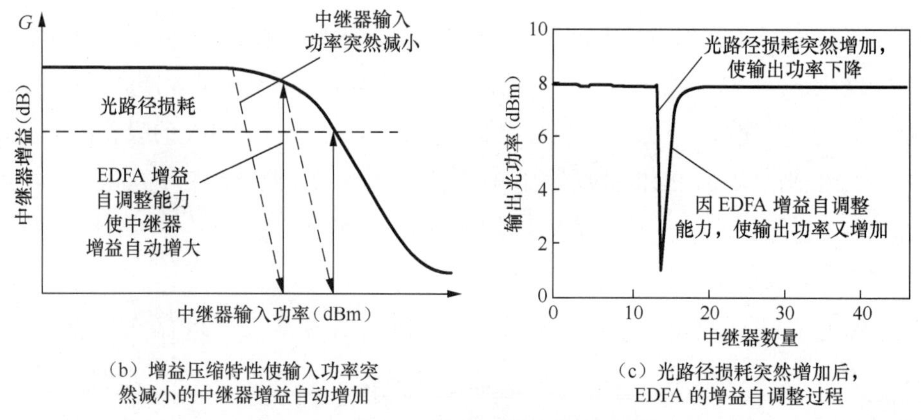

(b) 增益压缩特性使输入功率突然减小的中继器增益自动增加

(c) 光路径损耗突然增加后，EDFA 的增益自调整过程

图 2-4　光纤放大器的增益自调整能力

合理设计的光放大器可达到信号增益和噪声间的最佳折中，而维持系统的输出功率不变。但这种增益压缩特性对 WDM 系统不再适用。

4. 增益频谱曲线洞穴

由于 EDFA 信号增益饱和，在增益—频谱曲线图中产生洞穴（SHB，Spectral Hole Burning)，如图 2-5 所示。很显然，由于这种效应，放大器增益频谱发生了畸变。这是使用 EDFA 的 DWDM 系统的主要限制，因为人们不可能补偿这种效应，精确预见它在何处出现也非常困难，最有可能出现在产生饱和信道波长附近。其宽度由温度确定，温度增加，洞穴的宽度增加，而深度减小；温度减小，洞穴的宽度减小，而深度增加。在 WDM 系统中，WDM 信道信号经长距离海底光缆线路传输后，由于每个 EDFA 增益频谱不完全平坦，经累积在线路输出端，一些信道功率比其他信道功率显著增加了，就可以看到增益频谱形状产生了洞穴，使相邻信道的 OSNR 降低。不过，在发送端，增加较差信道发送功率（预均衡），使所有信道的 OSNR 在输出端相同，对增益频谱曲线产生洞穴的影响有限。这可以通过保持 EDFA 输出功率恒定，并减小最好信道的发射功率来实现。然而，增益频谱曲线洞穴将限制这种预均衡的效果。

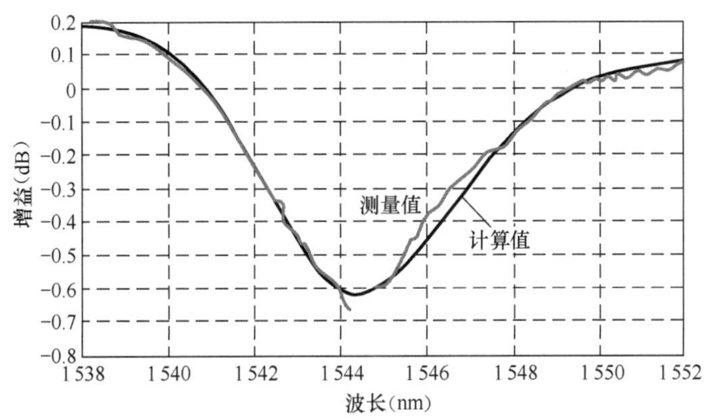

图 2-5　由于 EDFA 在 1 544.4 nm 波长信号饱和产生增益频谱洞穴（SHB）[97]

2.1.2　L 波段 EDFA 及 C+L 波段应用

C 波段波长范围为 1 530 ～ 1 560 nm，为了增加每对光纤的传输容量，一种办法是扩展放大器波长范围到 1 560 ～ 1 610 nm，人们称之为 L 波段。

第 2.1.1 节已介绍了掺铒光纤放大器（EDFA）的工作原理，本节用图 2-6（b）进一步解释长波长 EDFA 的工作原理。能级 E 是由许多斯塔克子层能级组成，掺铒离子吸收泵浦光后，从基态能级 $^4I_{15/2}$ 能级升至激活态 $^4I_{11/2}$ 能级。但激活态是不稳定的，激发到激活态能级 E_3 的铒离子很快返回到能级 E_2。当处于 $^4I_{13/2}$ 最下面子层的铒离子返回基态 $^4I_{15/2}$ 最上面子层时，产生光子能量ΔE_L 等于亚稳态 $^4I_{13/2}$ 最下面子层和基态 $^4I_{15/2}$ 最上面子层能级差的信号光子，使信号光放大，获得增益。因为该能级差ΔE_L 小于 C 波段 EDFA 对应的能级差ΔE_C，所以该光子的波长$\lambda = 1.239\,8/\Delta E_L$ μm [7] 比 C 波段 EDFA 的长。很显然，长波长放大器对应受激亚稳态 $^4I_{13/2}$（E_2）最低子层能级和基态 $^4I_{15/2}$（E_1）最上面子层能级的差 [97]。为了比较，图 2-6（a）也给出 C 波段 EDFA 的能级图。

L 波段信号铒离子基态吸收比受激发射少，信号光子几乎没有被铒离子吸收，所以该 EDFA 具有低的噪声指数，虽然平均铒离子数反转也少。其缺点是与 C 波段 EDFA 相比，只有少数几个斯塔克（Stark）能级子层参与工作，而 L 波段增益频谱洞穴效应（见图 2-5）也比 C 波段的大（几乎是三倍），所以 L 波段 EDFA 对温度的敏感性也比 C 波段的高。

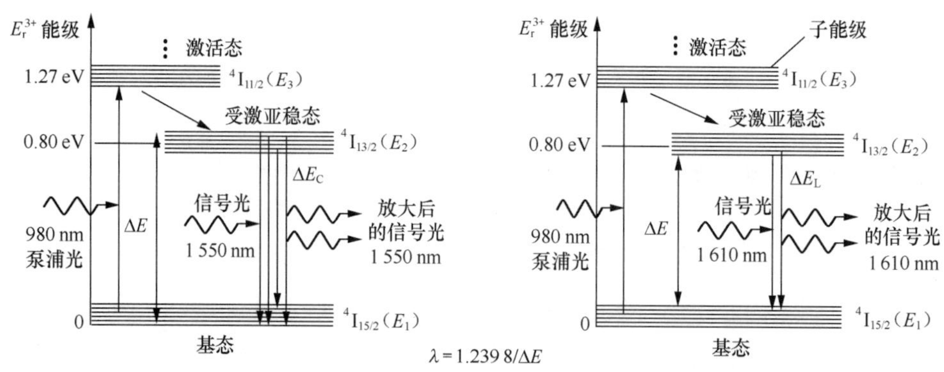

（a）C 波段 EDFA 工作原理说明　　（b）L 波段 EDFA 工作原理说明

图 2-6　硅光纤中的铒离子能级

当掺铒光纤铒离子反转平均减少到接近 40% 时，光纤放大器信号波长就转移到长波长。此时，放大器变成在 C 波段吸收铒离子，而在 L 波段提供信号增益。

通常，为了减小与光纤长度有关的损耗和非线性效应，L 波段 EDFA 掺铒（Er）浓度是 C 波段的 4 倍。为了避免掺铒浓度高带来的噪声代价，EDFA 也相应提高了共掺 Al 的浓度，同时，共掺 Yb（1 480 nm 泵浦）、La 和 Bi[97]。这样，通过适当调整设计的 EDFA，可以获得 L 波段放大。图 2-7（a）表示 L 波段 EDFA 增益频谱特性的实测曲线，掺杂光纤长度最佳化，以便提供 10 dB 的增益。

然后，并行安排两个 EDFA，一个是 C 波段放大器，另一个是 L 波段放大器，这样就得到了 C+L 波段放大器。在输入端，C+L 波段放大器通信系统要设置一个光解复用器，分开两个波段；在输出端，再设置一个复用器，将两个波段复用在一起，如图 2-7（c）所示。复用 / 解复用可用光耦合器实现，因为 C 波段 EDFA 对 L 波段的信号不放大，反之亦然[3]。

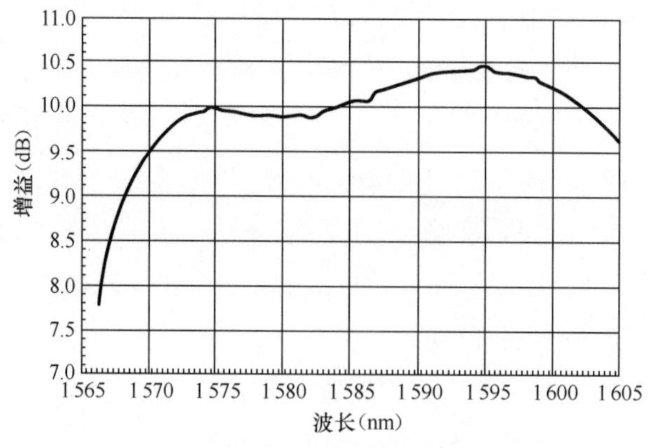

（a）测量到的 L 波段 EDFA 增益频谱曲线

图 2-7　C+L 波段 EDFA 在系统中的使用

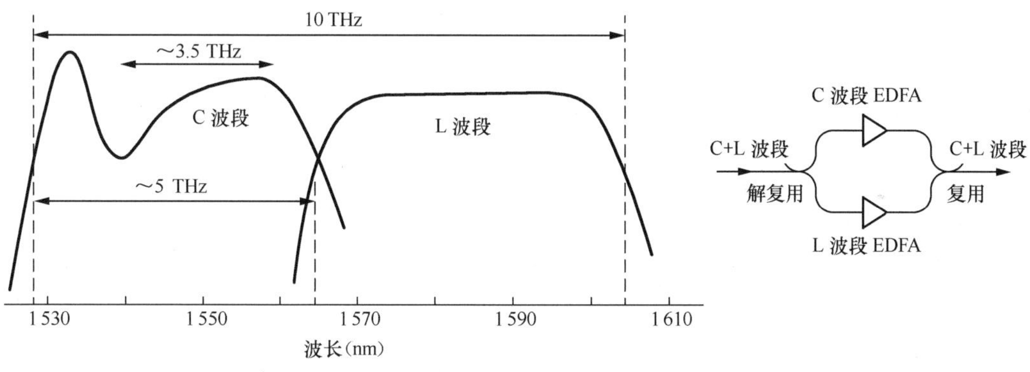

(b) C+L 波段 EDFA 增益频谱特性[67]　　(c) C+L 波段 EDFA 在系统中的使用

图 2-7 C+L 波段 EDFA 在系统中的使用（续）

利用这种技术，210×10 Gbit/s WDM 信道信号在色散管理光纤（DMF，Dispersion Managed Fiber）上已传输了 7 221 km。

由于传输光谱很宽，要求使用色散管理光纤（DMF），以避免在复用器中心产生更多的四波混频分量。而且，DMF 允许使用 NRZ 调制格式。

实验表明，300×10 Gbit/s WDM 信号使用 NRZ 调制，在 DMF 上传输了 7 380 km。C 波段（1 529.94 ～ 1 560.00 nm）有 152 个信道，L 波段（1 573.92 ～ 1 604.88 nm）有 148 个信道，共 60 nm 光带宽。300 个波长信道信号分成 10 组，分别送入 10 个不同的 NRZ 调制器。该系统实验结果如表 3-7 所示。

另外一个实验表明，44 Tbit/s 信号用 C+L 波段 EDFA 放大，在 9 100 km 线路上进行了传输实验，平均 Q 参数达到 4 dB，频谱效率 493%(4.93 bit/s/Hz)，总 EDFA 输出功率 20.5 dBm(ECOC 2013 PD3-e-1)。

2.1.3 光纤拉曼放大技术

目前，广泛使用的 EDFA 只能工作在 1 530 ～ 1 564 nm 之间的 C 波段，而光纤拉曼放大技术（FRA）可满足全波段光纤工作窗口的需要。

1. 光纤拉曼放大器工作原理

与 EDFA 利用掺铒光纤作为它的增益介质不同，分布式光纤拉曼放大器（DRA）利用系统中的传输光纤作为它的增益介质。研究发现，石英光纤具有很宽的受激拉曼散射（SRS）增益谱。光纤拉曼放大器（FRA）基于非线性光学效应的原理，利用强泵浦光通过光纤传输时产生受激拉曼散射，使组成光纤的振动硅分子和泵浦光之间发生相互作用，产生比泵浦光频率 ω_P 还低的散射光（斯托克斯光 $\omega_P-\Omega_R$，Ω_R 为斯托克斯频差）。该散射光与待放大的信号光 ω_s 重叠，从而使弱信号光放大，获得拉曼增益，如图 2-8（a）和图 2-8（b）所示。就石英玻璃而言，泵浦光波长与待放大信号光波长之间的频率差大约为 13 THz，在 1.5 μm 波段，它相当于约 100 nm 的波长差，即有 100 nm 的增益带宽。

采用拉曼放大时，放大波段只依赖于泵浦光的波长，没有像 EDFA 那样的放大波段的限制，也不需要像半导体激光放大器（SOA）那样的粒子数反转。从原理上讲，只有采用合适的泵浦光波长，才可以对任意波长输入光进行放大。

图 2-8（a）表示采用前向泵浦的分布式光纤拉曼放大器（DRA）的构成。DRA 采用强泵浦光对传输光纤进行泵浦，可以采用正向泵浦，也可以采用反向泵浦，因反向泵浦减小了泵浦光和信号光相互作用的长度，从而减小泵浦噪声对信号光的影响，所以通常采用反向泵浦。

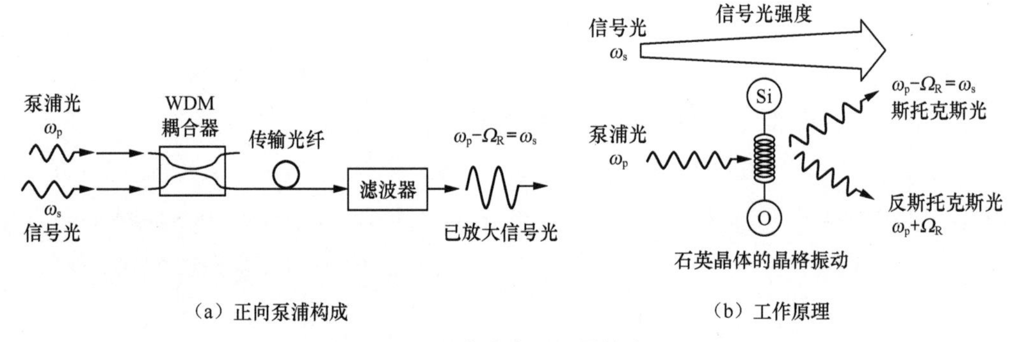

（a）正向泵浦构成　　（b）工作原理

图 2-8　分布式光纤拉曼放大器

2. 拉曼增益和带宽

泵浦光ω_p和信号光ω_s的频率差$\Omega_R=\omega_p-\omega_s$被称为斯托克斯频差，在 SRS 过程中扮演着重要的角色。由硅分子振动能级确定的Ω_R值决定了发生 SRS 的频率（或波长）范围。幸好，由于玻璃的非结晶性，硅分子的振动能级汇合在一起就构成了一个能带，如图 2-9（a）所示，其结果是信号光在很宽的频率范围$\Omega_R=\omega_p-\omega_s$内（约 20 THz）通过 SRS 仍可获得放大。

强泵浦光在通过光纤介质时产生受激拉曼散射，使泵浦光与光纤的振动硅分子发生相互作用。能级为 $h\nu_p$ 的泵浦光子与高能级（E_{vib}^{H}）硅分子相互作用，发射频率较低的 ω_{s2} 光子（$h\nu_{s2}$）（$\Delta E=h\nu=h\nu_p-E_{vib}^{H}$）；而与低能级（$E_{vib}^{L}$）的硅分子相互作用，发射频率较高的 ω_{s1} 光子（$h\nu_{s1}$），使入射的光信号放大。

图 2-9（b）为测量到的硅光纤拉曼增益系数 $g_R(\omega)$ 频谱曲线，由图可见，当 $\Omega_R=\omega_p-\omega_s=13.2$ 时，$g_R(\omega)$ 达到最大，增益带宽（FWHM）$\Delta\nu_g$ 可以达到约 7 THz（15.4−8.4）。就石英玻璃光纤而言，1 450 nm 泵浦光波长与待放大信号光波长之间的频

率差大约为 13 THz，在 1 550 nm 波段，相当于约 110 nm 的波长差，即有 110 nm 的增益带宽。如用 1 240 nm 泵浦光泵浦，相当于约 70 nm 的波长差。增益曲线的半最大值全宽约为 7 THz（55 nm）。光纤拉曼放大器相当大的带宽使它们在光纤通信应用中具有极大的吸引力。

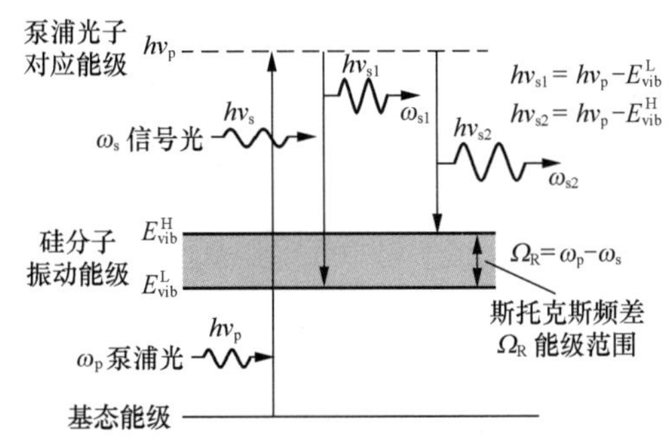

（a）介质受激拉曼散射使信号光放大的能级[7]

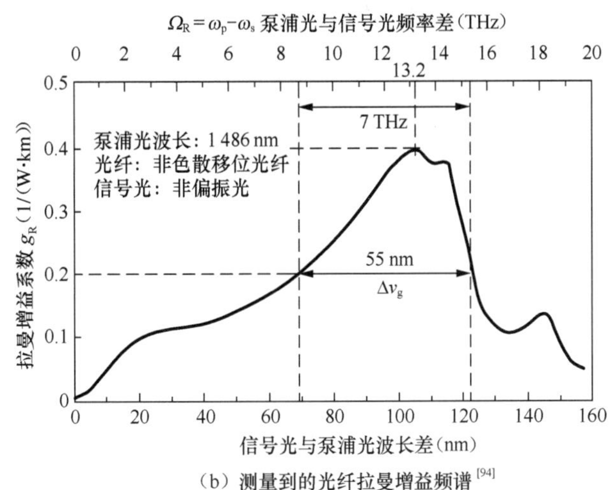

（b）测量到的光纤拉曼增益频谱[94]

图 2-9　泵浦光通过受激拉曼散射对入射光信号放大的原理说明

硅光纤的拉曼增益系数主要取决于有效芯径面积，同时与光纤的化学成分有关，掺锗光纤，如非零色散移位光纤（NZDSF）或色散移位光纤（DSF）比纯硅芯光纤（PSCF）具有较高的拉曼增益系数。较小有效面积的 NZDSF 或 DSF 光纤（约 50 μm²）与具有较大有效面积的 PSCF（约 80 μm²）光纤相比，具有较大的拉曼增益系数，如图 2-10 所示。当用 1 420 nm 光泵浦时，PSCF（112 μm²）、SMF 和 DSF 三种光纤的典型拉曼增益系数分别为 0.5/(W·km)、0.8/(W·km) 和 1.6/(W·km)。由此可见，色散移位光纤（DSF）的拉曼增益系数最大，几乎是纯硅芯光纤（PSCF）的三倍。这就是说，如果要获得同样大小的拉曼增益，DSF 所需的泵浦功率只是 PSCF 的 1/3。

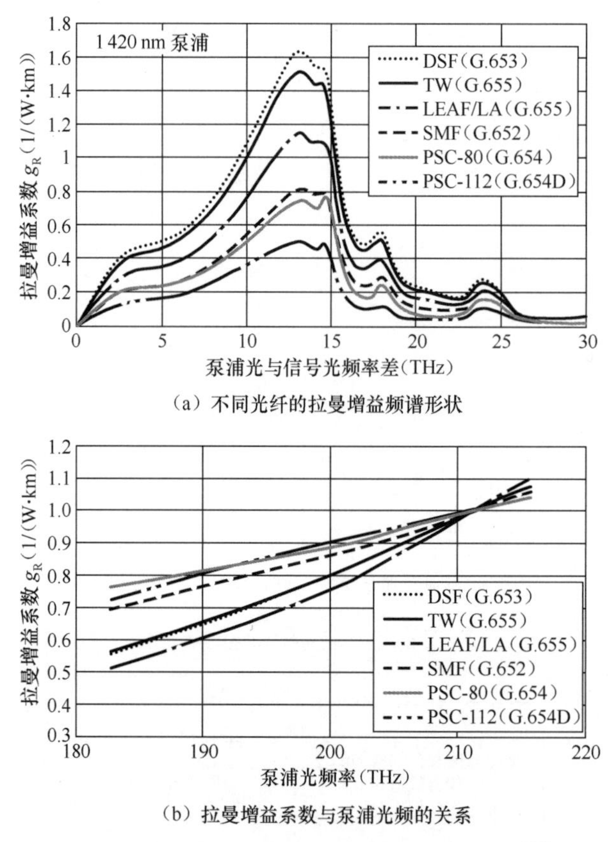

（a）不同光纤的拉曼增益频谱形状

（b）拉曼增益系数与泵浦光频的关系

图 2-10　不同种类光纤的拉曼增益频谱形状[97]

分布式光纤拉曼放大器（DRA）的增益频谱只由泵浦波长决定，而与掺杂物的能级水平无关，所以只要泵浦波长适当，就可以在任意波长获得信号光的增益。正是由于 DRA 在光纤全波段放大的这一特性，以及可利用传输光纤进行在线放大实现光路的无损耗传输的优点，如果用色散补偿光纤作为放大介质构成拉曼放大器，那么光传输路径的色散补偿和损耗补偿可以同时实现。光纤拉曼放大器已成功地应用于 DWDM 系统和无中继海底光缆系统中。

由于分布式光纤拉曼放大器可利用传输光纤进行在线放大，它与 EDFA 的组合使用可提高长距离光纤通信系统的总增益，降低系统的总噪声，提高系统的 Q 值，扩大系统的传输距离，减少 3R 中继器的使用数量，降低系统成本。所谓 3R 中继器是指能够完成均衡、再生和定时（Reshaping，Regenerating，Retiming）功能的光—电—光中继器。

有报道称，C 波段采用 EDFA，L 波段采用拉曼放大，在 1 527 ～ 1 606.6 nm 波长范围的 80 nm 增益带宽内，进行了 38 GHz 间隔、256×12.3 Gbit/s 的 DWDM 信号 11 000 km 的无光—电—光中继器传输。

3. 多波长泵浦增益带宽

增益波长由泵浦光波长决定，选择适当的泵浦光波长，可得到任意波长的光信号放大。分布式光纤拉曼放大器的增益频谱是每个波长的泵浦光单独产生的增益频谱叠加的结果，所以它是由泵浦光波长的数量和种类决定的。图 2-11（b）表示 5 个泵浦波长单独泵浦时产生的增益频谱和总的增益频谱曲线，当泵浦光波长逐渐向长波长方向移动时，增益曲线峰值也逐渐向长波长方向移动，比如 1 402 nm 泵浦光的增益曲线峰值在 1 500 nm 附近，而 1 495 nm 泵浦光的增益曲线峰值就移到了 1 610 nm 附近。EDFA 的增益频谱是由铒能级电平决定的，它与泵浦光波长无关，是固定不变的。EDFA 由于能级跃迁机制所限，增益带宽只有 80 nm。光纤拉曼放大器使用多个泵源，可以得到比 EDFA 宽得多的增益带宽。目前，增益带宽已达 132 nm。这样通过选择泵浦光波长，就可实现任意波长的光放大，所以光纤拉曼放大器是目前唯一能实现 1 290 ～ 1 660 nm 光谱放大的器件，光纤拉曼放大器可以放大 EDFA 不能放大的波段。

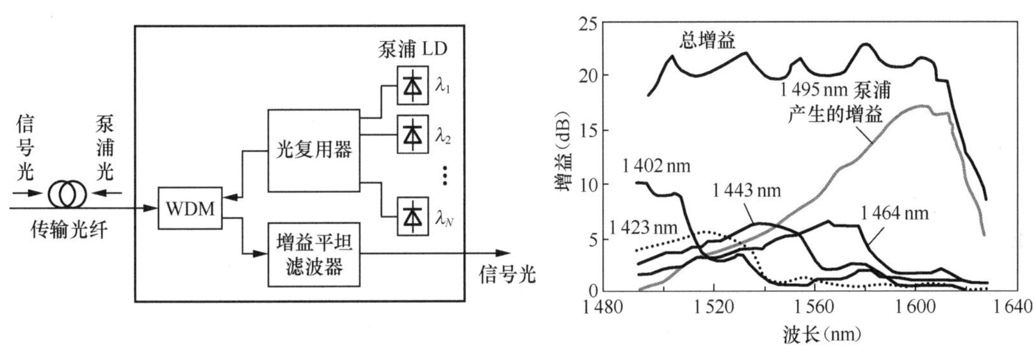

（a）反向泵浦分布式拉曼放大器　　（b）拉曼放大总增益是各泵浦波长光产生的增益之和

图 2-11　为获得平坦的光增益采用多个波长泵浦 [2]

拉曼前置放大器可用于宽带 WDM 系统，使用 4 个波长分别为 1 390 nm、1 425 nm、1 455 nm 和 1 485 nm 的泵浦光源，在 104 nm（S+C+L 波段）带宽内获得 25 dB 的平均拉曼增益，已用于 104×40 Gbit/s 无中继 135 km 传输实验 [ECOC2001 Technical Digest]。

4. 短波长信号光功率向长波长信号光转移

在 WDM 系统中，当不同波长的多个信号光同时在光纤传输时，任何短波长信号光均可以被认为是长波长信号光的泵浦光。于是，即使没有高功率拉曼泵浦光，假如多个波长信号光通过光纤传输，仍然有短波长信号光功率向长波长信号光转移的泵浦效应。

此外，短波长泵浦光功率也有向长波长泵浦光转移的现象，如图 2-12 所示 [97]，波长范围在 1 422 ～ 1 496 nm 的 6 个泵浦光同时在 150 km 长的线路上传输，最长波长泵浦光从 13 km 开始到 135 km 结束，功率一直增加；而最短波长泵浦光因其功率向长波长泵浦光转移，所以功率耗尽很快。

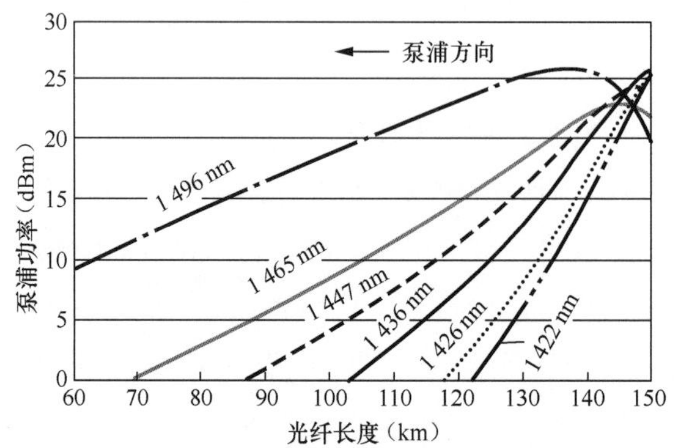

图 2-12　短波长泵浦光功率向长波长泵浦光转移

5. 光纤拉曼放大增益与泵浦功率成正比

通常，拉曼方程用数学方法求解，但也可以用简单的比例求解，即使用多个泵浦光泵浦也是如此。用 dB 表示的总的拉曼增益与用 mW 表示的总的泵浦功率成正比，如图 2-13 所示。由图可见，有效面积越小，拉曼增益越大；而光纤衰减越小，拉曼增益也越大。比如泵浦功率 1 500 mW 时，对于同一衰减系数（0.17 dB/km）的 80 μm^2 和 125 μm^2 的两种光纤，光纤有效面积比与其对应的增益比几乎相等（80:125 ≈ 15:25）[97]。

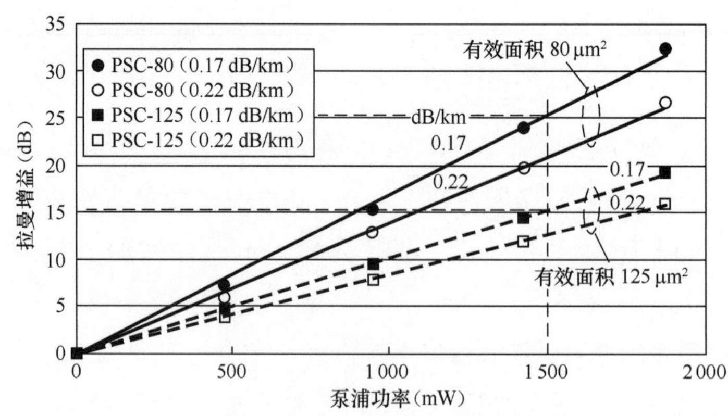

图 2-13　光纤拉曼放大增益与泵浦光功率成正比

2.1.4　分布式拉曼放大器等效开关增益和有效噪声指数

分布式光纤拉曼放大器的主要参数有拉曼开关增益（$G_{\text{on-off}}$）、有效噪声指数（F_{eff}）。

定义拉曼开关增益为[18]：

$$G_{\text{on-off}} = 10\lg\frac{P_{\text{on}}}{P_{\text{off}}} \tag{2.1}$$

式中，P_{on} 和 P_{off} 分别是拉曼泵浦光源接通和断开时，在增益测量点（GMP）测量到的信号光功率，如图 2-14 所示。第 8.3.1 节将给出 $G_{\text{on-off}}$ 的测量方法。

假如有一套传输光纤参数，如受激拉曼色散增益频谱、非线性系数和损耗系数，通过模拟可以完成对分布式拉曼放大器或混合使用拉曼放大 /EDFA 放大器的性能分析。这些参数在研究环境中已获得，但在实际环境中，却很少使用。

为了简化系统性能评估，假如在传输光纤末端，可以测量到放大器参数，可考虑把分布式拉曼放大等效为离散放大器，如图 2-14（c）所示。所谓离散拉曼放大器就是所有拉曼放大的物理要素，即光信号在光纤中传输时因传输光纤受激拉曼色散（SRS）效应获得放大的所有要素，都包括在该离散放大器中。

当拉曼放大器与常规 EDFA 线路比较时，这种考虑同样有用。

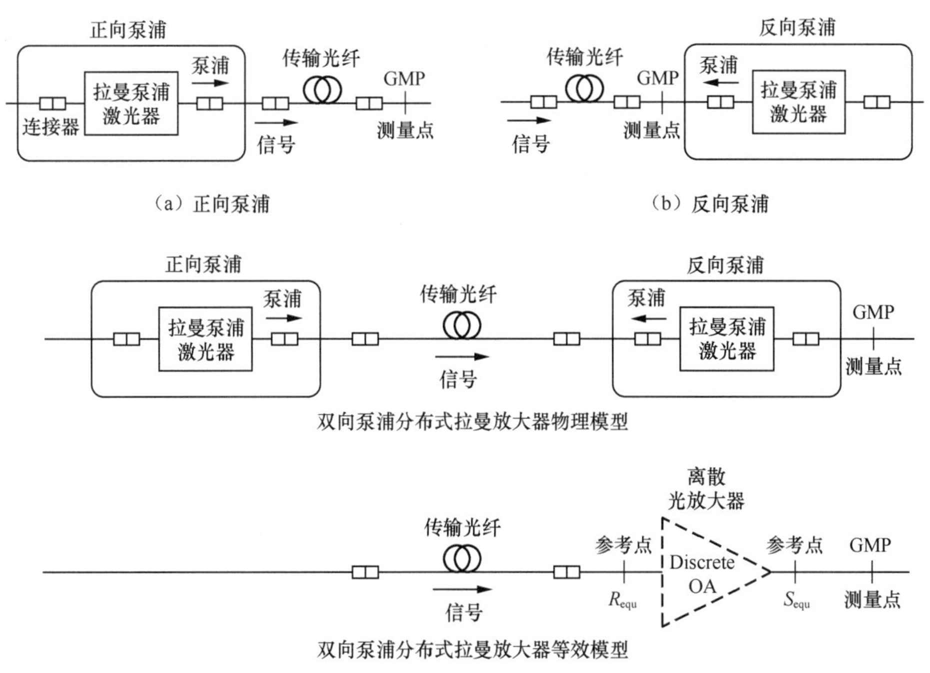

图 2-14　光纤分布式拉曼放大器开关增益测量

图 2-15 所示为分布式拉曼放大器信号光功率在三种不同泵浦方式下沿传输光纤的分布。由图可见，信号功率在传输光纤的输出端都增加了，但在输入端却都没有变化。知道从光纤输出端发射的信号光功率和噪声电平有多大，要比知道它们沿光纤如何精

确分布重要得多。因此，通常在光纤输出端使用离散放大器等效模型评估系统性能，如图 2-14（c）所示。该虚拟放大器产生与分布式拉曼放大器相等的有效增益和 ASE 输出功率。因为，在分布式放大器光纤内，产生的 ASE 因光纤损耗减少了，所以 ASE 输出功率要比实际的小。

有效噪声指数（F_{eff}）等效于在光纤末端插入一个离散光放大器的噪声指数，该放大器产生与分布式光放大器相等的有效增益和 ASE 输出功率。在混合使用分布式拉曼放大器和常规 EDFA 的情况下，噪声指数还包括该 EDFA 增益和 ASE 噪声（ITU-T G.665），按照 IEC 61291-1 规范，被称为等效总噪声指数。

等效输入参数如等效输入功率和输入 OSNR，可从等效输入参考点 R_{equ} 测量，此时要关闭注入传输光纤的泵浦激光器功率。当接通泵浦光源时，在等效输出参考点 S_{equ} 也可以测量等效输出功率和等效输出 OSNR。

按照 IEC 61290 规定，接通 / 断开泵浦源，测量离散光放大器在测量点的等效输出光功率，用式（2.1）可计算开关增益 $G_{on\text{-}off}$；使用离散光放大器输入 / 输出 OSNR，用式（5.10）可确定有效噪声指数（F_{eff}），以便简化系统性能评估。而 OSNR 是从测量系统 BER 得到的 [见式（5.15a）]。

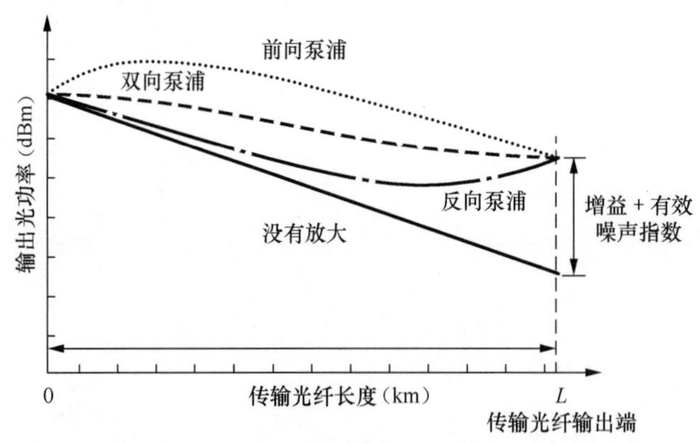

图 2-15　分布式拉曼放大器泵浦方式不同沿传输光纤的信号功率分布也不同

净增益 G_{net} 也是开关增益，它是在混合使用分布式拉曼放大和 EDFA 时，拉曼开关增益 $G_{on\text{-}off}$ 和 EDFA 增益 G_{EDFA} 之和与光纤线路放大器输入和输出参考点间的损耗 L_{fiber} 之差[18]（用 dB 值表示）：

$$G_{net} = \left(G_{on\text{-}off} + G_{EDFA}\right) - L_{fiber} \tag{2.2}$$

信道净增益是 WDM 系统给定波长信道的净增益。

2.1.5 混合使用拉曼放大和 C+L 波段 EDFA

混合使用分布式拉曼放大和常规 EDFA 可获得平坦的总增益频谱曲线，如图 2-16 所示 [ECOC 2014, PD3.3]。实验中使用色散为正、有效面积 134 μm^2 的光纤，采用 1 484 nm 单波长泵浦，所有信道均工作在非线性代价相似的状态（接近峰值性能）[67]。

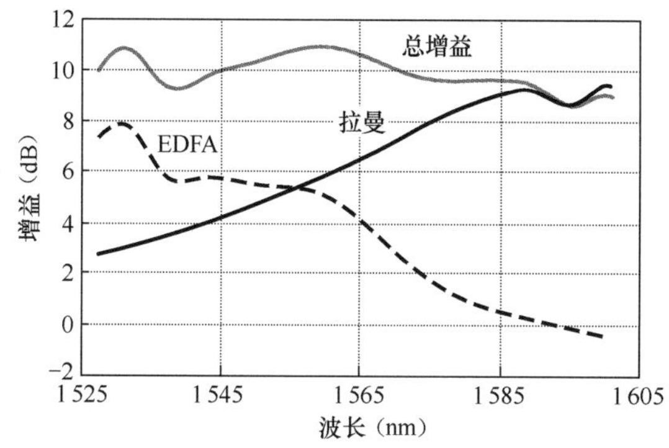

图 2-16 混合使用分布式拉曼放大和常规 EDFA 的总增益频谱曲线

图 2-17 所示为混合使用拉曼放大和 C+L 波段 EDFA，经 9 150 km 传输后的实验结果。C 波段有 48 个 WDM 180 Gbit/s 信道，L 波段有 224 个 WDM 202.5 Gbit/s 信道，单根光纤传输容量达到 54 Tbit/s。频谱效率（SE）C 波段为 5.04 bit/s/Hz，L 波段为 6.08 bit/s/Hz。电功率效率比单独使用 EDFA 的低，约为 1/2，即与单独使用 EDFA 相比，多消耗了一倍的电功率。

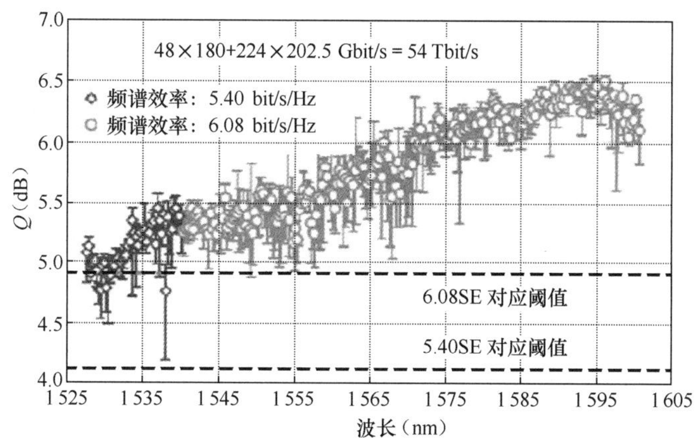

图 2-17 混合使用拉曼放大和 C+L 波段 EDFA WDM 信号传输 9 150 km 实验结果 [67]

第 2.10.2 节将介绍采用 173×128 Gbit/s 波分复用 PM-QPSK 调制，中继间距 100 km，信号在 4 000 km 真波光纤上的传输实验 [56]，该实验级联拉曼放大和 C+L 波段 EDFA（70 nm

带宽）放大。

2.2 光调制技术

2.2.1 光调制技术原理

第一代和第二代海底光缆通信系统采用直接调制 LD，即电信号直接用开关键控（OOK）方式调制激光器的强度。但在非相干接收的波分复用系统和高速相干检测系统中，直接调制激光器可能出现线性调频，使输出线宽增大，色散引入脉冲展宽，使信道能量损失，并产生对邻近信道的串扰，从而成为系统设计的主要限制，所以必须采用把激光产生和调制过程分开的外调制，以避免这些有害的影响。外调制是电信号通过电光晶体对 LD 发射的连续光进行调制。本节将介绍外调制技术原理。

任何带通信号均可以表示为：

$$\upsilon(t)=x(t)\cos\omega_{c}t-y(t)\sin\omega_{c}t=\mathrm{Re}\left\{g(t)\mathrm{e}^{\mathrm{j}\omega_{c}t}\right\} \tag{2.3}$$

式中，$\omega_{c}=2\pi f_{c}$，是载波角频率。Re 表示函数 $g(t)\mathrm{e}^{\mathrm{j}\omega_{c}t}$ 的实部，$g(t)$ 是 $\upsilon(t)$ 的复包络。

将复包络表示成直角坐标系中的两个实数，得到：

$$g(t)\equiv x(t)+\mathrm{j}y(t) \tag{2.4}$$

式中，$x(t)=\mathrm{Re}\{g(t)\}$，称为 $\upsilon(t)$ 的同向（I）分量；$y(t)=\mathrm{Im}\{g(t)\}$，称为 $\upsilon(t)$ 的正交（Q）分量。

在现代通信系统中，带通信号通常被分开送入两个信道。一个传送 $x(t)$ 信号，称为同向（I）信道；一个传送 $y(t)$ 信号，称为正交（Q）信道。如果采用复包络 $g(t)$ 代替带通信号 $\upsilon(t)$，则采样率最小，因为 $g(t)$ 是带通信号的等效基带信号。

在通信发射机中，输入信号 $s(t)$ 调制载波频率为 f_c 的载波信号，产生式（2.3）表示的已调信号 $\upsilon(t)$，由此可以得到一个通用发射机模型，如图 2-18(a) 所示。

图 2-18(b) 表示以 QPSK 调制为例的星座图。星座图是指用数字信号矢量绘成的数字信号 n 维图。具有 4 个电平值的 4 进制 PSK 调制，称为正交相移键控（QPSK）调制，它是电平数为 4 的 QAM，其复包络 $g(t)=A_{\mathrm{e}}\mathrm{e}^{\mathrm{j}\theta(t)}$ 是 4 个电平值的 4 个 g 值（一般是复数），对应于 θ 的 4 个可能相位。假如数 / 模转换器允许的多电平值是 –3、–1、+1 和 +3，分别对应的载波相位就是 45°、135°、225° 和 315°，图 2-18(b) 表示出相对应的 4 个点，即 π/4、3π/4、–3π/4 和 –π/4。

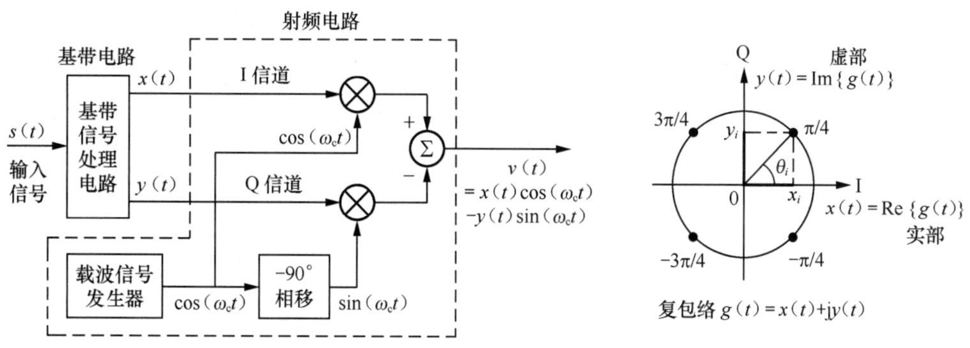

（a）通用发射机　　（b）以 QPSK 调制为例表示的信号星座图

图 2-18　正交技术产生的通用发射机 [53]

图 2-19 表示正交幅度调制（QAM）产生电路。首先 R bit/s 的二进制 $s(t)$ 信号输入到一个数 / 模转换器（D/A），该 D/A 转换器将串行二进制数据流变成多电平（L 进制）数字信号。对于矩形脉冲，多电平信号的电平数是 $2^l=2^2=4$，符号率是 $R/l=R/2$，其中比特率 $R=1/T_b$ bit/s。

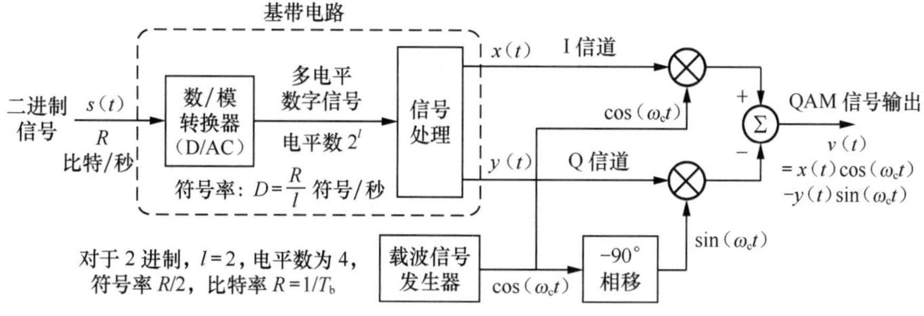

图 2-19　QAM 信号产生电路

光调制采用马赫—曾德尔调制器（MZM），它是一种电光调制器，其工作原理是基于晶体材料的线性电光效应，该效应是外加电场 $\boldsymbol{E}$ 引起各向异性晶体材料折射率 n 改变的效应，即 $n=n(\boldsymbol{E})$。入射光可以分解为沿 x 和 y 方向传输的线性偏振光 $\boldsymbol{E}_x$ 和 $\boldsymbol{E}_y$ 如图 2-20 所示。这两种光在通过各向异性晶体材料时，将引起不同的折射率变化，进而使 $\boldsymbol{E}_x$ 和 $\boldsymbol{E}_y$ 之间产生相位变化 $\Delta\phi$，即：

$$\Delta\phi=\phi_x-\phi_y=\frac{2\pi L}{\lambda}\Delta n \tag{2.5}$$

于是，施加的外电压在两个电场分量间产生一个可调整的相位差 $\Delta\phi$，因此出射光波被施加的外电压控制。很显然，改变外加电场（电压），就可以控制折射率，进而改变相位，实现相位调制。通过相位调制，可以实现幅度调制和频率调制。电光调制器是一种集成光学器件（PIC），如图 2-20（b）所示，它把各种光学器件集成在同一个衬底上，从而增强了性能，减小了尺寸，提高了可靠性和可用性。

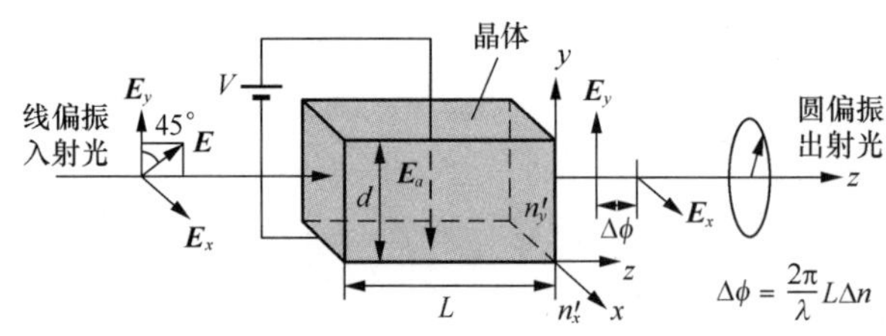

（a）横向电光效应相位调制器原理

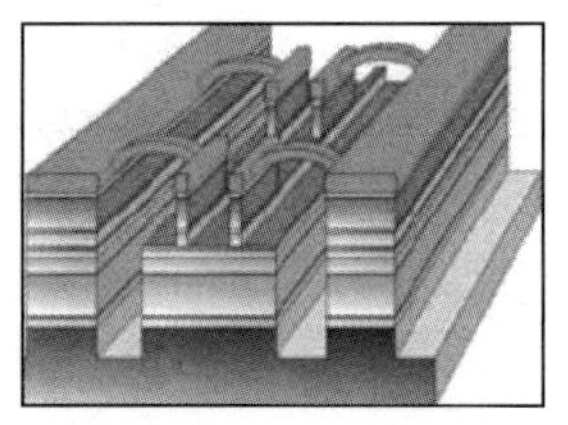

（b）利用横向电光效应制成的行波马赫—曾德尔调制器 PIC

图 2-20　横向线性电光效应相位调制器[6]

最常用的幅度调制器是在晶体表面用钛扩散波导构成的马赫—曾德尔（M-Z）干涉型调制器，如图 2-21 所示。这种调制器使用两个频率相同但相位不同的偏振光波，进行干涉，外加电压引入相位的变化可以转换为幅度的变化。图 2-21（a）表示由两个 Y 形波导构成的 M-Z 调制器，理想情况下，输入光功率在 C 点平均分配到两个分支传输，在输出端 D 干涉，其输出幅度与两个分支光通道的相位差有关。两个理想的背对背相位调制器，在外电场的作用下，能够改变两个分支中待调制传输光的相位。假如输入光功率在 C 点平均分配到两个分支传输，其幅度为 A，在输出端 D 的光场为：

$$\boldsymbol{E}_{\text{out}} \propto A\cos(\omega t+\phi)+A\cos(\omega t-\phi)=2A\cos\phi\cos(\omega t) \tag{2.6}$$

输出功率与 $\boldsymbol{E}_{\text{out}}^2$ 成正比，所以由式（2.6）可知，当 $\phi=0$ 时输出功率最大，当 $\phi=\pi/2$ 时，两个分支中的光场相互抵消干涉，使输出功率最小，在理想的情况下为零。于是有公式(2.7)：

$$\frac{P_{\text{out}}(\phi)}{P_{\text{out}}(0)}=\cos^2\phi \tag{2.7}$$

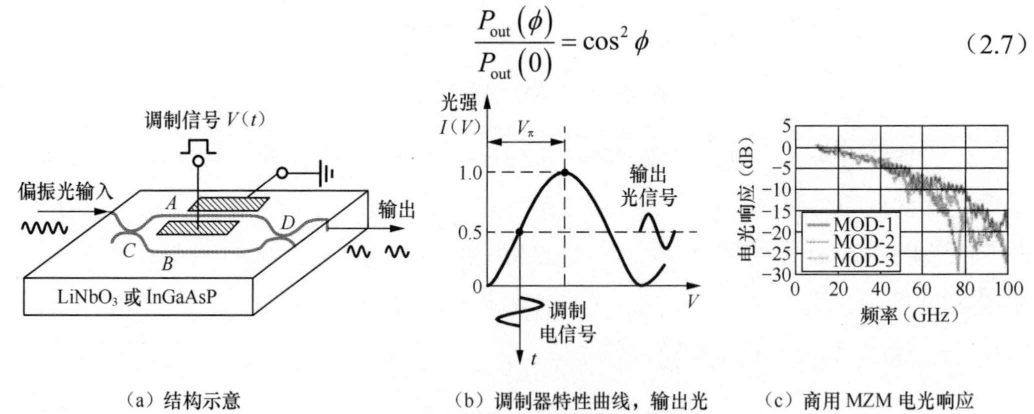

（a）结构示意

（b）调制器特性曲线，输出光信号与所加调制电压的关系

（c）商用 MZM 电光响应

图 2-21　马赫—曾德尔调制器（MZM）

通常，$LiNbO_3$ MZ 调制器 3 dB 带宽约为 35 GHz，20 dB 带宽为 75 ～ 96 GHz，如图 2-21（c）所示。

2.2.2　光调制技术分类

调制编码方式将直接影响系统的光信噪比（OSNR）、色度色散（CD）、偏振模色散（PMD）容限以及非线性效应等性能。目前研究较多的调制码型主要有光双二进制码（ODB，Optical Duo-Binary）、差分相移键控（DPSK）、差分正交相移键控（DQPSK）和偏振复用差分正交相移键控 / 正交幅度调制（PM-DQPSK/QAM）/ 相干接收等。这些调制编码的外调制技术可将现有的 10 Gbit/s 系统提升到 40 Gbit/s 和 100 Gbit/s 系统。

如果基带数字信号只用来控制光载波的幅度，则称为幅移键控（ASK），最简单的 ASK 就是“1”码时发送光载波，“0”码时不发送光载波，称为通断键控（OOK）。如果基带数字信号用来控制光载波的频率，则称为频移键控（FSK）。此时“1”码发送的光载波频率为 f_1，“0”码发送的光载波频率为 f_0。根据前后光载波相位是否连续，又分为相位不连续的 FSK 和相位连续的 FSK（CPFSK）；此时“1”码和“0”码分别送出两个相位不一样（通常相差 180°）的信号，如果发送的是前后相位的变化量（例如，“1”码时光载波相位改变 180°，“0”码时不变），则称为差分相移键控（DPSK）。此外，还有一种载波恢复的 PSK 方式，称为 CRPSK 格式。图 2-22 所示为三种数字调制格式的图解，快速振荡波形表示光载波频率或相位的变化。

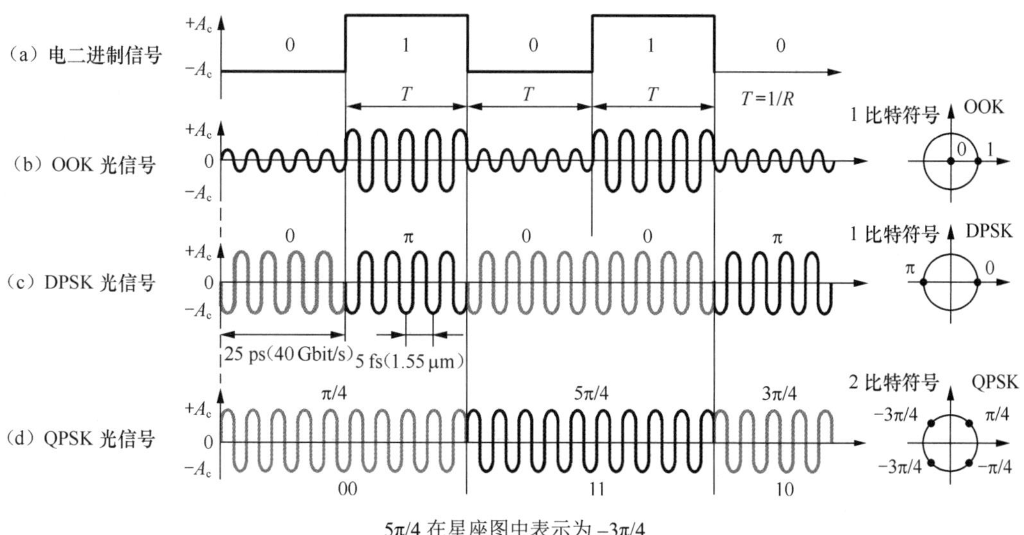

图 2-22　OOK、DPSK 和 QPSK 调制格式的比较

为了克服直接调制时激光器的频率啁啾对传输性能的影响，需要对激光器恒流偏置，然后用户信号通过外调制器对激光器的输出光信号进行调制，以便获得最好的光脉冲信号。目前，广泛使用的调制器是铌酸锂（$LiNbO_3$）调制器。

2.2.3 光双二进制滤波调制

光双二进制（ODB，Opical Duobinary）编码技术能使具有两个状态（“0”和“1”）的数字脉冲信号，经低通滤波后转换为具有三个状态（“1”“0”“–1”）的信号，如图 2-23 所示。双二进制编码本质上还是一种二进制编码，它按照一定的规则将“0”转换成“+1”和“–1”,“1”转换成“0”。但实际中，为了应用方便,“1”对应“+1”和“–1”,“0”对应“0”。

这种技术与一般的幅度调制技术比较，信号谱宽几乎是 NRZ 信号的一半，这就使得相邻信道的波长间距可以减小，从而可扩大信道容量。ODB 调制信道间距可为 50 GHz，光谱效率为 0.6 bit/s/Hz。ODB 调制系统在背靠背连接时，提供 300 ps/nm 宽幅的色散补偿范围。40 Gbit/s ODB 系统的 LD 发射功率与现有的 10 Gbit/s 系统设计规范兼容。

图 2-23（a）表示光双二进制（ODB）调制的波形图和频谱图，图 2-23（b）表示光双二进制（ODB）调制的实现方法，将产生的双二进制信号输入电光调制器 MZM，使 MZM 工作在推挽状态，光信号的“ON”状态表示电信号的“–1”和“+1”状态，且有“0”和“π”相位之分；光信号的“OFF”状态表示电信号的“0”状态，由此产生了三个状态的 ODB 信号。这里 MZM 起一个 ODB 滤波器的作用。

在接收端，因为接收到的光信号“ON”状态对应电信号的“–1”和“+1”，具有相同的光功率，不同的是相位相差 π，所以 ODB 的解码可用常规的平方律光电转换器实现。因此，普通的非归零（NRZ）码光接收机就可以接收 ODB 信号，如图 2-23（b）所示。

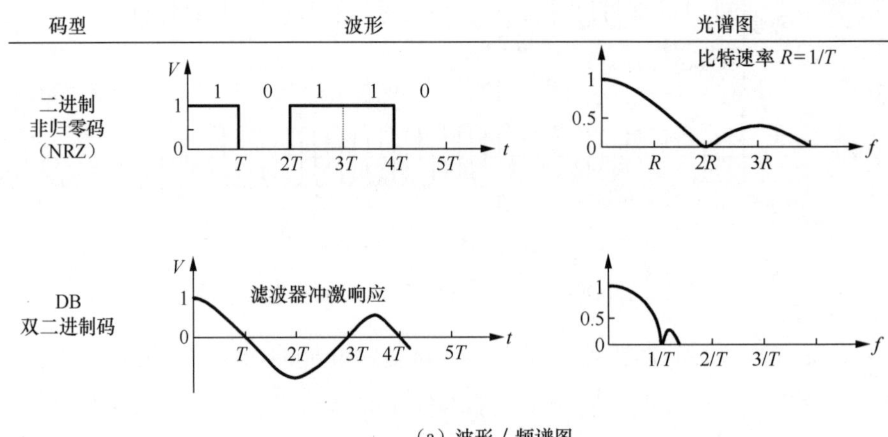

（a）波形 / 频谱图

图 2-23 光双二进制（ODB）调制[70]

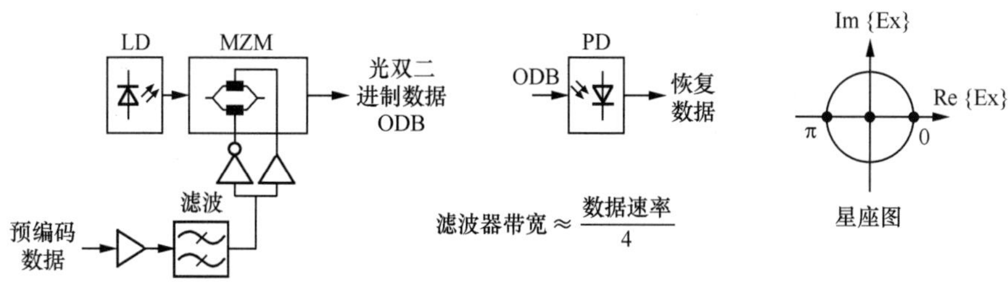

（b）实现方式

图 2-23　光双二进制（ODB）调制[70]（续）

2.2.4　差分相移键控（DPSK）

差分相移键控（DPSK）线路编码具有平衡检测能力，可以提供 3 dB 的光信噪比容限，已经被用于超长距离传输系统。

DPSK 线路编码与相移键控（PSK）/ 相干探测相比，比特被连续比特间的相位差编码，所以这种编码方式称为差分 PSK。DPSK 光纤通信系统不再发送信号的强度，而是发送相邻两个比特信息的相位差（0 或 π）。

图 2-24 给出了 DPSK 传输系统的发送机、接收机和星座图。由图可见，光发射端 DPSK 调制用马赫—曾德尔调制器（MZM）完成，光接收端用 1 比特延迟光干涉平衡接收机实现。对于较大 PMD 线路，需要 PMD 补偿。由于 DPSK 调制系统光谱宽，滤波性能差，接收机使用延迟干涉器，正好可以增加滤波性能，提高色散容限，达到减少延迟的目的。

采用 DPSK 调制，可以在传统的 G.652 光纤线路上传输 40 Gbit/s 信号，传输距离达到 1 500 km，色散容限为 180 ps/nm，PMD 容限仅为 3.5 ps。

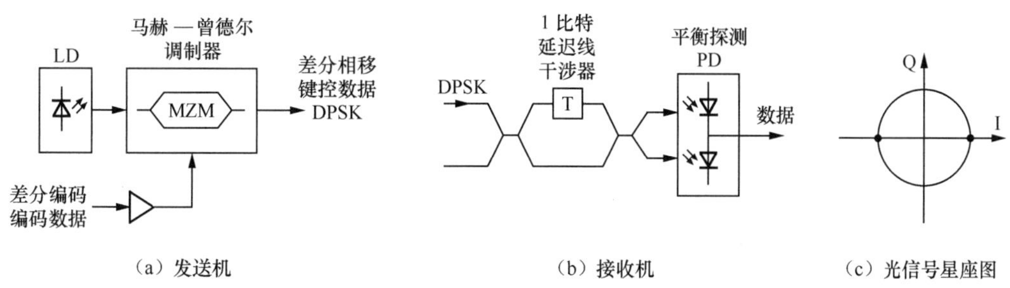

（a）发送机　　（b）接收机　　（c）光信号星座图

图 2-24　DPSK 传输系统的光发送机、接收机和星座图

图 2-25 表示二进制非归零码（NRZ）调制、归零码（RZ）DPSK 调制和 NRZ

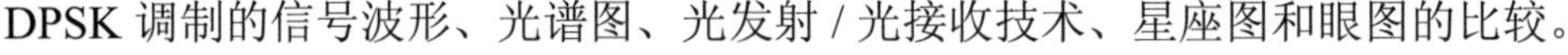

DPSK 调制的信号波形、光谱图、光发射 / 光接收技术、星座图和眼图的比较。

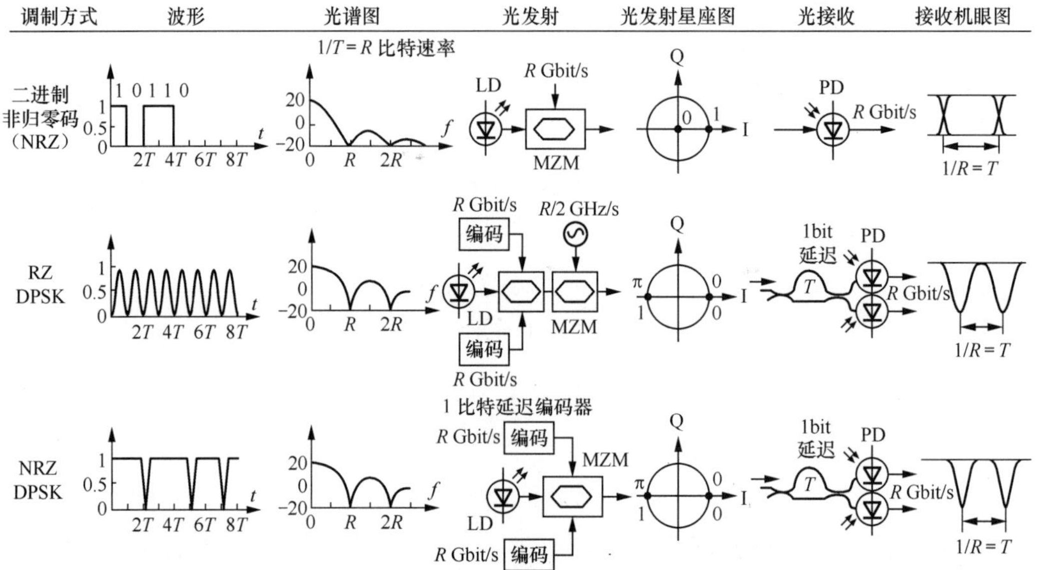

图 2-25　DPSK 调制格式及其与二进制 NRZ 调制的比较 [5]

使用 MZ 实现 NRZ-DPSK 调制时，电压幅值 $2V_\pi$ 的 NRZ 电信号经 1 比特延迟编码后驱动 MZM，该调制器工作点偏置在半波电压处，如图 2-26 所示。

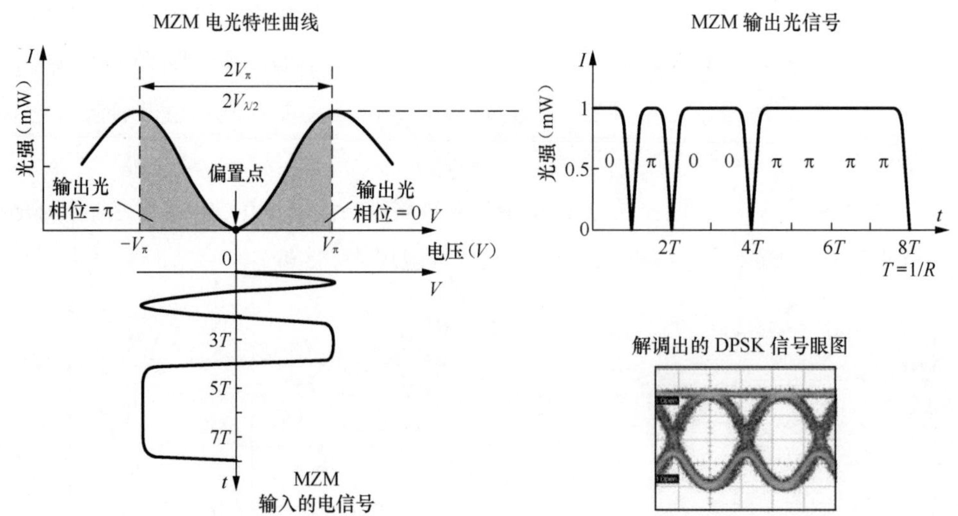

图 2-26　使用马赫—曾德尔调制器（MZM）实现 NRZ-DPSK 的光发射 [5]

在接收端，使用 1 比特延迟光干涉解复用器，延迟光和没延迟光在干涉器输出端产生一个相长干涉或相消干涉的两路输出光信号，然后送到平衡接收机。这种接收机将差分相移调制光信号转换成调幅光信号。平衡光接收机由两个光探测器和差分电放大器构成，这种接收机的平衡调幅输出眼图如图 2-26 右下角所示，眼图张开度是标准 NRZ 接收机眼图的两倍，从而导致 3 dB 灵敏度的提高。

与调幅类似，使用相同占空比的 RZ 线路编码，也可以应用于 DPSK，从而进一步抵御噪声和非线性的影响，这种调制格式称为 RZ-DPSK，其调制信号波形、光谱图、光发射 / 光接收技术、星座图和眼图如图 2-25 所示。

2.2.5 差分正交相移键控（DQPSK）

我们知道，多进制信号与二进制信号相比，可以减小数字信号的带宽。DQPSK 是一种 4 进制的调制格式，其符号率减少了一半，每个符号传输两个比特的信号，由于符号率是比特速率的一半，与标准的 NRZ 调制格式相比，信号频谱也减小了一半，如图 2-28 所示，这就减少了对光电器件速度的要求。如果 QPSK 调制又采用偏振 x 和偏振 y 复用，符号率可以减少到四分之一，允许使用低成本的技术。同时，低符号率也减小了信号对一些光传输损伤的敏感性，能够抵御偏振模色散（PMD）和色度色散（CD）的影响。

1. 非归零码差分正交相移键控（NRZ-DQPSK）

DQPSK 作为多电平调制编码格式，这种系统发送每符号两个比特的信息。为了更清晰地说明多电平格式，通常用电场 E 星座图或相位星座图表示，如图 2-28 所示。DPSK 光纤通信系统发送两个相邻比特相位差为 0 或 π 的信息；而 DQPSK 系统，两个数据比特被编码为 0、π/2、π 或 3π/2 中的一个。两个 $B/2$ 速率支路是相位差为 π/2 的同向 I 和正交 Q 支路。这种调制格式与 DPSK 相比，要求更复杂的电子编码器。

NRZ-DQPSK 光发射机使用两个平行的 π/2 相差的 MZM，产生 I/Q 支路信号；而光接收机采用两个平行的 π/2 相差的 MZ 解调干涉器，解调出 I/Q 支路信号，如图 2-27 和图 2-28 所示。支路符号率是二分之一比特速率（$B/2$）。用于 DQPSK 解调的光延迟是 $2T$，而 DPSK 解调器的延迟是 T。两个平衡探测器提供差分 I/Q 输出电信号，两路信号叠加产生每个 I 和 Q 平衡眼图，这类似于图 2-26 表示的 NRZ-DPSK 眼图，但是比特速率只有 NRZ-DPSK 的二分之一，如图 2-28 所示。

QPSK 是时间偏置的 4QAM，如图 2-30 所示，即 I 和 Q 之间有 $T_s/2 = 1/(2D)$ 秒时间差的 4QAM，这里 $D = R/L$，是符号率。

2. 归零码差分正交相移键控（RZ-DQPSK）

归零线路编码可以应用到差分正交相移键控（DQPSK）调制中，而占空比 50% 的 RZ-DQPSK，其 RZ 码调制频率就是符号率，是比特率的一半；但同样情况，占空比 50% 的 RZ-DPSK，RZ 调制频率却对应比特率。

归零码差分正交相移键控（RZ-DQPSK）调制信号发射机如图 2-27 和图 2-28 所示，与 NRZ-DQPSK 类似，不同的是串接了一个被 $B/2$ 电信号调制的 MZ 调制器。而光接收机却与 NRZ-DQPSK 的完全相同。

RZ-DQPSK 传输制式每符号传输 2 比特，对于 43 Gbit/s 系统，其符号率减小到 21.5（43/2）Gbaud。图 2-27 表示 RZ-DQPSK 光传输系统的光发送机、接收机和星座图。RZ-DQPSK 传输系统的现场实验表明，它可以在波长间距 50 GHz 的网络中传输 1 000 km。

图 2-27（d）表示输入光为行波的 MZM DQPSK PIC 芯片的显微图，芯片尺寸为 7.5 × 1.3 mm^2，电光相互作用长度 3 mm，π/2 相移长度 1.5 mm，射频输入为差分输入。图 2-28 为 DQPSK 调制格式及其与 NRZ 调式比较结果。

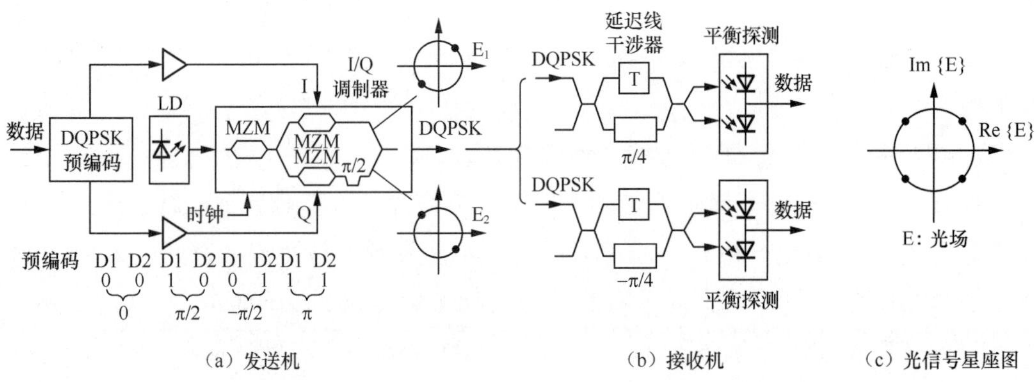

（a）发送机　　（b）接收机　　（c）光信号星座图

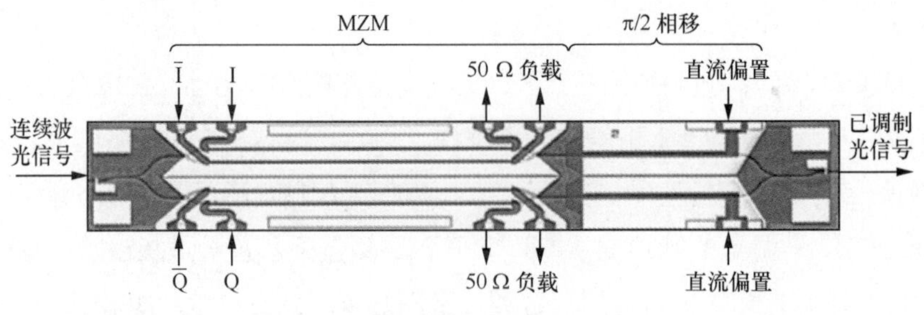

（d）行波 MZM DQPSK PIC 芯片

图 2-27　RZ-DQPSK 传输系统光发送机、接收机和星座图

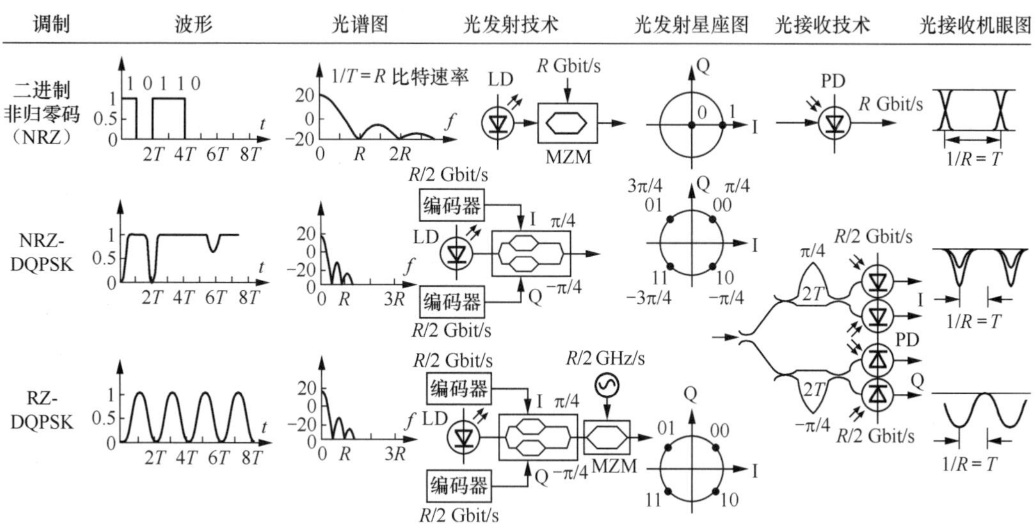

图 2-28 DQPSK 调制格式及其与 NRZ 调制格式比较[5]

3. 偏振复用差分正交相移键控（PM-DQPSK）

采用偏振复用技术，可以产生两个正交偏振的 QPSK 信号，因此 PM-DQPSK 以一个比特的四分之一符号率工作。

QPSK 光调制器的构成其实很简单，它可以由 4 个马赫—曾德尔单边带调制器（MZM）构成。它们是在 0.1 mm 厚的铌酸锂（$LiNbO_3$）基板上制作的参数相同的两个平行马赫—曾德尔调制器（Mach-Zehnder Modulater），参数相同指的是均为单边带调制器、均采用频移键控（FSK）和行波共平面波导电极等。DQPSK 光调制器包含两个主 MZ 干涉仪，每一个主干涉仪又内嵌两个子干涉仪。对于 DQPSK 调制，两个二进制数据流分别加到两个马赫—曾德尔调制器（MZM_A 和 MZM_B）插拔电极上，以便控制同相 I 成分和正交 Q 成分。

PM-DQPSK 传输两路正交偏振 DQPSK 信号，因此每符号传输 4 比特，符号率为四分之一数据速率，10.75 Gbaud 符号率相当于 40 Gbit/s 数据率，25 Gbaud 符号率相当于 107 Gbit/s 数据率。在接收端，使用具有数字信号处理（DSP）技术的相干接收机，补偿经传输和偏振解复用后产生的信号畸变。

图 2-29 所示为 PM-QPSK 传输系统的发送机、接收机和星座图。

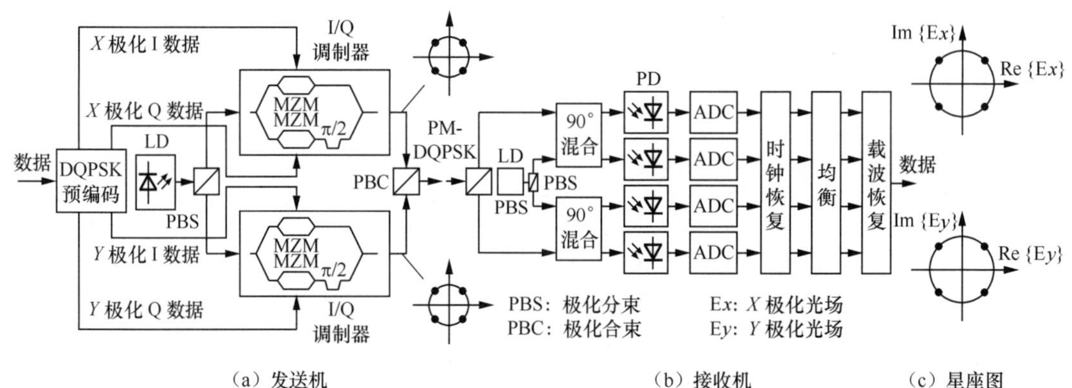

（a）发送机　　（b）接收机　　（c）星座图

图 2-29　PM-QPSK 光传输系统光发送机、接收机和四电平正交相位调制光信号星座图

表 2-1 表示速率和调制格式对系统性能的影响[27]，以典型的 10 Gbit/s 系统（采用 NRZ 调制）为参考，对常用的几种调制编码方式进行比较。假设 10 Gbit/s 系统归一化传输距离为 1，对于 40 Gbit/s PM-QPSK 系统，由于其调制速率与 10 Gbit/s 系统一样，均为 10 Gbit/s，因此归一化距离也为 1。光双二进制编码（ODB）和 DPSK 40 Gbit/s TDM 系统的调制速率均为 40 Gbit/s，由于调制速率的增加引起色散容限和 PMD 容限的下降，极大地限制了传输距离，其中 ODB 系统的归一化传输距离仅为 0.4，而 DPSK 系统在接收机使用了平衡检测，相对于传统的 OOK 调制格式，在达到相同误码率（BER）时，对 OSNR 的要求降低了 3 dB，因此归一化传输距离达到 0.8。由表可见，PM-QPSK 对色散容限最大，波分选择交换（WSS）引入的功率代价也最低，每符号传输的比特数最多，所以目前高速、高效长距离传输系统均采用 PM-QPSK 调制。

表 2-1　几种调制格式比较[70]

	10 Gbit/s NRZ OOK	ODB	DPSK	DQPSK	PM-QPSK
每符号传输的比特数（bit）	1	1	1	2	4
光谱效率（bit/s/Hz）	0.2	0.6	0.4	0.8	0.8
符号率 [Gbaud（对 100 Gbit/s）]	112	112		56	28
OSNR（0.1 nm）（dB）	20		17	18	15.5
归一化传输距离	1	0.4	0.8	0.65	1
色散容限（ps/nm）	500	300	>180	400	4 000 ～ 50 000
PMD 容限（DGD）（ps）	15	3.5	3.5	8	25 ～ 35
50 GHz WSS 引入的功率代价		低	中高	低	非常低

注：DQPSK 用归零码（RZ），PM-QPSK 既可以用归零码（RZ），也可以用非归零码（NRZ）；
WSS（Wavelength Selective Switches）：波长选择交换；DGD（Differential Group Delay）：差分群延迟。

2017 年，华为技术有限公司网络研究部在 OFC 报道，采用多抽头预编码技术和比奈奎斯特滤波更快的脉冲整形方法，产生了子符号率取样信号，使用取样率 92 GSa/s 的 4 信道 DAC（模拟带宽 30 GHz），每符号 0.76 个取样值（Sample/Symbol），成功地演示了单载波线路速率 483 Gbit/s、DAC 120.75 Gbaud 的 PM-QPSK 系统。实验结果也已证明，120 GHz 波特率的 QPSK 调制可能是超长距离 400G 传输系统的一个优选方案[138]。

2.2.6　数模转换（DAC）正交幅度调制（QAM）

正交幅度调制（QAM）信号的产生如图 2-30 所示，一般来说，QAM 信号星座图不局限于只在一个圆周上的允许信号点。一般 QAM 信号可表示为：

$$s(t) = x(t)\cos\omega_{\mathrm{c}}t - y(t)\sin\omega_{\mathrm{c}}t \tag{2.8}$$

其中相位函数（复包络）为：

$$g(t) = x(t) + \mathrm{j}y(t) = R(t)\mathrm{e}^{\mathrm{j}\theta(t)} \tag{2.9}$$

举例来说，图 2-31 表示一个常用 16 符号（$m = 16$）QAM 星座图。16 个允许信号中的每一个可用（x_i , y_i）表示，这里 x_i 和 y_i 在 4 组中的每一组上均可有 4 个电平值。采用 2 比特（$l/2 = 2$，$l = 4$）DAC 和正交转换调制器，产生 16QAM 信号，该信号波形的同向和正交分量分别为：

$$x(t) = \sum_n x_n h_1\left(t - \frac{n}{D}\right) \tag{2.10}$$

$$y(t) = \sum_n y_n h_1\left(t - \frac{n}{D}\right) \tag{2.11}$$

式中，$D = R/l$，为符号率，发送一个符号需 T_{s} 秒，如果不限制 QAM 信号的带宽，脉冲波形将为 T_{s} 秒宽的矩形；（x_n , y_n）代表在时间 $t = nT_{\mathrm{s}} = n/R = n/D$ 秒符号时间内，星座图（x_n , y_n）中允许的一个值；$h_1(t)$ 代表每个符号的脉冲波形。

在某些应用中，$x_n(t)$ 和 $y_n(t)$ 之间有 $T_{\mathrm{s}}/2 = 1/(2D)$ 秒的时间差，称为时间偏置，$x_n(t)$ 由式（2.10）给出，$y_n(t)$ 则变为：

$$y(t) = \sum_n y_n h_1\left(t - \frac{n}{D} - \frac{1}{2D}\right) \tag{2.12}$$

QPSK 就是常见的一种时间偏置，如图 2-27 所示，$y_n(t)$ 与 $x_n(t)$ 之间有 $\pi/2$ 的相位差，它等价于 $m = 4$ 的 QAM，即 4QAM。

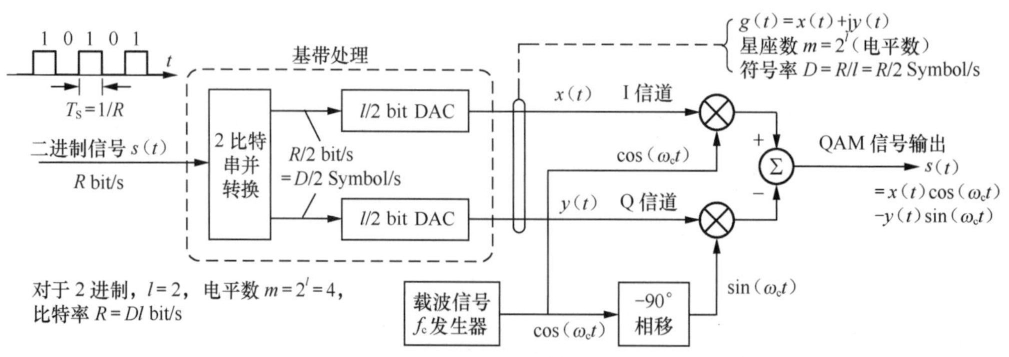

图 2-30 QAM 信号产生电路

QAM 调制同时使用载波信号的幅度和相位信息，它具有两个相位分开 90°（同向相位和正交相位）的成分。一个 2^m 的 QAM 信号在单个时隙中，可以传输 m 比特信号，这里 m 是整数。比如 16QAM，每个符号可以传输 4 个比特信息；64QAM 每个符号传输 6 比特信息；256QAM 是 8 比特，1 024QAM 是 10 比特。一般来说，2^mQAM 可以传输 $\log_2 2^m$ 个比特。也常使用 8QAM 和 32QAM 调制 [5]。

表 2-2 不同调制格式和比特率所对应的每符号比特数、状态数和符号率

调制格式	比特数 / 符号（脉冲）	状态数	比特速率（Gbit/s）	100	200	400
OOK	1 bit/Symbol	1	符号率（Gbaud 或 Symbol/s）	100	200	200
BPSK	1 bit/Symbol	2		100	200	400
QPSK	2 bit/Symbol	4		50	100	200
8QAM	3 bit/Symbol	8		33.3	66.7	133.3
16QAM	4 bit/Symbol	16		25	50	100
64QAM	6 bit/Symbol	64		16.7	33.3	66.6

光波形包括一系列符号（Symbol），给每个符号分配一个符号持续时隙 T_s，并以符号频率 $1/T_s$(Hz) 周期性地更新。符号率用 Symbol/s 或波特（baud）表示。信息率（比特速率 bit/s）可通过符号可能的状态（电平）数从符号率推导出来，如表 2-2 所示。通常，信道容量受限于逐渐增长的比特速率，而不是符号率。如果采用双偏振复用，则符号率还可以减半。

产生一个光 QAM 信号有几种方法，一种是在电域中使用数模转换器（DAC）产生多电平的数字信号，如图 2-31 所示。在两个多电平电信号驱动的单 I/Q 调制器中，分别调制光载波信号的同向和正交相位成分。

在高速发送机中，通常在高速 DAC 前增加一个数字信号处理器（DSP），对输入电数据信号进行调制格式映射，比如 2^mQAM 调制器，当 $m=4$ 时，该调制器就是 16QAM 调制器，此时的 DSP 要对输入数据进行 16QAM 比特 / 符号映射、奈奎斯特脉冲整形、傅里叶变换（FET），在频域进行预均衡等。DAC 输出一个 n 波特（baud）数字信号，对 I/Q 马赫—

曾德尔（MZ）光调制器调制，输出一个 $m \times n$ Gbit/s 的数字信号。对于 16QAM 调制，每个符号携带 4 比特信号，如果 DAC 取样率为 80 GSa/s，输出 65 Gbaud 的信号，则 IQ 调制器的输出为 $m \times n$ = 4 bit/s/Symbol× 65 Gbaud = 260 Gbit/s 的数字信号。对于偏振复用 / 相干检测系统，经偏振复用后，就变成 520 Gbit/s 信号，其净荷就是 400G 信号。

这种结构实现各种 QAM 调制简单而灵活，所以，这种方式在 400G 光传输系统中经常被采用（见第 2.11 节）。但是符号率被 DAC 的工作速度和精度所限制，所以，学术界就提出光数模转换器（ODAC）。

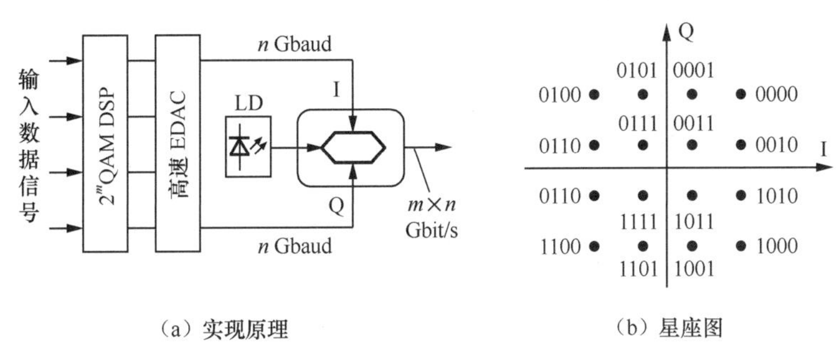

（a）实现原理　　（b）星座图

图 2-31　用数模转换器（DAC）实现 16QAM 信号

2.2.7　光数模转换（ODAC）正交幅度调制（QAM）

1. 数模转换器（DAC）和光数模转换器（ODAC）

由于 IP 流量持续不断地增长，要求通信线路发送越来越高的数据速率，所以，近年来光发送机变得越来越复杂。今天，我们通常把专用集成电路（ASIC）数字信号处理器（DSP）芯片装配在光发送机硬件上，提升其性能。ASIC 和电 / 光转换调制器之间的接口就变得越来越关键。为了产生多电平模拟驱动信号，可使用高速、高分辨率数模转换器（DAC）。首先，该信号被宽带线性驱动器放大，然后输入 MZ 电光调制器。尽管这种发送机有很多优点，但它成本高、功耗大，在有些场合不适用。

采用分段马赫—曾德尔调制器（SM-MZM，Segmented MZM），可以降低光发送机的复杂性，减小其功耗，而不会影响系统性能。最近报道，使用光数模转换器（ODAC）已产生和传输了复杂的调制格式。基于硅光电技术，用两个 2 比特 SE-MZM，产生了 28 Gbaud 16QAM 同向和正交（IQ）信号（JLT 2015, vol.33, no.6, pp1 255—1 260）。基于 InP 技术，实现了 32 Gbaud 64QAM 格式信号无误码传输（OFC 2016, Th5C.6）。最近还报道了基于 InP 技术的 ODAC，产生了 32 Gbaud 256QAM 格式。

2. 光数模转换器（ODAC）

光数模转换器（ODAC）的工作原理是基于分段 MZM，由 n 段 MZM 组成的

SEMZM，如图 2-32 所示[137]。

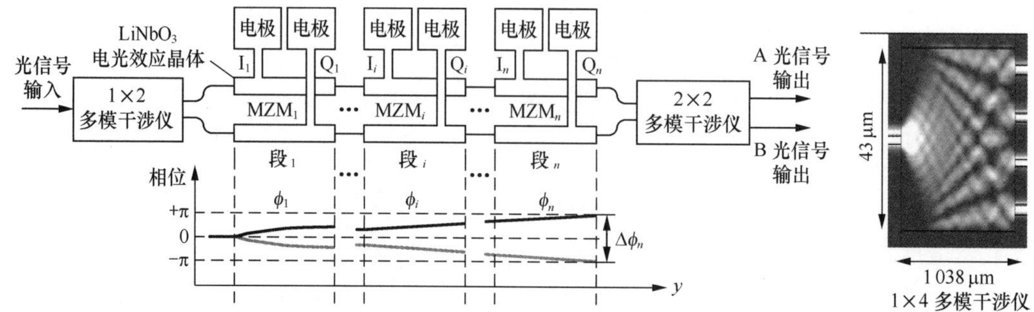

图 2-32　*n* 段 MZM 就能产生 *n* 个量化的相位差，每段可独立驱动和开/关

在这种结构中，包含有源面积的几个电极在电学上是独立的，不同的外加驱动电信号通过电极施加在不同的线性电光效应晶体上。输入光信号经 1×2 多模光干涉仪分成两路偏振光，分别进入不同的线性电光效应晶体波导。在这种推挽式结构中，在外加电压的作用下，两个干涉臂间将引入相位差$\Delta\phi_i$，该相位差随着波导的长度增加，也在不断累积。其结果是，在 2×2 多模光纤干涉仪的输出端，转换成光波的幅度调制（见第 2.2.1 节）。当一段 MZM 被单独驱动时，电信号可以让它接通或断开。使用专门的 IC 驱动阵列，在不同的 MZM 段，提供足够大的电压驱动信号和正确的重定时。这样，只用二进制输入电信号，就获得了多电平的光信号，无须 DAC 和线性放大器，如图 2-33 所示。

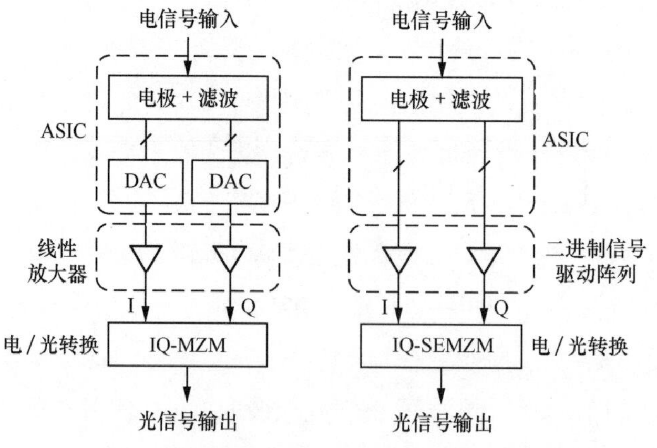

（a）使用传统 MZM 的电数模转换器（DAC）　（b）使用分段 MZM（SEMZM）的光数模转换器（ODAC）

图 2-33　双信道 IQ MZ 调制器发送机原理

在 InP 衬底上，已制造出 15 段结构相同并排连接在一起的 IQ-SEMZM，并用两个专用 SiGe 驱动阵列驱动。根据二进制驱动信号的数量，把驱动芯片和 15 段 MZM 均分成 4 组，一组芯片驱动一组 MZM，要么使输入信号接通，要么使输入信号断开，于

是构成了一个以不同格式调制光信号的发送机，如图 2-34 所示。

使用二进制模式发生器（BPG）产生 4 路符号率为 32 Gbaud 的电信号，正向数据输入调制器 I 端，反向数据经延迟后输入 Q 端。离线 DSP 完成 FEC、载波相位恢复、适配均衡，然后送入误码计数器。

实验中，IQ-SEMZM 偏置在其特性曲线的零点，如图 2-26 所示，使其工作在线性区。在不同的调制格式（16QAM、64QAM 和 256QAM）下，测量背靠背 BER 与 OSNR 的关系曲线，并在测试台上产生 32 Gbaud 的符号率星座图。

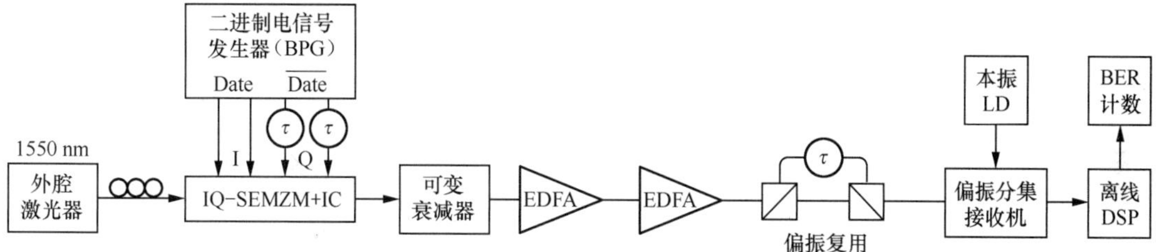

图 2-34　使用 ODAC 的 32 Gbaud 灵活 M-QAM 发送机（背靠背连接）

完全取代 DAC，要求 IQ-SEMZM 具有高分辨率和高取样率，相信通过进一步优化 SEMZM 和它的专用驱动阵列设计，我们可以实现这一目的。

3. 2 个并行 I/Q 调制器实现 16-QAM 信号

基于 SEMZM 的光合成技术，可以实现 16QAM。这种技术使用几个并联结构的 I/Q 调制器，每个调制器被二进制电信号驱动。这种格式的 16QAM 信号调制器如图 2-35 所示，这里两个 QPSK 信号耦合进入 I/Q 调制器，而两个信号的幅度是 2:1。这种技术适合高速工作，使用 n 个并行 I/Q 调制器，产生 2^{2n}QAM 信号（n 为整数）。随着调制器数量的增加，这种调制器的复杂性也增加。

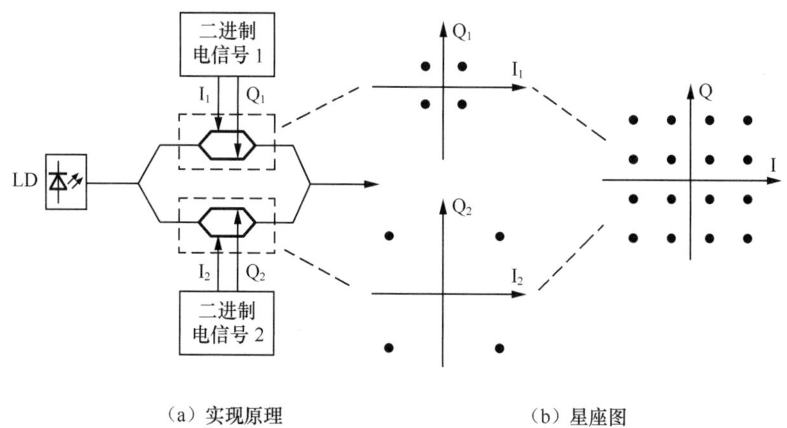

（a）实现原理　　（b）星座图

图 2-35　用两个并行 I/Q 调制器实现 16QAM 信号

4. 串联 / 并联多个光调制器实现多电平 QAM 调制

串联多个光调制器也可以实现多电平 QAM 调制。在这种情况下，每个调制器被二进制电信号驱动。16QAM 的产生如图 2-36 和图 2-37 所示。在这种光合成技术中，每个调制器只要求两个电平驱动信号，从而避免高速工作时对 DAC 精度的限制。因为该技术是串联结构，因此没有并行比特流间的同步问题。

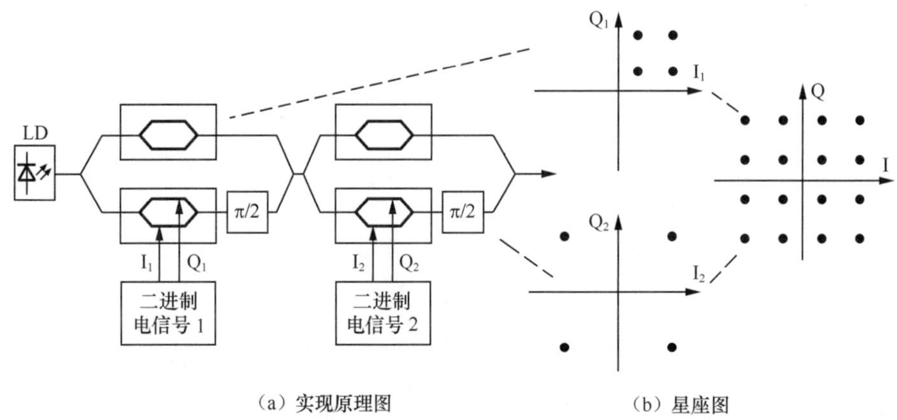

（a）实现原理图　　（b）星座图

图 2-36　级联 2 个 I/Q 调制器实现 16QAM 信号

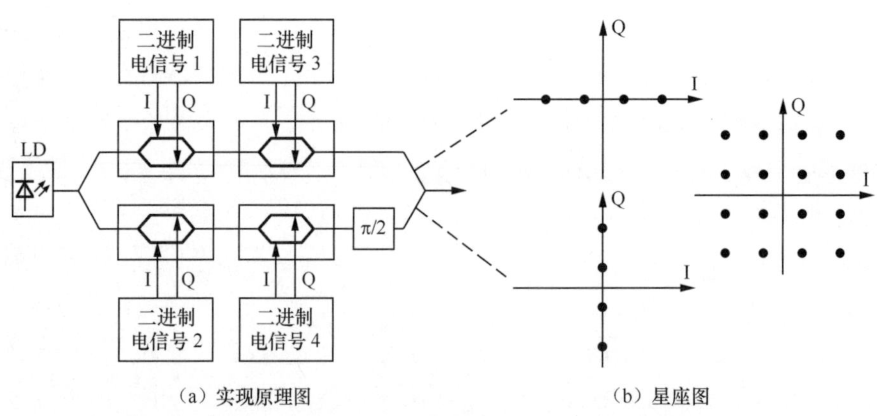

（a）实现原理图　　（b）星座图

图 2-37　并联 2 个串联的 I/Q 调制器实现 16QAM 信号调制 [5]

在接收端可用相干接收机接收这种信号，输入光信号通过 90° 混频和平衡光接收机转换成电信号。使用一个模数转换器（ADC）和一个数字信号处理器（DSP）解调出发送端输入的电信号。因为使用了 DSP，这种接收机可以补偿色度色散和偏振模色散引起的损伤。

偏振复用技术可以产生偏振分割复用（PDM）QAM 信号，从而使比特率加倍，符号率减少，光谱利用率扩大。

据报道，残留边带归零码（VSB-RZ）$LiNbO_3$ 调制器调制使 19 GHz 波长间隔、200×11.4 Gbit/s 的 DWDM 信号无电中继器传输了 9 200 km。

2.2.8 多维调制及几种调制格式比较

在前边介绍的 QPSK、8QAM、16QAM 等调制系统中，输入带通信号通常被分开送入两个信道，一个传送 $x(t)$ 信号，称为同向（I）信道；一个传送 $y(t)$ 信号，称为正交（Q）信道，也可以称为 I 维信道和 Q 维信道。如果采用偏振复用 QPSK 调制（PM-QPSK），两个偏振光信号同时携带编码的数据光信号，即 x 偏振携带 I_x 信号和 Q_x 信号，y 偏振携带 I_y 信号和 Q_y 信号，即有 I_x、Q_x、I_y 和 Q_y 4 个维度（4D）的光信号。两个偏振光分别携带 8QAM 的 3 比特编码，则有 6 个可能的状态，表 2-3 给出了其他调制格式每符号携带的比特数即频谱效率（bit/s/Hz），如图 2-38 所示。

表 2-3　偏振复用后不同调制格式每符号携带的比特数

	BPSK	QPSK	8QAM	16QAM	32QAM	64QAM	128QAM
每符号携带的比特数	1	2	3	4	5	6	7
每偏振每符号携带状态数［频谱效率（bit/s/Hz）］	2	4	6	8	10	12	14

图 2-38 所示为香农限制和不同调制格式的频谱效率与 SNR 的关系，由图可见，QAM 调制比 QPSK 调制和 BPSK 调制更容易接近香农限制。所以，下一代海底光缆通信系统采用 QAM 调制。

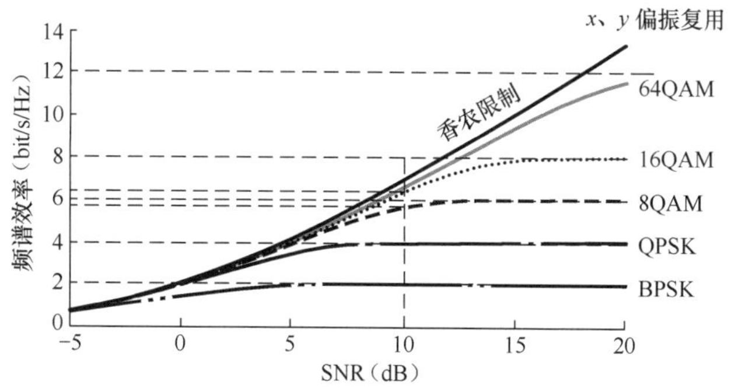

图 2-38　不同调制格式的频谱效率与 SNR 的关系[97]

利用相位对称性原理，可以实现 6 维调制（6D）。例如，对于 4 维调制的 QPSK 调制器，两个支路相差 π/2，如图 2-27 所示；6 维调制时可以改变为 2π。

有人进行了用 60 个 WDM 信道信号传输 6 600 km 后的线性和非线性代价的实验，实验比较了概率整形 64QAM（PS64QAM，Probabilistically-Shaped 64QAM）、64QAM 和 32QAM 的性能，PS64QAM 具有 0.2 bit/Symbol 的能力，在相干检测跨洋海底光缆通信系统应用中，比 64QAM、32QAM 和 64APSK 系统具有更优越的性能[135]。32QAM、64QAM、PS64QAM 和 64APSK 的星座图如图 2-39 所示。

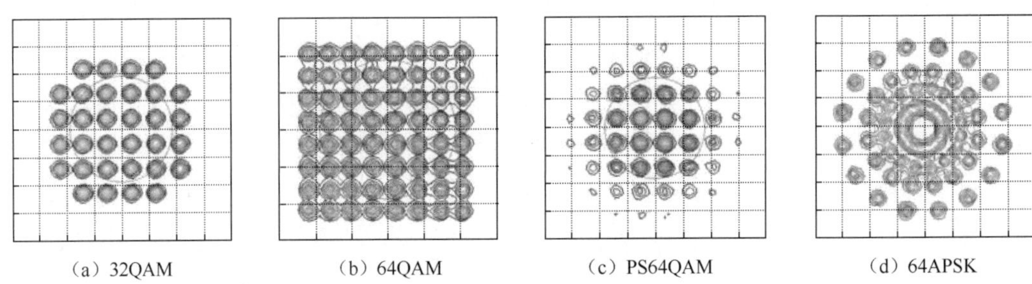

（a）32QAM （b）64QAM （c）PS64QAM （d）64APSK

图 2-39 几种调制格式的星座图

2.2.9 高符号率系统使用的快速 DAC

在 10 Gbit/s 和 40 Gbit/s 速率以下的光纤通信系统中，传输的是二进制脉冲信号，通过 MZ 调制器对光信号调制，直接转变为光脉冲信号；在接收机，把光脉冲信号恢复成电脉冲信号，提取时钟，经判决电路恢复成二进制数字信号，所以不需要 DAC 和 ADC 电路。

但在单载波 100 Gbit/s 和 400 Gbit/s 高速光纤通信系统中，光纤传输的是多电平光数字信号（人们把这种 QPSK 信号和 *m*QAM 信号误称为模拟信号），这就必须在发送端用 DAC 先把二进制信号转换为多电平（*L* 进制）数字信号，在接收端用 ADC 把多电平数字信号转化成二进制数字信号[53]，因此，DAC/ADC 芯片的性能直接影响着高速光纤通信系统的传输速率。

为了扩大系统容量，未来光通信系统需要较高的符号率，维持合理数量的被调制光载波，为此，可采用各种技术，如表 2-4 所示。用电学方法，一个 DAC 可以产生相当高的符号率。最快可用的 CMOS 集成 DAC 具有 8 bit 的标称分辨率、20 GHz 6 dB 带宽和 92 GSa/s 取样速率。最快的 SiGe DAC 具有 6 bit 标称分辨率、40 GHz 3 dB 带宽和 100 GSa/s 取样速率。经实践，实验人员使用 SiGe DAC，演示产生了 72 Gbaud 64QAM 信号。用于单载波容量 1.08 Tbit/s 的 93 Gbaud 64QAM 系统已成功进行了演示，虽然只有 3 dB 较低分辨率，但差分输出电压摆幅达 4 V。借助多个高速二进制复用器，全部用电子方法实现了较高的多电平符号率，该复用器较小的输出被无源复合，分别产生了 107 Gbaud 和 120 Gbaud 16QAM 的信号；也产生了二进制电驱动信号，高达 138 Gbaud 的 QPSK 信号。

表 2-4 电学产生单载波大容量技术研究记录

单载波大容量技术	符号率(Gbaud)	调制格式	线路速率（Gbit/s）	参考文献
复用	107	16QAM	865	ECOC 2016, M1.C.5
	120	16QAM	960	OFC 2016, Tu3A.2
	138	QPSK	554	IEEE Photo. J.8, 2016
集成 DAC	72	64QAM	864	OFC 2014, Th5C.8
	90	64QAM	1080	IPC 2015, Post-deadline Paper
数字带宽间插	180	QPSK	360（单偏振）	OFC 2017, Tu2E.3[139]
	195	脉冲幅度调制（PAM4）	390（用电子方法）	OFC 2017, Tu2E.3

实验室也使用光复用技术，包括光频合成和光时分复用来增加符号率。然而，光复用技术要求多个相干光载波和多个电光调制器，常常要求在复用通道间进行光相位控制。

因此，有人用数字带宽间插（DBI，Digital Band Interleaving）技术实现超宽度 DAC[139]。该方法用数字技术将宽带电信号分割为多个窄带信号，通过几个低带宽 DAC 完成数模转换（DAC）。然后，多个 DAC 数字信号上行转换并复合在一起，构成一个宽带信号，如同一个单宽带 DAC 产生的一样。电频率合成方法使用高速线性选择器来产生高符号率的 DAC。所有电学方法产生的高速电信号只使用一个光调制器，就可以让光载波携带，排除对光相位控制的需要。使用同步射频本地振荡器射频混合器，完成频带间插，提供取样率 240 GSa/s、模拟带宽 100 GHz 的 DAC。这样，用三个 35 GHz 的低速 DAC，就产生了 195 Gbaud 奈奎斯特整形后的脉冲幅度调制 4（PAM-4）信号和 180 Gbaud 奈奎斯特整形后的光 QPSK 信号。

日前，中国科学院微电子研究所成功研发出了 30 GSa/s 采样率、18 GHz 频带和 6 bit 有效位的 DAC 和 ADC 芯片，该芯片已在烽火科技集团有限公司构建的 1 Tbit/s 相干光传输系统上进行了应用验证。DAC 芯片参数为芯片面积 3.0×2.8 mm^2，集成了 24 路高速串行数据接收器，以及 4:1 复用高速电路，支持 30 GSa/s 采样率全速工作，芯片总功耗 6.2 W。ADC 芯片面积为 3.9×3.3 mm^2，采用 4 路交织复用，芯片输出采用 24 路高速串行数据接口，支持 30 GSa/s 采样率全速工作，总功耗 8 W。芯片 3 dB 带宽 18 GHz，30 GSa/s 采样率低频有效位 5 bit，高频有效位 3.5 bit。

2.3 前向纠错技术

2.3.1 前向纠错技术概述

今天，前向纠错（FEC）技术已经广泛地应用于光纤通信系统中。这种技术既可以在损耗限制系统中使用，也可以在色散限制系统中使用，但在高比特率、长距离的色散限制系统中使用更为重要。它使光纤通信系统在传输中产生的突发性长串误码和随机单个误码得到纠正，提高了通信质量；同时，提高了接收机灵敏度，延长了无中继传输距离，增加了传输容量，放松了对系统光路器件的要求。前向纠错技术是提高光纤通信系统可靠性的重要手段。

在色散限制系统中，信息传输速率达到 Gbit/s 量级时，经常出现不随信号功率变化的所谓背景误码（Dribble Errors）效应。这种背景误码主要由多纵模激光器的模式噪声、啁啾声和光路器件引入的反射效应引起，以及由单纵模激光器中的部分模式噪声和模跳变效应引起。目前，克服这种误码效应的办法通常是在系统中加入光隔离器以防止光反射，采用外调制技术以防止啁啾噪声，采用高性能单频激光器以防止模式噪声。但是，采用上述措施，将使光纤通信系统造价增加，但效果并不理想。将前向纠错技术引入色散限制光纤通信系统，效果最好。

2.3.2 ITU-T 前向纠错标准和实现方法

前向纠错（FEC）是一种数据编码技术，该技术通过在发送端传输的信息序列中加入一些冗余监督码进行纠错。在发送端，由发送设备按一定算法生成冗余码，插入要传输的数据流中；在接收端，按同样的算法对接收到的数据流进行译码，根据接收到的码流确定误码的位置，并进行纠错。比如，发送端在 SDH STM-1 信号（155 Mbit/s）的开销字节中，插入总字节 7% 的冗余纠错码，对发射信号进行前向纠错（FEC）编码；在接收端，对传输过程中产生的误码，通过奇偶检验进行监视并纠正，可使比特误码率减小和接收灵敏度提高，如图 2-40 所示。由图可见，接收机灵敏度可提高 5 dB，输入误码率为 10^{-3} 时，输出误码率可减小到 10^{-6}；当输入误码率为 10^{-4} 时，输出误码率可进一步减小到 10^{-14}，提高了 10 个数量级。图 2-41 所示为 2.5 Gbit/s 信号传输 480 km 之后，经前向纠错后接收机灵敏度在 BER = 10^{-9} 时提高了 5.7 dB。FEC 技术在光通信中的应用主要是为了获得额外的增益，即净编码增益（NCG，Net Coding Gain）。

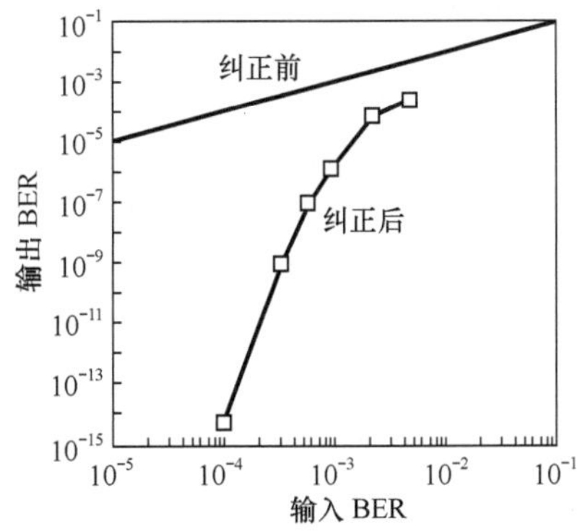

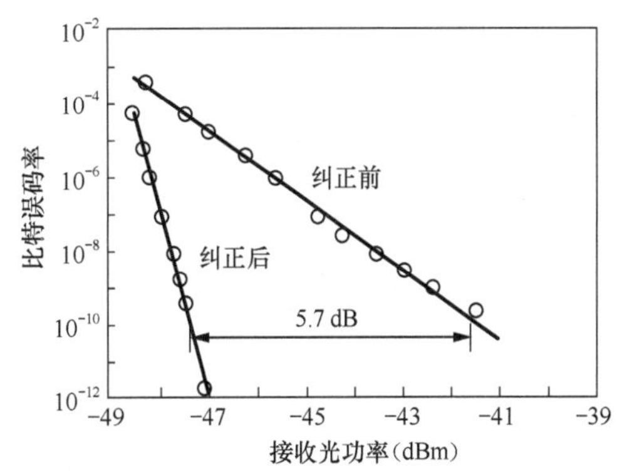

图 2-40　FEC 使 BER 减小和接收灵敏度提高　图 2-41　采用 FEC 前后的 BER 与接收光功率对比

2000 年 10 月，ITU-T 制定了 G.975 建议，规定用 RS（255，239）码，即规定信息码组长度为 239 bit，FEC 冗余码组长度为 16（255–239）bit，所以冗余率为（255–239）/239 = 6.69%。这种 EFC 可以纠错 8 字节的码字，使用插入 16 字节的帧，可以纠错 1 017 个连续误码比特，误码纠错的性能很容易被计算出来。通过 RS（255, 239）编码，允许输入端的 $BER_{in} = 1.8 \times 10^{-4}$（如果 $BER_{ref} = 10^{-12}$），编码增益为 5.9 dB，净编码增益 NCG 为 5.6 dB，码率为 0.937（239/255）。这里定义净编码增益 NCG 为：

$$NCG = 20\lg\left[\text{erfc}^{-1}(2BER_{ref})\right] - 20\lg\left[\text{erfc}^{-1}(2BER_{in})\right] + 10\lg R\ (\text{dB}) \tag{2.13}$$

式中，BER_{ref} 一般取 10^{-12}，BER_{in} 为 FEC 解码器的输入信号 BER，编码效率 R 为 FEC 前的比特率与 FEC 后的比特率之比，erfc^{-1} 是误差函数 erf(x) 的互补函数。

2004 年 2 月，ITU-T 为高比特率 WDM 海底光缆系统 FEC 制定了 G.975.1 建议，规定了 8 种级联码型。这是一种比 G.975 建议 RS（255, 239）码具有更强纠错能力的超级 FEC（SFEC，Super FEC）码。大部分是用里德—所罗门（RS，Reed-Solomon）编码（内编码）和其他的一些编码方式（外编码）级联而成。RS 编码方式是由 Reed 和 Solomon 提出的一种多进制 BCH 编码。BCH 码是 Bose、Ray-Chaudhuri 与 Hocquenghem 的缩写，是编码理论尤其是纠错码中研究较多的一种编码方式。这 8 种 SFEC 是：

RS（255, 239）编码和 CSOC 编码级联（G.975.1-1.2）；

BCH（3 860, 3 824）编码和 BCH（2 040, 1 930）编码级联（G.975.1-1.3）；

RS（1 023, 1 007）外码和 BCH（2 047, 1 952）内码级联（G.975.1-1.4）；

RS（1 910, 1 855）外码和汉明乘积（512, 502）×（510, 500）内码级联（G.975.1-1.5）；

低密度奇偶校验（LDPC）（G.975.1-1.6）；

两个正交级联 BCH 码（G.975.1-1.7）；

RS（2 720, 2 550）码（G.975.1-1.8）；

两个交织扩展 BCH（1 020,988）码（G.975.1-1.9）。

级联码由两个取自不同域的子码（一般采用分组码）串接而成长码，不需要长码所需的复杂译码设备，且具有极强的纠突发和随机错误能力。理论上，通常采用一个二进制码作为内编码，采用另一个非二进制码作为外编码，组成一个简单的级联码，其原理实现如图 2-42 所示。

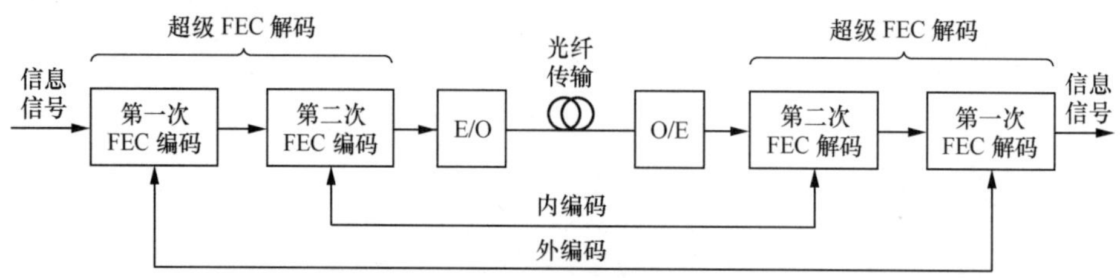

图 2-42　级联码原理实现框图 [13]

当信道产生少量的随机错误时，系统可以通过内编码纠正；当产生较大的突发错误或随机错误，以致超过内码的纠错能力时，系统用外编码纠正。内译码器产生错译，输出的码字有几个错误，但这仅相当于外码的几个错误符号，外译码器能较容易地纠正。因此，级联码用来纠正组合信道错误以及较长的突发性错误非常有效，而且编译码电路实现简单，且需要较少的代价，所以非常适合在光纤通信中使用。

图 2-43 所示为 G.975.1 建议的 FEC 帧结构。

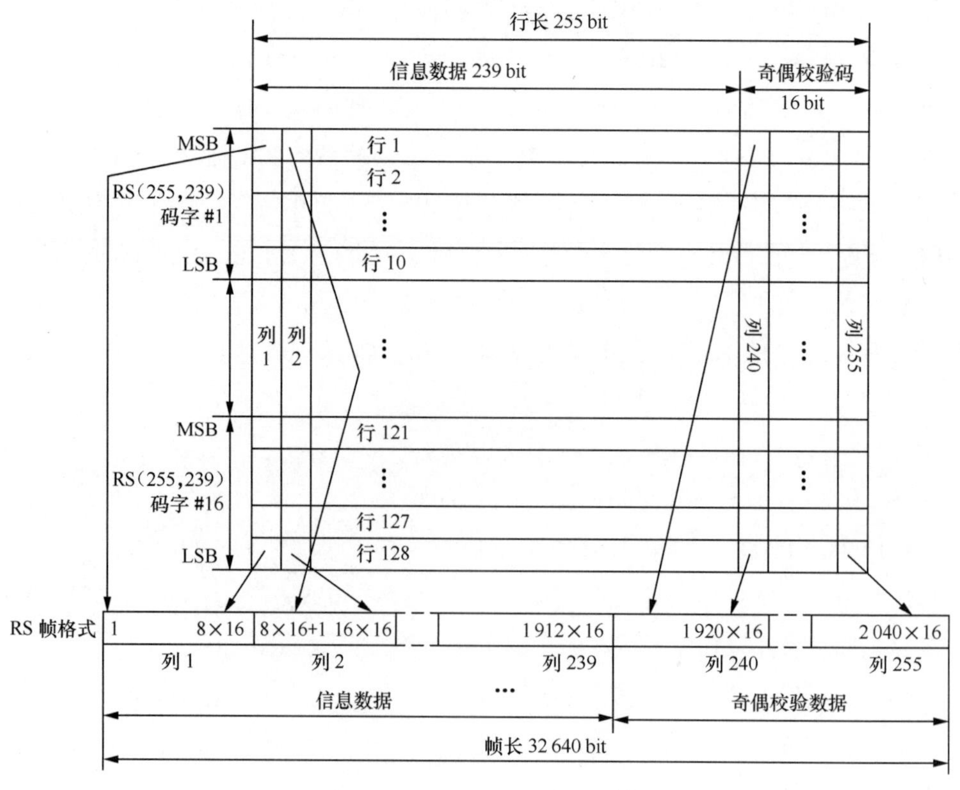

图 2-43　G.975 FEC 帧结构 [12]

SFEC 基于软件判决和循环解码，其净编码增益可以达到 10 dB 以上，可以对输入 BER_{in} 的要求从 2×10^{-13} 降低到 2×10^{-2}，此时判决前的眼图即使张开得很小，信号几乎淹没在噪声中，经过 SFEC 后，也可以不产生误码。

图 2-44 所示为 SFEC 的解码特性与纠错能力，图 2-44（a）表示输出 BER 与输入 BER 的关系，图 2-44（b）表示比特误码率与 Q 参数的关系。Q 参数和 BER_{in} 的关系是（见第 5.2.3 节）：

$$Q = 20\ \lg[\mathrm{erfc}^{-1}(2\mathrm{BER}_{\mathrm{in}})] \quad 或 \quad \mathrm{BER}_{\mathrm{in}} = \frac{1}{2}\mathrm{erfc}(\frac{Q}{\sqrt{2}}) \tag{2.14}$$

低密度奇偶校验码（LDPC）是一种线性码，由一个很稀疏的奇偶校验矩阵定义。1960 年被 Robert Gallager 发明，但长期被忽略，直到 1966 年重新被发现。它具有非常好的编码增益性能，具有与 Turbo 码一样好的性能，但实现成本却较低，最大的问题是如何把它集成在一个芯片上。LDPC 的误码纠正性能是，码型为不规则的类循环 LDPC 码，码字长 8 148，信息长 6 984，循环次数 16 次（包含初始化），噪声模型 AWGN。

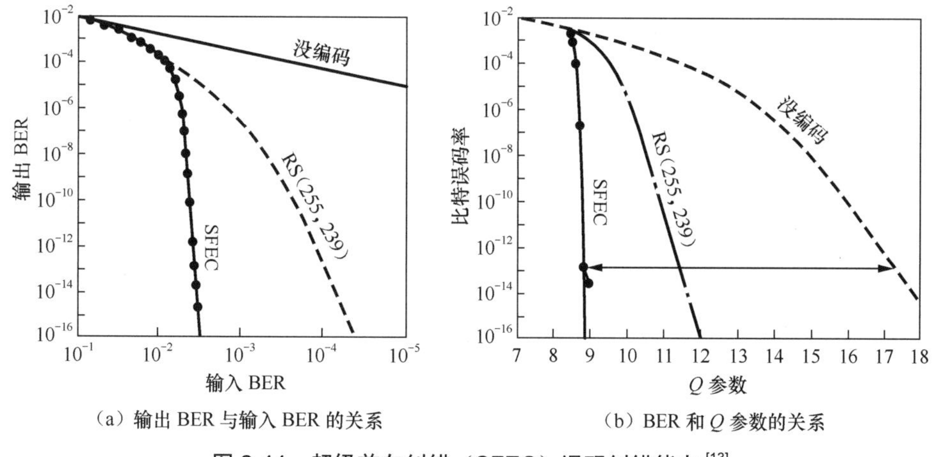

（a）输出 BER 与输入 BER 的关系　（b）BER 和 Q 参数的关系

图 2-44　超级前向纠错（SFEC）误码纠错能力 [13]

为了实现高比特率传输，系统需并行处理编码 / 解码，即使用分路器，把总的比特速率分解为数个速率较低的支路数据流，然后对每一路进行编码 / 解码，最后再用合路器把编 / 解码后的几路数据流合在一起，如图 2-45 所示。

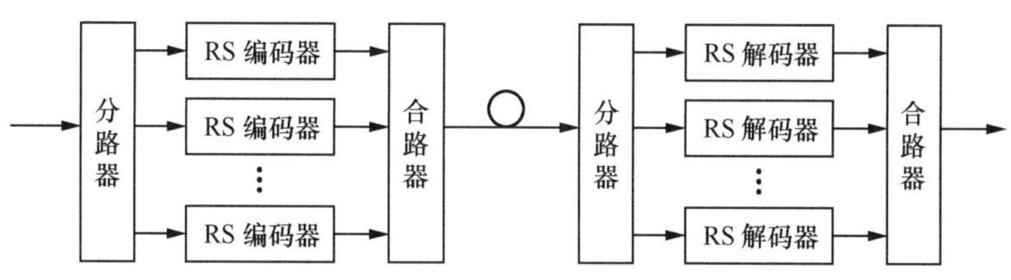

图 2-45　使用 FEC 的光纤传输系统

2.4 光纤技术

2.4.1 超低损耗光纤对海底光缆通信系统的重要性

为了保持与迅猛发展的世界电信业务同步增长的需要，基于 100 Gbit/s 数字相干技术和使用非色散管理光纤线路的大容量海底光缆系统，已得到积极地开发。这种大容量超长距离系统实现的主要挑战是提高系统 OSNR。在这种系统中，色散（CD）和偏振模色散（PMD）产生的线性损伤被数字信号处理器（DSP）均衡，Q 参数几乎与 OSNR 成比例增加。为了提高系统的性能，市场对低损耗、小非线性效应光纤的需求与日俱增。事实上，当今海底光缆光纤的标准传输损耗是 0.16 dB/km，而最近开发并批量生产的纯硅芯光纤（PSCF，Pure Silica Core Fiber），在 1 550 nm 波长，损耗已降低到 0.15 dB/km，并具有 110 ～ 130 μm^2 足够大的有效芯径面积[60]。

对长距离海底光缆通信系统来说，光纤损耗是首要考虑的因素，这是因为由式（5.17）可知，系统 OSNR 与中继段入射光功率成正比，而入射光功率又与光纤有效芯径面积成正比，与光纤非线性系数成反比，即芯径面积越大，允许入射光功率越大；光纤非线性越大，允许进入光纤的入射功率就越小。同时，OSNR 与中继段光纤损耗成反比。因此，减小光纤损耗系数和增大有效芯径面积，可扩大传输距离、提高光信噪比。

因此，长距离无中继系统倾向选择 G.654 纯硅芯光纤（PSCF，Pure Silica Core Fiber）。然而，若距离不是很长，使用 G.653 色散移位光纤和 G.655 非零色散移位光纤（NZDSF）也是可以的，但这两种光纤因色散小，将不利于 WDM 升级。实际上，小色散光纤要比大色散光纤的 WDM 非线性效应阈值低，因为色散越小，四波混频等效应越大。因此，使用色散较大光纤，即使引起信道光谱展宽，也能使光信号长距离传输受益。事实上，2.5 Gbit/s 信号传输距离超过 500 km，NDSF 和 PSCF 色散可被抑制。然而，对于 10 Gbit/s 或更高比特率的信号，接收端或发送端必须补偿线路色散。这可以用色散补偿光纤或布拉格光栅进行补偿，即使距离很长，也无须经受显著的色散代价。

表 2-5 列出了海底光缆常使用的线路光纤特性。光纤有效芯径面积也很重要，如表 2-5 所示，NDSF 和 PSCF 比 DSF 具有较大的有效面积，这意味着允许减小非线性效应的影响，因为非线性效应阈值与有效芯径面积成反比。

为了减小光纤非线性影响，扩大无中继系统传输距离，增加传输带宽，要求系统采用低损耗、大芯径单模光纤。目前已有超低损耗、大有效面积的光纤，如超低损耗纯硅芯光纤，纤芯有效面积 110 ～ 130 μm^2，平均传输损耗为 0.162 dB/km 或 0.167 dB/km。有报道称，有纤芯有效面积更大的光纤，这种光纤有效面积高达 155 μm^2，损耗为 0.183 dB/km（在 1 550

μm 波长）[69]。

表 2-5　海底光缆使用的有代表性的线路光纤 [3]

参数	符号	NDSF	DSF	PSCF	NZDSF−	NZDSF+	NZDSF++
ITU-T 标准		G.652	G.653	G.654	G.655	G.655	G.655B
1 550 nm 损耗（dBm）	α	0.2	0.21	0.18	0.21	0.21	0.21
零色散波长（nm）	λ_0	1 310	1 530 ～ 1 570	1 300	1 560 ～ 1 590	1 470 ～ 1 515	1 420
1 550 nm 色散 [ps/（nm·km）]	D	+17	～ 0	+18	−2	+4	+8
有效芯径面积（μm²）	A_{eff}	75 ～ 80	50	75 ～ 80	55	55 ～ 70	65

2.4.2　超低损耗纯硅芯光纤设计制造性能

顾名思义，纯硅芯光纤（PSCF）其芯由不掺杂的纯硅玻璃组成。图 2-46（a）所示为 PSCF（在 1 550 nm 波长）历年来损耗降低的情况。最近，已研制成功 1 550 nm 波长 0.149 dB/km 的超低损耗光纤，其有效面积 135 μm^2，色散 21 ps/(nm·km)，色散斜率 0.061 ps/(nm^2·km)，损耗谱如图 2-46（b）所示，为了比较，图中也画出了标准单模光纤（SSMF）的损耗与波长的关系。

降低光纤损耗，根本上是要减小瑞利散射损耗，该损耗占 1 550 nm 波长传输损耗的 80%。瑞利散射起源于微掺杂浓度的波动和玻璃分子网格结构密度的波动。因此，PSCF 芯不掺杂，这是减小掺杂浓度波动的最好解决办法。此外，PSCF 为抑制玻璃成分密度波动，采用 0.72 dB/(km/μm^{-4}) 瑞利散射系数的玻璃；为了使 PSCF 损耗最小，选用光纤芯折射率指数横截面分布为环形的结构，如图 2-47（a）所示，芯中心掺少量氟，围绕它的是纯硅环状芯；为了降低弯曲引起的损耗，采用掺氟包皮的 W 形结构；为了减小与光纤芯有效面积成反比的非线性影响，有效面积增大到 135 μm^2。这种光纤的色散 21 ps/(nm·km) 相当大，其目的也是为了抑制非线性影响。为了比较，图 2-48 也给出其他几种常用光纤折射率分布曲线。

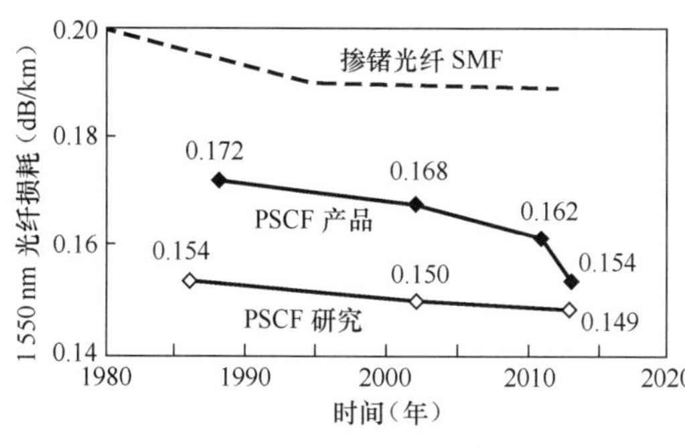

（a）光纤损耗（1 550 nm 波长）历年降低情况

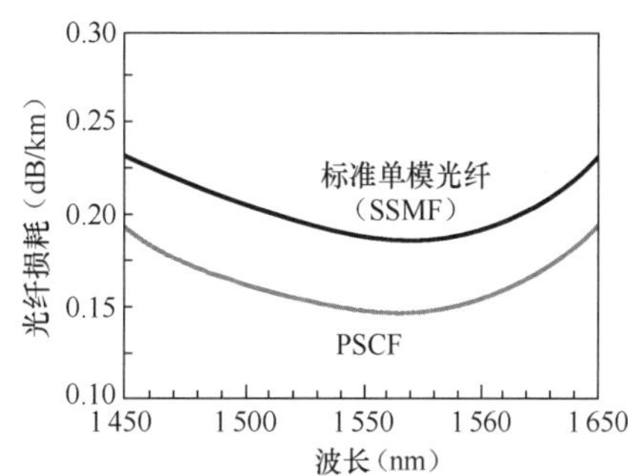

（b）光纤损耗频谱特性

图 2-46　光纤性能历年进展情况

图 2-47(b) 所示为 17 000 km 长 PSCF 光纤损耗的分布（在 1 550 nm），平均损耗为 0.154 dB/km，损耗分布类似高斯形状，其他特性，如有效面积、色散和色散斜率等也具有好的稳定性。

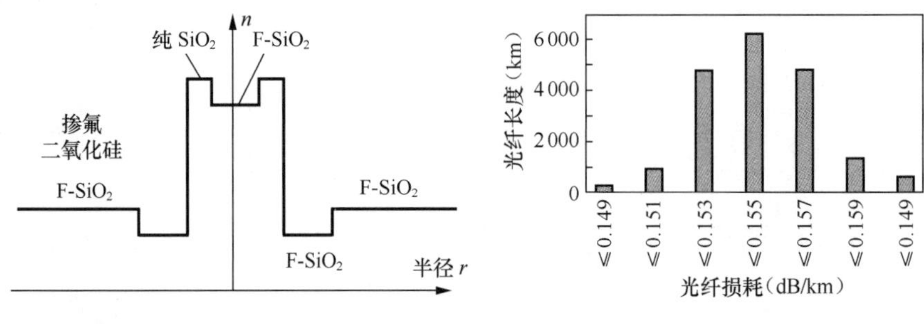

（a）PSCF 光纤折射率指数 n 分布横截面结构　（b）17 000 km PSCF 光纤损耗 α 分布

图 2-47　PSCF 光纤结构及性能 [60]

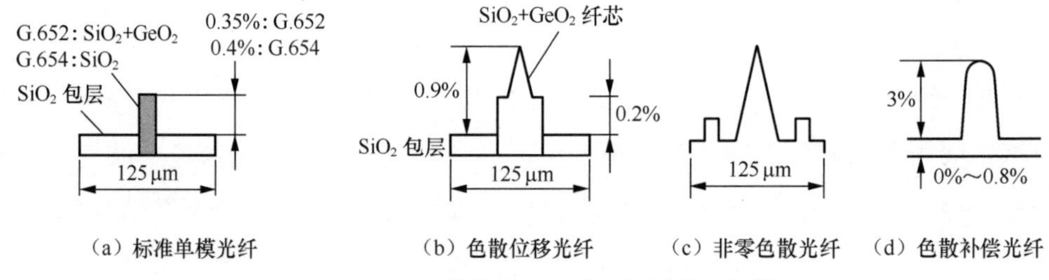

（a）标准单模光纤　（b）色散位移光纤　（c）非零色散光纤　（d）色散补偿光纤

图 2-48　几种单模光纤组成及折射率分布 [6]

2.5　光纤色散补偿和管理技术

光纤非线性总是影响通信系统传输性能，限制通信距离，并和光纤色散相关联，所以在考虑光纤的非线性时，必须把光纤非线性和色散一起来考虑，于是，所有传输方式（包括光孤子）都试图管理光纤的非线性。减轻光纤非线性的方法有色散管理、先进的调制格式、超强前向纠错（SFEC）和光信号分布式拉曼放大，以及减小非线性影响的大芯径有效面积光纤。

2.5.1　光纤色散补偿和管理技术原理

在色散光纤内，传输的光脉冲包络方程为 [19]：

$$\frac{\partial A}{\partial z}+\beta_1\frac{\partial A}{\partial t}+\frac{i}{2}\beta_2\frac{\partial^2 A}{\partial t^2}-\frac{1}{6}\beta_3\frac{\partial^3 A}{\partial t^3}=0 \tag{2.15}$$

式中，$A(z,t)$是输出脉冲包络幅度，β是传输常数，它与光脉冲展宽有关；$\beta_1=1/\upsilon_g$，υ_g是群速度；β_2是群速度色散（GVD）系数；β_3是三阶色散，它与色散斜率有关。实际上，当$|\beta_2|>1\ \mathrm{ps^2/km}$时，$\beta_3$项可以忽略不计，此时输出脉冲包络幅度为：

$$A(z,t)=\frac{1}{2\pi}\int_{-\infty}^{\infty}\tilde{A}(0,\omega)\exp\left(\frac{i}{2}\beta_2 z\omega^2-i\omega t\right)\mathrm{d}\omega \tag{2.16}$$

式中，$\tilde{A}(0,\omega)$是$A(0,t)$的傅里叶变换。

色散使光信号展宽，这是由相位系数$\exp\left(i\beta_2 z\omega^2/2\right)$引起的，它使光脉冲经光纤传输时产生新的频谱成分。所有色散补偿方式都试图取消该相位系数，以便恢复原来的输入信号。具体实现时，系统设计者可以在接收机、发射机或沿光纤线路进行补偿。如果入射到光纤的平均功率足够低，光纤非线性效应就可以忽略，此时可利用光纤的线性特性对色散进行完全的补偿。最简单的方式是在具有正色散值的标准单模光纤 L_1 之后接入一段在该波长下具有负色散特性的色散补偿光纤 L_2。其色散补偿的原理可以这样理解，在这两段光纤串接的情况下，式（2.16）变成：

$$A(L,t)=\frac{1}{2\pi}\int_{-\infty}^{\infty}\tilde{A}(0,\omega)\exp\left(\frac{i}{2}\omega^2(\beta_{21}L_1+\beta_{22}L_2)-i\omega t\right)\mathrm{d}\omega \tag{2.17}$$

式中，$L=L_1+L_2$，β_{21}和β_{22}分别是长为 L_1 和 L_2 光纤段的 GVD 参数。此时，色散补偿条件为$\beta_{21}L_1+\beta_{22}L_2=0$，因为$D_j=-\left(2\pi c/\lambda^2\right)\beta_{2j}$，所以色散补偿条件变为：

$$D_1L_1+D_2L_2=0 \tag{2.18}$$

满足式（2.18）时，$A(L,t)=A(0,t)$，光纤输出脉冲形状被恢复到它输入的形状。色散补偿光纤的长度应满足：

$$L_2=-\left(D_1/D_2\right)L_1 \tag{2.19}$$

从实用性考虑，L_2 应该尽可能短，所以它的色散值 D_2 应尽可能大。

2.5.2　光纤色散补偿技术

色散补偿光纤（DCF）技术是目前最广泛使用的技术。今天，我们使用的大多数色散补偿技术是对标准单模光纤的色散和色散斜率进行补偿。随着非零色散移位光纤的广泛使用，也要求对它的色散和色散斜率进行补偿。

图 2-49 所示为使用具有负色散的色散补偿光纤，对传输光纤的正色散进行补偿，以保证整条光纤线路的总色散为零。

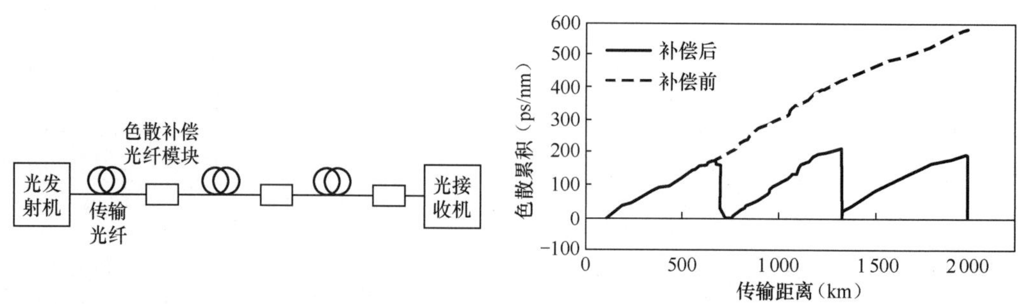

图 2-49　用负色散的色散补偿光纤对正色散标准单模光纤的色散进行补偿

色散补偿光纤有两种设计方法：一种是单模设计，另一种是双模设计。在单模设计中，使 DCF 满足单模传输条件，只有约 20% 的基模功率被限制在纤芯中，大部分功率扩散进折射率较小的包层。这种光纤的 GVD 与普通光纤截然不同，它的 $D \approx -100$ ps/(km·nm)。其缺点是，由于这种光纤的弯曲损耗增加，因此它的损耗系数在 1.55 μm 较大（$\alpha = 0.4 \sim 1.0$ dB/km）。图 2-50 所示为两种色散补偿光纤的色散特性和纤芯包层折射率差 Δ 曲线。

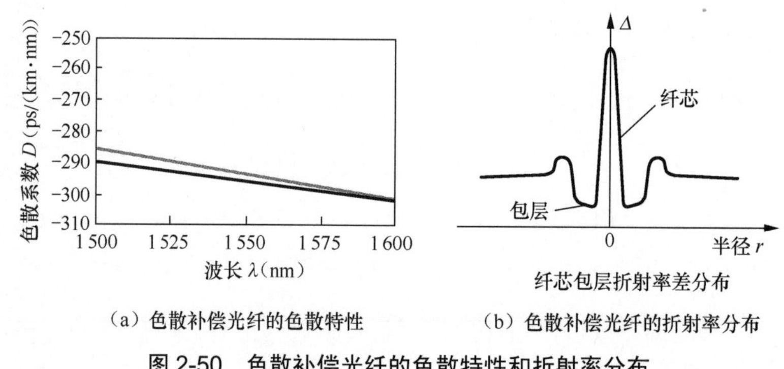

（a）色散补偿光纤的色散特性　　（b）色散补偿光纤的折射率分布

图 2-50　色散补偿光纤的色散特性和折射率分布

单模 DCF 存在几个问题，除上面提到的损耗系数 α 较大外，每千米 DCF 只能补偿 10～20 km 的普通光纤，另外由于它的模场直径很小，在给定输入功率下光强度较大，从而产生较大的非线性效应。

单模 DCF 存在的大多数问题可用双模光纤设计来解决。该设计使 V 参数增大到接近 2.5，除基模外，在光纤中还存在一个高阶模式。这种光纤的损耗与单模光纤的几乎相同，但是具有大的高阶模式负色散。对于椭圆芯光纤，已达到 $D \approx -770$ ps/(km·nm)。只用 1 km 长的这种光纤就可以补偿 40 km 长的普通光纤。

双模光纤要求能够将基模能量转换成高阶模式能量的模式转换器，对该器件的要求是插入损耗小、与偏振无关和带宽大。几乎所有实用的模式转换器件都使用具有内置光栅的双模光纤，以便提供两种模式的低损耗耦合。

对于单波长系统，一般使用色散接近零但又不为零的 G.655 负色散光纤，在少数色散补偿段上使用具有很大正色散值的色散补偿光纤。

对于多波长系统，大多数线路使用低负色散值 [–2 ps/（nm·km）] 光纤。有时在一个中继段内，采用两种光纤级联，段首使用 G.655 大有效截面非零色散移位光纤，段尾使用 G.652 小色散斜率、正常有效截面 60 ～ 80 μm^2 的单模光纤（SMF），两种光纤的长度比是 1:1，前者在于降低非线性影响，后者在于提高传输带宽，同时在色散补偿段使用具有较高正色散值的光纤。

如果中继段使用色度色散 –2 ～ –3 ps/(nm·km) 的 G.655 光纤，每隔 7 个这样的中继段配置一段 G.652 光纤作为色散补偿段，典型的传输容量是 64×10 Gbit/s，中继距离是 3 000 km。

图 2-51 所示为陆地系统和海底光缆系统色散补偿线路构成图和色散补偿。

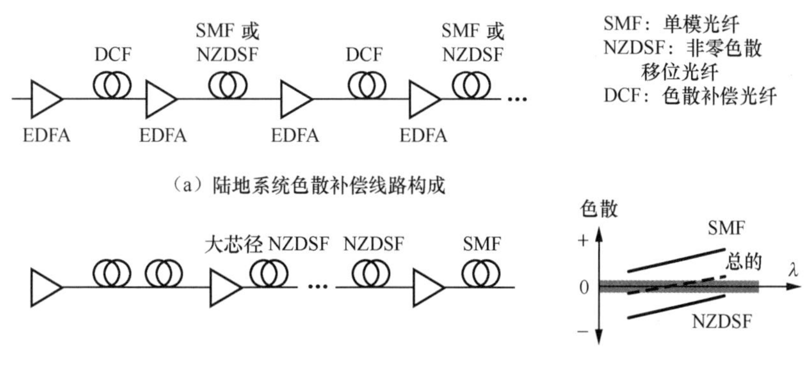

图 2-51　陆地系统和海底光缆系统通常使用的色散补偿

当传输距离较长和比特率较高时，色散在传输路径上累积，使信号光脉冲发生畸变。特别是在海底光缆传输系统中，为了减小传输距离损耗、降低拉曼散射影响，常采用纯石英光纤，但这种光纤的色散 [17 ps/(nm·km)] 要比色散移位光纤的大，所以色散累积问题就更为突出。在这种情况下，对于无中继系统就必须在接收机内使用具有负色散的色散补偿光纤或负色散光纤，对传输光纤的正色散进行补偿，以保证整条光纤线路的总色散为零。通常，在第一级前放 EDFA 之后使用几十千米的色散补偿光纤（DCF），接着再增加一级 EDFA 放大器。之所以增加一级放大，是因为几十千米的色散补偿光纤约有 10 dB 左右的损耗。

2.5.3　光纤色散管理技术

如果系统每 100 ～ 200 km 采用光—电—光再生中继器，在整段距离上，各种使性能下降的因素都不会累积。然而，当周期性地使用光放大器，非线性效应，例如自相位调制（SPM）和四波混频（FWM），对于不同的色散补偿制式将以不同的方式影响系统性能。

群速度色散（GVD）和沿色散补偿光纤（DCF）线路功率的变化与 DCF 和光放大器的相对位置有关，为此，需要进行色散管理。所谓色散管理就是在光纤线路上混合使用正负 GVD 光纤，这样不仅减少了所有信道的总色散，而且非线性影响也最小。发射机使用差分相移键控（DPSK）技术可使接收机灵敏度改善 3 dB，可容忍更大的色散累积。适当的色散管理，可减轻非线性噪声和交叉相位调制的影响。

对于一个传输线路使用 G.655 非零色散移位光纤（NZ-DSF）的高比特率系统来说，光纤色散为负值，虽然很小，但当传输光纤很长时，色散在传输路径上的累积也很大，将使信号光脉冲发生畸变。为了补偿（抵消）这种光纤非线性畸变的累积，周期性地插入一段正色散光纤（如 G.652 标准光纤），这段光纤的正色散值正好与线路光纤（G.655）的负色散值相等，从而达到补偿的目的。图 2-52 表示理想的色散补偿，传输线路使用 G.655 非零色散移位光纤，平均色散为 D = –0.2 ps/(nm·km)，每 1 000 km 插入 10 km 的 G.652 标准光纤（+20 ps/(nm·km)）进行补偿。

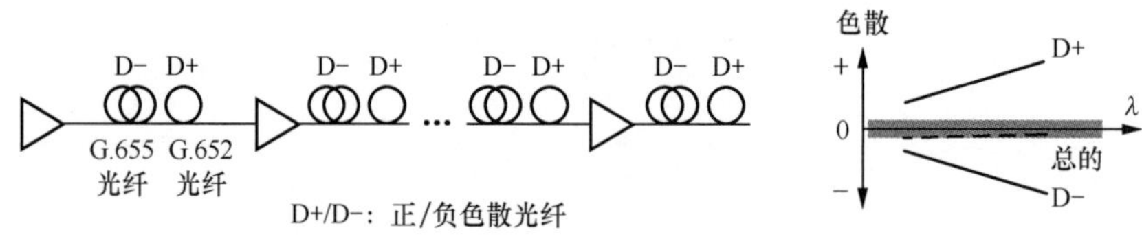

图 2-52 色散管理

目前，海底光缆线路使用色散值为 –2 ps/(nm·km) 的 G.655 非零色散移位光纤（NZ-DSF，Nonzero Dispersion-shifted Fiber）和色散值为 +18 ps/(nm·km) 的 G.652 非色散移位光纤（NDSF，Nondispersion-Shifted Fiber）。在 10 段海底光缆线路中，9 段是 NZ-DSF，只有一段是 NDSF，这样每 10 段光缆的正负累积色散均减小到零，尽管二阶色散从来都不为零。然而，光纤色散随波长线性变化，所有波长的累积色散在规定间隔不能同时减少到零。这种色散的频谱变化（3 阶色散，或色散斜率）典型值为 +0.08 ps/(nm^2·km)。例如，假如中心信道的色散周期性地被补偿了，此时 6 400 km 线路 32 nm 波分复用频段的头尾两个极端信道的累积色散是 8 000 ps/nm。为了减少这种累积色散，可分别在发送端和接收端进行预色散补偿和后色散补偿。利用这种技术，最大累积色散减小了一半，如图 2-53 所示。利用这种光纤色散管理图，105×10 Gbit/s 和 68×10 Gbit/s WDM 信号已在 6 700 km 和 8 700 km 线路上分别进行了传输。尽管如此，即使已进行了前色散补偿和后色散补偿，累积色散也不能忽略，对于使用宽带光放大器的超长距离系统，复用波段两端信道波长的色散损伤也是显著的。

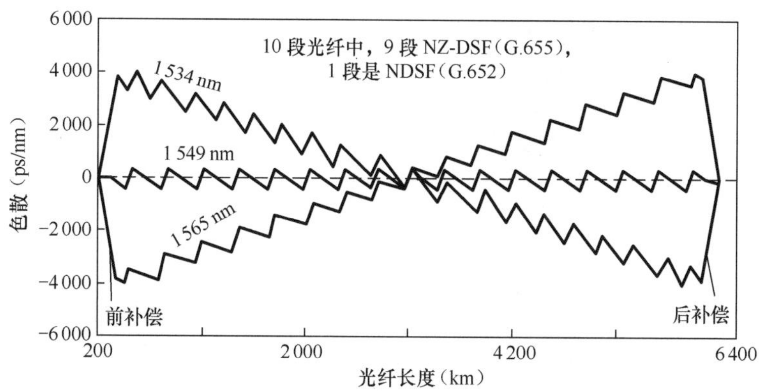

图 2-53　混合使用 G.655（NZ-DSF）光纤和 G.652（NDSF）光纤传输色散图（已进行了前补偿和后补偿）

为了解决这一问题，光纤供应商已经开发了新型光纤，称为反色散光纤（RDF，Reverse Dispersion Fiber），其二阶和三阶色散值与 G.652 非零色散移位光纤（NDSF）的色散值相反。在每个中继段，混合使用反色散光纤（RDF）和非色散移位光纤（NDSF），可以同时抵消所有波长的累积色散。这种混合使用的光纤，称为色散管理光纤（DMF，Dispersion Managed Fiber）。图 2-54 所示为 NDSG/RDF 每段长度 1:1 的 DMF 图，这里平均每段的三阶色散值是 0.006 ps/(nm^2·km)。以色散管理光纤（DMF）的 105×10 Gbit/s WDM 系统为例，每段 DMF 由 30 km 大芯径（110 μm^2）非零色散移位光纤（NDSF）和 15 km 小芯径（19 μm^2）反色散光纤（RDF）组成。NDSF 和 RDF 两种光纤的平均色散分别是 +19 和 –40 ps/(nm·km)，导致每段光纤平均色散为 –2 ps/(nm·km)，色散斜率 0.025 ps/(nm^2·km)。

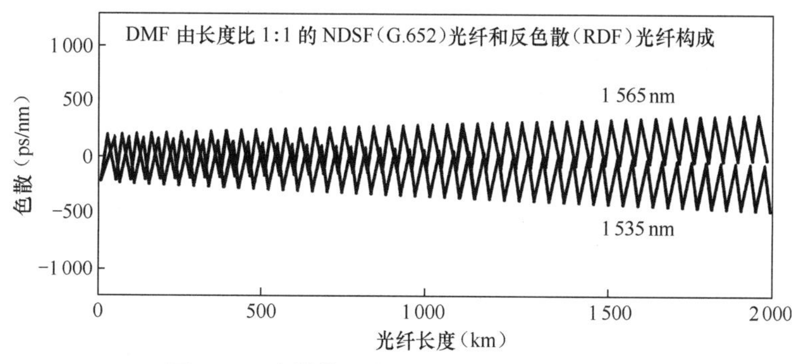

图 2-54　色散管理光纤（DMF）色散图举例

此外，C+L 波段传输要求使用 DMF 结构，不像非零色散移位光纤（NZ-DSF）在 1 580 nm 附近色散是零，非色散移位光纤（NDSF）和反色散光纤（RDF）在 1.55 μm 窗口的二阶色散从来不是零，从而可排除四波混频的影响。DMF 结构也从非色散移位光纤的大有效面积受益，因为此时可减小光纤中传输的光强和非线性效应。实际上，NDSF 芯径面积为 110 μm^2，NZ-DSF 小于 70 μm^2，而 RDF 的有效面积通常只有 20 μm^2，比 NDSF 的小得多，这就抵消了 NDSF 大有效面积的益处。

考虑到成本问题，大部分实验室实验均使用光纤环路，使光信号在环路中传输多次，以便模拟长距离光纤通信系统，如图 2-55 所示。

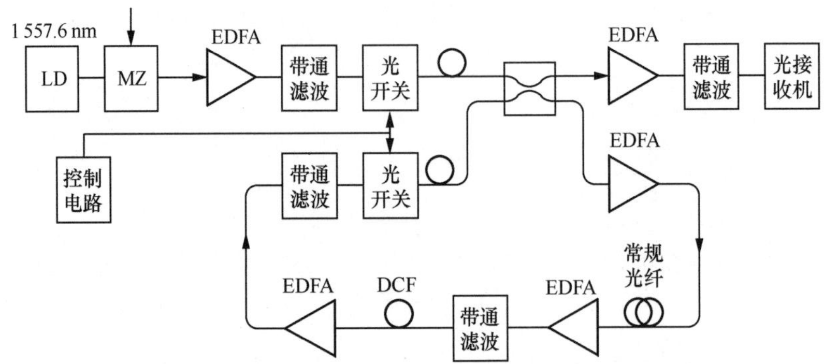

图 2-55　使光信号在环路中传输多次来模拟长距离光纤通信系统的色散补偿

2.6　波分复用技术

2.6.1　波分复用概念

由于长距离海底光缆中光纤芯数较少（一般为 2 ～ 8 对光纤，见表 1-5），所以常采用 WDM 技术，借助具有波分复用 / 解复用功能的海底分支单元，设计者根据需要，对任何一个或几个光波进行分插复用。这种设计具有很大的灵活性，可以满足所有登陆方和运营商的需要。

无中继海底光缆波分复用技术与陆上波分复用技术相同，如图 2-56(a)所示。图 2-56(b)表示由阵列波导光栅（AWG）组成的波分复用 / 解复用器[7]，这是目前广泛采用的集成器件，第 2.6.2 节还要进一步介绍。

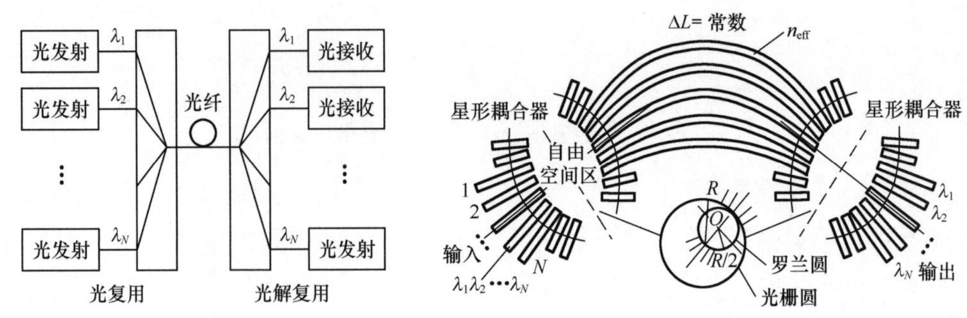

（a）原理图　　（b）由阵列波导光栅（AWG）组成的波分复用/解复用器

图 2-56　波分复用光纤传输系统及器件

在进行 WDM 无中继系统的功率预算时，首先应考虑的是合适的发射机功率。为了防止进入光纤的总功率太大引起光纤的非线性效应，每个信道的发射机功率应随信道数的增加而减少，在解复用之前再使用光放大器，使 WDM 信号放大，以保持进入接收机的光功率基本不变。目前，在 16 信道的 WDM 系统中，允许每信道 18 dBm 的发射功率，进入光纤的总功率为 30 dBm。

其次，还要考虑光纤非线性效应的限制，其中受激布里渊散射（SBS）和自相位调制（SPM）限制了每个信道的最大信号功率；交叉相位调制（XPM）和四波混频（FWM）也可能在信道之间产生串扰。但在纯石英芯光纤中，通过适当加宽信道间隔，可以明显消除这些效应引起的传输性能下降。应强调的是，XPM 和 FWM 可能是限制 WDM 信号在色散移位光纤传输时提高性能的主要因素之一。

图 2-57 所示为偏振复用正交相移键控（PM-QPSK）WDM 光收发机原理图，IQ 调制器和 DAC 已在第 2.2 节介绍过，其他部分以后各章节将进行介绍。

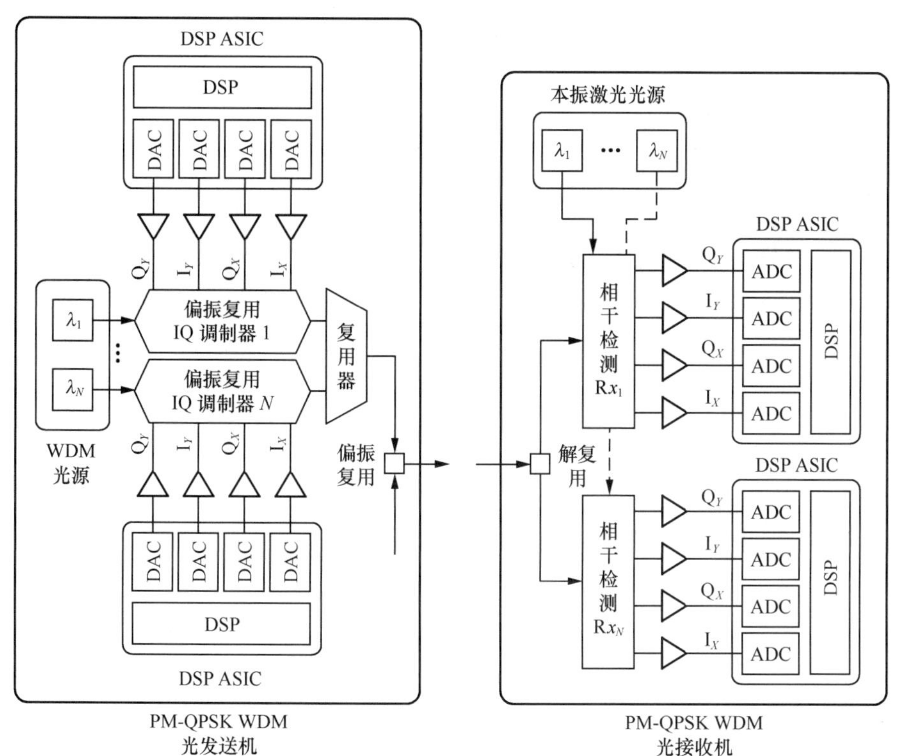

图 2-57　偏振复用 QPSK 波分复用（WDM）光收发机概念图

2.6.2　AWG 复用 / 解复用器

目前，无论是陆地光缆系统，还是海底光缆系统，WDM 器件通常采用平板阵列波导光栅（AWG，Arrayed Waveguide Grating）复用 / 解复用器。该器件由 N 个输入波导、N 个输出波导、两个具有相同结构的 $N \times N$ 平板波导星形耦合器以及一个平板阵列波导光栅组成，如图 2-56（b）所示。这种光栅中的矩形波导尺寸约为 6 μm × 6 μm，相邻波导间具有恒定的路径长度差ΔL，其相邻波导间的相位差为[7]：

$$\Delta\phi = \frac{2\pi n_{\text{eff}} \Delta L}{\lambda} \tag{2.20}$$

式中，λ 是信号波长，ΔL 是路径长度差，通常为几十微米，n_{eff} 为信道波导的有效折射率，它与包层的折射率差相对较大，使波导具有较大的数值孔径，以便提高与光纤的耦合效率。

输入光从第一个星形耦合器输入，在输入平板波导区（自由空间耦合区）模式场发散，把光功率几乎平均地分配到阵列波导输入端中的每一个波导，由阵列波导光栅的输入孔阑捕捉。由于阵列波导中的波导长度不等，由式（2.20）可知，不同波长的输入信号产生的相位延迟也不等。随后，光场在输出平板波导区衍射汇聚干涉，不同波长的信号光聚焦在像平面的不同位置，通过合理设计输出波导端口的位置，可实现不同波长信号光在不同端口的输出。此处设计采用对称结构，根据互易性，同样也能实现合波的功能。

AWG 光栅工作原理是基于马赫—曾德尔干涉仪的原理，即两个相干单色光经过不同的光程传输后的干涉理论，所以输出端口与波长有一 一对应的关系，也就是说，由不同波长组成的入射光束经阵列波导光栅传输后，依波长的不同出现在不同的波导出口上。

阵列波导光栅星形耦合器的结构可以是相位中心星形耦合器，也可以是光栅圆中心耦合区，在图 2-56（b）中，自由空间区两边的输入 / 输出波导的位置和弯曲阵列波导的位置满足罗兰圆（Rowland）和光栅圆规则，即输出波导的端口以等间距设置在半径为 R 的光栅圆周上，而输入波导的端口等间距设置在半径为 $R/2$ 的罗兰圆的圆周上。光栅圆周的圆心在中心输入 / 输出波导的端部，并使阵列波导的中心位于光栅圆与罗兰圆的切点处。

2.6.3 光线路终端（OLT）

光线路终端（OLT）有时也称为光终端复用器（OTM），其功能是一样的，用于点对点系统终端，对波长进行复用 / 解复用，如图 2-58 所示。由图可见，光线路终端包括转发器、WDM 复用 / 解复用器、光放大器（EDFA）和光监视信道（OSC，Optical Supervisory channel）[1]。

OLT 是具有光—电—光变换功能的转发器（或称电中继器），对用户使用的非 ITU-T 标准波长转换成 ITU-T 的标准波长，以便使用标准的波分复用 / 解复用器。这个功能也可以移到 SDH 用户终端设备中完成，如果今后全光波长转换器件成熟，也可以用它替换光—电—光转发器。转发器通常占用 OLT 的大部分费用、功耗和体积，所以减少转发器的数量有助于实现 OLT 设备的小型化，降低其费用。

光监视信道使用一个单独波长，用于监视线路光放大器的工作情况，以及系统内各信道的帧同步字节、公务字节、网管开销字节等都是通过光监视信道传递的。

光监视信道也可以把所有命令比特转换成便于传输的脉宽调制低频（150 kHz）载波信号，然后在线路光纤放大器（EDFA），把该信号叠加到线路信号上，如图 9-4 所示。

WDM 复用 / 解复用可以使用阵列波导光栅（AWG）、介质薄膜滤波器等器件。

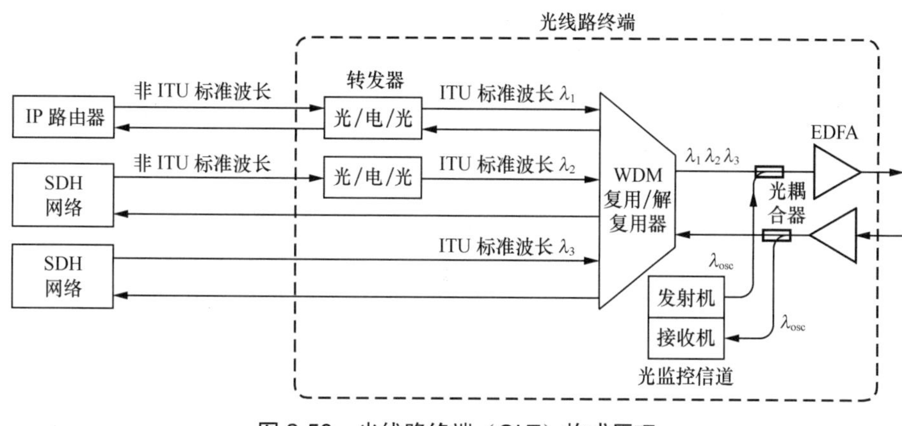

图 2-58　光线路终端（OLT）构成原理

2.7　偏振复用 / 相干接收技术

2.7.1　偏振复用 / 相干接收技术在 100 Gbit/s 海底光缆通信系统中的应用

相干光通信系统的发送端，使用调制光载波的相位发送信息；接收端，使用外差检测技术恢复原始的数字信号。

相干接收机类似传统的无线电接收机，与光信号频率相近的本振激光器信号与接收到的光信号混频时，产生一个差频信号，该差频信号比光频低得多，可用电子方法处理。接收到的光信号经光平衡检测变为模拟信号，该模拟信号用高速模 / 数转换器（A/D）转换为数字信号，然后送到一个 ASIC 数字信号处理器（DSP）进行解调处理。

相干光接收机具有以下的优点：

（1）散粒噪声限制接收机灵敏度，可以通过加大本振光功率克服，从而提高光信噪比（OSNR）；

（2）用形状具有滚降（Roll-Off）特性的电子滤波器，可以分开波长间距很小的

WDM 信道；

（3）与幅度调制 / 直接检测（IM/DD）系统相比，相干检测系统的相位检测能力可以提高光接收机灵敏度；可以使用电子均衡器，补偿光信号在长距离光纤传输过程中，色度色散（CD）和偏振模色散（PDM）引起的损伤；

（4）使用相干接收机，可以采用任何种类的多电平相位调制。二进制调制的频谱效率被限制在 1 bit/s/Hz/ 偏振，称为奈奎斯特（Nyquist）限制，而每个符号具有 N 个比特信息的多电平调制可以实现 N bit/s/Hz/ 偏振的频谱效率，如图 2-59 所示。对于相同的比特率，因为符号率减少了，允许系统具有较高的色度色散（CD）和偏振模色散（PMD）。

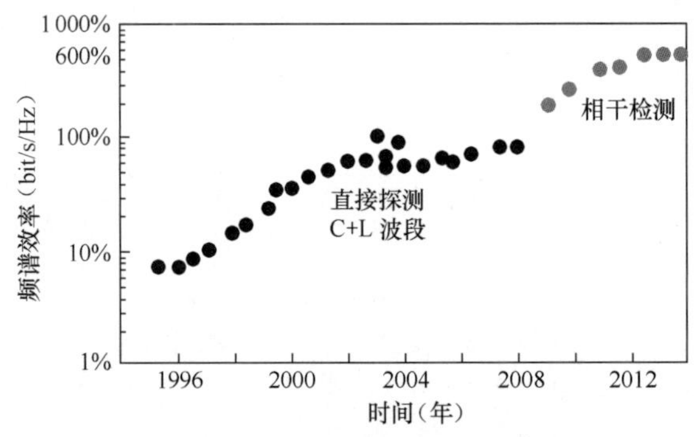

图 2-59　相干检测可以显著提高频谱效率

相干检测可以完全改变光纤通信系统的结构。非相干系统试图管理光纤线路的色散，通常能保持光纤线路累积色散相对较低，使系统性能最佳；而相干系统却允许光纤线路具有较大有效面积（减小非线性畸变）和适当的光纤色散（缩小非线性畸变影响）。纯硅芯光纤已使光纤衰减系数小于 0.16 dB/km，有效面积达到 150 μm^2（标准光纤仅有 80 μm^2），色度色散仅比 20 ps/(nm·km) 大一点（见第 2.4 节）。于是，对于超长距离海底光缆系统，累积色散可以超过 200 000 ps/nm，与以前的海底光缆系统相比，面对如此高的色度色散，相干接收机采用数字信号处理（DSP）技术进行补偿（见第 2.8 节）。

2.7.2　光偏振及其复用

自然光（非偏振光）在晶体中的振动方向受到限制，它只允许在某一特定方向上振动的光通过，这就是线偏振光。光的偏振（也称极化）描述当它通过晶体介质传输时其电场的特性。线性偏振光是它的电场振荡方向和传播方向总在一个平面内（振荡平面），如图 2-60（a）所示，因此线性偏振光是平面偏振波。如果一束非偏振光波（自然光）通过一个偏振片就可以变成线性偏振光。

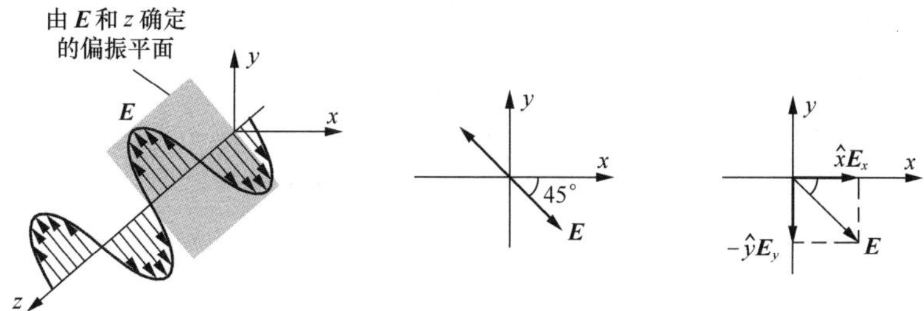

（a）线性偏振光波，它的电场振荡方向限定在沿垂直于传输 z 方向的平面内　（b）场振荡包含在偏振平面内　（c）在任一瞬间的线性偏振光可用包含幅度和相位的 E_x 和 E_y 合成

图 2-60　线性偏振光

在标准单模光纤中，基模 LP01 是由两个相互垂直的线性偏振模 TE 模（*x* 偏振光）和 TM 模（*y* 偏振光）组成的。在折射率为理想圆对称光纤中，两个偏振模的群速度延迟相同，因而简并为单一模式。利用偏振片可以把它们分开，变为 TE 模（*x* 偏振光）和 TM 模（*y* 偏振光）。如果把 QPSK 调制后的同向（I）数据和正交（Q）数据分别去调制 *x* 偏振光（TE 模）和 *y* 偏振光（TM 模），调制后的 *x* 偏振光和 *y* 偏振光经偏振合波器合波，就可以得到偏振复用（PM）光信号，如图 2-61（c）所示。为比较起见，图 2-61（a）也画出了 2 波分复用的原理图，如同时采用波分复用和偏振复用，则如图 2-61（b）所示。

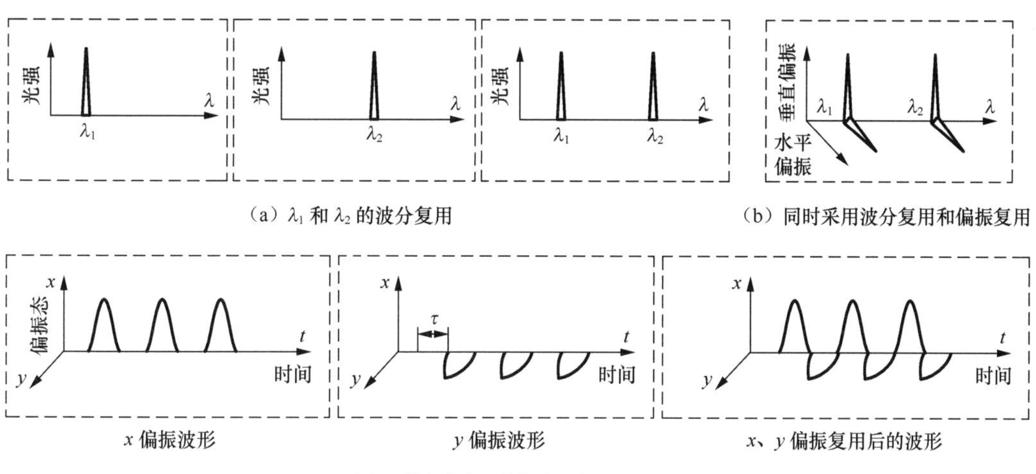

（a）λ_1 和 λ_2 的波分复用　（b）同时采用波分复用和偏振复用

x 偏振波形　*y* 偏振波形　*x*、*y* 偏振复用后的波形

（c）*x* 偏振光和 *y* 偏振光的复用

图 2-61　偏振复用与波分复用的比较 [7]

2.7.3　相干检测接收

相干检测系统，用调制光载波的频率、相位或偏振态发送信息。目前，系统使用调制光载波的偏振态发送信息；在接收端，使用外差检测技术恢复原始的数字信号。

图 2-62 所示为外差异步解调接收机框图，使用包络检波和低通滤波器，把带通滤

波后的信号 $I_f(t)$ 转变为基带信号，送到判决电路的信号为[19]：

$$I_d = |I_f| = \left[\left(I_P \cos\phi + i_c\right)^2 + \left(I_P \sin\phi + i_s\right)^2\right]^{1/2} \tag{2.21}$$

式中，i_c 和 i_s 分别是同向和异向高斯随机噪声。异步解调对光发射机和本振光的线宽要求适中，外差异步接收机在相干检测光波系统的设计中扮演着主要的角色。

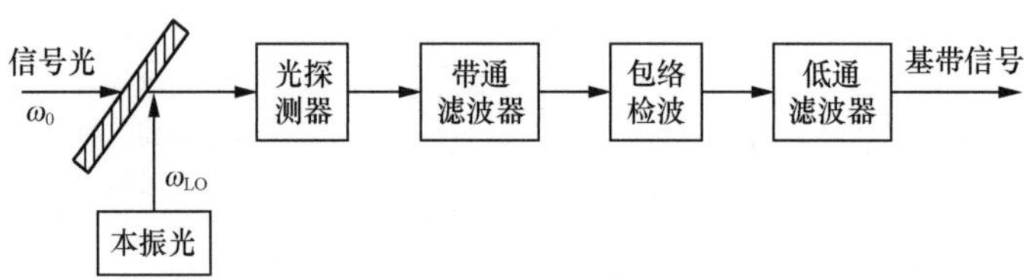

图 2-62　外差异步解调接收机框图

1. 极化分集接收

在直接检测接收机中，信号光的极化态不起作用，这是因为这种接收机产生的光电流只与入射光子数有关，而与它们的极化态无关。但是，在相干接收机中，接收信号光的极化态要与本振光的极化态匹配，并且还要保证匹配是持续保持的。否则，任何瞬时的失配都将导致数据丢失，目前，系统用极化分集接收（PDR，Polarization Diversity Receivers）完成极化匹配任务。

图 2-63 所示为极化分集接收机的原理图。用一个极化光束分配器（PBS）获得两个正交极化成分输出信号，然后分别送到完全相同的两个接收支路进行处理。当经两个支路产生的光电流平方相加后，其输出信号与极化无关。极化分集接收的代价取决于采用的调制和解调技术，同步解调时，功率代价为 3 dB；理想异步解调时，功率代价仅 0.4 ～ 0.6 dB。

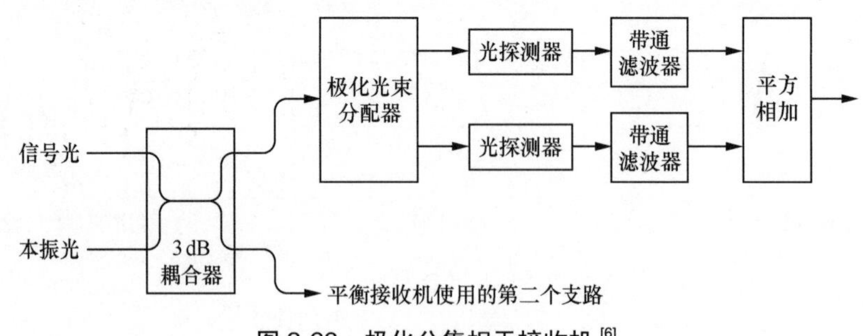

图 2-63　极化分集相干接收机[6]

2. 平衡混频接收

在多数实际情况下，强度噪声对直接检测接收机性能的影响可忽略。然而，对相干接收机却不然，因为强度噪声 σ_I 在相干接收机中扮演着重要的角色，并与本振激光器的输出功率 P_{LO} 的平方成正比。

减少强度噪声的方法是使用平衡混频接收机，如图 2-64 所示。3 dB 光纤 2×2 耦合器对接收到的光信号和本振光信号混频，并把混频后的光信号等分成具有适当相对相位差的两路光信号。为了理解平衡混频接收机的工作原理，可考虑每个支路产生的光电流 I_+ 和 I_-。假如在外差检测电流的表达式中，相干项在两个支路中具有相反的符号，I_+ 和 I_- 分别为：

$$I_+ = \frac{R}{2}\left(P_s + P_{LO}\right) + R\sqrt{P_s P_{LO}}\cos\left(\omega_{IF}t + \phi_{IF}\right) \tag{2.22}$$

$$I_- = \frac{R}{2}\left(P_s + P_{LO}\right) - R\sqrt{P_s P_{LO}}\cos\left(\omega_{IF}t + \phi_{IF}\right) \tag{2.23}$$

式中，$\phi_{IF} = \phi_s - \phi_{LO}$，并假定 3 dB 耦合器具有 50% 的分光比，所以分到每个支路的信号和本振功率及相关的强度噪声均相等。

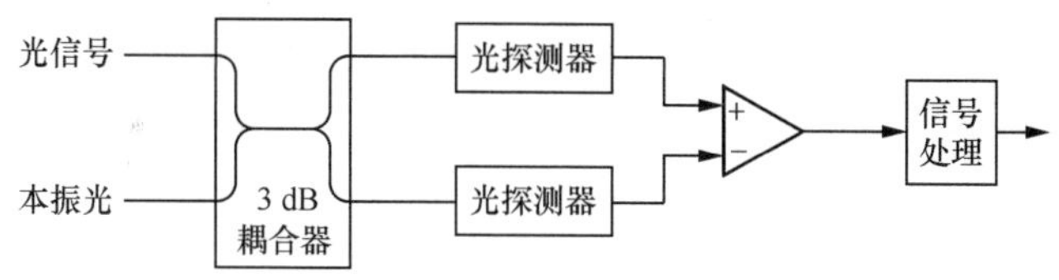

图 2-64　平衡混频相干接收机

由式（2.22）减去式（2.23）（由差分放大器实现）就可以消去直流项，得到平衡混频相干接收机的输出信号：

$$I = 2R\sqrt{P_s P_{LO}}\cos\left(\omega_{IF}t + \phi_{IF}\right) \tag{2.24}$$

由式（2.24）可知，与强度噪声 σ_I 有关的直流项 P_{LO} 已被消去，但是交流项中的强度噪声却仍然存在。然而，它们对系统性能的影响并不严重，这是因为输出信号与本振光功率的平方根成比例。

通常在设计相干光波系统时，使用平衡混频接收机，这是因为它具有两个优点：一是强度噪声几乎被消去；二是有效地利用了信号功率和本振功率，因为 2×2 耦合器的输出都得到利用。

2.7.4　偏振复用 / 相干接收系统

图 2-65 所示为一个偏振分集接收系统，该系统的发送端采用偏振复用正交相移键控（PM-QPSK）调制。

在发送端，激光器发出的连续光经过偏振分光器（PBS，Polarizing Beam Splitter）得到两路正交偏振的光信号，送入 MZ 调制器，被 4 路 10 Gbit/s 信息流通过 MZ 调制器进行 QPSK 调制，得到两组偏振信道，然后通过偏振光合波器（PBC）复用，从而得到一路 PM-QPSK 信号。

在接收端，采用偏振分集接收相干检测的方法，对这种 40 Gbit/s 信号进行解调，其解调过程如图 2-65 所示。PM-QPSK 信号经过单模光纤传输后，在接收端先经过偏振分光器（PBS）分解成两组正交光信号，然后和本振激光器（通常采用可调谐激光器）的输出光一起注入 90° 光混频器。从光混频器的输出，得到 4 路偏振和相位正交信号，然后分别送入相应的 PIN 检测器。PIN 输出信号经放大滤波后，通过模数转换器（ADC）将模拟信号数字化。采用 CMOS 专用集成电路，进行数字信号处理（DSP），它除了完成将模拟信号转换成数字信号外，还将完成时钟、载波还原和偏振、偏振模色散跟踪以及色散补偿等[70]。这样，就实现了在现有 10 Gbit/s 光纤线路上传输 40 Gbit/s 信号。90° 光混频器和平衡光探测器已有单片集成电路供应[71][48]。另外，PM-QPSK 100 Gbit/s 单芯片双通道 C 波段用 InP 相干接收机也已经被开发出来[72]。100 Gbit/s 数字相干光通信系统也于 2010 年实际使用。

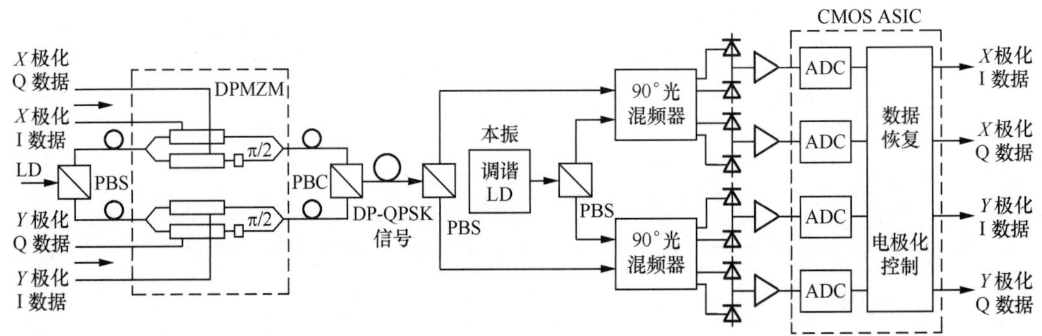

图 2-65　对 PM-QPSK 光信号采用偏振分集相干接收系统

目前，市场上已能采购到相干光收发机模块，图 2-66 所示为这种模块的原理构成。

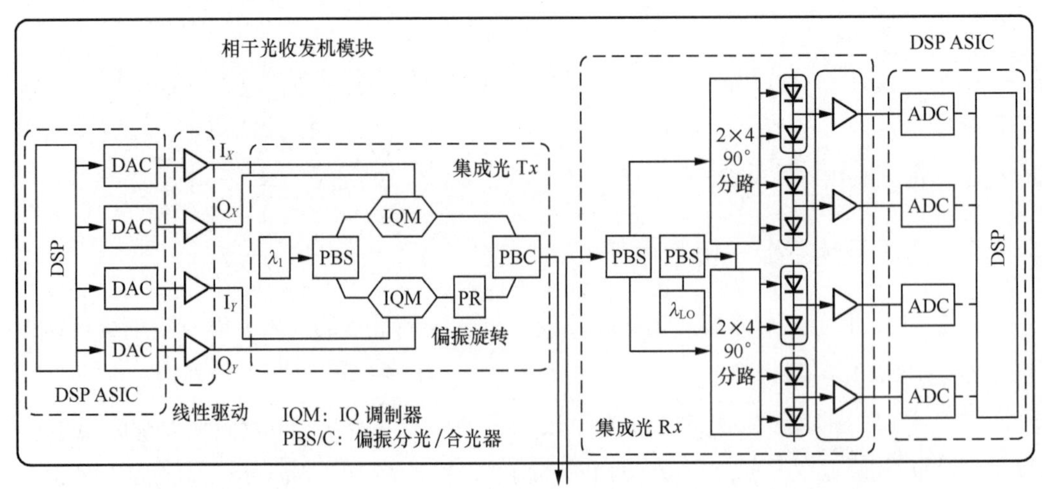

图 2-66　由集成偏振复用光发送机和集成相干光接收机组成的相干光收发机模块

图 2-67 所示为偏振复用（PM）QPSK 调制和 16QAM 调制的波形、光谱、光发射技术及其输出星座图、光接收技术及其输出眼图。比较图 2-67 和图 2-28 可见，偏振复用 PM-QPSK 波形时间坐标是非偏振复用的两倍（16*T*/8*T*），而偏振复用 16QAM 调制是非偏振 16QAM 的 4 倍（32*T*/8*T*）。由此可见，偏振复用调制可以增加比特率，或者减少符号率。

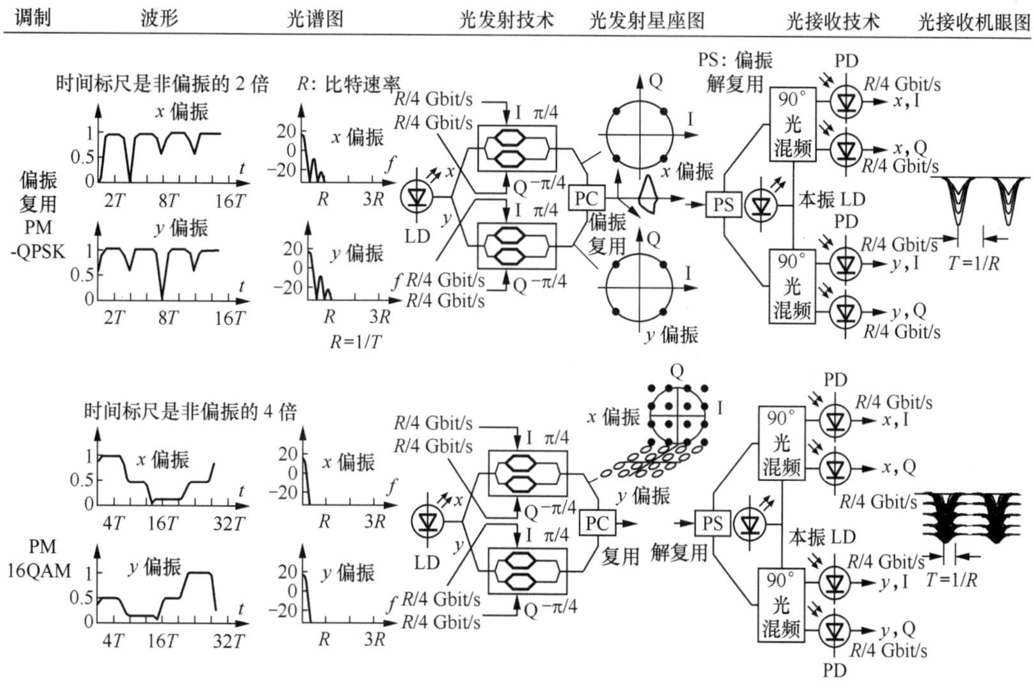

图 2-67　偏振复用 QPSK 调制和 16QAM 调制比较 [5]

2.8　数字信号处理（DSP）技术

2.8.1　DSP 在高比特率光纤通信系统中的作用

如第 2.7.1 节所述，相干光通信系统具有许多优点，特别是偏振复用相干光检测系统有着更高的频谱利用率和传输速率。但该系统也面临着许多新的挑战，如光纤非线性和色散效应、激光器频率偏移及相位噪声等。有的效应，如色散，可以通过相关的光器件在光域进行补偿；而有的效应，如偏振模色散（PMD）、光纤非线性和光频漂移，很难通过光器件在光域补偿。还有，当本振激光与接收到的光信号拍频提取调制相位信息时，还会产生载波相位噪声。相位噪声来源于激光器，它将引起功率代价，降低接收机灵敏度。

在开发 100G/400G 光传输系统中，相干检测和数字信号处理（DSP）是已被采用的两种关键技术。开发 400G 系统，DSP 也将继续扮演重要的角色，不但接收机采用，甚至奈奎斯特脉冲整形发送机也采用 DSP（见第 2.9.2 节）。虽然，同一个过程有各种实现途径，具体算法每个过程可能互不相同，但对所有主流产品，结构功能通常是类似的。图 2-68 所示为发射机 DSP 的功能，包括符号映射、信号定时偏移调整、色散和非线性预补偿（可选），以及支持多种调制格式和编码制式的软件编程能力等。发射机 DSP 也补偿电驱动器和光调制器引入的非线性。另外，DSP 还完成脉冲整形，调整 WDM 信道要求的奈奎斯特信号频谱。总之，发射机 DSP 不仅用于信道损伤预补偿，而且使智能光网络软件的配置更灵活。

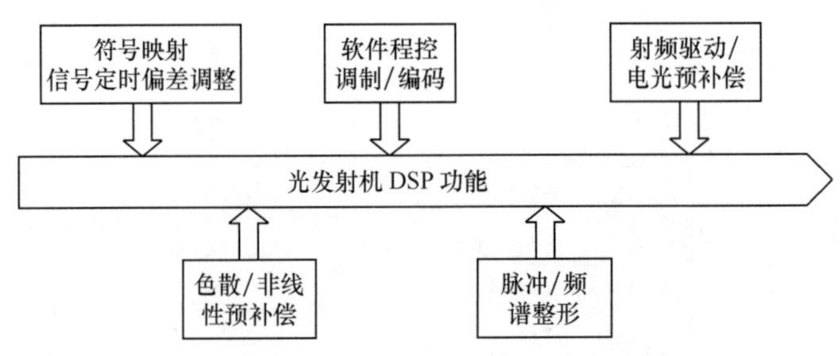

图 2-68　400G 光发射机 DSP 功能

在数字相干接收机中，DSP 的基本功能可从结构和算法两个层面来介绍，如图 2-69 所示。首先，模 / 数（A/D）转换后的 4 个数字信号，即同向 I 和正交 Q 分量的 x、y 偏振信号，I_x、Q_x、I_y 和 Q_y 送入前端损伤均衡补偿单元。该损伤可能包括 4 个信道间由于相干接收机中光、电通道长度不等产生的定时偏差。其他前端损伤可能还来自 4 个信道具有不同的输出功率，这是因为光混频时 I、Q 分量并不完全成 90°。其次，通过数字滤波器补偿静态和动态信道传输损伤，特别要分别补偿 CD 和 PMD。然后，处理用于符号同步的时钟恢复，以便跟踪输入取样值的定时信息。需指出的是，时钟恢复、偏振解复用或均衡所有损伤、实现符号同步是同时完成的。通过蝶状滤波器和随机梯度算法，对两个偏振同时进行快速适配均衡。此时，估计并去除信号激光器和本振激光器间的光频偏差，以防止星座以 Intradyne 频率旋转。最后，从调制信号中，预测并补偿载波相位噪声（见图 2-71），恢复出载波信号 I_x、Q_x、I_y 和 Q_y。

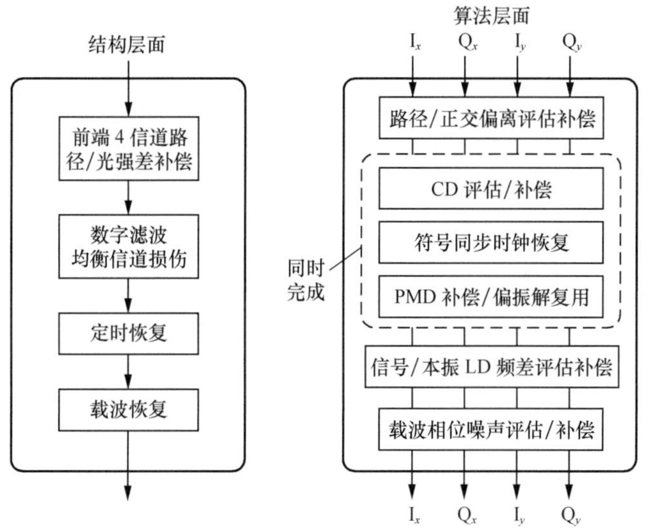

图 2-69　DSP 的基本功能

相干检测系统采用 DSP，用于解调、线路均衡和前向纠错（FEC）。在如图 2-70 所示的相干检测系统中，载波相位跟踪、偏振校准和色散补偿均在数字领域完成。DSP 对线性传输损伤，如色度色散（CD）、偏振模色散（PMD）可以提供稳定可靠的性能，使系统安装、监视和维修容易，所以在高速光纤通信中得到广泛地使用。

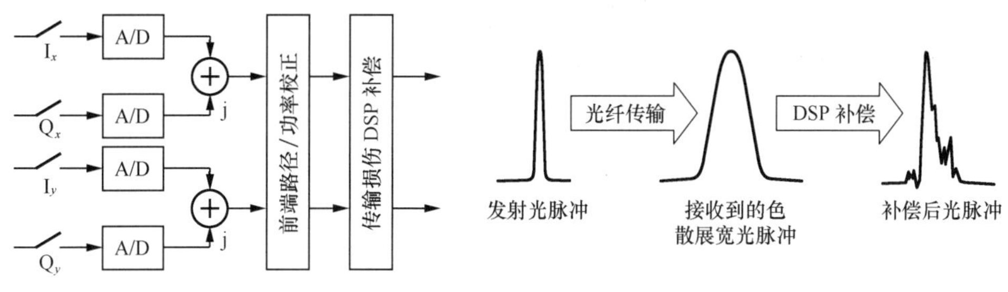

（a）相干 DSP 构成原理图　　（b）光纤传输后展宽光脉冲经 DSP 色散补偿重新变窄

图 2-70　相干 DSP 构成及其作用 [50]

相干光接收机使用高速模 / 数转换器（ADC）和高速基带数字信号处理器（DSP）解调，与使用光相位锁定环（OPLL）解调接收机相比，更具有吸引力。在光相移键控（PSK）系统中，极大似然（ML，Maximum Likelehood）载波相位估计算法可被近似用于理想同步相干检测，因为它可以消除相位噪声，如图 2-71 所示。该 ML 相位估算只要求线性计算，更适合在线处理实时系统。显然，ML 估算接收机更适合非线性相位统治系统，可显著提高接收机灵敏度，容忍更多非线性相位噪声的影响。所以，ML 相位估算法可提高多电平 DPSK 调制和 QAM 调制相干光通信系统的性能。

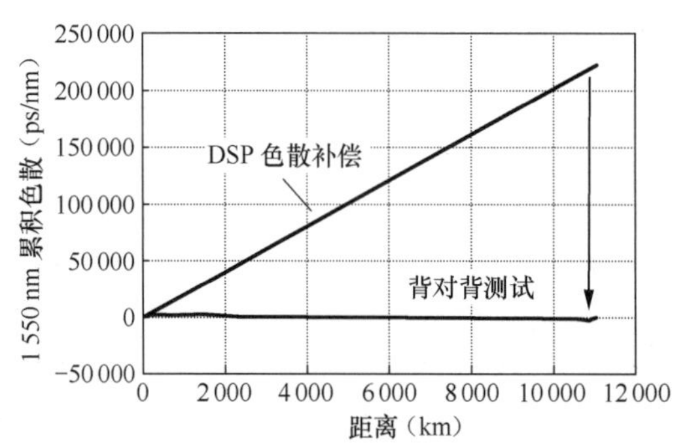

（a）DSP 色散补偿效果[67]

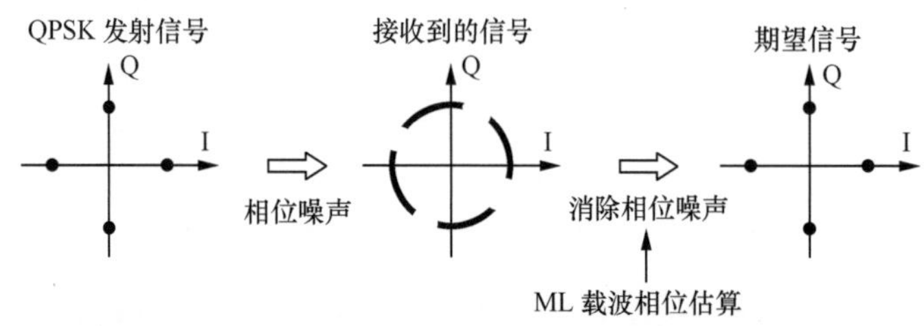

（b）载波相位估算可消除相位噪声[52]

图 2-71　DSP 可容忍非线性相位噪声影响提高系统 OSNR[67]

因此，受光纤色度色散（CD）、偏振模色散（PDM）和非线性效应影响的单信道和 DWDM 系统中，发送端/接收端的 DSP 技术可以显著提高 QPSK 和 QAM 调制格式的系统性能。

2.8.2　数字信号处理（DSP）技术的实现

图 2-72 所示为 DQPSK 调制和异步相干检测光接收机，在这种接收机中，通常使用相位 & 偏振分集接收，提取同向分量 I 信号和正交分量 Q 信号。这样的接收机前端由 90° 光混频耦合器组成，其时钟提取、重取样、色散补偿和时钟恢复采用 DSP 来完成，有的 DSP 功能也包含滤波和 A/D 转换。通常，最大似然（ML，Maximum likelihood）算法被用于相位估计。

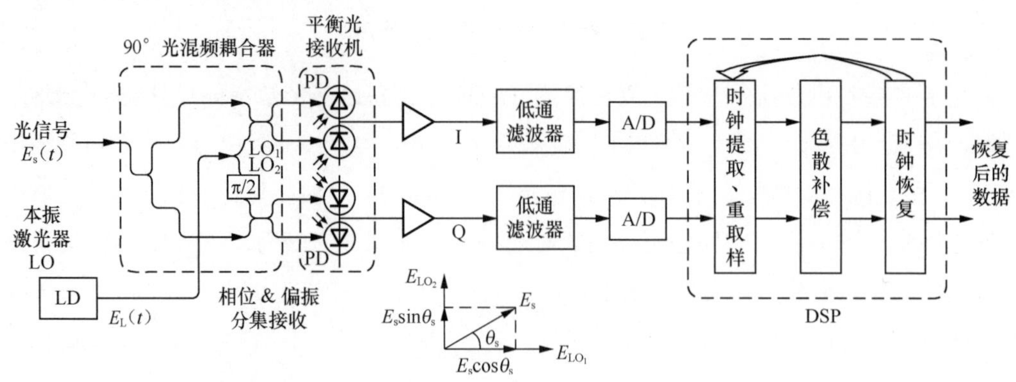

图 2-72　DQPSK 调制相干检测平衡光接收机用 DSP 完成时钟恢复和色散补偿[65][50]

用于偏振复用相干检测的数字信号处理（DSP）电路如图 2-73 所示，它由抗混叠滤波器、4 通道 A/D 转换器、频域均衡器（FDE，Frequency-Domain Equalization）、适配均衡器、载波相位评估补偿和解码器等组成。

对取样速率的要求通常是两倍比特速率 R，以避免混淆的影响。目前，100 Gbit/s 偏振复用 QPSK 调制（PM-QPSK）系统，符号率是 25 Gbaud，取样率是 50 GSa/s。

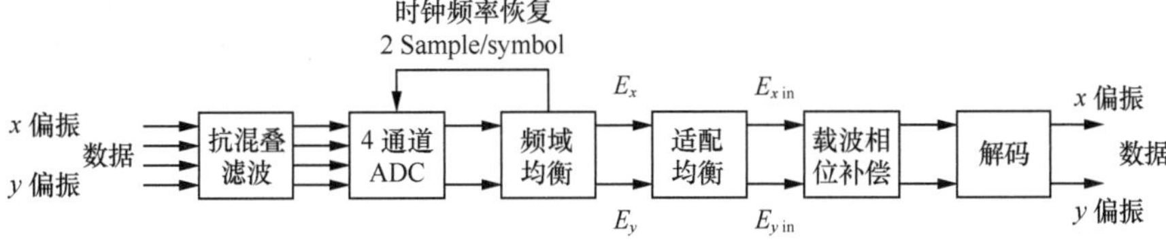

图 2-73　数字信号处理（DSP）电路构成 [52]

频域均衡（FDE）的实现过程是对 A/D 转换后的输入数据进行傅里叶变换（FFT）和逆变换（IFFT），对系统因传输损伤展宽的输入脉冲信号，恢复原来的形状，如图 2-74 所示。

光纤的传输函数在线性区表示为：

$$\boldsymbol{H}(\omega)=D(\omega)\,\boldsymbol{U}(\omega)\,\boldsymbol{K}\ \boldsymbol{T} \tag{2.25}$$

可用一个 2×2 矩阵表示。式中，群速度色散函数为：

$$D(\omega)=\mathrm{e}^{-\mathrm{j}\omega^2\beta_2 z/2} \tag{2.26}$$

偏振模色散函数：

$$\boldsymbol{U}(\omega)=\boldsymbol{R}_1^{-1}\begin{bmatrix}\mathrm{e}^{\mathrm{j}\omega\Delta\tau/2} & 0\\ 0 & \mathrm{e}^{-\mathrm{j}\omega\Delta\tau/2}\end{bmatrix}\boldsymbol{R}_1 \tag{2.27}$$

偏振相关损耗（PDL）函数：

$$\boldsymbol{K}=\boldsymbol{R}_2^{-1}\begin{bmatrix}\sqrt{\Gamma_{\max}} & 0\\ 0 & \sqrt{\Gamma_{\min}}\end{bmatrix}\boldsymbol{R}_2 \tag{2.28}$$

双折射效应函数：

$$\boldsymbol{T}=\begin{bmatrix}\sqrt{\alpha}\mathrm{e}^{\mathrm{j}\delta} & 0\\ \sqrt{1-\alpha} & \sqrt{\alpha}\mathrm{e}^{-\mathrm{j}\delta}\end{bmatrix} \tag{2.29}$$

在适配状态下，蝶形有限冲击效应（FIR）滤波器的特性可以产生光纤传输函数的逆矩阵，由式（2.25）可知，正好可以抵消光纤传输引起的群速度色散、偏振模色散、偏振相关损耗和双折射效应的影响。

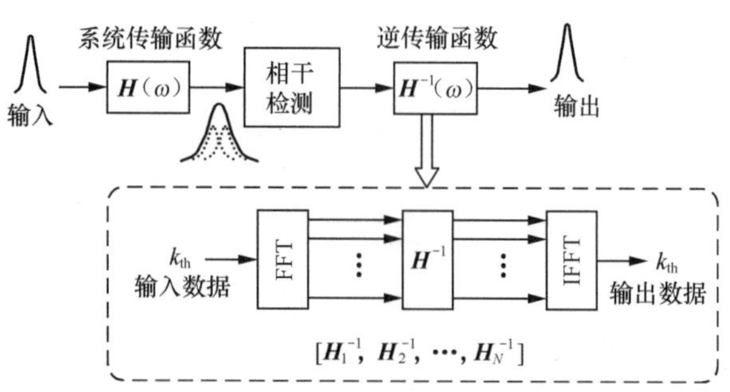

图 2-74 频域均衡器的构成和原理 [52]

FIR 适配均衡器的作用是时钟相位调整、偏振解复用、偏振模色散（PMD）补偿、均衡滤波，它对所有线性损伤同时补偿。

2.8.3 100G 系统数字信号处理器（DSP）

100G PM-QPSK 光纤通信系统收发模块和相干检测 ASIC 接收机通道 [含数字信号处理器（DSP）] 已被开发出来 [51]，分别如图 2-75（a）和图 2-75（b）所示，该收发模块与光互联网论坛（OIF，Opical Interworking Forum）发布的指标一致。相干检测接收通道 ASIC（Application Specific Integrated Circuit）的主要功能包括模数转换（ADC）、CD 补偿、适配均衡、载波相位恢复和 FEC 解码。这种 DSP 和 ASIC 设计用于长距离应用，该系统的典型要求是，在 FEC 后的 BER 为 10^{-15} 时（要求约 11 dB FEC 净编码增益），光信噪比（OSNR）约 12 dB，CD 容限 60 000 ps/nm 和 PMD 容限 30 ps。

模 / 数转换器（ADC）取样率约是 1.3 倍符号率或更高，模拟带宽超过 1/2 符号率的奈奎斯特频率。

适配均衡完成偏振解复用，同时对 PMD、PDL 和残留 CD 进行补偿。它有两个输入和两个输出，分别用于每个偏振。适配均衡器使用有限冲击响应滤波器（FIR）和恒定模量算法（CMA，Constant Modulus Algorithm）进行均衡补偿，同时对使用器件和工厂制造偏差进行补偿。

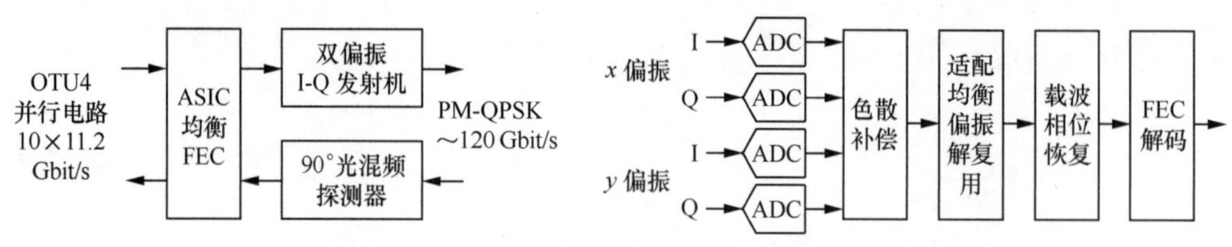

（a）100G 用户光线路卡　（b）ASIC 接收机通道

图 2-75 100 G PM-QPSK 收发模块及相干 ASIC

图 2-76 所示为 9 抽头有限冲击效应（FIR）滤波器，它由 8 个移位寄存器、9 个倍乘器和一个加法器组成。移位寄存器在 9 个不同的连续时刻接入取样信号，通常取样频率是两倍符号率。从左到右的每个取样信号值依次与 h_{xx1}，h_{xx2}，…，h_{xx9} 相乘。假如对均衡没有要求，除中心 h_{xx5} 系数为 1 外，其他所有倍乘系数均为 0。然后，9 路经倍乘后的取样信号值相加输出。倍乘系数值被 CMA 算法更新。

色散补偿可以在时域进行，也可以在频域进行。为了更有效地补偿，当补偿范围约超过 1 000 ps/nm 时，色散补偿就在频域进行。使用一个快速傅里叶变换（FFT），将时域样值转换成频域样值，如图 2-77 所示，FFT 值与滤波器冲击响应频率值 W_N 相乘，其乘积用一个傅里叶逆变换（IFFT）转换回时域。频域均衡值与其对应的时域均衡值在数学上是相等的，但是其均衡的复杂性要低得多。

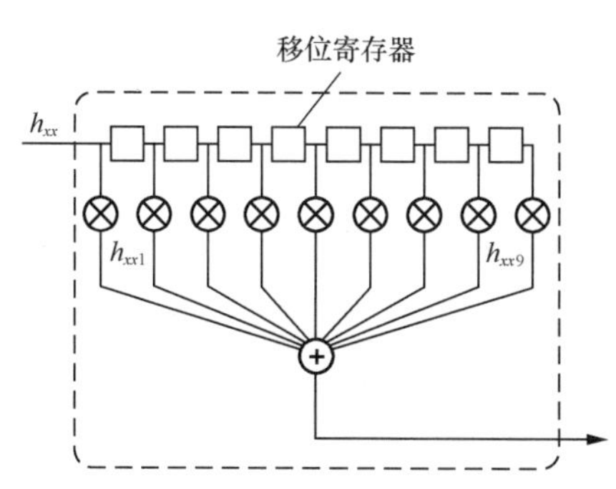

图 2-76　有限冲击效应（FIR）滤波器 [97]

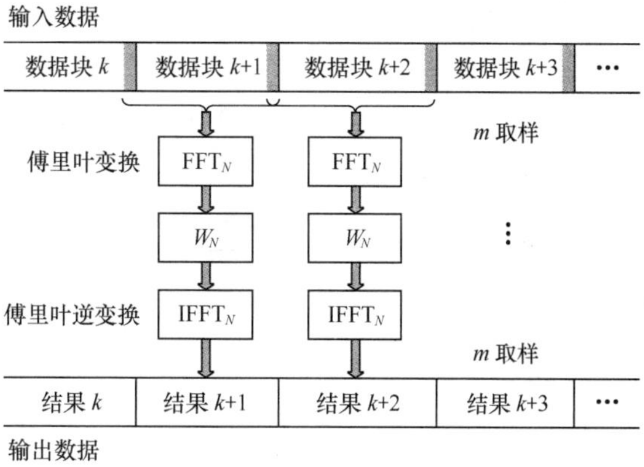

输入数据
数据块 k　数据块 k+1　数据块 k+2　数据块 k+3　…
傅里叶变换　FFT_N　FFT_N　m 取样
W_N　W_N
傅里叶逆变换　$IFFT_N$　$IFFT_N$　m 取样
结果 k　结果 k+1　结果 k+2　结果 k+3　…
输出数据

图 2-77　从时域转换到频域对色散进行补偿 [73]

2.8.4　400G 系统数字信号处理器（DSP）

本节将介绍加拿大华为技术研究中心开发的单载波 400 Gbit/s 实时偏振复用（PM）16QAM 调制收发机 DSP 功能及其线路卡 [136]，该线路卡在 100 km 光纤线路上，以 30 dB OSNR 无误码传输了 12 个小时。

用 ASIC 实现的 PM-16QAM DSP 芯片如图 2-78（b）所示，安装在使用商用光电子器件制作的线路卡上，如图 2-78（d）所示，工作在 61 Gbaud，共享华为 200G 通用线路卡。该灵活速率线路卡可用于不同速率和不同调制格式系统，如表 2-6 所示。

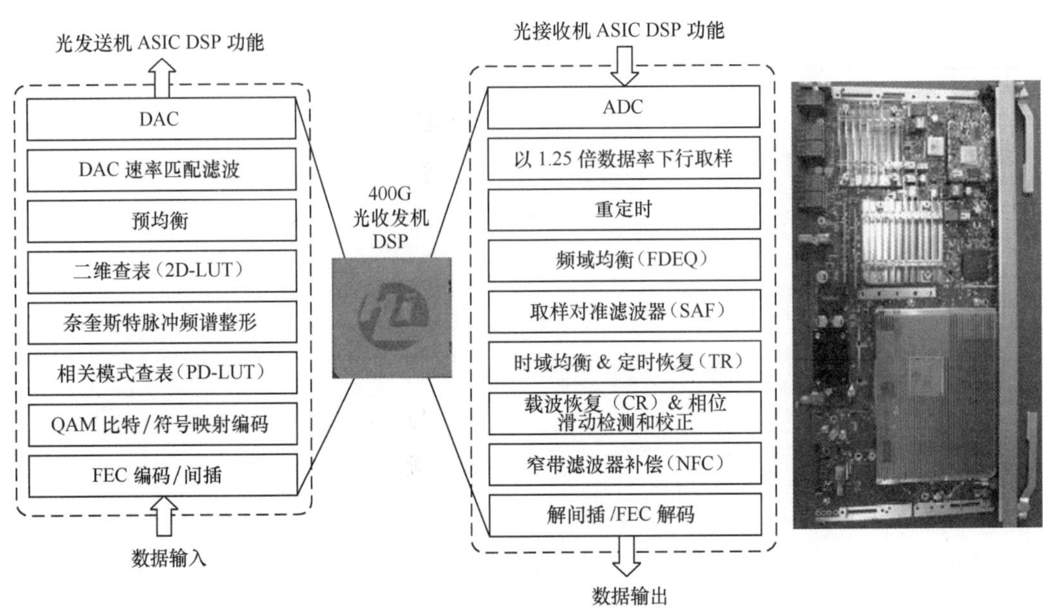

（a）发送机 DSP 功能　（b）收发机 ASIC DSP　（c）接收机 DSP 功能　（d）由 DSP 构成的 400G 线路卡

图 2-78　单载波 400 Gbit/s PM-16QAM 调制收发机 DSP 及其线路卡

表 2-6　灵活速率线路卡支持的数据速率

波特速率（Gbaud（GHz））	34	45	61
QPSK 速率（Gbit/s）	100		200
8QAM 速率（Gbit/s）	150	200	
16QAM 速率（Gbit/s）	200	250	400

与正常速率系统相比，高波特率系统面对取样率、定时恢复和带宽三个独特的挑战。而且，DSP 算法必须有效简单，以便提高实时性。

通常，取样率被 ADC/DAC 速度所限制。虽然现有技术可实现大于 100 GHz 的取样率，但考虑到 ASIC 功耗，通常选取低速取样率。另外，信号信息完全包含在（1+α）f_{baud} 带宽内，这里 α 是滚降系数，f_{baud} 是波特率（GHz）。在广泛使用滚降系数较小的奈奎斯特频谱整形技术的情况下，没有必要采用两倍取样的 DSP，而是采用低复杂度的非整数均衡器，如图 2-79 所示，这种方法的关键是取样对准滤波器（SAF，Sample Alignment Filter），在时域均衡（TDEQ）前，对准数字取样值。该滤波器由数个系数固定的并行结构 ASIC 分级延迟滤波器组成。原则上，由于使用取样对准滤波器，时域均衡可以支持高于符号率的任何取样率和适配算法。经综合考虑，ASIC 采用 1.25 倍数据率的取样率和最小均方算法（LMS）。

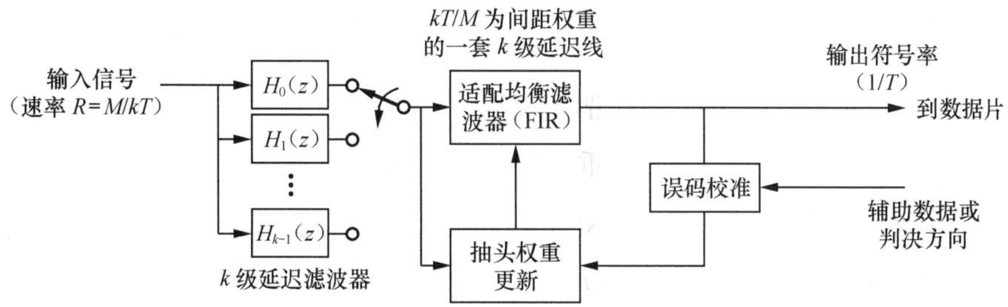

图 2-79　非整数时域取样适配均衡器框图

图 2-78（a）所示为 ASIC DSP 模块发送机部分功能图，该模块支持波特速率为 68 GHz。FEC 是具有 11% 开销的低密度奇偶校验（LDPC，Low Density Parity Check）卷积码，该码纠错前，400G 系统 BER 阈值是 9.5×10^{-3}。发送侧要进行两种查表（LUT，Look-Up-Table），一种是模式相关查表（PD-LUT），补偿存储器器件的非线性；另一种是二维查表（2D-LUT），补偿无存储器器件的非线性。2D-LUT 也可以补偿瞬时 I/Q 串话，如 MZ 消光比引起的串话。

图 2-78（c）所示为 ASIC DSP 模块接收机部分功能图，载波恢复（CR）和相位滑动检测和校正（CSDC，Cycle Slip Detection and Correction）模块校正载波相位并恢复 QAM 星座图，以便用于窄带滤波器补偿（NFC）和随后的 FEC 解码。

栅格状窄带滤波器补偿（NFC）模块用于恢复高频信号，使用线性算法避免增加噪声。该模块使用 CMOS 技术实现。

对于高波特率系统，定时恢复（TR，Timing Recovery）更具有挑战性，这不仅是因为符号周期短，而且因为当采用很小滚降系数奈奎斯特频谱整形时，取样时刻瞬间即逝。图 2-80 所示为级联定时恢复框图，显示采用从时域均衡（TDEQ）抽头系数计算的偏差，在频域检测定时误差。这种安排不仅提供比从 2 MHz 定时恢复（TR）更高的环路带宽，而且释放了均衡器的边界，扩大了它的跟踪能力。关于频域均衡（FDEQ），第 2.8.3 节已进行了介绍。这种级联定时安排可以在恶劣环境中提供稳定的时钟。

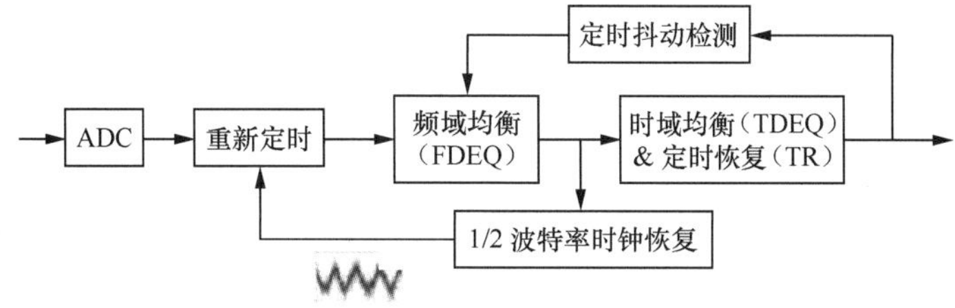

图 2-80　频域均衡（FDEQ）和时域均衡（TDEQ）级联定时恢复框图

这种单载波 400 Gbit/s 偏振复用（PM）16QAM 调制发送机 DSP 的 DAC 提供 61 Gbaud 的输出，16QAM 每符号可携带 4 比特信号，所以 I/Q 调制器输出为 244 Gbit/s，经偏振复用后就变为 488 Gbit/s，其中包含 22% 的开销。

2.8.5 高速 DAC 适配数字预均衡

为了扩大传输容量，下一代宽带收发机将以工作在各种符号率的高阶 *m*QAM 格式为特征。这种先进的传输制式严重受制于发送机器件带宽，使用适配数字预均衡（A-DPE，Adaptive Digital Pre-Emphasis）技术，可减轻对 DAC 的这种限制。该模型使用反馈环路，评估数字预均衡滤波器 $P(f)$ 的性能[140]。

数字信号 $s(f)$ 被滚降系数 $\beta = 0.2$ 的奈奎斯特滤波器 $N(f)$（均方根升余弦脉冲整形）和数字预均衡滤波器 $P(f)$ 滤波，进入 DAC，该 DAC 起取样、保持、量化作用和电子滤波等作用（传输函数为 $D(f)$，带宽 16 GHz），然后，部分信号反馈到数字预均衡滤波器 $P(f)$。量化噪声 $n_q(f)$ 可认为是白高斯噪声 $\sigma^2 = \Delta^2/12$，这里 Δ 是量化台阶。假定有效比特数为 6，反馈信号 $\tilde{z}(f)$ 和奈奎斯特滤波输出信号 $z(f)$ 比较，其输出 $\varepsilon(f) = \tilde{z}(f) - z(f)$ 进入适配数字预均衡 $P(f)$，对其进行调节。适配数字预均衡实现原理如图 2-81 所示。

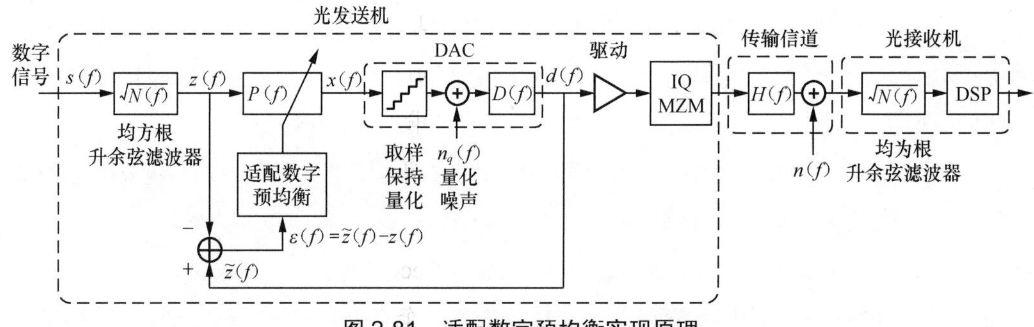

图 2-81 适配数字预均衡实现原理

数字预均衡滤波器 $P(f)$ 源于使用最小均方误差（LMS）算法的理想预均衡，滤波系数从当前时刻的 $\varepsilon(f) = \tilde{z}(f) - z(f)$ 值用随机梯度下降法计算出来。为了降低预均衡的复杂性，使用两个快速傅里叶变换（FFT），将 $\tilde{z}(f)$ 和 $z(f)$ 的时域值转换成频域值，进行预均衡后，再用一个傅里叶逆变换（IFFT）转换回时域[140]，如图 2-82 所示。频域均衡值与其对应的时域均衡值在数学上是相等的。

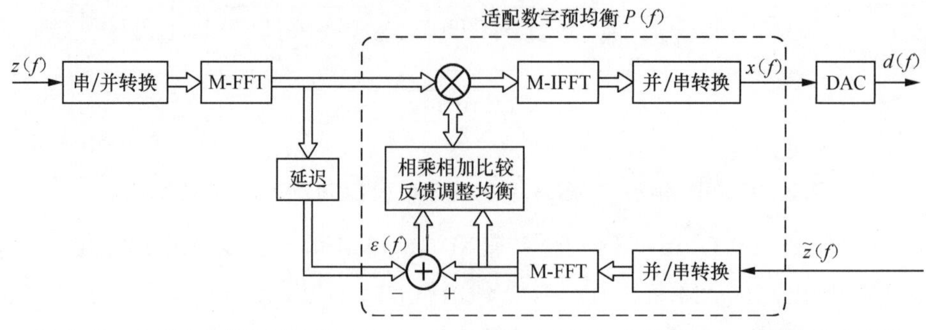

图 2-82 使用快速傅里叶变换（FFT）和逆变换（IFFT）在频域进行适配数字预均衡

这种适配数字预均衡技术可用于 QPSK、16QAM 和 64QAM，以 1 dB 的信噪比代价，最多约可增加 50% 的发送符号率。

2.9　奈奎斯特脉冲整形及其系统

2.9.1　奈奎斯特脉冲整形概念

奈奎斯特脉冲整形（Nyquist Pulse Shaping）使信号频谱局限在一个最小可能的频谱带宽内，从而避免信道间的干扰，减少使用专门信号处理技术的需要，允许信道间距接近符号率，它是光纤通信系统提高频谱效率的有效工具，用于构成最密集的 WDM 系统。有人用它已实现单个激光器编码速率达到 32 Tbit/s。

一些实验 [74] 使用升余弦滤波器来减小信号带宽，同时保持数据速率不变。此时，滤波器的滚降系数 r 决定带宽，当 $r=1$ 时，滤波器带宽最大；当 $r=0$ 时，滤波器带宽最小，并且冲击响应具有 $\sin t/t$ 特性，奈奎斯特 WDM 实验常常就是这种情况。

所谓奈奎斯特脉冲整形，就是把时域脉冲形状整形为辛格函数（$\mathrm{sinc}(x)$）形状。辛格函数用 $\mathrm{sinc}(x)=\sin(x)/x\ (x\neq 0)$ 表示，在数字信号处理和信息论中，通常定义归一化辛格函数为：

$$\mathrm{sinc}(x)=\frac{\sin(\pi x)}{\pi x},\qquad x\neq 0 \tag{2.30}$$

当 $x=0$ 时，$\mathrm{sinc}=1$。

在介绍辛格函数频谱特性前，我们先来回顾一下矩形脉冲的特性。矩形脉冲是最重要和最常用的脉冲信号之一，因为它可以方便地表示二进制数据 1 和 0。用记号 $\prod(\cdot)$ 表示的单个矩形脉冲 $w(t)$ 为：

$$\prod\left(\frac{t}{T}\right)\equiv\begin{cases}1, & |t|\leqslant\dfrac{T}{2}\\[2mm] 0, & |t|>\dfrac{T}{2}\end{cases} \tag{2.31}$$

对该函数进行傅里叶变换，得到矩形脉冲的频谱为辛格函数形状，即：

$$W(f)=\int_{-T/2}^{T/2}1\cdot \mathrm{e}^{-\mathrm{j}\omega t}\,\mathrm{d}t=\frac{\mathrm{e}^{-\mathrm{j}\omega T/2}-\mathrm{e}^{\mathrm{j}\omega T/2}}{-\mathrm{j}\omega}=T\frac{\sin(\omega T/2)}{\omega T/2}=T\sin\mathrm{c}(\pi Tf)$$

因而有：

$$\prod\left(\frac{t}{T}\right)\leftrightarrow T\sin\mathrm{c}(\pi Tf) \tag{2.32}$$

图 2-83（a）所示为矩形脉冲的时域图和对应的频域图[53]，由图可见，脉冲宽度 T 与频谱图中的第 1 个零点位置 $1/T$ 是反比关系。

利用傅里叶变换的对称定理，很容易得知，具有 $\sin(x)/x$ 形状的辛格脉冲信号的频谱为矩形频谱：

$$T\ \text{sinc}\left(\pi Tt\right)\leftrightarrow\Pi\left(-\frac{f}{T}\right)=\Pi\left(\frac{f}{T}\right)\tag{2.33}$$

由此可见，在时域，奈奎斯特脉冲形状是辛格函数形状；在频域，它是方波形状。

图 2-83 表示频谱为实函数的波形，这是由于对应的时域脉冲为实偶函数。如果脉冲波形在时间轴上平移一段时间，破坏偶对称性，这时信号的频谱将为复函数，例如令脉冲时延 $T/2$，式（2.31）变为：

$$\Pi\left(\frac{t-T/2}{T}\right)=\begin{cases}1, & 0<t\leqslant T\\ 0, & t\ \text{为其他值}\end{cases}=\upsilon(t)$$

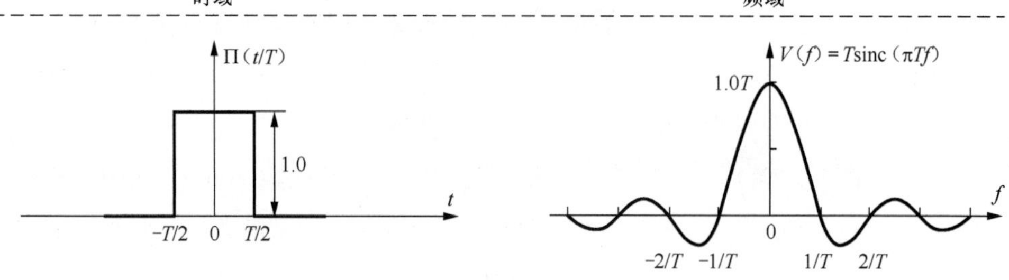

（a）矩形脉冲（不整形）

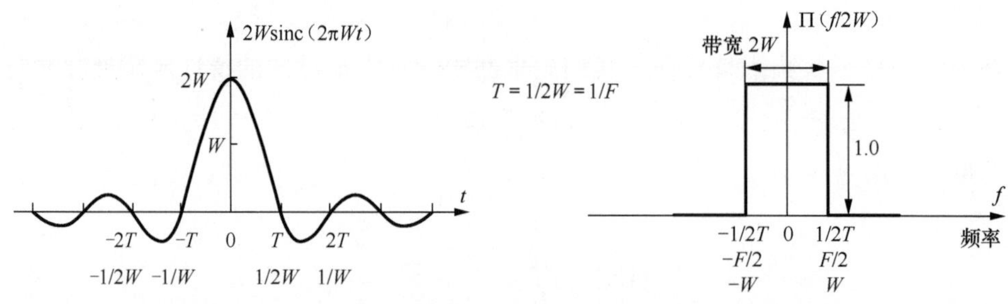

（b）辛格脉冲（整形后的奈奎斯特脉冲）

图 2-83　矩形脉冲和辛格脉冲及其频谱（傅里叶变换对应的时域和频域信号）

利用时延定理，频谱式（2.32）变为如下的形式：

$$V\left(f\right)=T\mathrm{e}^{-\mathrm{j}\pi T}\sin\mathrm{c}\left(\pi Tf\right)\tag{2.34}$$

该频谱也可以用正交形式表示：

$$V\left(f\right)=T\sin\mathrm{c}\left(\pi Tf\right)\cos\left(\pi fT\right)+\mathrm{j}\left[-T\sin\mathrm{c}\left(\pi Tf\right)\sin\left(\pi fT\right)\right]\tag{2.35}$$

2.9.2 连续三个辛格形状奈奎斯特脉冲的时域图和频谱图

图 2-84 所示为连续三个辛格形状奈奎斯特脉冲的时域图和频域图。奈奎斯特脉冲在时域上是正交的，即 t_i 脉冲峰值正好是 t_{i+1} 脉冲和 t_{i-1} 脉冲的谷值，$t_{i+1}-t_i=T=1/F$，$t_i=iT$，所以时钟频率为 $f_T=1/T=F$，方波形状频谱宽度 $F=1/T$ 就是信号奈奎斯特带宽。由于连续三个辛格脉冲的时间差为 iT，由式（2.34）可知，对应的频谱被 $\exp(j2\pi fiT)$ 调制了，因此可以避免相邻脉冲间在时域的干扰[57]。由图 2-84 可见，奈奎斯特频率 $f_{Nyquist}=$ 比特速率 /2，接收机电带宽与奈奎斯特频率成正比，$B_{ele}=f_{Nyquist}(1+r)$，这里 r 是奈奎斯特信道信号滚降系数，其值在 0 ～ 1 之间。

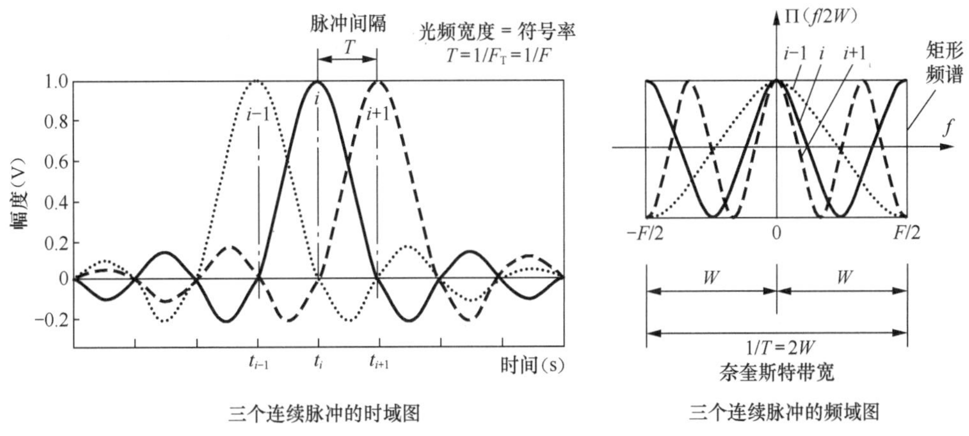

图 2-84 整形后形状为辛格函数的奈奎斯特脉冲的时域图和频域图

2.9.3 奈奎斯特发射机 / 接收机及其系统

奈奎斯特发射机和接收机与传统的不同，它不仅要对数据包络编码到光载波 f_v 上，而且要对脉冲形状编码，因此，需要对发射机输出脉冲整形。当发射机信号脉冲响应是 $h_s(t)$ 时，对接收到的信号用 $h_r(t)$ 求卷积，这里 $h_s(t)$ 和 $h_r(t)$ 是两个正交函数，即它们遵守正交条件：

$$T\int_{-\infty}^{\infty}h_s\left(t-t_m\right)h_r\left(t_{m'}-t\right)\mathrm{d}t=\delta_{mm'} \tag{2.36}$$

式中，$t_m=mT$，T 是脉冲持续时间，m 和 m' 是整数。当然，该系统也需要一个 f_v 本振激光器和相干接收机。

在光脉冲整形和复用发射机中，首先，用 I/Q 调制器把电信号编码到光载波上，然后，对光信号进行脉冲整形，形成 $h_s(t)$ 脉冲，进一步波长复用，产生 Tbit/s 超级信道信号。当然，发射机也可以在电域进行奈奎斯特整形，如图 2-85 所示。

奈奎斯特脉冲整形允许有效地进行波长复用，无须保护间隔，在这方面类似于 OFDM，即方形的时域脉冲和辛格状的频域脉冲，如图 2-83 所示。有人用实验对两者进行了比较，测试表明，奈奎斯特 WDM 的 *Q* 参数性能比没有保护间隔的 OFDM 还要好 [64]。

下面介绍一个在实验室完成的 150 Gbit/s 奈奎斯特脉冲 300 km 传输实验 [63]，该实验使用 FPGA 构成 64 抽头系数的有限冲击响应（FIR，Finite Impulse Response）滤波器，对输入的伪随机码在电域实时进行奈奎斯特脉冲整形，经数 / 模转换平滑后，对 MZ 调制器进行 I/Q 调制，产生 150 Gbit/s 的光辛格脉冲，并用 PM-16/64QAM 信号在标准单模光纤线路上传输了 300/100 km。测试表明，BER 提高了 1.5 个量级。

该实验使用的奈奎斯特光发射机如图 2-85 所示，它包括两个同步的 Virtex5 FPGA，两个 6 比特分辨率的高速 Micram 数模转换器（DAC），线宽 1 kHz 光纤激光器和 $LiNbO_3$ 马赫—曾德尔 I/Q 调制器。DAC 取样速率 16QAM 为 28 GHz，64QAM 为 25 GHz。发射机输出信号的频谱几乎为方形辛格状脉冲。接收端使用 Agilent N4391A 相干接收机，以 80 GSa/s 取样，同时处理两个偏振输入信号，进行模数转换、载波相位和时钟估算恢复、增益均衡、色散补偿和 BER 测量，这些均为离线处理。

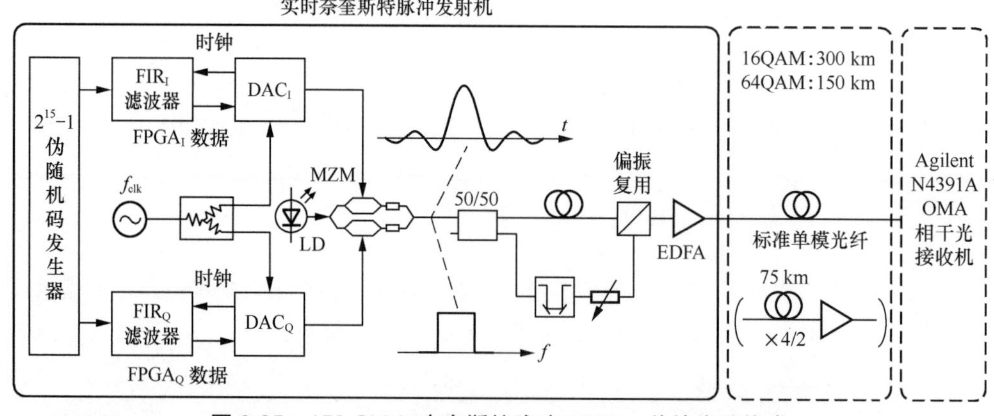

图 2-85　150 Gbit/s 奈奎斯特脉冲 300 km 传输实验构成

2013 年，阿尔卡特—朗讯贝尔实验室使用奈奎斯特脉冲整形技术，实验比较了 100 Gbit/s PM-QPSK、150 Gbit/s PM-8QAM 和 200 Gbit/s PM-16QAM 信号的 WDM 系统传输性能 [66]。频谱间距 33 GHz 的 16 个窄线宽 LD 信道，按奇偶划分为两组，分别独立调制 I/Q 调制器。进行的 PM-QPSK、PM-8QAM 和 PM-16QAM 的传输实验，频谱效率分别为 3 bit/s/Hz、4.5 bit/s/Hz 和 6 bit/s/Hz。当传输距离分别为 9 000 km、3 000 km 和 3 000 km 时，进行了 OSNR 和 *Q* 参数测试。频谱间距 33 GHz 时，PM-QPSK 和 PM-

8QAM 调制 Q 均为 5.5 dB，PM-16QAM Q 为 4 dB。实验表明，滚降系数为 0.1 的奈奎斯特脉冲整形技术，允许使用接近符号率的信道间距。

2.10　100G 超长距离 DWDM 系统技术

2009 年，Verizon 在巴黎和法兰克福之间部署了第一条商用 100G 光纤链路。随后，阿尔卡特—朗讯所提出的 100G 系统采用 PM-QPSK 调制 / 相干检测技术被写入国际标准，大大加快了该技术的产业化进程。

2013 年，100G 技术产品在全球市场迎来了爆发式增长，100G 的收入逼近整体市场的 15%。在中国市场，中国移动和中国电信的 100G 集中采购规模更是不断地刷新世界纪录，因此，2013 年也被称为 100G 技术的中国商用元年，业界也广泛认为 100G 技术开启了黄金十年的商用期。

本节介绍光互联网论坛描述的 100G 超长距离（ULH）DWDM 系统技术和光收发模块技术 [54]。

2.10.1　100G 超长距离 DWDM 系统关键技术

100G 超长 DWDM 系统用于长距离大容量核心光网络传输，最大线路容量可达 1 Tbit/s，包含 80 ～ 100 个 10 Gbit/s 数字速率光信道，可传输 1 000 ～ 1 500 km，具有 6 个 ROADM，同时能应用于 20 个 ROADM 的广域网。DWDM 信道间距仍被要求保持在 50 GHz，光信噪比是 10 Gbit/s 信道的 10 倍。这就要求系统除采用前向纠错技术外，还要采用更先进的光调制技术和接收方式。

OIF 经过研究考虑，采用双偏振复用、正交相移键控（PM-QPSK）调制 / 相干检测技术，实现 100G 超长 DWDM 系统传输。因为这种技术对系统器件的要求是合理可行的。

双偏振复用指的是复用两个光频率完全相同但又相互独立的正交偏振光信号，如图 2-86 所示。两路光信号来自同一个发射激光器，经过偏振分光器（PS）获得。每路光信号分别被调制，携带一半数据净荷。而实际发射的信号比特率是净荷数据加上数据编码的额外开销、传输管理、前向纠错（FEC）字节，约为 110 Gbit/s。将数据均分成两份，在两个偏振光上分别传输，每个偏振携带一半数据。将调制速率减小一半，意味着降低了对光带宽的要求，减小了信道间距，允许使用 50 GHz 的信道间距，传输 100G 的信号。

OIF 也选择正交相移键控调制（QPSK），该方式反映了相邻两个携带编码数据光载波的相位变化（见第 2.2.5 节）。图 2-86（a）反映传输信号相位变化是如何代表编码数据的。假如二进制脉冲信号是 1001，QPSK 调制时，相邻两个信号光载波相位有变化，表示传输的是 10 或 01 两个数据脉冲；相位没有变化，表示传输的是 00 或 11 两个脉冲（图 2-86（a）上方中间二进制数字表示的是 00 脉冲）。图 2-86（a）表示调制后的同向（I）信号和正交（Q）信号的复合就是 QPSK 调制后的二进制数据信号。

QPSK 使用 4 个传输符号，每个符号携带两个比特，在信号相位图中，每个符号为分布在 4 个象限中的 4 个点中的其中一个，如图 2-86（b）所示。

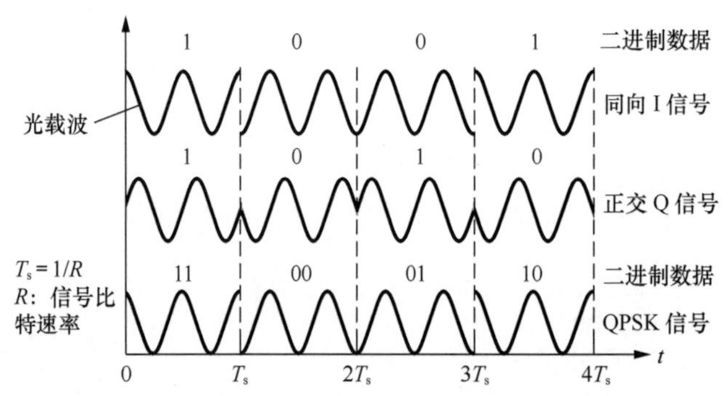

（a）数据信号分别调制 MZ 调制器获得 I/Q 信号经合并构成 QPSK 传输信号

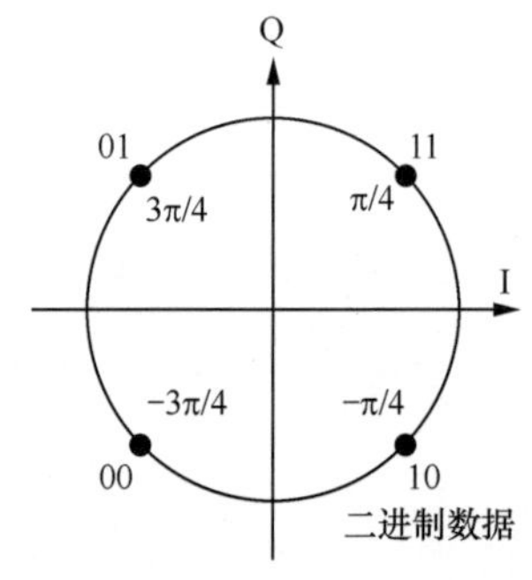

（b）QPSK 信号相位图（发射星座图）

图 2-86 正交相移键控调制（QPSK）原理说明

与 10 Gbit/s 线路速率系统相比，100 Gbit/s 系统要求光信噪比（OSNR）提高 10 倍，为此，除采用偏振复用相干检测、QPSK 调制技术外，还要采用更为先进的前向纠错（FEC）技术。目前，10G 系统使用提供 8.5 dB 增益的 FEC，而 100G 系统则需要能提供更高增益的超级 FEC（SFEC）技术。图 2-87 所示为净编码增益与开销占比的关系，两条实线分别表示硬件判决解码和软件判决解码的香农限制。硬件判决解码时，选择一个信号电平，将其作为分辨“1”码和“0”码的门限。软件判决解码时，将信号电平分成许多精细的值，利用这些值判决该符号是“1”码还是“0”码。图 2-87 中的净编码增益数值分散点表示指定编码实际达到的结果。RS（255，239）码是 G.709 标准默认的编码，其净编码增益约为 6 dB。光传输网（OTN）FEC 标准是 G.975。图中标明几种硬件判决增强 FEC（EFEC）编码的净编码增益，这正是今天 10G 商用系统使用的标准。图中也标明几种 G.975.1 标准达到的净编码增益，在相同开销占比情况下，G.975.1 推荐的几种 SFEC 码的净编码增益要比 G.709 码的提高 2 dB 以上。下面介绍图中列出的几种 SFEC。

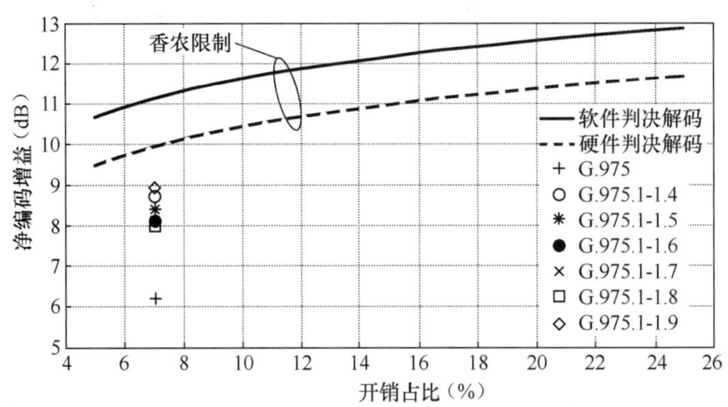

图 2-87 几种前向纠错编码的理论限制和实际达到的性能[54]

G.975.1-1.4：将 RS（1023,1007）外码和 BCH（2047,1952）内码级联的 SFEC 码。

G.975.1-1.5：将 RS（1910,1855）外码和汉明乘积 (512,502)×(510,500) 内码级联的 SFEC 码。

G.975.1-1.6：低密度奇偶校验（LDPC）SFEC 码。

G.975.1-1.7：两个正交级联 BCH 超强 FEC 码。

G.975.1-1.8：RS（2720,2550）超强 FEC 码。

G.975.1-1.9：两个交织扩展 BCH（1020,988）超强 FEC 码。

软件判决 FEC 与硬件判决相比，能提供较高的净编码增益，但同时需要传送更高的数据速率。

不同的调制格式，理论上对 OSNR 的要求是不同的[55]，如表 2-7 所示。

表 2-7 100G 系统不同调制格式理论上对 OSNR 的要求

调制格式	净比特率（Gbit/s）	符号率（Gbaud）	脉冲整形	带宽（GHz）	光栅间距（GHz）	频谱效率（bit/s/Hz）	OSNR（BER = 10^{-3}）	OSNR（BER = 10^{-2}）
PM-QPSK	100	28	NRZ	56	50	2	12	9.8
	100	32	奈奎斯特	35	50	2	12.6	10.4
PM-8QAM	100	18.7	NRZ	37.5	50	2	13.8	11.4
	100	21.3	奈奎斯特	23.4	25	4	14.3	12
PM-16QAM	100	16	奈奎斯特	17.6	25	4	16.2	13.8

2.10.2 100G 超长距离 DWDM 系统传输实验

本节介绍波分复用 173×128 Gbit/s PM-QPSK 调制信号占据 70 nm 连续带宽，在 4 000 km 真波光纤上的传输实验[56]。该系统级联拉曼和 EDFA 放大器，补偿中继间距 100 km 光纤的损耗。在如图 2-88 所示的环路实验中，宽带单级反向泵浦分布式拉曼放大（DRA）和 EDFA 一起补偿实验环路中光纤和器件的损耗，并构成增益均衡传输线路。与全拉曼放大系统相比，混合使用拉曼 /EDFA 放大，可以减小系统对总拉曼泵浦功率的要求。

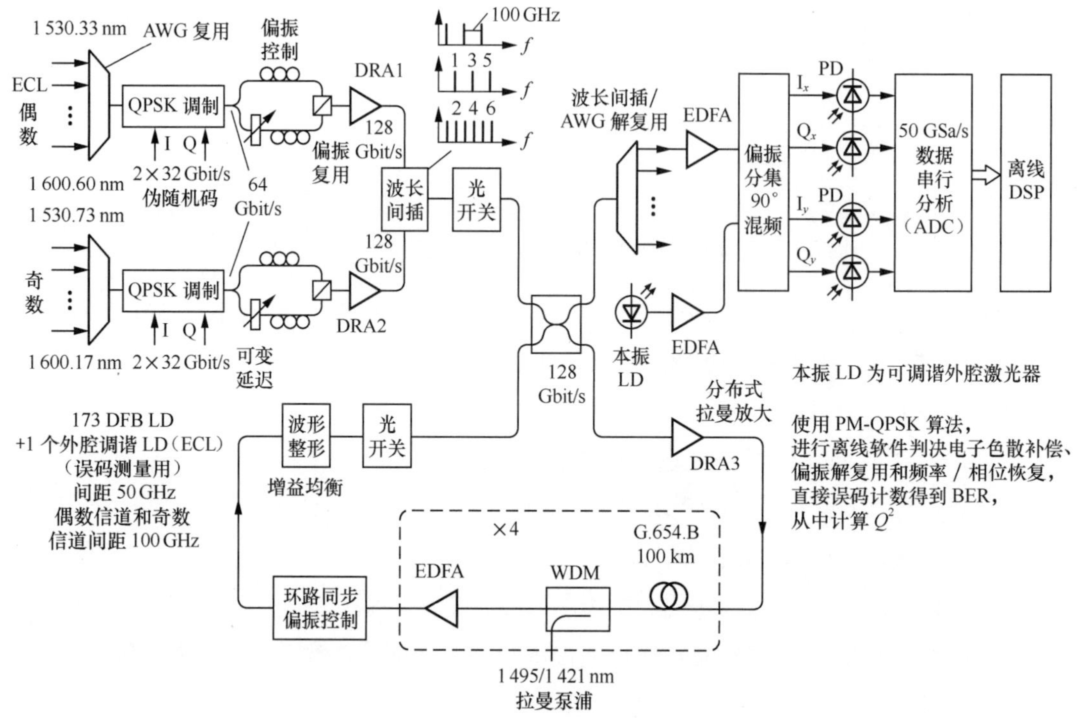

图 2-88　173×128 Gbit/s PM-QPSK 调制 40×100 km 拉曼 /EDFA 放大传输实验系统 [56]

实验系统发送机在 1 530.31 ～ 1 600.60 nm 范围内，包括光频间距 50 GHz 的 173 个 DFB 和一个外腔激光器（ECL）信道。这 174 个激光器被分成信道间距 100 GHz 的奇数、偶数两组信道，通过 AWG 进行 WDM 复用。奇偶信道分别被 M-Z 调制器调制，I/Q 调制器被 32 Gbit/s 的 $2^{15}-1$ 伪随机比特序列信号驱动，I/Q 调制器输出 2×32 Gbit/s（QPSK 调制器每符号可携带 2 bit 信号）。每个调制器的输出信号进入两个相对延迟 386 符号（奇数）通道或 810 个符号（偶数）通道，然后被偏振光束复用器（PBC）偏振复用，从而构成速率 128 Gbit/s（2×64 Gbit/s）的 PM-QPSK 信道。

每个 PM-QPSK 信道速率为 128 Gbit/s，其中有 20% 的开销字节，用于软件判决前向纠错（SD-FEC），对应比特误码率 BER = 2.4×10^{-2}，Q = 5.92 dB。173 个 DWDM 信道信号送入实验环路中，环路有 4 段 100 km 间距的真波光纤（G.654 B）组成，光纤损耗被 4 个拉曼 /EDFA 混合放大器补偿。商用 WS1000SX 波形整形器可被用来进行增益均衡，环路同步偏振控制器用于补偿偏振模式色散和偏振相关损耗。G.654 B 光纤平均有效芯径面积 125 μm^2，损耗 0.182 dB/km，色散 20.2 ps/(nm·km)，包括光纤损耗和器件插入损耗的环路损耗为 18.8 ～ 19.4 dB。每段光纤没有使用色散补偿光纤。光信号在环路中绕行 10 次后，传输距离达到 4 000 km。对 A/D 转换后的数据以速率 10^6/s 取样，使用典型的 PM-QPSK 算法，离线进行电子色散补偿、偏振解复用和频率 / 相位恢复。最后，对百万取样值平均和直接误码计数得到 BER，用式（5.14）和式（5.15）计算 Q^2 值，或从表 3-9 查得。

调谐外腔激光器（ECL）线宽 100 kHz，当测量每个信道 BER 性能时，信道 DFB 激光器就切换到调谐 ECL。9.5 m OFS MP980 EDF 掺铒光纤作为 980 nm（530 mW 功率）前向泵浦单级 EDFA，主要提供 C 波段增益。而 1 495 nm 波长激光泵浦分布式拉曼放大，主要提供 L 波段增益。由图 2-91 可见，C 波段 OSNR 比 L 波段的差，为此，1 421 nm 激光功率提供约 3.5 dB 的拉曼增益，用于提高该波段的 OSNR。测量得到的拉曼和 EDFA 增益频谱如图 2-89（a）所示。增益平坦滤波器（GFF，Gain Flatening Filter）插入拉曼和 EDFA 之间，均衡拉曼和 EDFA 复合增益的形状。测量得到的总增益如图 2-89（b）所示。

DRA 使用色散 12.1 ps/(nm·km)、有效面积 26.3 μm^2（1 550 nm 波长）的拉曼光纤。拉曼光纤有效面积小，可增加拉曼增益；有效面积大，可缓解相干传输非线性损伤。拉曼光纤损耗为 0.39 dB/km。DRA3 用 5 个不同波长（1 427 nm、1 439 nm、1 452 nm、1 467 nm 和 1 496 nm）的激光器泵浦，总泵浦功率为 1.2 W。DRA1 和 DRA2 用 4 个激光器（1 429 nm、1 447 nm、1 466 nm 和 1 495 nm）泵浦，总泵浦功率为 1.0 W。图 2-90 所示为测量到的 DRA3 净增益和噪声指数 F_n。

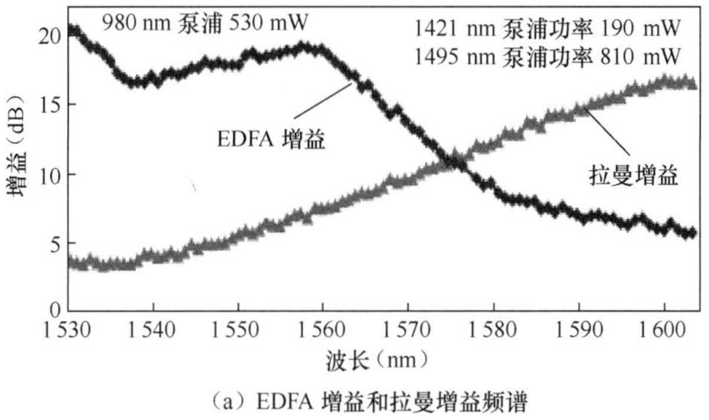

（a）EDFA 增益和拉曼增益频谱

图 2-89　EDFA/ 拉曼放大增益频谱和均衡前后增益频谱 [56]

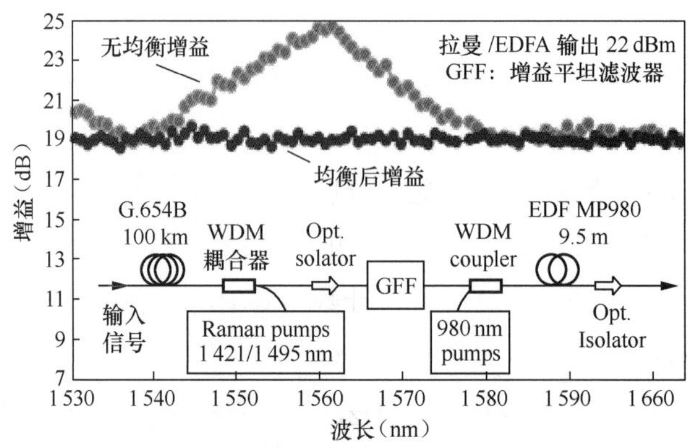

（b）均衡前后增益比较（上），拉曼/EDFA放大段构成（下）

图 2-89 EDFA/ 拉曼放大增益频谱和均衡前后增益频谱[56]（续）

128 Gbit/s PM-QPSK DWDM 系统背对背性能测试表明，分辨带宽（RBW，Resolution Bandwidth）0.1 nm 时，SD-FEC 阈值（BER = 2.4×10^{-2}）要求的 OSNR 是 11.0 dB。实验表明，进入光纤段的理想光功率约为 +20.4 dBm，每信道的理想光功率约为 –2.0 dBm。DWDM 信号传输 4 000 km 后，接收到的 OSNR 平均为 17.6 dB，如图 2-91 所示。平均 Q 参数为 7.7 dB，经 SD-FEC 后，BER 低于 10^{-15}。

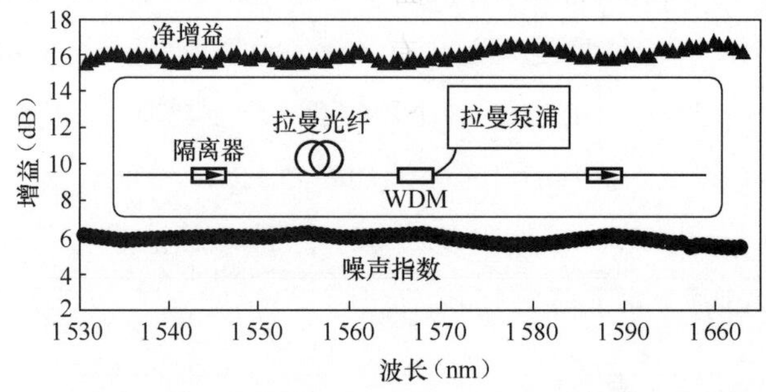

图 2-90 从 DRA3 测量到的拉曼净增益和噪声指数

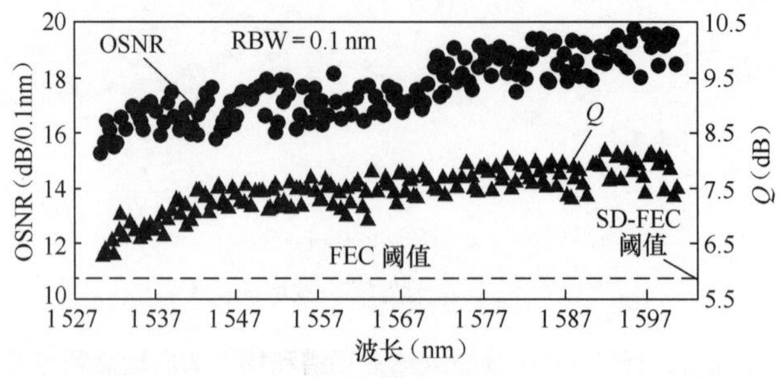

图 2-91 4×100 km 传输后测量到的 OSNR 和 Q 参数

多个公司使用不同的调制和检测技术，进行了许多 100 Gbit/sWDM 系统的传输实验，其传输容量、频谱效率和传输距离见表 2-8。

表 2-8　每信道 100 Gbit/s WDM 系统传输容量和频谱效率（不同的调制和检测技术）

线路速率（Gbit/s）	传输容量（Tbit/s）	频谱效率（bit/s/Hz）	传输距离（km）	调制和检测方式	资料来源	公司
107	1	0.7	1 000	NRZ-OOK	ECOC2006	Lucent
107	1	1	1 200	NRZ-DQPSK 差分直接检测	OFC2007	Alcatel-Lucent
111	1	2	2 375	PM-RZ-DQPSK 单载波相干检测	OFC2007	CoreOptics
111	16.4	2	2 550	PM-QPSK 单载波相干检测	OFC2008	Alcatel-Lucent
114	17	4	662	PM-8PSK 单载波相干检测	ECOC2008	NEC 实验室
112	1	4	320	PM-16QAM 单载波相干检测	ECOC2008	Alcatel-Lucent
112	7.2	2	7 040	PM-QPSK 单载波相干检测	OFC2009	Alcatel-Lucent
112	1	6.2	630	PM-16QAM 单载波相干检测	OFC2009	Alcatel-Lucent
495	3.96 8×0.495	4.125	12 000	QPSK+8QAM	OFC2013 OTu2B.4	AT&T 实验室 OFS Labs
104	30.58 294×104	6.1	7 230	PM-16QAM	OFC2013, OTu2B.3	TE SubCom
128	17.3 173×128		4 000	PM-QPSK, Raman/EDFA	OFC2015 W3G.4	OFS Labs,Bell Labs, Alc.-Luc.

2.10.3　100G 超长距离 DWDM 系统光收发模块

2009 年 6 月，光互联网论坛（OIF）发布了 100G 长距离 DWDM 系统传输框架白皮书，该系统采用偏振复用正交相移键控（PM-QPSK）相干检测技术，但也不排除其他调制格式。

2010 年 3 月和 4 月，OIF 相继发布了 PM-QPSK 集成光发射机和集成光接收机执行协议。

2010 年 5 月，OIF 发布了 100G 前向纠错（FEC）编码白皮书，对 FEC 类型、性能和实现考虑等进行了说明。

2010 年 6 月，OIF 又发布了 100G 长距离 DWDM 系统传输模块的电气机械特性、控制层技术执行协议，为器件、模块和设备供应商提供了模块化的接口规范。

OIF 把调制方式从开关幅移键控（OOK）调制改变到偏振复用正交相移键控（PM-QPSK）调制，符号率减小到 1/4，但是信号处理器件规模相应也扩大了 4 倍。图 2-92（a）所示为 PM-QPSK 光发射机模块框图，信号激光器发射的光信号经过偏振光分离器

（PBS），分解为水平（x）偏振光和垂直（y）偏振光。x、y 偏振光分别通过 MZ 调制器被同向（I）和正交（Q）数据信号调制。

OIF 指定 100G 超长 DWDM 系统采用 90° 光混频相干接收机（见第 2.7 节），图 2-92（b）表示这种 PM-QPSK 集成光接收机模块框图。

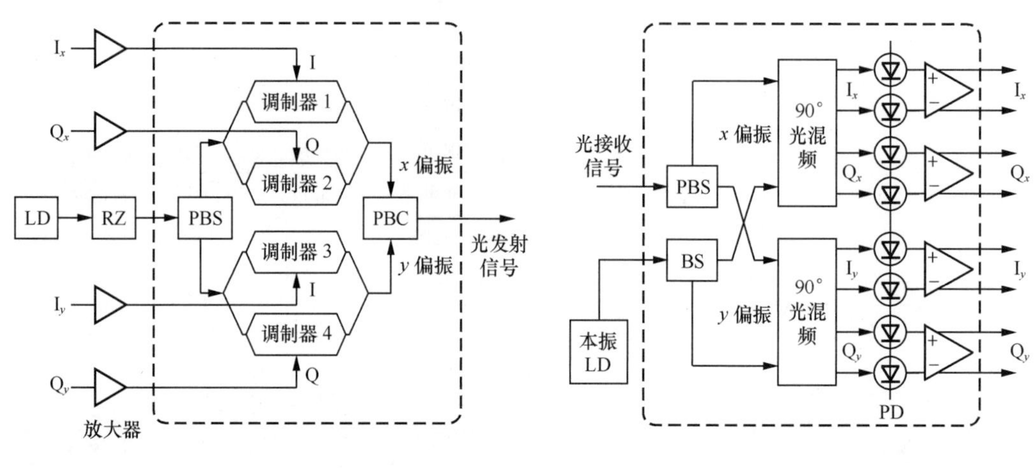

（a）偏振复用光发射机模块　　（b）平衡检测光接收机模块

图 2-92　PM-QPSK 光发射机和接收机模块框图 [54]

图 2-93 所示为 PM-QPSK 收发机模块主要功能框图，所有功能均在一块印制电路板上实现。该模块包含激光器、集成光电子模块、QPSK 解码器、A/D 转换器和数字信号处理器（DSP）。如果采用软件判决 FEC，可能还有与 DSP 集成在一起的 FEC。该印制板左侧是 OTN 数据帧和 FEC 编 / 解码器，它们位于收发机模块的外边。

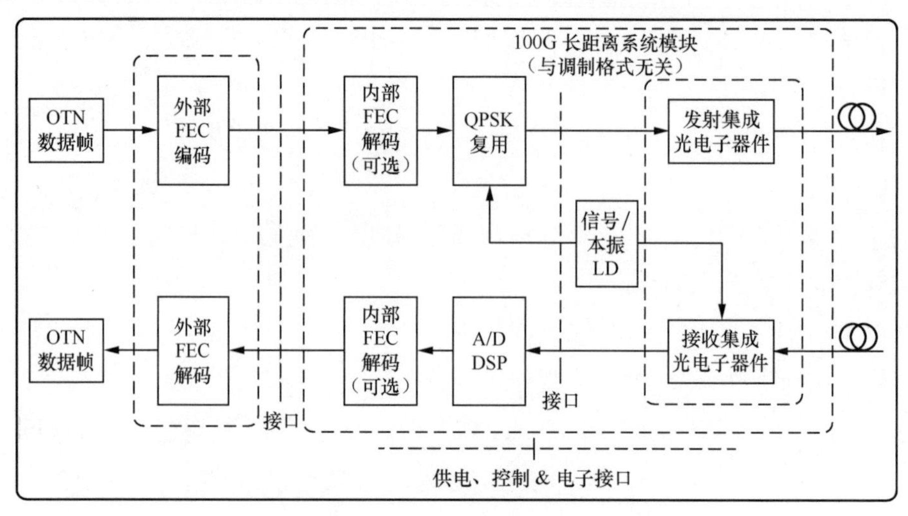

图 2-93　100G 收发机功能模块印制板构成

100G 收发机模块功能是这样实现的。在发射方向，输入数据首先根据 OTN 建议成帧，送入 FEC 编码，接着编码数据进入收发机模块，被转换成 I/Q 驱动信号，控制光调制器。发射激光器提供光信号给调制器，本振激光器提供光信号给相干接收机。输入信号光与本振光混频，解调出信号光，被光检测器转换成电信号，放大、数字化后进入 DSP 模块。信号经过处理后送入内部或外部 FEC 解码器，最后再按照 OTN 建议成帧。

2010 年，长距离应用的 100G 偏振复用正交相移键控（PDM-QPSK）相干检测 WDM 系统首次与 IEEE 802.3 规范的 100GbE 用户物理接口连接，成功商用。与 10G WDM 系统相比，该技术频谱效率扩大了 10 倍，但仍利用现有通信基础设施，即 EDFA 光中继放大、G.652 光纤、50 GHz 密集波分复用（DWDM）光频间距进行长距离传输。这种相干 100G PM-QPSK 系统，由于接收端采用相干检测、数字信号处理（DSP）/ 均衡和软件判决 FEC（SD-FEC）技术，允许至少 30 ps 的偏振模色散（PMD）和 50 000 ps/nm 左右的色散（CD），仅使用 EDFA 中继放大，在无须色散补偿光纤（DCF）的 G.652 光纤上传输了 2 000 ～ 2 500 km[55]。

2.11　400G 光传输系统技术

2.11.1　400G 光传输系统技术概述

随着云计算、视频流、数据中心、社会媒体、移动数据技术的飞速发展，传送网面临着业务流量爆炸式增长带来的巨大压力，超高速、大容量和动态灵活光谱成为光传输技术未来的发展趋势。

当前，电信运营商和设备厂商正在积极推动 400G 技术的实验和部署。400G WDM 传输技术势必成为下一代高速光传输系统的发展方向，相关标准化工作取得了阶段性进展，电信运营商需结合自身网络特点，根据不同应用场景选择面向未来业务发展需要的 400G 技术方案。

2012 年初，阿尔卡特—朗讯首家发布了 400G PSE 商用芯片，随后 Ciena 也发布了 400G 商用芯片。

2013 年，阿尔卡特—朗讯的 400G 商用平台率先在全球开始商用，并在欧洲、北美、亚太等多家重要运营商电信网上进行了部署，这一切都让人感觉 400G 的商用步伐似乎太快了。

2014 年以来，ITU-T、IEEE、OIF 等国际标准化组织以及中国通信标准化协会（CCSA，China Communications Standards Association）相继开展了 400G 系统的标准化工作，400G 系统国际标准逐步成熟完善，国内与 400G 系统设备有关的标准也已进入研究阶段。目前，100G 系统已成熟商用并已规模部署，国内一些电信运营商已在进行 400G 实验室测试。

2015 年 7 月，光互联网论坛（OIF）发布的 400G 长距离光纤通信系统技术选择白皮书，概述了目前逐渐成熟的 400G 传输系统的技术限制和挑战，以及可能采用的系统结构、技术选择和特性[55]。

2017 年 8 月，OIF 发布了灵活的相干 DWDM 传输框架文件，在长距离、城域范围和数据中心互联应用中，指定了一种灵活相干 DWDM 传输的技术途径，提供了一些网络设备供应商对模块和器件供应感兴趣的技术方向指南[113]。

2018 年 1 月 31 日报道，Ciena 公司宣布，它们将和英国 Janet 教育科研网络合作，部署单波长 400G 系统。

2018 年 2 月 2 日报道，中国移动研究院采用中兴通讯设备，组织完成了单载波 400G OTN 实验室测试。

提升 WDM 系统信道传输速率的主要目的是，在特定的频谱资源内，实现更高的频谱效率，优化管理系统资源，进一步降低单位比特成本。

400G 光传输系统涉及以下一些关键技术：提高频谱效率的高阶调制技术、抑制光纤非线性效应的补偿技术、高效高增益前向纠错（FEC）技术、算法高效规模更大的数字信号处理（DSP）技术、速度更高的 DAC/ADC 技术、适应多种频谱宽度的灵活频栅技术。

提升传输速率的主要挑战是如何在频谱效率和传输距离间达到一定的平衡。最终的技术实现方案需要考虑调制阶数、载波数量和波特数，在这三者之间进行权衡。

（1）高阶调制技术

高阶调制技术可以提升每符号比特数，对于单载波调制，在一定的频谱带宽上实现更高的频谱效率。与 QPSK 相比，16QAM 调制的每符号比特数扩大了一倍，进而提升频谱效率和传输容量。对于 400G 系统传输来说，高阶调制对接收侧 OSNR 提出了更高的要求，同时对激光器的相位噪声和光纤非线性效应更敏感，限制了系统传输距离。

（2）高信号符号率技术

提升信号符号率可实现高信道传输速率传输。目前，32 Gbaud 是最成熟的方案，400G 传输可以使用 100G 系统的各种光电器件和芯片技术，但性能相对受限。未来，系统将采用 43G、64G 等更高波特数，进一步提升传输性能和频谱效率。

（3）多载波技术

多载波技术可提高频谱效率，未来可能会根据应用场景的不同，分别采用单载波、双载波或四载波技术方案。

下面将对此进行简要的介绍。

2.11.2　400G 光传输系统实验

实际上，最近报道的所有 400G 系统传输实验，不管是城域距离、长距离，还是超长距离，都采用偏振分集相干接收，目的是减少符号率和放宽对各种系统器件带宽的要求。这些报道均为单载波方案和多载波方案，实际上多载波，通常也就是双载波。为了提高频谱效率，作者建议的传输方案是使用高阶调制和窄载波间距。由于光 / 电器件带宽和分辨率的限制，性能的下降被复杂的信号处理技术补偿。这些信号处理技术是先进的脉冲整形技术、高净编码增益 FEC 技术、最大似然检测，以及使用高性能网络器件，如拉曼放大、超大芯径面积光纤等。

表 2-9 给出了近年来报道的 400G 传输实验 / 演示系统情况。

表 2-9　400G 传输实验 / 演示系统

会议或杂志	论文	调制格式	符号率（Gbaud）	收发机特性	载波数	频谱效率（bit/s/Hz）	传输距离（km）
OFC 2014	W2A1	64QAM	42.66	DAC 1.5 Sa/Symbol	1	8	300
	Th3E4	16QAM	56	固定 LUT+MAP	1	4	1 200
	Th5B3	QPSK	110	电时分复用（ETDM）	1	4	3 600
	Tu2B1[115]	16QAM	32	64 GSa/s DAC	2	4	1 504
	Th4F3	16QAM	32	64 GSa/s DAC	2	5.44	630
	W1A3[114]	8QAM	43	奈奎斯特整形 +NL 补偿	2	4.55	6 787
	Th4F6	8QAM	40	64 GSa/s DAC	2	4	2 250
ECOC 2014	PD.4.2	16QAM	64	88 GSa/s DAC	1	6	6 600
	P.5.17	16QAM	40	64 GSa/s DAC	2	4	2 150
JLT 2014	No.4	16QAM	32	64 GSa/s DAC	2	6	9 200
OFC 2015	W3E1	16QAM	32	2×200G/50 GHz	2	4	550
	W3E2	QPSK	60	72 GSa/s DAC	2	4	6 577
	W3E3	16QAM	32	2×200G/37.5 GHz	2	5.33	1 000

续表

会议或杂志	论文	调制格式	符号率（Gbaud）	收发机特性	载波数	频谱效率（bit/s/Hz）	传输距离（km）
OFC 2016	Tu3A.3	16QAM	65	8×520 Gbit/s/λ/75 GHz，80 GSa/s DAC	1		840
	Tu3A.4	32QAM	51.25	1×400，80 GSa/s DAC，模拟带宽 20 GHz	1	6.15	1 200
	Tu3A.5	64QAM		1×420	1		160
	W3G.1	64QAM	43	96×516Gbit/s，64 GSa/s DAC，EDFA/拉曼，间距 82 km	1	8	328
	Th3A.3	128QAM	40.69	1×400，50 GHz，适配数字预均衡，88 GSa/s，16 GHz，30% FEC	1	8.2	328
	Th3A.4	32QAM /64QAM	64 54	集成双载波双偏振，单载波线速分别为 640/648 Gbit/s 双载波净荷线速 1 Tbit/s	1		620 295
OFC 2017	Th4D.1[118]	16QAM	66	16×400，无中继	1	5.33	403
	Th4D.4[121]	16QAM+ 64QAM	18	27 个波长信道分 3 组载波，62.5 GHz 内中间 64QAM，2 边 16QAM，线速 504 Gbit/s，(4×18×2×2+6×18×2)，64 GSa/s DAC	1	6.4	1 700
	Th4D.5[122]	64APSK	50	400 Gbit/s，8 波长按奇偶分组复用，容量 66.8 Tbit/s，92 GSa/s DAC	1	8	5920
	M2E.3[126]	16QAM	61	DAC/ADC 85 GSa/s，带宽 <15 GHz，线速 488 Gbit/s（4×61×2）	1	5.33	500
	Tu2E.2[124]	8QAM	84	8WDM，504 Gbit/s（3×84×2）/λ，84 GSa/s DAC	1		2 125
	Tu2E.4[125]	64QAM/ 128QAM	43.125	1×400G/500G，50 GHz 栅格，G.654 光纤，拉曼放大，线速 517.5 Gbit/s（6×43.125×2）、603.75 Gbit/s（7×43.125×2）	1	8 /10	1 000
	Tu2E.5[127]	16QAM	128	16 波长分奇偶 2 组，每波长 1 024 Gbit/s，ETDM，EDFA，中继间距 80 km	1	6.06	320
	Tu2E.6[128]	64QAM	44	2×400GbE/100 GSa/s DAC，EDFA，双偏振双信道，中继间距 80 km	1		730

（1）双载波 PM-16QAM 400G 系统演示

下面介绍一个 NEC 公司在已使用多年的长距离 G.652 标准光纤线路上，进行的双载波 400G PM-16QAM 演示系统[115]，如图 2-94 所示。为了产生 400 Gbit/s 信号，该系统利用 PM-16QAM 发送机产生 8 个双载波 400G PM-16QAM 信道，16 个外腔激光器（ECL）按奇偶分成信道间距 100 GHz 的两组，每两个不同波长（如 λ_1 和 λ_3）的信号组成一对双载波信号，作为两个子载波使用。λ_1 和 λ_3 光分别进入 I/Q 调制器，由使用 64 GSa/s 数 / 模转换器（DAC）的 32 GSa/s（32 Gbaud）奈奎斯特整形数字信号驱动，分别产生

128 Gbit/s（4 bit/baud ×32 Gbaud）的数字信号。通过一个 2×1 耦合器，把波长（频率）信号交错复用在一起，变成信道速率 256 Gbit/s 间距 50 GHz 的 16QAM 信号（见图 2-94 里的小插图），占据 100 GHz 的频谱宽度。然后，通过一个模拟偏振复用器，把这个 256 Gbit/s 的 16QAM 信号延迟约 τ = 256 个符号时间，然后把这两个信号偏振复用在一起，变成一个 512 Gbit/s 信号。该速率信号包含 28% 的开销字节，其中 25.5% 用于 SD-FEC 开销和 12 dB 的编码增益，净比特率为 400 Gbit/s。由于 SD-FEC，PM-16QAM 发送机每个载波具有背靠背 OSNR 冗余 16.5 dB。

最后，8 个 16QAM 400G 信道信号通过 8×1 耦合器变成 8 个波长的 WDM 信号，进入 79.2 km 长的光纤环路进行 19 圈传输（总长 1 504 km），环长相当于中继段长，损耗 21.8 dB。该光纤环由铺设 10 年的 G.652 光纤组成，每段均进行前向 / 后向拉曼放大和增益均衡，它是一个商用全分布拉曼宽带（C+L 波段共 61 nm）超长城域网系统。

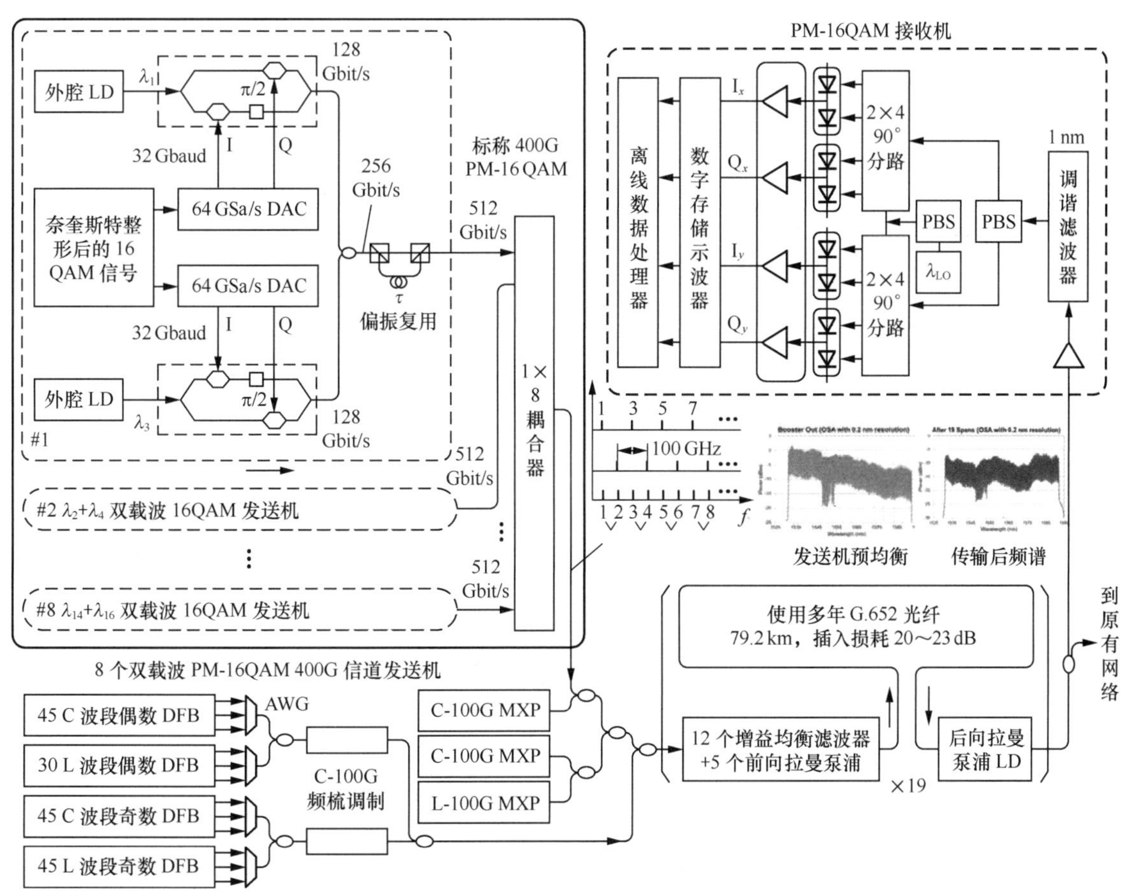

图 2-94 在已使用多年的长距离 G.652 标准光纤线路上进行的双载波 400G PM-16QAM 演示系统

在接收机，用 1 nm 带宽的调谐滤波器取出每个 400G 信道，以便进行性能测量。数字存储示波器是一个 4 通道实时示波器，具有 50 GSa/s 取样率和 18 GHz 带宽。DSP 包括一个用于色散补偿固定频域均衡器和一个补偿非固定效应的适配时域均衡器。

为了在接收机实现所有信道近似平坦的 Q 值，对发送机信道进行预均衡，如图 2-94 中间靠右插图所示，传输后频谱图也在图 2-94 中表示出来了。图 2-95（c）表示传输后的 8 个 400G PM-16QAM 信道频谱放大图。1 504 km 传输后子载波平均 OSNR（0.1 nm 噪声分辨率）为 19.5 dB。图 2-95（d）表示由统计出的 BER 计算出的有效 Q 值 [见式（5.14）]，所有 8 个双载波 400G PM-16QAM 信道 Q 值均优于 SD-FEC Q 阈值 4.95 dB（对应 BER = 3.8×10^{-2}）。图 2-95（b）表示接收机所有双载波 400G 信道 Q = 5.2 dB 的星座图。

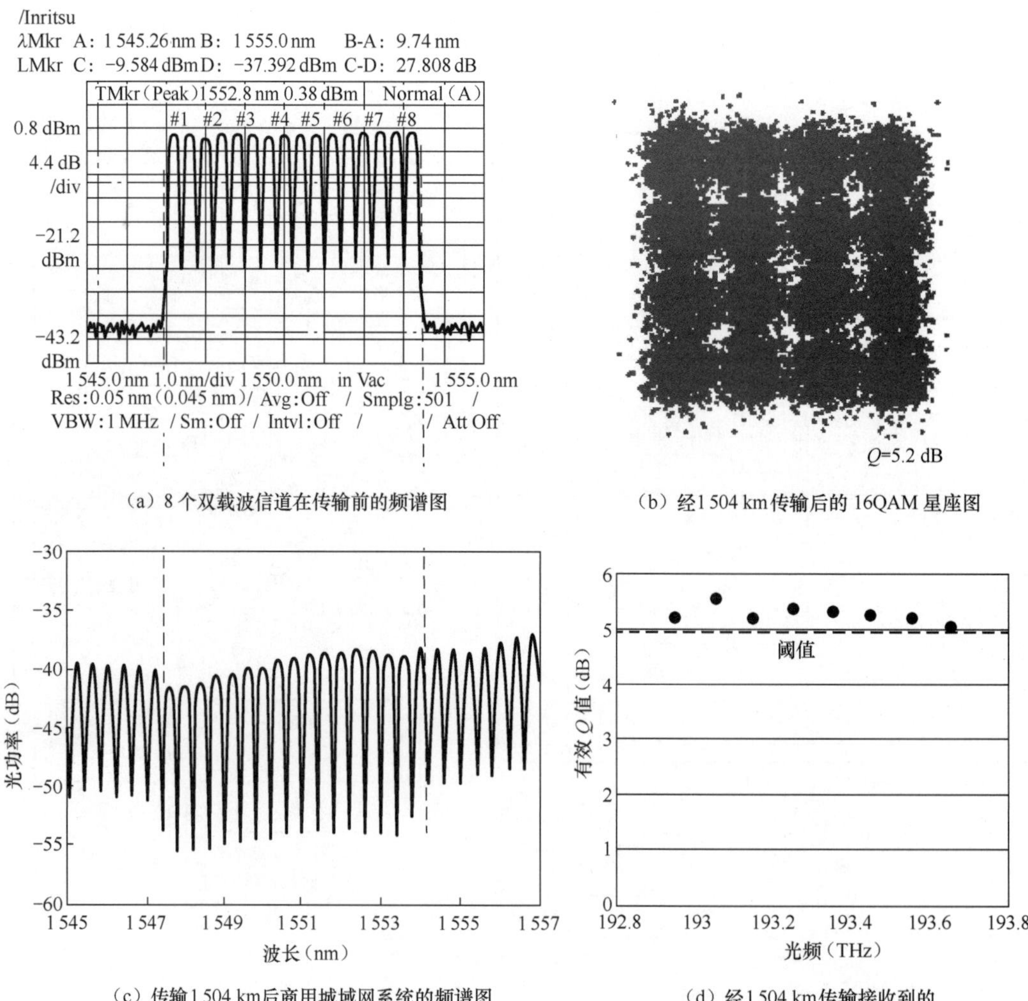

（a）8 个双载波信道在传输前的频谱图

（b）经 1 504 km 传输后的 16QAM 星座图

（c）传输 1 504 km 后商用城域网系统的频谱图

（d）经 1 504 km 传输接收到的 400G PM-16QAM 信道 Q 参数

图 2-95 双载波 PM-16QAM 400G 系统在商用城域网线路上的演示实验

由此可见，现已铺设的长距离 G.652 光纤网络，在传输过程中只要设法减小 OSNR 下降，增加 FEC 编码增益，就可以支持 16QAM 信号。该演示表明，在现有的长距离光纤网络上，16QAM 信号可使传输容量和频谱效率加倍。

在图 2-94 中，也可以把 16 个激光器按奇偶数分成两组，分别复用后作为 IQ 调制器的输入光信号，同样可以构成 8 对双载波光发送机，此时可把输出端的 1×8 光耦合器去掉。

2014 年，双载波 PM-8QAM 调制 400G 系统使用奈奎斯特脉冲整形和非线性补偿技术，成功地进行了越洋传输演示[114]，传输距离 6 787 km，只使用了 EDFA 中继放大，中继间距 121.2 km，频谱效率 4.54 bit/s/Hz，测量到的 Q 值大于 5。系统也把 8 个外腔激光器按奇偶分成两组，采用 4 个 64 GSa/s 数 / 模转换器（DAC）、两个 IQ 调制器，如图 2-94 所示，产生 43 Gbaud 奈奎斯特整形后的 8QAM 信号。$2^{15}-1$ 伪随机二进制序列被编码成 8QAM 符号，并被整形成滚降系数为 0.001 的奈奎斯特频谱包。在频域进行预均衡，以便补偿 DAC、驱动器和 IQ 调制器的非理想响应。为了模拟 x、y 偏振复用后的 8QAM 信号具有 256 Gbit/s 的数据速率（见图 2-94），借助延迟一个 256 符号的数据流，实现偏振复用。最后，再进行两个载波的频率复用，合成一个 512 Gbit/s 的信号，该信号包括 400 Gbit/s（标称 400G）净荷、25.5% 低密度奇偶校验（LDPC）码和额外的开销字节。

2013 年，AT&T 实验研究室和 OFS 实验室进行了双载波 PM 16-QAM 400G 系统演示实验。该系统在时域内将 QPSK/8QAM 信号复用在一起，信道频谱间距 100 GHz，频谱效率 4.125 bit/s/Hz，采用 16 个激光器，组成 8 对 495 Gbit/s PM-16QAM MZ 调制器，采用 WDM 技术和载波相位恢复技术，利用 150 μm^2 超大芯径光纤，成功演示了传输距离达 12 000 km（120×100 km）的传输系统[116]。

（2）单载波 PM-16QAM 1 Tbit/s 系统演示

2015 年，阿尔卡特—朗讯贝尔实验室进行了单载波奈奎斯特整形 1 Tbit/s 线路速率信号传输 3 000 km 的系统演示[117]。图 2-96（a）表示该系统发送机构成图，使用 100 GHz 线宽的外腔激光器产生 1 552.12 nm 的激光信号，信号进入 M-Z 光调制器，调制器被一个 42.63 GHz（符号率的三分之一）的正弦信号驱动，调制器输出信号经 EDFA 放大后，进入一个光可变滤波解复用器，只取出三个谱线，分别进入三个单偏振 I/Q 调制器。该调制器用 65 GSa/s 取样率 8 比特 DAC 输出的电子信号驱动，DAC 的触发信号为 10 MHz，与外部合成信号的同步信号频率相同。

光谱切片工程中的发送机 DSP 如图 2-96（b）所示，127.9 Gbit/s 的信号（含开销的标称 100G 信号）输入 DSP，“比特到符号映射”使用长度 216 字节的延迟相关二进制序列，在一个复杂的平面内产生一列 16QAM 符号。然后，用两倍符号率的取样信号（2×127.9 Gbit/s）进行上行取样。接着，用奈奎斯特脉冲整形技术对上行信号整形成滚降系数 0.01 的升余弦信号。随后，该信号被分成三个通道，在频域被理想的窗口滤波器滤波（速率分解），即当 $f_{\max}$ 和 $f_{\min}$ 时，$H(f)=1$；否则，$H(f)=0$。这三对 $f_{\min}/f_{\max}$ 是 [−65/−21.3]、[−21.3/21.3 和 [21.3/65]，所有值均为 GHz。速率分解的输出分别对应 127.9 Gbaud 信号的左、中、右三个 42.63 Gbaud（127.9/3）信号速率分解信号。这三路速率分解后的信号下行转换成基带信号，下行取样系数为 3.93（2×127.9/65），进入数字预增强滤波器，对高频信号功率增强，以缓减对带宽的限制。最后，对应每个光谱片信号的同向和正交成分的这 6 路输出就存储在 DAC 里。

该系统发送机把外腔激光器的输出光信号频谱并行分割成三片光谱，127.9 Gbit/s 输入信号被 DSP 进行比特 / 符号映射、上行取样整形、速率分解成三路，每路 42.63 Gbaud，去调制三个 16QAM I/Q 调制器，产生三个 170.5 Gbit/s 信号，然后，用 3:1 光耦合器把它们合并在一起，构成一个 511.56 Gbit/s 信号。这样平行处理可以对光发送机光电器件带宽的要求减小到三分之一。

I/Q 调制器被 42.6 Gbaud 输入信号驱动，16QAM 每符号携带 4 比特信号，所以调制器的输出为 170.5 Gbit/s（4×42.6）。为了使光学合成光谱切片信号在频域不会重叠，每个光通道增加一个光学延迟线。然后，光谱片连贯地相加，产生一个 511.6 Gbit/s 数据信号。接着，该信号通过一个模拟偏振复用光路，产生一个 1 023.2 Gbit/s 的线路信号（2×511.6），占据 129.2 GHz 光带宽，如图 2-96 中的小插图所示。

由此可见，该系统发送机采用对外腔激光器输出信号光谱切片、16QAM 调制、光学延迟 / 合成和偏振复用技术，对 127.9 Gbit/s 输入信号产生一个 1 Tbit/s 速率光信号。

图 2-96 表示单载波 16QAM 光发送机产生的 1 Tbit/s 单载波线路信号在低损耗（0.16 dB/km）大芯径光纤上，经 EDFA 中继放大，成功传输了 3 000 km（20×50 km）后，经 65 GHz 带宽相干接收机接收、软件判决（SD-FEC），Q^2 达到 4.85 dB 阈值以上，频谱效率 6.2 bit/s/Hz。

下面简单介绍 2014 年在 OFC 会议上报道的三个单载波 400G 系统（表 2-9 中的前三个）。

第一个是单载波 PM-16QAM 调制 448 Gbit/s 系统，I/Q 调制器驱动信号为 56 Gbaud，输出 224 Gbit/s 信号（16QAM 每符号携带 4 bit，4 bit×56 Gsymbol/s），含有 7% 的 FEC 开销，

偏振复用后为 448 Gbit/s，传输了 1 200 km，频谱效率为 4 bit/s/Hz（OFC 2014, Th3E.4）。

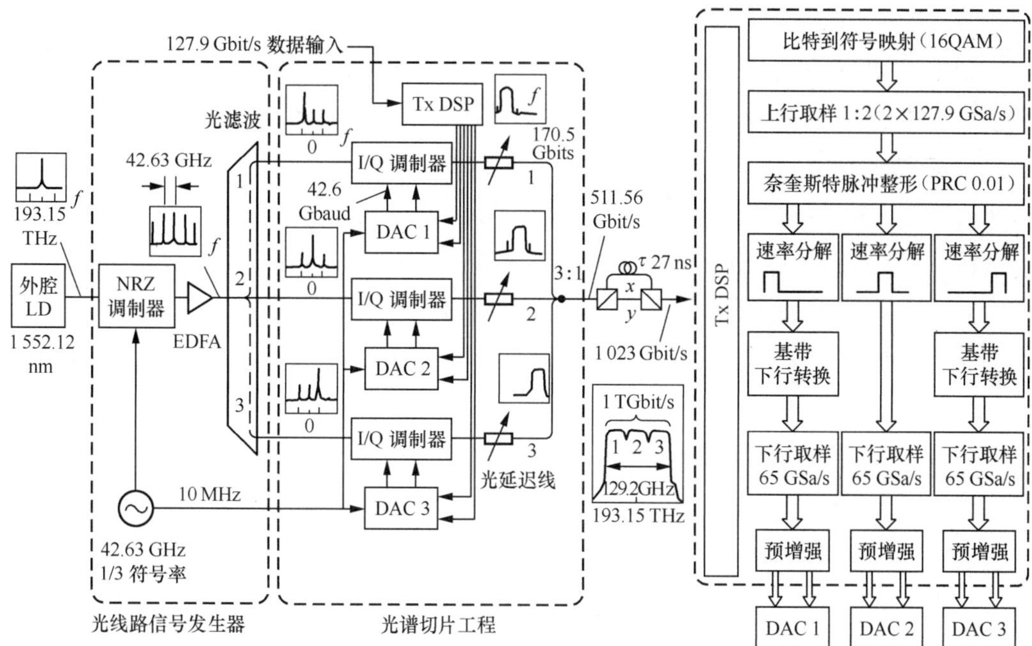

（a）光发送机由光线路信号发生器和光谱切片光 / 电电路组成　　（b）光发送机 DSP 构成及功能

图 2-96　速率分解合成技术产生 1 Tbit/s 线路速率的 16QAM 单载波光发送机

第二个是单载波 PM-64QAM 调制 448 Gbit/s 系统，I/Q 调制器驱动信号为 42.66 Gbaud，输出 255.96 Gbit/s 信号（64QAM 每符号携带 6 bit，6 bit×42.66 Gsymbol/s），含有 24% 的 FEC 开销，偏振复用后为 511.92 Gbit/s，在超大芯径光纤上传输了 300 km，频谱效率为 8 bit/s/Hz。该系统采用 ITU-T 50 GHz 光频栅格、奈奎斯特脉冲整形 DAC（OFC 2014, M2A.1）。

第三个是单载波符号率高达 110 Gbaud 的 PM-QPSK 系统，使用电时分复用（ETDM）产生一个 100 GHz 间距 20×440 Gbit/s（QPSK 2 bit/symbol，2 bit/symbol×2 偏振 ×110 Gbit/s）超奈奎斯特滤波传输信号，在 3 600 km 超低损耗光纤线路上，使用 EDFA+ 拉曼放大，进行了频谱效率 4 bit/s/Hz 传输（OFC 2014, Th5B.3）。

2.11.3　单载波 400G 传输系统技术

单载波 400G 技术方案，即在传统的 50 GHz/100 GHz 频栅内实现 400G 信号传输，最大限度兼容现有 WDM 系统。为实现单载波 400G 系统信号传输，调制格式可以采用 16QAM、32QAM、64QAM。对于 16QAM 调制，需要能支撑 60 Gbaud 的光电器件，

模数转换 / 数模转换（ADC/DAC）采样率将超过 100 Gbit/s，实现起来比较困难。对于 32QAM 调制，频谱效率可提升 300% 以上，系统集成度高。

（1）1×400G PM-16QAM 传输系统

单载波 400G PM-16QAM 传输系统继续使用传统的简单的收发器结构，具有体积小、成本低的特点，如图 2-97 所示。1×400G 64 Gbaud PM-16QAM 系统具有 20% 开销的软件判决 FEC（SD-FEC），可分别使用 100 GHz 或 75 GHz 信道间距，对应于经典的 ITU-T 频谱栅格或灵活的频栅。频谱效率可达 4 bit/s/Hz 或 5.33 bit/s/Hz，在光纤 32 nm C 波段内，具有 16 Tbit/s 或 21 Tbit/s 的总容量。如使用奈奎斯特数字滤波器，该系统对带宽的要求可减小到约 32 GHz。考虑到目前商用器件的情况，如何实时支持这样高符号率的高速 DAC/ADC 是个严重的问题。

另外一种途径是使用比奈奎斯特快的滤波器，以中等代价进一步压窄带宽。1×400G PM-16QAM 传输系统既可应用于城域范围，也可应用于短途距离，因为它规模小、成本低、易于网络管理。

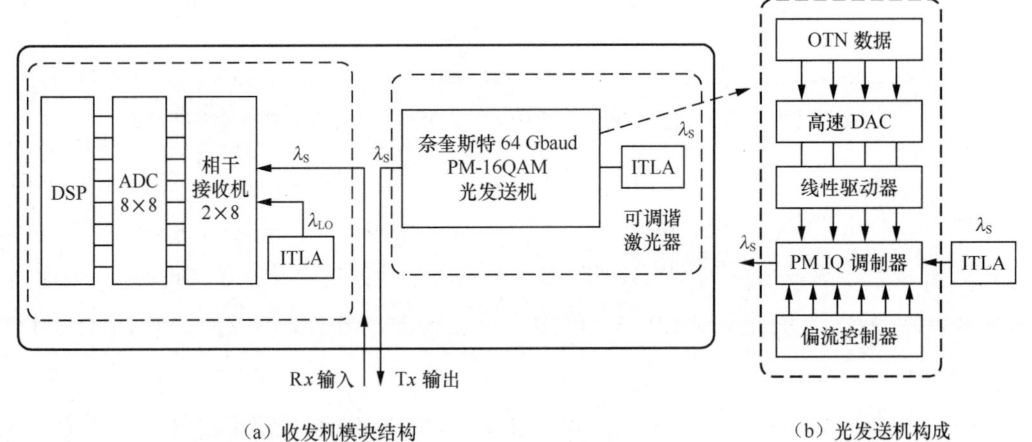

（a）收发机模块结构　　（b）光发送机构成

图 2-97　单载波 PM-16QAM 400G 系统收发机模块结构

（2）1×400G PM-64QAM 传输系统

具有滚降系数为 0.1 的奈奎斯特滤波器，42.7 Gbaud PM-64QAM 波长信号可插入 50 GHz 信道间距光栅中；移去 SD-FEC 开销字节后的频谱效率达 8 bit/s/Hz，C 波段总容量 32 Tbit/s；要求带宽约 21.3 GHz；大部分现有的光电器件可以支持这种系统。严重的问题是对 DAC/ADC 有效比特数和带宽的要求，因为有效比特数从 8 bit 减小到 6 bit 时，64QAM 将具有 1 dB OSNR 代价，而目前 ADC/DAC 芯片只能达到约 6 bit。

单载波方案相对于双载波方案，其波特数增加了 1 倍，光谱宽度和 200G QPSK 类似，无法在 50 GHz 频谱带宽内传输，至少占用 75 GHz 或 100 GHz 的光谱宽度，传输容量与双载波一样，但传输系统 OSNR 要求非常高，传输距离在 200 km 内，只适合在距离较短的城域范围内应用。

对于 32QAM 或 64QAM 调制格式，由于过于密集的星座图，导致 OSNR 要求更高、非线性效应影响加剧，传输距离相对 16QAM 方案会进一步缩短。

（3）1×400G 光谱切片合成技术 PM-16QAM 传输系统

前面介绍的单载波 400G 技术方案，16QAM 调制需要能支撑 60 Gbaud 的光电器件，模数转换 / 数模转换（ADC/DAC）采样率将很高，实现起来比较困难。考虑到目前商用器件的情况，如何实时支持这样高符号率的高速 DAC/ADC 是个严重的问题。作者受到第 2.11.2 节介绍的光谱切片合成技术单载波高线路速率系统技术的启发，提出一种单载波 1×400G 光谱切片合成技术 PM-16QAM 传输系统方案，可以克服这一问题，并能直接与现有 100G 系统的数据对接。图 2.11.5 表示这一方案的构成图。

图 2-98（a）表示该系统发送机构成图，使用 100 GHz 线宽的外腔激光器产生波长 1 552.12 nm（频率 193.15 THz）的激光信号，该信号进入 NRZ M-Z 光调制器，该调制器被一个 32 GHz（符号率的四分之一）的正弦信号驱动，产生一个间距 32 GHz 的光梳，该信号经 EDFA 放大后，进入光偏振分光器（PBS），分成 x 和 y 偏振光，分别进入一个光可变滤波解复用器，只取出两个谱线，分别进入两个 I/Q 调制器。该调制器用以 32 GSa/s 取样率工作的 8 比特 DAC 输出的电信号驱动，DAC 的触发信号为 10 MHz，与外部合成信号的同步信号频率相同。

该系统发送机把外腔激光器输出的 x 和 y 偏振光信号频谱分别并行分割成两片光谱，4 个 128 Gbit/s 输入信号数据分别被 DSP 进行 16QAM 比特 / 符号映射、上行取样整形、下行基带转换、下行取样预均衡，最后，把分别对应 4 路 100G 信道 I/Q 成分的 8 路输出存储在 DAC 里。

4 个 DAC 以 32 Gbaud 取样率信号分别对 4 个 16QAM I/Q 调制，产生 4 个 128 Gbit/s 信号（4 bit/symbol/s×32 baud），每个 128 Gbit/s 信号对应 1 个 16QAM 信号，如图 2-98（c）所示。为了使光学合成光谱切片信号在频域不重叠，每个光通道增加一个光学延迟线。然后，调制后的 x 和 y 偏振光分别用 2:1 光耦合器合并在一起，构成两个 256 Gbit/s 信号，经偏振复用成 512 Gbit/s（含 28% 的 SD-FEC 等开销）信号，占据 75 GHz 光带宽，如图 2-98（c）所示。

图 2-98（b）表示该系统的相干光接收机，使用一个可调谐光滤波器取出所需光信道，其他部分与 100G 系统的接收机相同。

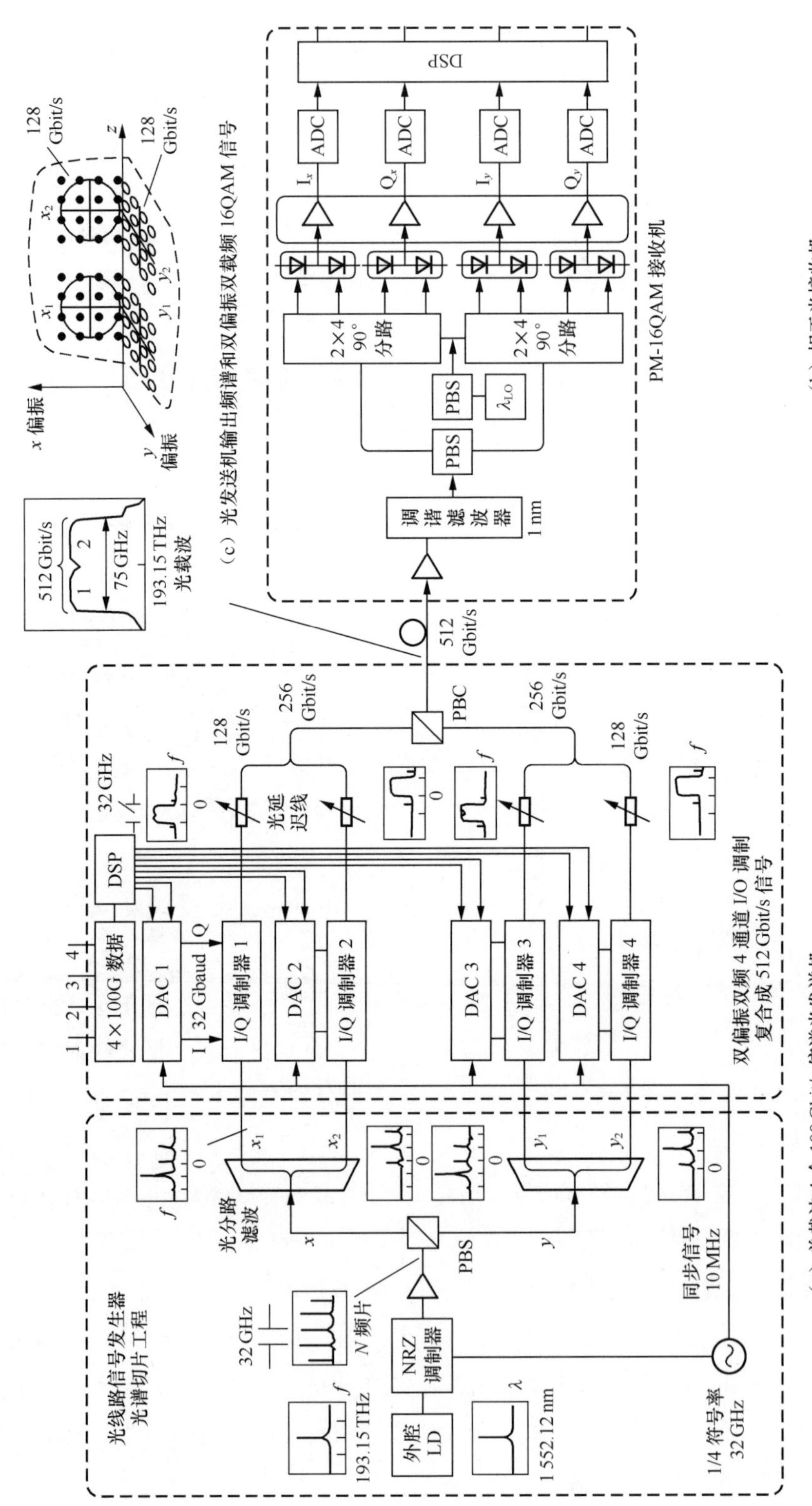

图 2-98　单载波 400G PM-16QAM 光谱切片合成技术系统方案

提高信号符号率可实现高信道传输速率传输，但 DAC 实现比较困难。作者建议系统采用光频合成偏振复用技术，用目前最成熟的 32 Gbaud 信号驱动 I/Q 调制器方案，实现单载波 4 信道 100G 系统传输，可以使用 100G 系统的各种光电器件和芯片技术。

2.11.4　双载波 400G 传输系统技术

每个载波承载 200G PM-16QAM 信号的双载波技术，可使系统信道速率达到 400Gbit/s，频谱间距只需 75 GHz，频谱效率可达 5.33 bit/s/Hz。双载波 200G 技术方案的调制格式主要有 8QAM、16QAM 和 QPSK，下面分别进行介绍。

（1）2×200G PM-16QAM

2×200G PM-16QAM 系统有希望应用于城域网，其收发机结构如图 2-99 所示。

发送机结构模块中使用两个 200 Gbit/s 子载波，采用 32 Gbaud PM-16QAM 调制，奈奎斯特信道间距为 32 GHz；要求使用线性驱动器放大多路高速电子信号；使用两个高速数模转换器（DAC），将比特速率为 R(bit/s）的二进制信号转换为电平数为 2^l 的数字信号（baud/s），多电平信号的符号速率（baud）为 $R/l = R/2$。为了扩大系统容量，DAC 可使用数字滤波器。对 DAC 的最低要求是，取样率 64 GSa/s，带宽 16 GHz，有效比特 6 bit；同时需要一个宽度线性驱动器，以便保持信号波形不变。

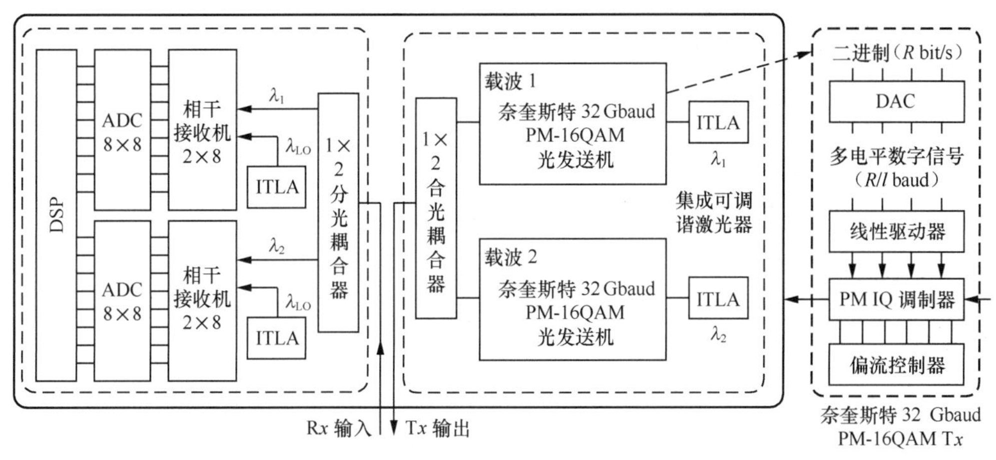

图 2-99　2×200G PM-16QAM 系统收发机模块结构（城域网应用）

接收机结构模块中，使用两个相干接收机，并行接收两个波长的光信号，借助使用集成可调谐激光器（ITLA，Integrable Tunable Laser Assembly），实现特定载波的波长选择。对 ADC 的要求是，带宽大于 16 GHz，取样率 64 GSa/s，有效比特 6 bit。

图 2-100 所示为一个双载波 PM-16QAM 收发机结构，为了产生 400 Gbit/s 信号，使用两个不同波长（如 λ_1 和 λ_3）的信号组成一对双载波信号，作为两个子载波使用。

先对每个子载波信号进入偏振分光器（PS）分光，然后 x 光和 y 光分别进入 I/Q 调制器，被使用 64 GSa/s 数 / 模转换器（DAC）的 32 Gbuad/s 奈奎斯特整形数字信号驱动，分别产生 128 Gbit/s（4 bit/symbol×32 Gbaud）的数字信号。然后偏振复用在一起，变成 256 Gbit/s 信号，通过一个 2×1 耦合器，把波长（频率）信号交错复用在一起，变成信道速率 512 Gbit/s、间距 50 GHz 的 16QAM 信号，占据 100 GHz 的频谱宽度。该速率包含 28% 的开销字节，其中 25.5% 用于 SD-FEC 开销和 12 dB 的编码增益。

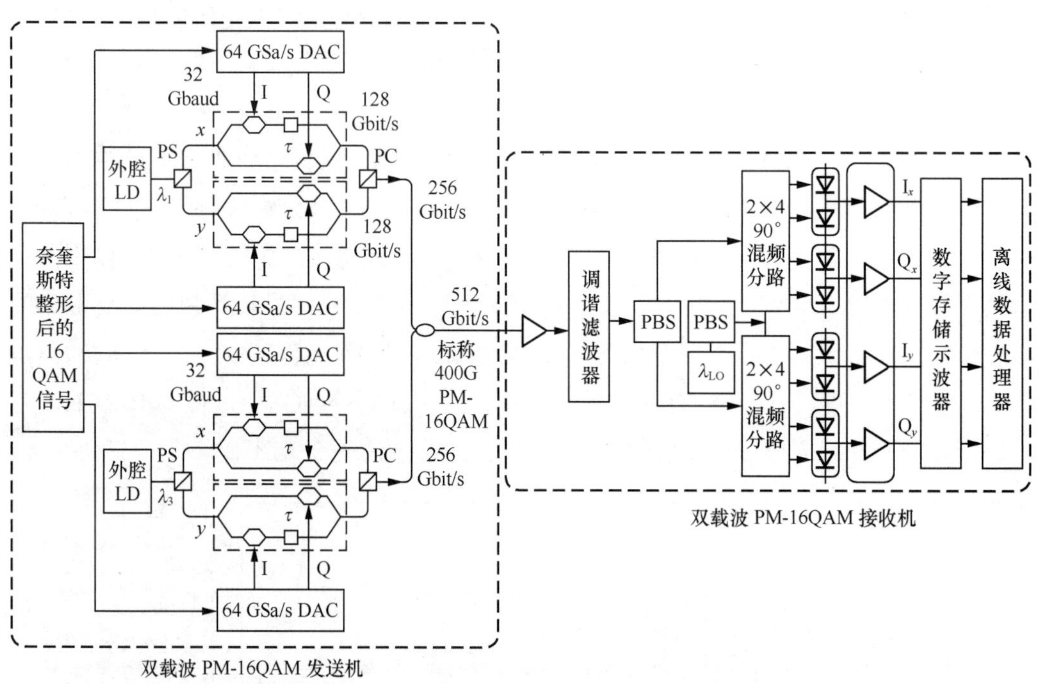

图 2-100　双载波 PM-16QAM 收发机结构

与现行的 100G 相干收发机相比，这种结构使用双倍的器件，收发机所有器件将光子集成在一起。由于光电子技术和 CMOS 集成技术的进步，功率消耗和成本可能会降低。

200G 16QAM 调制技术可保持现有的光电器件带宽不变而直接提升速率，需要系统对相位噪声有较大的容限，因此要采用更复杂的相位噪声补偿技术。16QAM 方案相对现有 100G QPSK 方案，WDM 系统容量提升一倍，但是 200G 16QAM 系统 OSNR 要求很高，发送机和接收机背靠背 OSNR 容限为 17 dB 左右。如采用 EDFA 放大，其传输能力约为 600 km，只能满足中短距离传输；如采用高性能拉曼放大器，200G 16QAM 系统传输距离可达 1 200 km 左右（见图 2-94），可以满足大部分骨干传输网的应用需求。

（2）2×200G PM-QPSK

用于长距离 400G 收发机的可能结构是 2×200G PM-16QAM，如图 2-101 所示。

为了扩大系统容量，可能考虑采用低阶调制、高符号率技术。这种结构使用每个波长携带 200 Gbit/s 信号的两个波长，奈奎斯特信道间距为 75 GHz，并采用 64 Gbaud 的 PM-QPSK 调制。

在发送机，使用两个高速 DAC，对其最低要求是，取样率为 90 GSa/s，带宽 20 GHz，有效比特 5 bit。

在接收机，使用两个相干接收机，并行接收两个波长的光信号。对 DAC 的要求是，带宽大于 20 GHz，取样率 90 GSa/s，有效比特 5 bit。

200G QPSK 调制技术的背靠背 OSNR 容限约为 15 dB，相对于 16QAM 高阶调制，可降低约 3 dB。同时，相对于 16QAM，QPSK 具备更好的抗非线性能力，入纤功率比 16QAM 更高。因此，200G QPSK 技术与 200G 16QAM 技术相比，传输能力提升约 1 倍。若采用 EDFA 中继，传输距离可达 1 200 km 左右，若采用高性能拉曼放大技术，传输距离可达 2 000 km，是干线传输的理想解决方案。

这种方案的优点是，频谱效率提升 165% 以上，系统集成度较高、体积小、功耗低，目前已开始商用。

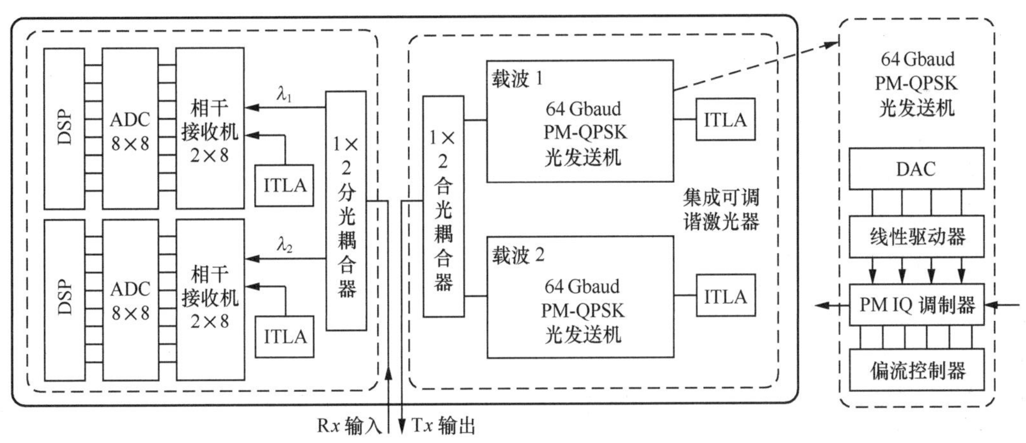

图 2-101　2×200G PM-QPSK 系统收发机模块结构（城域网应用）

（3）2×200G PM-8QAM 系统

与 4×100G PM-QPSK 系统相比，基于 2×42 Gbaud 的 2×200G PM-8QAM 系统使用奈奎斯特滤波，具有占有频谱低于 100 GHz 的优点。因此，当使用 8QAM 调制取代 QPSK 调制时，频谱效率从 2.66 bit/s/Hz 增加到接近 4 bit/s/Hz，其代价是要求约 15 dB 的 OSNR。另外，有报道称，使用这种技术的系统传输距离已超过 5 000 km，这对于超长距离应用很有吸引力。虽然符号率约为 42 Gbaud，但相干检测与 2×200G PM-16QAM 方案类似。每个子载波相干光的产生和接收具有约 20 GHz 的带宽，对 DAC/ADC 的要求是带宽 20 GHz，有效比特 5 bit。

2.11.5 4 载波 400G 传输系统技术

（1）4×100G PM-QPSK 系统

传统的 100G 系统采用 50 GHz 信道间隔，如果传输 4 个 100G 子载波则需要 200 GHz 频谱宽度。若采用奈奎斯特脉冲频谱整形 WDM 技术，子载波间隔为 37.5 GHz，这样 4 个子载波所占频谱宽度为 150 GHz，通过发送端滤波技术和接收端滤波恢复算法，可以实现与 100G 技术相当的传输距离。

图 2-102 所示为基于 4×100G PM-QPSK 技术原理、长距离应用的 400G 系统收发机模块，由图可见，4 载波 400G 技术采用 4 个波长子载波，每个子载波承载一路以 28 Gbaud 符号率调制的 100 Gbit/s PM-QPSK 光信号，接着对其奈奎斯特脉冲整形。为了提高频谱效率、减少串话，每个子载波通过窄带光滤波，对 100 Gbit/s 波长信号在频域密集打包，采用奈奎斯特子信道间距 25 GHz 的 DWDM 技术复合成一路多载波 400G 信号，该信号也只占用 100 GHz 频谱宽度。这种收发机用 100 GHz 信道宽度以 4 bit/s/Hz 的频谱效率能够传输 400G 的信号。

在接收机，使用 4 个相干接收机实现 4 个波长并行接收，本振光由光梳发生器获得。与现在的 100G 相干接收机相比，DSP 也能消除发送机窄带光滤波产生的符号间干扰（ISI，Inter-Symbol Interference），同时补偿非理想光滤波产生的残留边带串话。

图 2-102 为 400G 系统收发机，为获得 400G 多载波信号，需要 4 个并行的 100G 收发机，同时需要一个光梳产生器，提供发送机光源和接收机本振激光。

这种方案的优点是，100G 技术已规模商用、技术成熟、成本低、跨距长、功耗小。4 载波技术可实现 2 000 km 左右的超长距离传输。

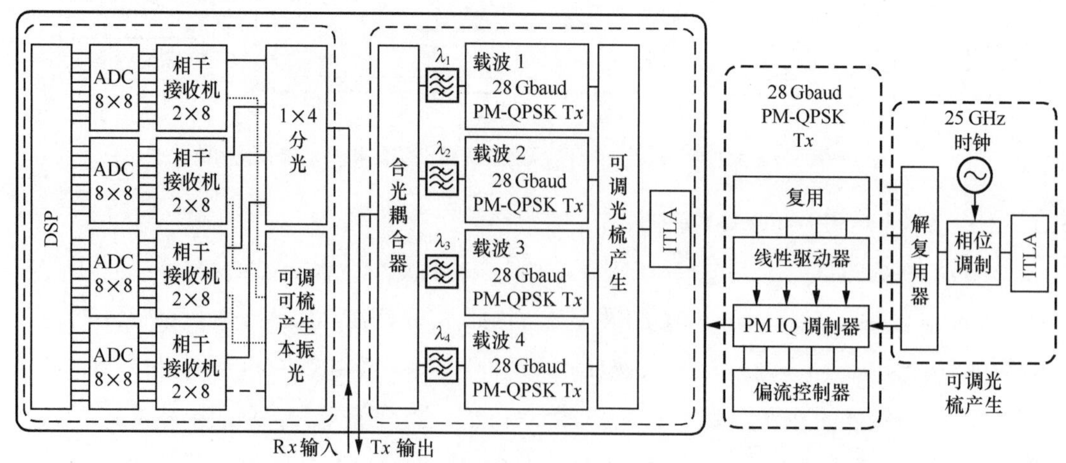

图 2-102 基于 4×100G PM-QPSK 技术原理的 400 Gbit/s 系统收发机模块（长距离应用）

另外一种建议是，具有奈奎斯特滤波的 4 个 32 Gbaud PM-QPSK 信号占据 150 GHz 带宽，子载波间距约增加到 35 GHz，这对于 32 Gbaud 信号奈奎斯特滤波已足够了。其优点是仍可使用已敷设的 100 Gbit/s 系统所使用的相干光子模块和 ASIC 电子模块。而且，这种商用 100G 模块具有非常低的 OSNR（11.5 dB 左右），只与理论值差 1 dB。这样低的 OSNR 使 4×100G PM-QPSK 成为一个 2 000 km 以上超长距离应用的重点候选方案。

（2）4×100G PM-16QAM 系统

图 2-103 所示为基于现有 4×100G PM-16QAM 技术原理的 400 Gbit/s 收发机模块，该系统可应用于长距离。

在发送机，由 4 个结构相同的奈奎斯特 PM-16QAM 调制光发送机组成，4 个载波频率间距为 16 GHz，IQ 调制器被奈奎斯特整形后的 16 Gbaud 的信号调制，然后，这 4 个被调制后的输出信号通过 1×4 合光耦合器合并为一路 400G 信号。该 400G 信道将占据约 64 GHz 带宽。

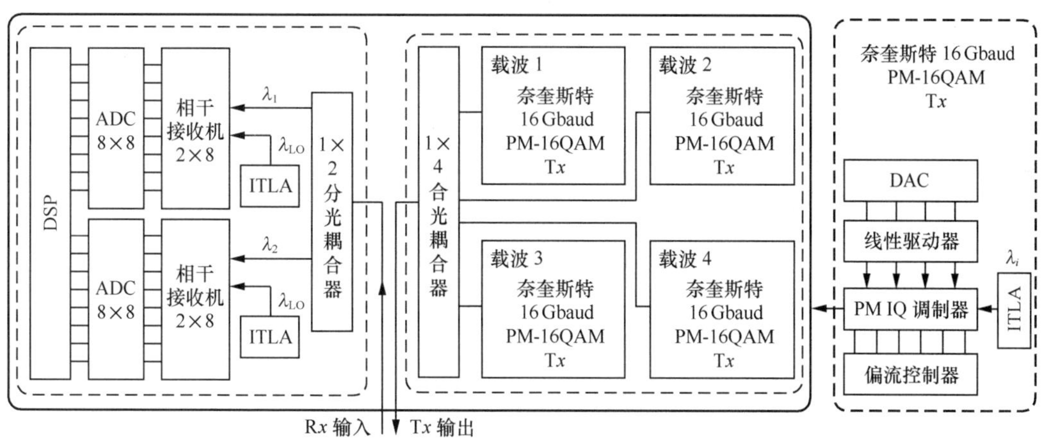

图 2-103　基于 4×100G PM-16QAM 技术原理的 400 Gbit/s 收发机模块（长距离应用）

在接收机，考虑到 ADC 具有足够的带宽和有效比特数，同时可对 2 个相邻载波数据进行模 / 数转换，所以只需要两个由可调谐激光器（ITLA）构成的本振激光器。DSP 同时可对系统信道的线性和非线性畸变进行均衡，其他功能和实现见第 2.8 节。

4×100G PM-16QAM 收发机功能的实现是最大的挑战，包括器件集成、功率消耗。发送卡需要把高速 DAC、线性驱动器、IQ 调制器、可调谐激光器和所需的控制电路集成在一起。接收机结构取决于 ADC 可用带宽和有效比特，因为它要把所有 400 Gbit/s 信道载波信号的基带频谱信号转换、恢复成数字信号。

2.11.6 400G 系统传输技术比较

（1）400G 系统的限制和挑战

本节从调制格式、频谱效率、OSRN 和网络应用等方面对 400G 系统传输技术进行比较。

与采用 PM-QPSK 技术的 100G 系统频谱效率 2 bit/s/Hz 相比，400G 系统的频谱效率通常不能提高到 4 倍（见表 2-10 和表 2-11）。为了使频谱效率超过 2 bit/s/Hz，可使用 2^N-QAM（N>2，N 是调制阶数）调制。在发送侧，奈奎斯特滤波或频谱整形也可以帮助提高频谱效率。但是传输距离减小是不可避免的，因为这些高阶 QAM 调制要求更高的 OSNR，对激光器的相位噪声也更灵敏，例如，16QAM 比 QPSK 灵敏 4 倍。高阶 QAM 调制对光纤的非线性效应，特别是非线性相位噪声也更灵敏。另外一点必须考虑的是，调制格式对可重构光分插复用器（ROADM）级联的容忍度。QAM 阶数越高，对窄带光滤波的容忍度越低，例如调制信号通过窄带滤波器时，16QAM 信号与 QPSK 信号相比欠健壮。

由于这些不同的限制，目前设备供应商似乎倾向使用两个 200G PM-16QAM 子载波的超级信道构成 400G 系统，200G 信道带宽为 75 GHz，对应频谱效率为 5.33 bit/s/Hz。2×200G PM-16QAM 系统与 100G PM-QPSK 系统相比，要求 OSNR 高 7 dB，相当于最大传输距离约减小到五分之一。

表 2-10 给出了目前设备供应商建议的每信道 400G 系统的主要特性。由表可知，系统不能同时提高 WDM 系统的频谱效率和扩大传输距离，因此，必须在 QAM 调制阶数、符号率和频谱宽度之间折中。因此，为了提高频谱效率，32 Gbaud 似乎是最好的选择，无须担心数 / 模转换（DAC）、模 / 数转换（ADC）、射频（RF）驱动 IQ 调制器代价和传输性能等问题。

表 2-10 400G 系统的限制和挑战 [55]

调制格式	QPSK	16QAM	16QAM	8QAM	QPSK	QPSK
总数据速率（Gbit/s）	100	400	400	400	400	400
FEC（符号率 / 波特）	32	32	64	43	64	32
子信道（载波）数	1	2	1	2	2	4
奈奎斯特滤波	无	有	有	有	有	有
每个子信道数据速率（Gbit/s）	100	200	400	200	200	100
信道宽度（GHz）	50	75	75	100	150	150
频谱效率（bit/s/Hz）	2	5.33	5.33	4	2.66	2.66
要求的 OSNR（BER = 10^{-2}）	12.5	19.5	22.5	18.5	13.4	12.5
最大传输距离（km）	～2 000	～400	～200	～500	～600	～2 000
硬件（DAC/ADC）代价		++	+++	+++	++	+

一般来说，要考虑硬件实现代价和传输性能问题。硬件实现代价有高符号率受到 DAC/ADC 带宽的限制、高阶 QAM 受到 DAC/ADC 有效比特数的限制。传输性能问题有，高阶 QAM 要求接收机具有更大的 OSNR，却急剧减小了传输距离；高阶 QAM 对激光器的线性相位噪声和光纤的非线性相位噪声累积更灵敏；但高符号率对光纤非线性不敏感。

为了比较，表 2-10 第 1 列给出了 OIF 规范的偏振复用（PM）、QPSK 调制 / 相干检测 100 Gbit/s 系统参数。该系统用于长距离传输，净频谱效率 2 bit/s/Hz，信道宽度 50 GHz，符号率 32 Gbaud，无须采用奈奎斯特滤波。

（2）调制格式对 400G 系统参数的影响

表 2-11 给出了不同的调制格式、不同的参数对 400G 系统 OSNR 的要求。参数有净比特率、符号率、脉冲整形（NRZ 或奈奎斯特）、占据的光带宽、频谱栅格间距、频谱效率。根据这些参数，可以得到不同的 BER 所要求的 OSNR。BER = 10^{-3} 对应典型的 7% 开销的硬件判决 FEC（HD-FEC）；BER = 10^{-2} 对应典型的 20% 开销的软件判决 FEC（SD-FEC）。举例说，PM-QPSK 100 Gbit/s（28 Gbaud）系统可提供 12 dB 的净编码增益（BER = 10^{-3}）。如果某个应用要求较大的 BER（10^{-2}）、较小的 OSNR，可以采用 20% 开销的 SD-FEC。换句话说，为了减少 100 Gbit/s 系统净比特率，符号率必须从 28 Gbaud 增加到 32 Gbaud，以便传输较高的 FEC 开销（20%）。100 Gbit/s PM-QPSK 系统可实现 10.4 dB 的 OSNR。

表 2-11　400G 系统不同调制格式理论阈值 BER 对 OSNR 的要求 [55]

调制格式	净比特率（Gbit/s）	符号率（Gbaud）	整形	带宽（GHz）	频栅间距（GHz）	频谱效率（bit/s/Hz）	OSNR（BER = 10^{-3}）	OSNR（BER = 10^{-2}）
PM-QPSK	100	28	NRZ	56	50	2	12	9.8
	100	32	奈奎斯特	35	50	2	12.6	10.4
	200	56	NRZ	112	100	2	15	12.8
	200	64	奈奎斯特	70	75	2.66	15.6	13.4
PM-8QAM	100	18.7	NRZ	37.5	50	2	13.8	11.4
	100	21.3	奈奎斯特	23.4	25	4	14.3	12
	200	37.3	NRZ	74.6	100	2	16.8	14.4
	200	42.7	奈奎斯特	47	50	4	17.4	15
PM-16QAM	100	16	奈奎斯特	17.6	25	4	16.2	13.8
	200	32	奈奎斯特	35.2	50	4	19.2	16.8
	400	64	奈奎斯特	70.4	75	5.33	22.2	19.8
PM-64QAM	200	21.3	奈奎斯特	23.4	25	8	23.4	20.8
	400	42.7	奈奎斯特	47	50	8	26.4	23.8

（3）调制功能参数

为了促进灵活的相干收发机模块有多个供应渠道，OIF 推荐供应商提供模块的每个光载波应具有相同的调制功能，如净比特率、调制格式、标称的信道带宽，以便电信运营者提升它们的网络。

OIF 推荐的每个光载波灵活相干调制功能参数如表 2-12 所示。由表可知，灵活相干收发机使用 PM-QPSK 和 PM-nQAM 格式调制（n = 8、16、32、64），应能支持 100 Gbit/s、200 Gbit/s 和 400 Gbit/s 净比特率，分别分配 m×12.5 GHz（m = 3、4、5、6）的标称信道带宽。

表 2-12 没有给出符号率，这是因为与净比特率和调制格式组合相对应的符号率取决于不同的 FEC 开销和其他可能的线路编码。然而，符号率实际上将分别接近 32 Gbaud、43 Gbaud、51 Gbaud、64 Gbaud，并以这些值为中心约有 15% 的变化，这与选择的编码开销有关。此外，不同的信号调制带宽不仅与符号率有关，而且与脉冲整形要求的额外带宽有关。基于以上考虑，作者建议对每个符号率采用灵活的信道带宽分配。

表 2-12　每个光载波灵活相干调制功能参数 [113]

标称信道带宽（m×12.5）（GHz）		37.5（3×12.5）	50（4×12.5）	62.5（5×12.5）	75（6×12.5）
净比特速率（Gbit/s）	PM-QPSK	100		200	200
	PM-8QAM		200		
	PM-16QAM	200			400
	PM-32QAM			400	
	PM-64QAM		400		

（4）技术比较和可选方案

表 2-13 给出了 400G 系统不同应用情况的实现方案比较。按传输距离，应用场景可分为短途（SH）应用、城域（Metro）应用、长距离（LH）应用、超长距离（ULH）应用。

SH 应用，采用单载波 400G 方案，要求频谱效率非常高（50 GHz 间距），传输距离大于 100 km。

Metro 应用，载波数可以是单载波、双载波、三载波、甚至 8 载波，传输距离至少要 1 000 km，网中使用多个 ROADM，波长间距固定在 100 GHz 或新的可变频栅（75 GHz）。

LH 应用，网络是否采用 ROADM 视情况而定，但距离接近 2 000 km。

ULH 应用，与距离超过 2 000 km 的应用要求一致。

表 2-13 中的 DAC、ADC 和传输距离参数可能是文献报道的，也可能是 OIF 建议的，或是现在的技术水平。

表 2-13　400G 系统的可能结构[55]

	调制格式	符号率（Gbaud）	子信道数	DAC 可选	ADC 可选	传输距离（km）
短途应用～100 km，50 GHz	64QAM	42.7	1	1×4，80 GSa/s，6.5 bit，25 GHz	1×4，80 GSa/s，6.5 bit，25 GHz	300
	16QAM	64	1	1×4，88 GSa/s，16 GHz	1×4，90 GSa/s，25 GHz	6 600
城域应用<1 000 km，75/100 GHz 10 个 ROADM	16QAM	32	2	2×4，64 GSa/s，16 GHz	2×4，80 GSa/s，33 GHz	1 800
	16QAM	64	1	1×4，88 GSa/s，16 GHz	1×4，80 GSa/s，33 GHz	6 600
	64QAM	14.2	3	3×4，32 GSa/s，6.5 bit，10 GHz	3×4，32 GSa/s，6.5 bit，10 GHz	600
	MB-OFDM 16QAM	8	8	8×4，12 GSa/s，10 GHz	8×4，50 GSa/s，5 GHz	1 000
长途应用～2 000 km，可选 ROADM	QPSK	64	2	2×4，90 GSa/s，5 bit，20 GHz	2×4，90 GSa/s，5 bit，20 GHz	6 577
	QPSK	32	4	4×4，64 GSa/s，14 GHz	4×4，80 GSa/s，33 GHz	2 975
	16QAM	16	4	4×4，32 GSa/s，5 bit，10 GHz	2×4，64 GSa/s，5 bit，17 GHz	630
超长距离应用>2 000 km	QPSK	32	4	4×4，64 GSa/s，14 GHz	4×4，80 GSa/s，33 GHz	2 975
	8QAM	42.7	2	2×4，64 GSa/s，16 GHz	2×4，80 GSa/s，33 GHz	6 787
	16QAM	21	3	3×4，40 GSa/s，6 bit，11 GHz	3×4，40 GSa/s，6 bit，11GHz	5 000

在几种技术方案中，单载波方案频谱效率最高，看似最好的解决方案，但由于香农限制，其技术实现难度大、成本高、跨距短（<200 km），如果没有大的技术突破，在长途传输系统中的应用前景并不乐观。

以目前的技术水平，单载波技术方案只适合于城域应用。4 载波技术方案的优势在于技术成熟、成本低、跨距长，但只有在引入频谱压缩技术，通过芯片升级解决集成度和功耗问题的前提下，这种 400G 系统才有意义，否则以目前的 100G 芯片搭建出来的 400G 系统其本质还是 100G 系统。

双载波技术方案频谱效率高和已商用是其最大的优势，以阿尔卡特—朗讯和 Ciena 为代表的厂商已可以提供 400G 商用芯片，这可能会直接影响 400G 标准的走向。但是，以目前国内大规模使用的光纤特性和光放大器来看，这种方案的跨距相对较短，商用跨距在 500 km 左右，这在长途传输应用场景中有一定的限制。如果结合低损耗光纤和新型光放大器，双载波方案的跨距可以超过 1 000 km，基本满足长途传输应用。20 世纪 90 年代敷设的八纵八横骨干网如今临近退役，中国电信已率先在新一轮的光纤网络建设中采用低损耗光纤。通常来说，这些新敷设的光纤具有 20 年生命周期，将为

400G 及以上速率光通信系统的商用打下坚实的基础。

未来 400G WDM 系统建设可采用灵活速率技术，实现网络成本最优，即利用 DSP 可编程技术，实现调制格式和 FEC 开销比率的灵活可调，达到数据速率和传输距离可变。长距离传输可选择 QPSK 或者 8QAM；短距离大容量传输可选择 16QAM 以提高频谱效率。

综上所述，目前 400G WDM 传输主要有单载波、双载波和 4 载波技术实现方案。在使用 EDFA 和普通 G.652 光纤的情况下，双载波 200G 16QAM 调制是城域传输的理想解决方案，双载波 200G QPSK 调制是中长距离干线传输的理想解决方案。单载波 400G 16QAM、32QAM、64QAM 调制技术传输能力较弱，应用范围有限。而 4 载波 100G 技术方案本质上是 100G 技术，具有与 100G 等同的传输距离，适合超长距离传输。在实际部署中，电信运营商应根据不同的应用场景，结合自身网络和业务特点，选择适合的技术方案。

表 2-14 给出了 400G 系统应用的几种可选方案，每个光载波提供至少 7 种调制格式、总信道带宽、载波数量不同的工作模式。每种应用场景有多个可选方案，这是基于理论分析和实验评估的推荐。

表 2-14　400G 系统应用可选方案 [113]

可选方案	调制格式	载波数量	每载波信道速率（Gbit/s）	总信道带宽（GHz）	应用场合		
					长距离	城域范围	数据中心互联
1	PM-QPSK	2	200	150	•		
2	PM-QPSK	2	200	125	•	•	
3	PM-8QAM	2	200	100	•	•	
4	PM-16QAM	2	200	75		•	
5	PM-16QAM	1	400	75		•	•
6	PM-32QAM	1	400	62.5		•	•
7	PM-64QAM	1	400	50			•

2.11.7　长 / 超长距离传输对 400G 系统的要求

（1）超长距离传输对 400G 系统的要求

超长距离线路有陆上光缆线路和海底光缆线路，通常距离超过 2 000 km，400G 超级信道系统最有可能采用低价调制，如 QPSK 或 8QAM。所占频谱可变，以便满足 OSNR 的要求。陆上线路可能有几个 ROADM，而海底光缆线路却没有 ROADM 器件。可使用的光放大器有 EDFA、拉曼放大或 EDFA+ 拉曼放大，EDFA 有用于 C 波段和 L

波段的；拉曼放大适用于全波段，由泵浦光的波长决定。对于超长距离大容量 WDM 应用，150 GHz 波长间距是安排 400G 超级信道的一种选择。一种技术选择是 4×100G PM-QPSK（见第 2.11.5 节），另一种是 2×200G PM-8QAM（见第 2.11.4 节）。

（2）长距离传输对 400G 系统的要求

400G 系统最低要求的传输距离是 1 000 km 以上，而 100G 系统最理想的传输距离是 2 000 km 左右。相干检测 2×200G PM-16QAM 系统采用奈奎斯特滤波，所占频带 75 GHz，频谱效率约 5.3 bit/s/Hz，使用没有色散补偿的 G.652 光纤，用 EDFA 中继放大。该系统传输距离可能短到 400 km，很显然，对于长距离传输的要求是不够的。

相干检测 4×100G PM-QPSK 系统最大传输距离约 2 000 km，但这是以降低频谱效率为代价的（400G 为 2.66 bit/s/Hz，100G 为 2 bit/s/Hz）。

从网络观点看，似乎 4×100G 传输方案比 2×200G 或 1×400G 方案有较高的灵活性，特别是在保护 / 恢复或路由重选方面。

另外需注意的是，ITU-T G.694.1 推荐了一个基于 12.5 GHz 颗粒的新的灵活频栅频谱，它规定了用于信道比特速率不同的频栅，如图 2-104 所示。由图可见，以 32 Gbaud 信号调制的 100G PM-QPSK 信道可插入到 37.5 GHz 的频栅中，而以 32 Gbaud 信号调制的 2×200G PM-16QAM 信道可插入到 75 GHz 的频栅中。

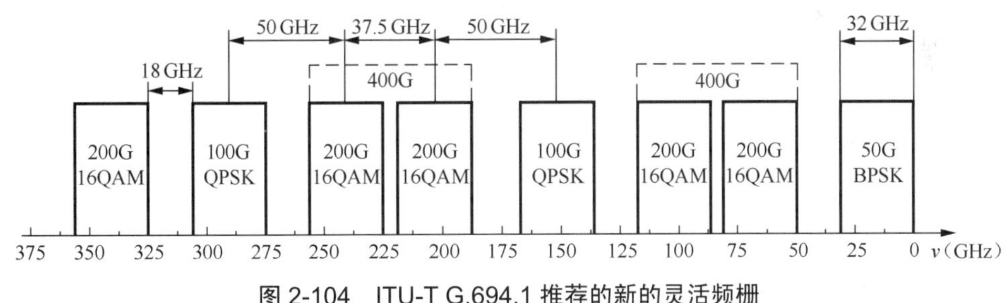

图 2-104　ITU-T G.694.1 推荐的新的灵活频栅

按照 ITU-T G.694.1 的规范，DWDM 系统光纤上允许的标称中心频率如表 2-15 所示，计算时，光速取 $2.997\,924\,58\times10^8$ m/s，ITU-T G.694.1 已给出了不同信道间距下频率所对应的波长。

表 2-15　DWDM 系统允许光纤标称中心频率

信道间距（GHz）	允许中心频率（THz）（n 为正的或负的整数，包括 0）
12.5	$193.1+n\times0.012\,5$
25	$193.1+n\times0.025$
50	$193.1+n\times0.05$
100	$193.1+n\times0.1$

在 ROADM 级联时，没有足够的滤波，以 37.5 GHz 或 75 GHz 频栅的光交换是不可能的。理论上，由于在 37.5 GHz 或 75 GHz 频栅之间需插入保护频带的要求，灵活频栅技术允许有 25% 的频率容量损失。保持 50 GHz ITU-T 频栅的 400G 系统似乎是可行的，不过要等待 ROADM 能有效管理 37.5 GHz 频栅的到来。

对于长距离应用的下一代相干传输系统，为了提高频谱效率，高阶调制是需要的。然而，星座规模变大了，对 OSNR 要求也提高了。此外，光纤信道非线性也导致信号发生严重的畸变。由于这些问题，使用 $M \geqslant 32$ 的 M-QAM 是一个很大的挑战。基于目前的技术水平，长距离传输系统使用 PM-16QAM、奈奎斯特滤波，频谱效率可达到约 6 bit/s/Hz。

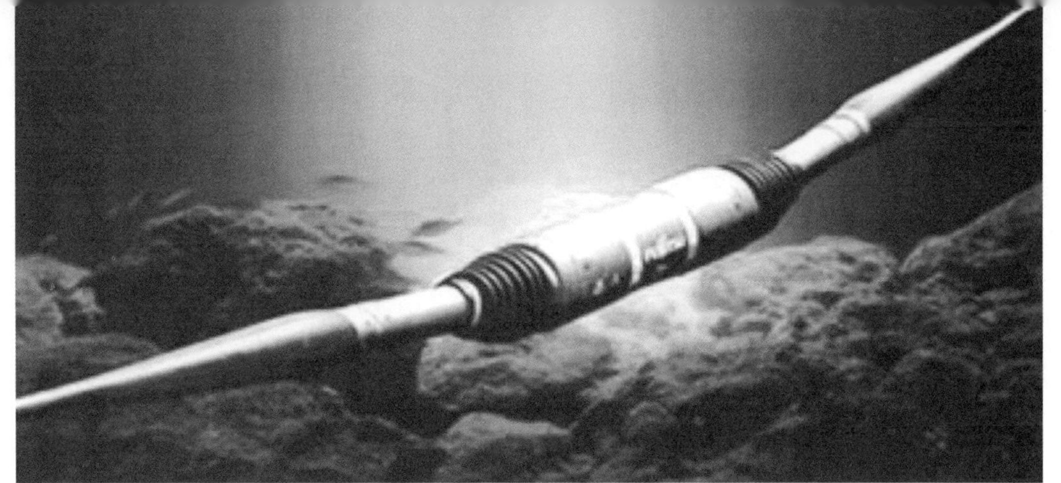

第3章 光中继海底光缆通信系统

ITU-T 建议海底光缆通信系统可以采用 3R 电再生中继器（ITU-T G.974）、掺铒光纤放大（EDFA）中继器和光纤拉曼放大中继器（ITU-T G.977）。后两种光中继器也可统称为光放大中继器。在目前的技术条件下，采用光—电—光再生型中继器的 SDH 海底光缆系统不会再出现[110]。

本章介绍使用光放大器的单波长（SW）系统、波分复用（WDM）系统和密集波分复用（DWDM）系统的实现方法。

3.1 光中继海底光缆通信系统概述

3.1.1 光中继海底光缆通信系统构成

光放大中继海底光缆通信系统在两个或多个终端站间建立传输链路，如图 3-1 所示。它包括陆上部分和海底部分，前者由陆上光缆、岸上节点和系统终端设备组成；后者由海底光缆、一个或多个海底光中继器（OSR，Optical Submarine Repeater）、分支单元（BU，Branching Units）、海底光均衡器（OSE，Optical Submarine Equalizer）和光缆连接盒组成。每隔 40 ～ 60 km 距离放置在海底的光中继器放大衰减的光信号，每 10 ～

15 个中继器放置一个光均衡器，以便保持每个信道信号功率相等，光分支单元（BU）用于增强网络的灵活性和连接性。

光缆包括一个或多个光纤对，每对光纤用于建立双向传输。海底光缆需要适当的保护，包括几种不同种类的海底光缆，如轻装海底光缆、轻装保护海底光缆、轻铠装海底光缆、单铠装海底光缆、双铠装海底光缆和岩石铠装海底光缆等。

陆上光缆也要求保护，特别是在陆缆携带 OSR 和 BU 馈电电流时，光缆导体和地之间存在高电位差，因此需要独立保护。

目前，海底光中继器（OSR）采用掺铒光纤放大器（EDFA），接收并放大一定光频范围内的与比特速率无关的入射光信号，所以输出光信号也被限制在一定的范围内。该中继器包括一个提供监控、保护和馈电功能的单元。这些电路构成了中继器的电子单元，装在一个密封的能抵抗压力的中继盒中。

插入海底光缆的光分支单元（BU），互连三个及三个以上的光缆段。根据网络要求，该设备可能包括直通光纤、光纤交换单元、光放大器和馈电通道交换单元。在光信号通道间，BU 还提供 WDM 系统和 DWDM 系统信号的交换功能，同时终结 WDM-BU 信号。

虽然，每个中继器都有增益平坦滤波器，以确保送入下一个光中继器的每个 WDM 信道光功率相等。然而，滤波器并不绝对完美，光信号通过许多器件传输后，增益光谱的微小差别被累积，将严重影响系统性能，为此每隔 10 ～ 15 个中继器，在海底光缆中间插入光均衡器（OSE），以便减轻增益累积造成的不均衡，实现长距离通信。根据输入 WDM 信号频谱的形状，该设备可能是不同制式的均衡单元，用于频谱波动修正的波形均衡器和 / 或用于增益频谱倾斜补偿的斜率均衡器。中继器也提供可调整的均衡，以及其他功能，如功率监视功能和监控系统。

图 3-1 所示为海底光缆通信系统和边界的基本概念，根据每个系统的要求，可能包括光中继器或光分支单元。图 3-1 中，A 代表终端站的系统接口，在这里系统可以接入陆上数字链路或到其他海底光缆的系统；而 B 代表海滩节点或登陆点。A-B 代表陆上部分，B-B 代表海底部分，O 代表光源输出口，I 代表光探测输入口，S 代表发送端光接口，R 代表接收端光接口。

各部分构成和作用如下。

陆上部分，处于终端站 A 中的系统接口和海滩连接点或登陆点之间，包括陆上光缆、陆上连接点和系统终端设备。该设备提供监视和维护功能。

海底光缆部分，包括海床上的光缆、海底光缆中继器、海底光缆分支单元和海底光缆接头盒。

线路终端设备（LTE，Line Terminal Equipment），该设备在光接口终结海底光缆传输线路，并连接到系统接口。

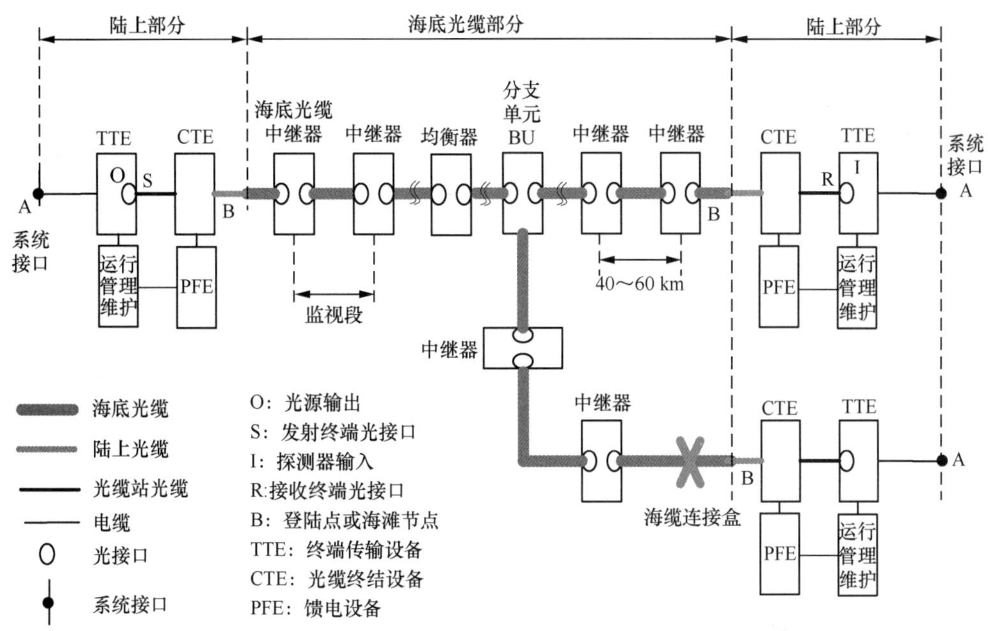

图 3-1　光中继海底光缆通信系统[15]

监视系统，用于运行管理和维护（OA&M）活动，是一台连接到监视和遥控维修设备的计算机，在网络管理系统中进行网元的管理（见第 9.1.3 节）。

馈电设备（PFE，Power Feeding Equipment），通过海底光缆中的电导体，为海底光中继器和 / 或海底光缆分支单元提供高压恒定电流。

海底光缆终结设备（CTE，Cable Terminating Equipment），提供连接 LTE 光缆和连接海底光缆之间的接口，也提供 PFE 馈电线和光缆馈电导体间的接口。通常，CTE 是 PFE 的一部分。

海底光缆中继器，包含一个或者多个光中继器或光放大器。

分支单元（BU，Branching Unit），连接三个及三个以上海底光缆段的设备。

基本光缆段，是两种设备（中继器、分支单元或终端传输设备）间光缆的总长度。

监视段，是海底光缆的一部分，为了故障定位，使用监视系统分辨哪个中继器发生了故障。

B：海底光缆和陆上光缆在海滩的连接点。

S：光接口，两个互联的光线路段间的共同边界。

A：系统接口，指定 SDH 设备时分复用传输帧上的一点，在该点每个数字线路段将终结。通常，该接口设计为与输入数据支流有关的 I_i，以及与输出数据支流有关的 I_o。

光缆连接盒，用于连接两个海底光缆的盒子。

3.1.2 光中继海底光缆系统进展过程

图 3-2 所示为典型光中继点对点海底光缆系统。海底光缆系统的主要设备可以分为两类：海底设备和岸上设备，有时也称其为湿设备（水下设备）和干设备（水上设备）。它们的组成和作用如表 3-1 所示。

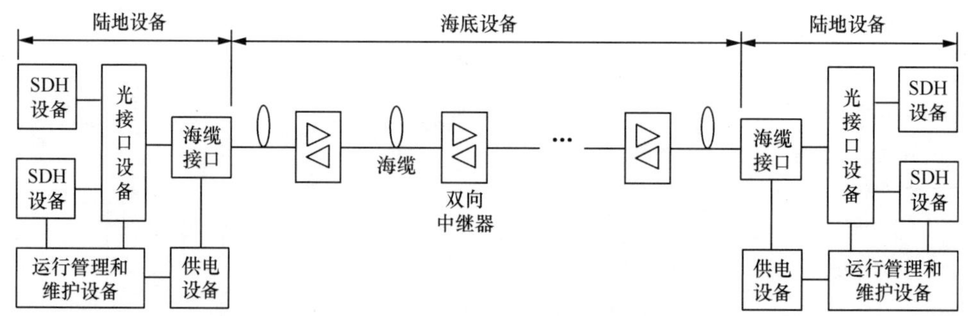

图 3-2　点对点中继海底光缆系统

图 3-3 所示为法国 Alcatel 早期光放大中继传输实验系统框图。实验表明，使用 221 个中继器，5 Gbit/s 的信号可传输 10 025 km，Q 参数达到 11.6（21.3 dB）；使用 158 个中继器，10 Gbit/s 信号可传输 7 235 km，Q 参数达到 8.2（18.3 dB）。

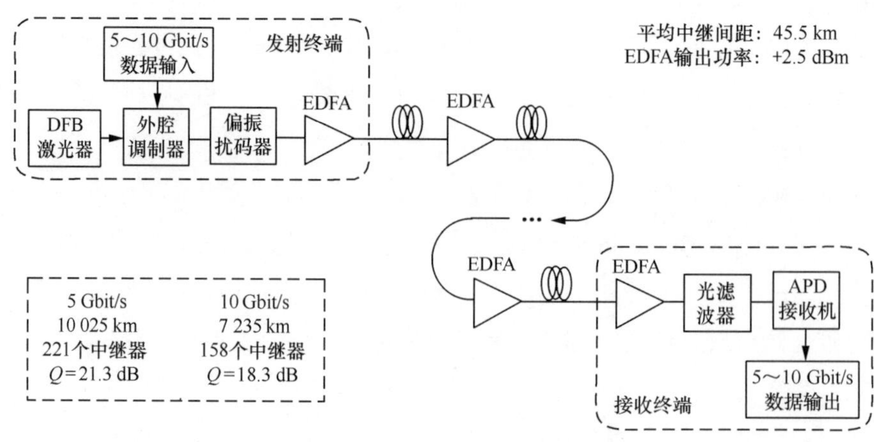

图 3-3　光放大中继传输实验框图

表 3-1　海底光缆系统主要设备分类及其作用

分类	组成		作用
	有中继系统	无中继系统	
海底设备	海缆	海缆	光的传输媒质
	光中继器（EDFA）	可能有远泵 EDFA 和拉曼放大	对传输光信号进行放大，补偿光纤损耗
	分支单元	/	分配电信业务到不同的登陆点
	均衡器	/	保持每个信道的光功率相等
岸上设备	复用设备	复用设备	提供海底光缆系统和网络到陆上网络的接口
	光接口或线路终端设备（LTE）	光接口或线路终端设备（LTE）	提供复用设备和湿设备之间的接口
	电源供给设备（PFE）	无电源供给设备，但可能需要高功率泵浦源	提供电力给中继 / 分支设备
	网络维护运行设备	网络维护运行设备	监视系统性能并连接网元管理系统到网络管理系统

表 3-2 表示 10 Gbit/s 海底光缆中继传输系统采用不同调制方式的性能比较。接收机光信噪比（OSNR）归零码要比非归零码（NRZ）高 1.5 dB，这是因为前者所需的光滤波器带宽要比后者窄些，同时啁啾（线性调频）后的 RZ 码能够更容易抵抗非线性的影响，所以 10 Gbit/s 长距离海底光缆系统常采用 RZ-OOK 编码。

表 3-2　10 Gbit/s 海底光缆中继传输系统不同调制方式的性能比较

调制方式	归零码通断键控（RZ-OOK）	归零码二进制相移键控（RZ-BPSK）
传输速率	10 Gbit/s	10 Gbit/s
WDM 信道间距（GHz）	33	33
光纤类型	色散平坦光纤	色散平坦光纤
EDFA 光放大器间距（km）	45	75
系统传输距离（km）	9 000	12 700

表 3-3 给出差分相移键控（DPSK）调制 10 Gbit/s WDM 中继系统传输实验的结果[45]。

表 3-3　10 Gbit/s 速率 WDM 中继系统传输实验

调制方式	信道数量	信道速率（Gbit/s）	传输距离（km）	中继间距（km）	色散管理方式	频谱效率（bit/s/Hz）
差分相移键控（DPSK）	100	10.7	9 180	52	+D/–D	0.22
	185	10.7	8 370	100	+D/–D	0.4
	373	12.3	11 000	40	+D/–D	0.4
	301	10.7	10 270	50	+D/–D	0.65

表 3-4 给出了使用差分相移键控（DPSK）调制 40 Gbit/s WDM 中继系统传输实验的结果[45]。

表 3-4　40 Gbit/s 速率 WDM 中继系统传输实验

调制方式	信道数量	信道速率（Gbit/s）	传输距离（km）	中继间距（km）	色散管理方式	频谱效率（bit/s/Hz）
差分相移键控（DPSK）	64	42.7	4 000	100	NZDSF	0.4
	80	42.7	5 200	100	+D/–D/+D	0.4
	40	42.7	10 000	100	+D/–D/+D	0.4
	160	42.7	3 200	100	NZDSF	0.8
	40	42.7	8 700	43	+D/–D/+D	0.57
	64	42.7	8 200	43	+D/–D/+D	0.8
	100	43.0	6 240	65	+D/–D/+D	0.4, 0.64

据 2011 年 OFC 报道[46]，有人采用大芯径光纤（150 μm^2）偏振复用 RZ-QPSK 调制 / 相干检测技术，只用单级 EDFA 中继放大，没有进行色散补偿，进行了 40 Gbit/s 横跨太平洋距离（>10 000 km）的高频谱效率实验室传输研究，实验结果为信道间距 33 GHz 时，频谱效率 1.2 bit/s/Hz；信道间距 12.5 GHz 时，频谱效率为 3.2 bit/s/Hz。

有人采用脉冲整形、偏振复用（PM）QPSK 调制、相干接收和大芯径（155 μm^2）光纤，以及 23% 开销的 FEC，只用 C 波段的 EDFA 中继放大，没有进行色散补偿，进行了每信道 100 Gbit/s 速率的 96 个 WDM 信道的跨洋距离（11 680 km）高频谱效率（2.7 bit/s/Hz）的实验室演示[75]。

报道称，在已安装的海底光缆上，采用 SubCom′ 40G 收发机直接探测，成功地进行了 64×40 Gbit/s 6 550 km 传输演示，频谱效率为 0.8 bit/s/Hz，平均测量到的 Q 值为 11.3 dB，对所有测量信道 FEC 冗余大于 3.3 dB[41]。

3.1.3 高速光中继海底光缆通信系统进展

目前，100G 系统已成功商用并已规模部署，学界正在进行 400G 系统关键技术和光电集成模块的研究和开发，一些电信运营商已在进行 400G 实验室测试，未来的海底光缆通信系统和陆上骨干网可能将采用 400G 系统。

表 3-5 给出了近年来高速率中继系统传输实验或演示的情况。

表 3-5　近年来高速率中继系统传输实验或演示

调制方式	信道数量	信道速率（Gbit/s）	传输距离（km）	特 点	来 源
PM-16QAM	4×22	250	2 400	5 bit/s/Hz，非色散管理线路[86]	OFC2012, OW4C.2
PM-QPSK-8QAM	8	495	12 000	4.125 bit/s/Hz，中继间距 100 km[85]	OFC2013,OTu2B.4
PM-16QAM	294	104	7 230	6.1 bit/s/Hz，中继间距 55 km[81]	OFC2013,OTu2B.3
PM-3-PSK	n	50	36 000	级联 LDPC 编码，开销 97%，EDFA，中继间距 100 km[84]	OFC2014,W1A.1

（续表）

调制方式	信道数量	信道速率（Gbit/s）	传输距离（km）	特 点	来 源
PM-16QAM	1	1 000	3 000	1 024 Gbit/s（4×129 Gbuad×2），脉冲整形[82]	OFC2015, W3G.2
PM-8QAM	4	1 000	9 280	4.54 bit/s/Hz，中继间距 80 km，奈奎斯特脉冲整形[83]	OFC2015, W3G.3
QPSK	173	128	40×100	128G/λ，拉曼 /EDFA，中继间距 100 km[56]	OFC2015,W3G.4
PM-16QAM	173	256	2 400	256G/λ，拉曼 /EDFA，中继间距 100 km，容量 34.6 Tbit/s	OFC2016,Tu3A.1
PM-16QAM	12	960	1 200	120 Gbaud ETDM，中继间距 100 km，5.33 bit/s	OFC2016, Tu3A.2
PM-16QAM	8	520	840	EDFA，5×84 km，80 GSa/s DAC，75 GHz 频栅，520 Gbit/s/λ，8 波长 WDM	OFC2016, Tu3A.3[131]
PM-32QAM	8	400	1 200	400G/λ，51.25 Gbaud，6.15 bit/s/Hz，中继间距 100 km	OFC2016, Tu3A.4
PM-32/64QAM	2	1 000	620/295	500G/λ，双载波 1 Tbit/s，中继间距 80 km	OFC2016,Th3A.4
PM-16/64QAM	27WDM	400	1 700	27 波长分 3 组（载波），62.5 GHz 频栅，64QAM 占中间，2 边 16QAM，400G/λ，中继间距 108 km	OFC2017,Th4D.4[121]
64APSK	8WDM 奇偶载波	400	5 920	50 Gbaud I/Q 调制，容量 66.8 Tbit/s，8 波分复用，400G/λ，无非线性补偿，频谱效率 8 bit/s/Hz	OFC2017 Th4D.5[122]

下面介绍中兴通讯科技有限公司、湖南大学和复旦大学学者在 2016 年 OFC 年会上发表论文[131]的主要内容，该论文报道了每个波长信号速率 520 Gbit/s 的 8 波分复用 / 偏振复用 16QAM 调制系统，如图 3-4 所示，该系统信号在标准单模光纤上传输了 840 km，误码率小于 2.4×10^{-2}。

在图 3-4 所示的系统发送端 DSP，增加傅里叶变换（FFT），输入信号从时域转变为频域，进行正交频分复用（OFDM，Orthogonal Frequency Division Multiplexing），以便提高系统性能，加在 I/Q 调制器上的信号是处理过的 OFDM 信号，所以，16QAM 信号就是 16QAM-OFDM 信号。但是，OFDM 信号的峰值功率与平均功率比（PAPR，Peak-to-Average Power Ratio）相差很大，为此在频域又进行了预均衡补偿。

在图 3-4 中，8 个频率间距 75 GHz 的外腔激光器（ECL）分成奇偶两组，这两路光分别进入 I/Q 调制器，被 80 GSa/s DAC（带宽 18 GHz）产生的 65 Gbaud 信号调制，所以 I/Q 调制器的输出信号为 260 Gbit/s（4×65）。两个 25 GHz 带宽的射频驱动器用于对 DAC 数据信号放大，I/Q 调制器带宽 27 GHz，OFDM 符号率是 1 032。模拟偏振复用的延迟时间为 7.94 ns，它是 OFDM 信号的符号长度（1/80×(1 024+8)×8/13），可用一对间插时隙（TS，Tributary Slot）实现偏振复用。信号经偏振复用后，线路速率为 520 Gbit/s（260×2），包括 20% 的开销等字节。

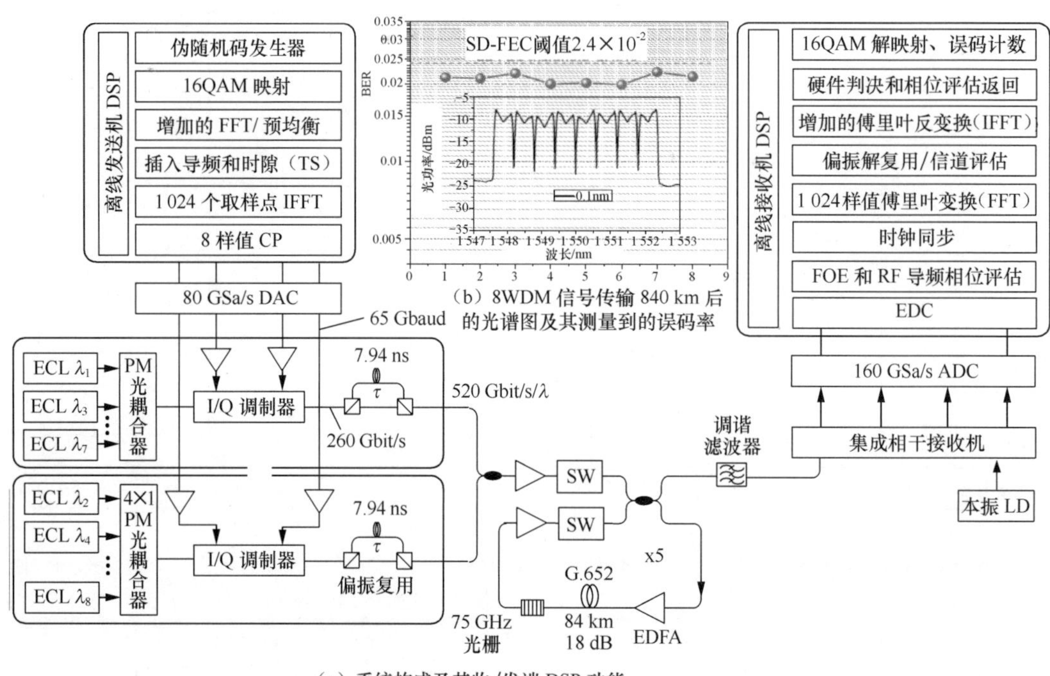

（a）系统构成及其收/发端 DSP 功能

图 3-4　每个波长信号速率 520 Gbit/s 的 8 波分复用 / 偏振复用 16QAM-OFDM 调制实验系统

8 波分复用信号进入光纤环，该环由 84 km 长 18 dB 损耗的 SMF-28 光纤、两个 EDFA、一个光开关和一个 75 GHz 的光栅组成。光在环中绕行 5 次进入集成相干接收机，调谐滤波器选择所需的信道，ADC 由带宽 30 GHz 实时取样示波器实现。从 10 倍数据帧比特（10×512 000 bit）中进行误码计数。对于所有 WDM 信道，在传输 840 km 后，测量到的 BER 均低于 2.4×10^{-2}，如图 3-4（b）所示。

关于 100G 和 400G 系统的关键技术、实验和标准化情况的进一步介绍，分别见第 2.10 节和第 2.11 节。

3.2　海底光中继器

掺铒光纤放大器（EDFA）可使红外光谱 C 波段（1 525 ～ 1 565 nm）信道的信号

光得到放大。同样的技术也可使 L 波段（1 570 ～ 1 610 nm）信道的光信号得到放大。所有沉入海底的设备用光纤对实现双向传输，每根光纤配备一个放大器，所以放大器是成对的。但是，放大对中的 EDFA 共用泵浦激光器、监视电路。一个中继器可放大 12 对光纤信号，虽然典型网络只配置 4 ～ 6 个光纤对。

3.2.1　双向传输光中继器

在第 2.1 节已介绍了掺铒光纤放大器（EDFA）和光纤拉曼放大器。本节介绍由这些光放大器组成的光中继器。

海底设备的主要部件是光中继器。通常呈圆柱状的中继盒是一个防漏水、防压力的密封盒，材料为铍青铜，所有光电器件均封装在里边，如图 3-5 所示。该中继器只有两对光纤，盒中两面安置 EDFA 及其监控电路板，第三面被电源板占据。有一种中继器盒，安装供双向传输的 5 对中继器，每一个形似长方体的中继器占据中继盒 5 个侧面中的一个。中继盒具有隔离内部 7 500 V 供电电压的能力，而不受漏电和有害电晕放电的影响。

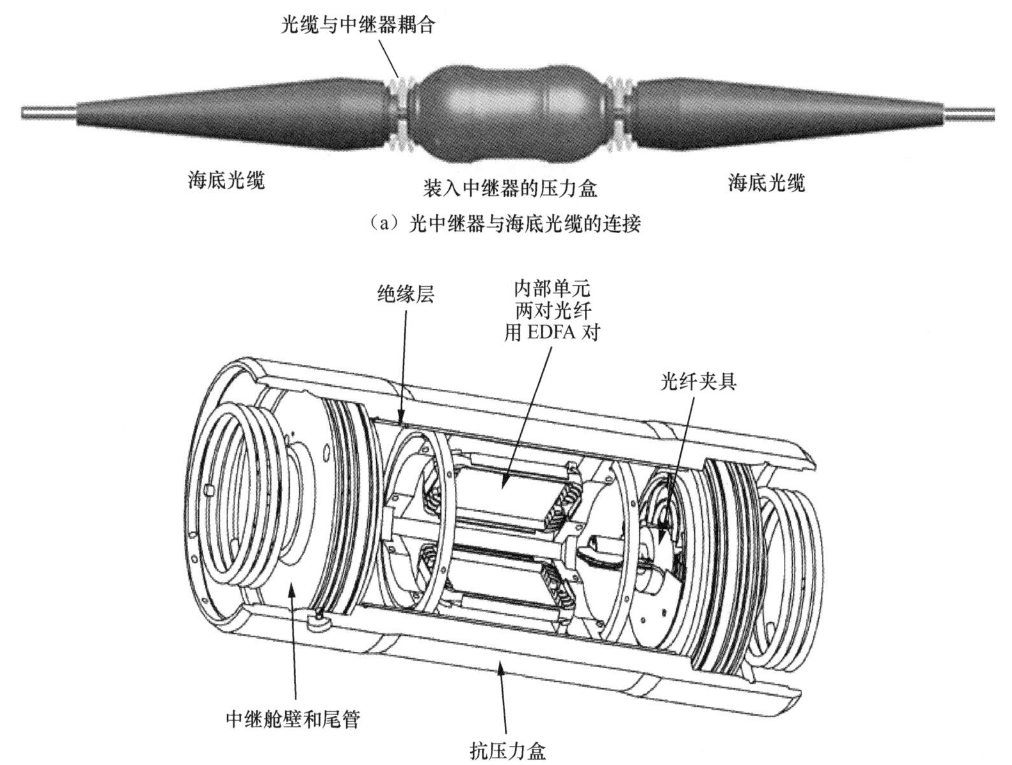

（a）光中继器与海底光缆的连接

（b）海底光缆光中继器内部结构

图 3-5　海底光缆与光中继器连接

图 3-6 所示为海底中继盒中用于双向传输的一对放大器的原理。它由掺铒光纤、波

分复用器和光隔离器、线路监视系统用的反馈环耦合器组件，以及提供并控制泵浦激光器的泵浦单元组成。下面分别加以介绍。

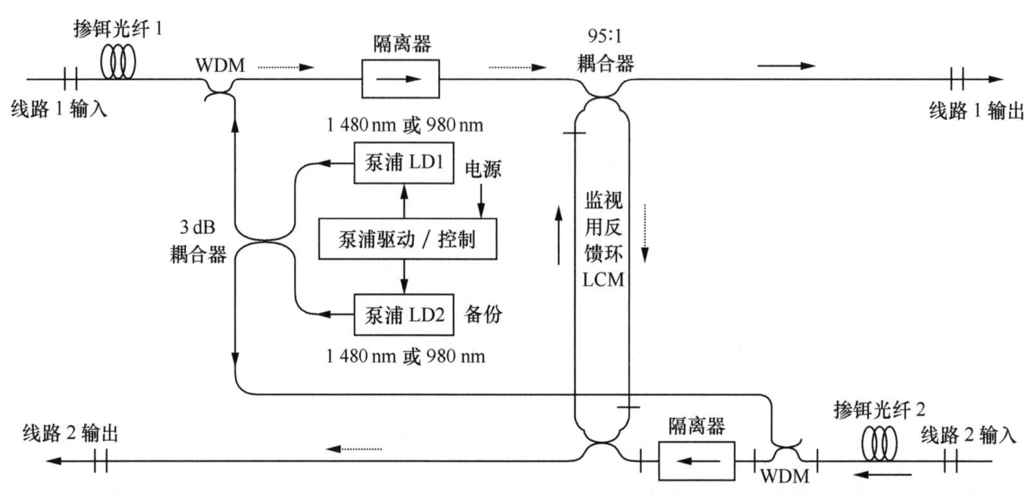

图 3-6　双向传输光中继器构成原理 [1]

1. 光中继器传输光路器件

在放大器对中，输入 1 558 nm 波长的光信号，被掺铒光纤（EDF）放大后，通过波分复用器（WDM）和光隔离器。1 480 nm 泵浦光通过 WDM 反向泵浦掺铒光纤（EDF），使其粒子数反转，提供光增益。隔离器（隔离度 > 30 dB）防止 EDF 放大后的光信号反射回去引起振荡，并提高系统的稳定性。最后，信号光通过反馈环耦合器组件（LCM，Loopback Coupler Module），大部分光向下一个中继器传送，一小部分光（比如，其中的 1/9 用 10 dB 耦合器）被分出用于监视。线路输出 2 用于监视由掺铒光纤 1 构成的 EDFA 状态，而线路输出 1 用于监视由掺铒光纤 2 构成的 EDFA 状态。由此可见，中继器内的光传输路径上只有 4 个器件，即 EDF、WDM、光隔离器和光耦合器，且都是无源的。

2. 反馈环耦合器组件用于系统监视和故障定位

反馈环耦合器组件（LCM）是线路监视系统（LMS，Line Monitoring System）的重要组成部分，它在输入和输出传输线路上提供光信号反馈路径（见图 3-7），完成海底光缆系统光学性能连续监视功能，并快速分辨和定位系统故障点。这是第 9.1.3 节介绍的无源监视。

反馈环从放大器对的一个放大器输出，耦合出一小部分光功率到另一方向放大器的输出端。该部分能量经海底中继线路传输到陆上，被陆上线路监视设备中的高灵敏度接收器件探测并处理后，用于监视系统运行情况，并定位线路上的故障点。

由于 LCM 的对称性，可对两个传输方向海底光缆和光中继器进行监视。LCM 提供的反馈光信号也可供相干光时域反射仪（C-OTDR）使用，提供另一种确定系统运行状况和定位故障的途径。

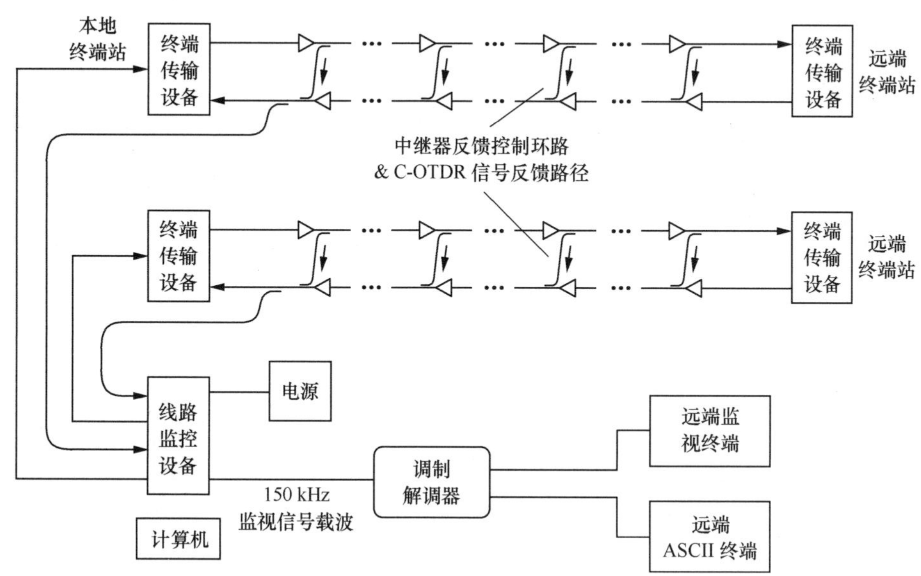

图 3-7　光中继海底光缆通信系统线路监视子系统组成

3. 光中继器泵浦单元

泵浦单元为两个传输方向上的放大器对提供泵浦功率。图 3-6 表示的泵浦单元中，一个泵浦控制 / 驱动电路同时泵浦和控制两个以上泵浦激光器。该单元从终端站电源供给设备（PFE）提供的高压恒流线路上分出电功率，为泵浦激光器提供偏流，并对伴随海底光缆断裂产生的电涌电流进行防护。

泵浦激光器采用 InGaAsP 衬底台面掩埋异质结器件，具有自动温度控制电路。使用一个 3 dB 2×2 耦合器，将两个泵浦激光器的光功率分别按 1:1 进行分配，然后把从泵浦激光器 1 和 2 等分出的光合并，分别再经 WDM 去泵浦各自路径上的掺铒光纤。这种结构只使用两个泵浦激光器就为两根掺铒光纤提供了泵浦源的无源备份。

3.2.2　实用光中继器

图 3-6 所示的双向传输光放大中继器原理图中，如果把双向光反馈监视环拆分成两个“S”环，分别安置在光中继器的输入端和输出端，分别对输入状态和输出状态进行监视，则变成图 3-8 所示的光中继器。

图 3-8 所示的海底光缆通信系统 EDFA 放大光中继器中，用一对光纤实现正向（1 → 3）/ 反向（2 → 4）传输，使用 4 个 980 nm 波长大功率激光器，同时对正向 / 反向 EDFA 泵浦，其中两个作为备用。熔融光纤 980 nm 波分复用器（WDM）用作 1 550 nm 输入信号光和

980 nm 泵浦光的复用器。4 个 20:1 光纤耦合器和 4 个 PIN 光电二极管分成两组，分别用于对正向 / 反向光纤输入信号和经放大后的输出信号的监视，同时用于 C-OTDR 对海底光缆故障的监测。

铒光纤线圈长 10 ～ 20 m，铒光纤的长度和掺铒浓度要根据放大信号波长以及对增益和功率电平的要求决定。低损耗光隔离器用于防止后面光器件对信号光的反射。增益平坦滤波器用于对每个波分复用信道信号功率的均衡，以便确保终端传输设备（LTE）对所有接收信道信号最小比特误码率的要求。光纤光栅用于对 980 nm 泵浦 LD 输出光功率的控制和稳定。

EDFA 对不同波长光的放大增益不同，在 EDFA 多级串联后，使不同波长的光增益相差很大，限制 WDM 系统的信道数量。光放大器中的其他光学器件和传输光纤损耗与波长有关，能引起 WDM 信道信号经 EDFA 传输后增益波动。传输光纤的受激拉曼散射将较短波长的功率转移到较长波长上（见图 2-12），使增益—频谱曲线产生线性（对数关系）倾斜。增益平坦滤波器（GFF, Gain Flattening Filters）（见第 3.6 节）校正了掺铒光纤放大器与波长有关的增益—频谱形状，而且可以使 EDFA 的增益—频谱曲线预倾斜，以便抵消后面光纤传输产生的倾斜。EDFA 增益形状取决于输入功率分布和泵浦功率，与泵浦源波长、温度等因素有关。

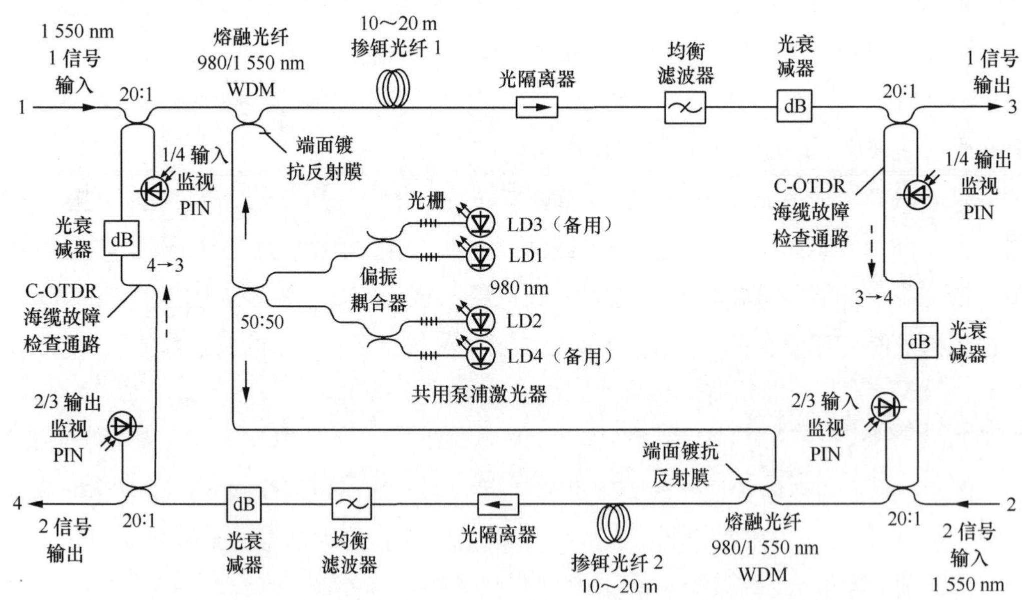

图 3-8 海底光缆通信系统双向传输实用光中继器构成 [3]

增益平坦滤波器通常由在线光纤光栅、抽头光纤滤波器或多层电介质膜元件组成。其技术参数为波长变化 ±0.25 nm、传输损耗 ±0.1 dB、温度变化 0.01 nm/℃，同时要求具有低的额外插入损耗、低偏振相关损耗（PDL<0.1 dB）、低偏振模式色散（PMD < 0.05 ps）以及小的后向反射（< –35 dB）。

中继器信号输入功率与正常设计值不同时，EDFA 输出功率—频谱特性表现为线性倾斜。为此，在系统寿命开始，所有中继器要对它们的输出损耗进行调整，以便提供恒定的信号输出功率（增益）给下一个中继器的输入端。在光信号输出通道上插入光衰减器，就可以实现这个目的，通常，在工厂最后测试阶段根据需要进行调整。

图 3-8 中，如果在掺铒光纤线圈之后放置一个可变光衰减器（VOA，Variable Optical Attenuataor），然后再增加一个掺铒光纤线圈，则可以构成增益更平坦的两级 EDFA 光放大中继器。根据终端站的监控指令，调整 VOA 的衰减，控制输入到下一级 EDFA 的输入功率，从而调整该级 EDFA 增益特性的倾斜程度。但是，考虑到光中继器对简单性和可靠性的要求，实际上通常只采用单极 EDFA 光中继器，如图 3-8 所示，而增益平坦调整功能交由海底光路中设置的均衡器完成，如图 3-1 所示。

光中继器输入 / 输出使用分光比为 2% ～ 5% [（50:1）～（20:1）] 的耦合器，从输入 / 输出功率中分出一小部分功率到位于形状似“S”光纤环路两端的 PIN 光检测器，该探测器输出用于控制电路自动、精细、实时控制中继器的性能，并给网络管理者提供中继器状态的信息。“S”光纤环路光探测器可用于接收输入监控信号，必要时用于调整泵浦 LD 功率，同时用于 C-OTDR 对海底光缆故障监测。

中继器中的光学器件被熔接在一起，熔接损耗要尽量小，泵浦 / 信号通道上的器件损耗也要尽量小，以便将泵浦 LD 的输出功率尽量多地提供给掺铒光纤，EDFA 的输出功率也尽量多地送入传输海底光缆中。

表 3-6 给出了海底光缆通信系统 C 波段 EDFA 光放大器的典型特性指标，输出功率、增益和带宽是用户根据网络和中继间距的需要设计的，光放大器可容纳的信道数由放大器增益频谱形状和输出功率、海底光缆损耗、终端站需要的信噪比决定。

表 3-6　海底光缆通信系统 C 波段光放大器典型特性

项 目	指 标
波长范围（nm）	1 530 ～ 1 567
信道数（M）（间距 50/33 GHz）	82/120
增益（G）（dB）	18
每个放大器输出光功率（P_{amp}）（dBm）	15（32 mW）
放大器噪声指数（F_n）	4 ～ 5
偏振相关损耗（PDL）（dB）	0.10 ～ 0.15
偏振模式色散（PMD）（ps）	0.25 ～ 0.75

3.2.3 光中继器 EDFA 驱动监控

1. 光放大器的驱动

光放大器的驱动要求泵浦 LD 的驱动和控制电路提供稳定的输出电压，通常由能够提供双向供电的齐纳稳压二极管组成的桥式整流堆直接驱动（见第 3.4.8 节）。

各种类型的反馈控制电路可用来稳定光放大器特性，平均功率控制方法可使 LD 输出功率保持在固定的水平。通常，LD 内集成了用于监控其输出功率的 PIN 光检测器，提供反馈信号。LD 输出多大功率值由终端站发送指令，从一套内部参考值中选择。

自动电平控制（ALC，Automatic Level Coutrol）能提供稳定的信号输出功率，这是因为 PIN 光检测器随时都在监视光放大器输出的信号功率，并把信号反馈到激光控制电路，控制电路根据反馈信息及时调整 LD 的输出功率，从而确保 EDFA 输出恒定的信号功率，即使海底光缆损耗增加或 LD 老化功率下降也能做到。这是第 9.1.3 节介绍的有源监控。

光中继器泵浦控制电路如图 3-9 所示，它同时采用自动电平控制（ALC）技术和平均功率控制（MPC，Mean Power Control）技术。因为 PIN 检测器的输出是入射光功率的平均值，所以这种控制是平均功率控制（MPC）。

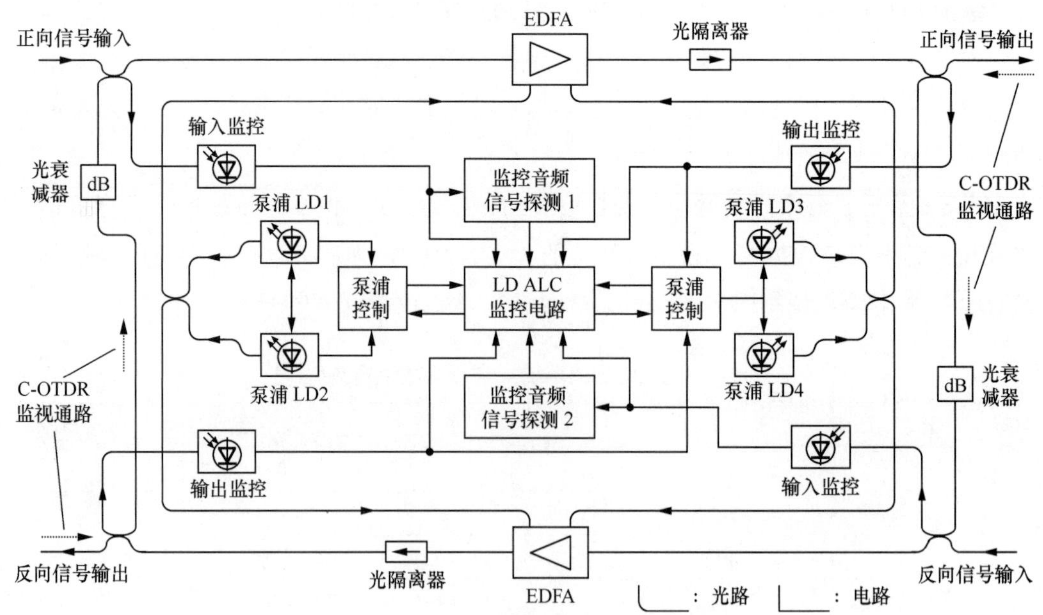

图 3-9 光中继器泵浦激光器控制电路构成 [3]

2. 光中继器的监控

监控功能的目的是在系统寿命期内，跟踪每个中继器的泵浦电流，评价中继器的老化过程，预测中继器泵浦的失效。即使有一半泵浦 LD 失效，也要保障要求的系统性能。中继器监控功能要同时监视中继器的输入功率和输出功率。

光中继器内的监控电路除监控每个放大器的状态外，还提供一些额外的监视功能。每个中继器的输入 / 输出电平信息还可以用于故障定位，即监控电路也是 C-OTDR 设备的一部分，该设备可以高精度地定位海底光缆故障位置。

在传输终端站（LTE），用于询问光中继器工作情况的低频（～ 150 kHz）监控信号以幅度或脉宽调制方式调制待发送的光信号，所以到达光中继器的输入光信号，既携带了用户数据信号，又携带了网络管理者的监控信号（见图 9-4）。不过，即使没有用户信息，终端站也使用一个网络信道发送监控信号到光中继器。在光中继器，监控 PIN 光检测器接收该监控信号光，并转变为低频电信号，经放大处理后，送入监控电路。在海底光缆通信线路中，每个光中继器都有自己的唯一地址。所以，一个光中继器从这些指令中只取出属于自己的指令，按其指令进行必要的反应和操作，并把中继器输入 / 输出端的信号光功率、LD 泵浦电流等信息返回给终端站。

在终端站，必须仔细选择信令频率，因为每个 EDFA 都是一个宽带滤波器，其上限 / 下限频率与泵浦功率和铒光纤动态增益有关。而且，信令信号对光信号的调制深度也是泵浦功率和铒光纤动态增益的函数，同时调制深度也影响信号信道。通常，选择调制频率 100 ～ 500 kHz，调制指数 5% ～ 15%。调制频率必须高于 EDFA 的截止频率在 10 ～ 50 kHz，以避免调制指数通过放大链路时调制性能下降。调制指数应尽可能小，以避免传输的数据质量下降。

在中继器，信令频率信号以开关键控方式调制泵浦激光器的输出功率，进而调制 EDFA 的增益，从而让信号信道携带返回信令数据给终端站。调制频率也必须仔细选择，如果调制频率比 EDFA 的截止频率还低，调制能力将在通过放大器链路时减弱，直至消亡。反之，如果调制频率太高，信令信号对泵浦 LD 的幅度调制可能还没有转变成 EDFA 的增益调制。通常，光中继器信令的最佳调制频率是 10 ～ 50 kHz。终端站询问信号调制指数和中继器回答信号调制指数典型值是 4%。

3.3　线路监视和故障定位

3.3.1　单信道光中继传输系统在线监视

线路监视设备（LME，Line Monitoring Equipment）用于海底光缆系统湿设备的监视和维护。具体来说，LME 完成对正在服务中的海底光缆和中继器的日常维护，并反应湿设备已产生的变化。此外，LME 还提供业务中断故障定位的能力。LME 是线路监视系统（LMS）的一部分，它在中继器链路中使用无源反馈环器件完成监视功能，如图 3-10 和图 3-7 所示。

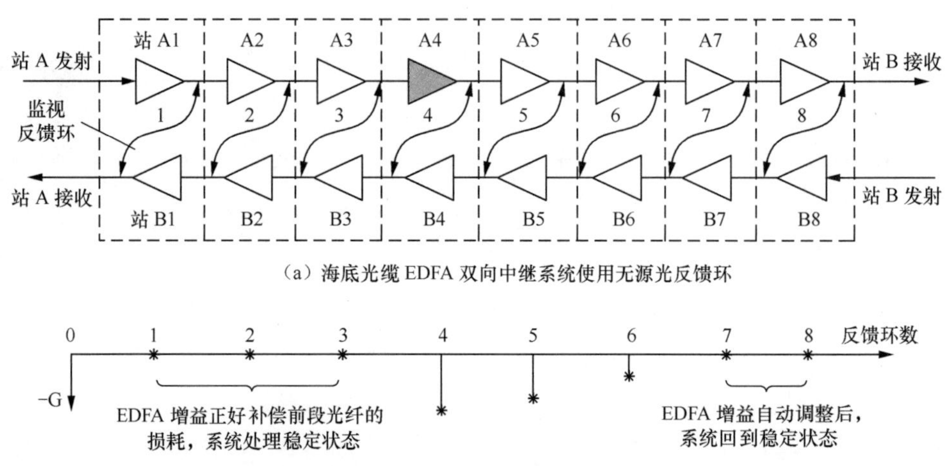

（a）海底光缆 EDFA 双向中继系统使用无源光反馈环

（b）A_4 级放大器泵浦激光器失效，站 A 线路监控设备（LME）测量到的增益变化值

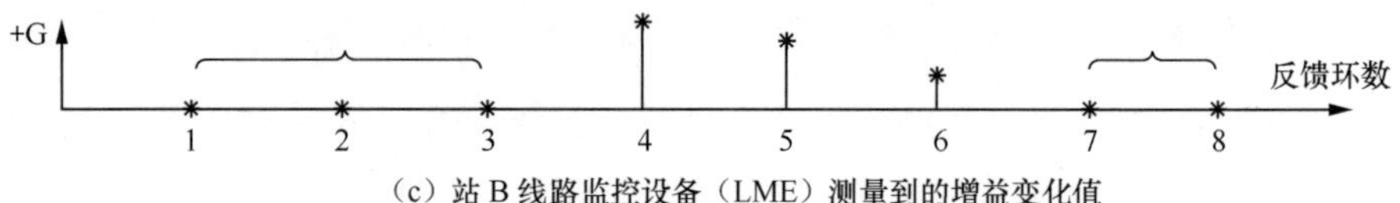

（c）站 B 线路监控设备（LME）测量到的增益变化值

图 3-10　在 EDFA 中继器对内，利用无源光监视环路，在岸上监视各中继器增益的变化情况，实现对线路和中继器的性能监视和故障定位 [1]

在正常无故障情况下，非 WDM 系统光中继器 EDFA 工作在增益压缩状态。选择每个放大器的工作点使它的增益正好补偿前段光纤的损耗。只有每个放大器输入端的信号电平保持恒定，此时系统才处于稳定状态。假如由于 A4 级放大器泵浦激光器失效或熔接点损耗增加等原因引起 A4 放大器输入端的信号电平下降，那么由于增益压缩特性，该级放大器的增益将自动增加，如图 3-10（b）所示。

假如 A4 级放大器增益的增加不足以完全补偿增益的减小，那么 A4 级后面的 A5 级放大器的输入功率电平仍低于系统发生变化前的值，A5 级放大器的增益也将自动增加。这种增益的增加要延续多级放大器，一直到某级（图 3-10（b）中的 A7 级）放大器的输入信号电平与最初的稳定状态完全相等为止。

与此类似，假如一级放大器的输入信号功率电平比稳定状态的高，则该级放大器的增益将被自动压缩，这个过程也可能延续几级直到恢复到稳态为止。

系统测量指出，这种放大器级联的海底光缆系统在正常情况下，指定放大器的输入信号功率电平比正常值可增加或减小约 6 dB 左右，对系统性能没有显著的影响。在这种情况下，信号电平经 2 ～ 3 级放大器的增益自动调整回稳定状态，端对端传输性能不会受到大的影响。

如上所述，线路终端系统使用如图 3-7 所示的中继器反馈环耦合器组件，对海底中继器的每一级增益进行测量，一直监视其变化。图 3-10（b）表示 A4 级中继放大器输出功率（增益）降低引起系统变化的情况。通过该图的增益变化情况很容易确定系统发生故障或性能变化的具体位置。

环路增益测量由线路监视设备（LME）承担（见图 3-7）。首先用伪随机比特流调制 150 kHz 的方波信号，然后把该信号送到终端传输设备（LTE）去调制激光器的输出光强，发送一个线路监视信号。因此，该 LD 同时被信息信号和 150 kHz 的监视信号强度调制。该线路监视信号通过每个中继器的反馈环路又返回线路终端设备。显然，该信号的电平较低且有一个固定的返回延迟。利用数字信号处理技术使每个延迟返回信号与原发送伪随机信号比较，可测量出每个反馈环所在中继器的增益随时间变化的曲线（所有的中继器可被同时测量）。对于这种在运行中的监视，使用的调制指数是 2% ～ 10%。对于非运行测量，100% 的调制指数允许对较短的间距进行测量，从而提高测量的精度。

3.3.2　多信道光中继传输系统在线监视

用于放大多个波长复用信号的 EDFA 与用于放大单个波长信号的 EDFA 的工作条件不同。在单信道系统中，为了充分利用 EDFA 的增益自调整能力，EDFA 通常工作在深度饱和状态；但是在多信道系统中，由于基态吸收，饱和引起了与波长紧密相关的损耗，于是使 1 550 ～ 1 560 nm 内各信道功率重新分配，波长较长的信号得到较多的功率，而波长较短的信号得到较少的功率（见图 2-12），但各信道功率之和仍维持不变。因此，在 WDM 应用时，EDFA 工作在深度饱和状态，对于增益自调整能力不再有用。通常，EDFA 工作在粒子数接近完全反转的最小饱和状态。但实验表明，EDFA 工作在适当的饱和状态，增益压缩值为 6 dB，粒子数反转系数 $n_2/(n_1+n_2)=0.74$，各信道功率基本上没有发生再分配，同时在足够长的系统中还可以抑制 1 531 nm 自发辐射噪声 [1]。

对于 EDFA 全光中继波分复用系统，通常使用一个单独的波长进行在线监视，其原理如图 3-11 所示。

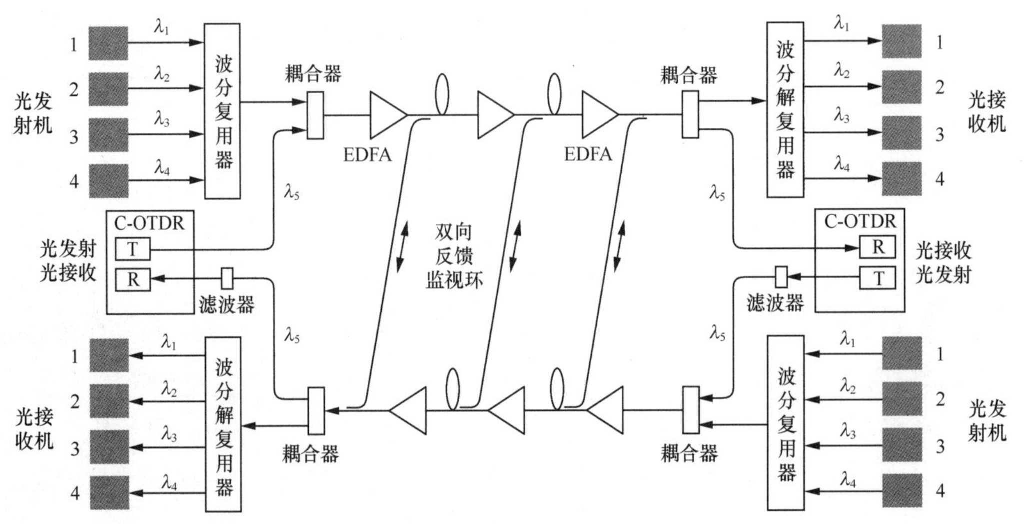

图 3-11　多信道光中继传输系统在线监视

3.3.3　相干光时域反射仪（C-OTDR）

中继器监视功能记录每个中继器的输入功率和输出功率，可以随时监测路径损耗的变化。然而，如果光纤发生故障，就不能提供光纤故障点精确位置的任何信息。因此，为了精确监测每段链路的损耗情况，我们必须应用另外一种技术，这种技术就是相干光时域反射（C-OTDR，Coherent Optical Time Domain Reflectometry）技术[3][76][77][78]。

先来回顾一下 OTDR 的工作原理，首先 OTDR 发送一个脉宽为 T 的光脉冲到光纤，然后测量返回光功率与距离或时间的关系，如图 3-12 所示。若待测光纤不受任何应力的影响，可认为光纤是由许多段长为 $\delta = \upsilon T/2$ 的光纤段组成，该段扮演着一个反射系数为 γ 的分布式反射镜，这里 υ 是光在光纤中的传输速度，是光速 c 的 $1/n$（n 是光纤折射率），$\upsilon = c/n \approx 2\times10^8$ m/s。因此，当 $t = 0$ 发送一个光脉冲进入光纤，在 $t = 2x/\upsilon$ 接收到的光功率与 $\gamma\cdot\exp(-2\alpha x)$ 成正比，该值表示在 $L = 0$ 处测量到的段长 x 处的反射光功率，这里 α 是光纤每米损耗，如果光纤每米损耗系数为 5×10^{-5}。反射系数 γ 为：

$$\gamma = \frac{\beta}{2\alpha}\left(1-\mathrm{e}^{-\alpha\upsilon T}\right) \tag{3.1}$$

式中，β 是光纤瑞利散射系数（$\beta \approx 10^{-7}$/m）。当 $T = 10$ μs 时，由式（3.1）可得到 $10\lg\gamma = -40$ dB。OTDR 的分辨率为：

$$\delta = \upsilon T/2 \tag{3.2}$$

当 $T = 10$ μs 时，$\delta = \upsilon T/2 = 1$ km，即分辨率为 1 km。可见，分辨率由 OTDR 测试光信号的脉冲宽度决定。通常，这种仪器提供多种光脉冲宽度，供用户选择。

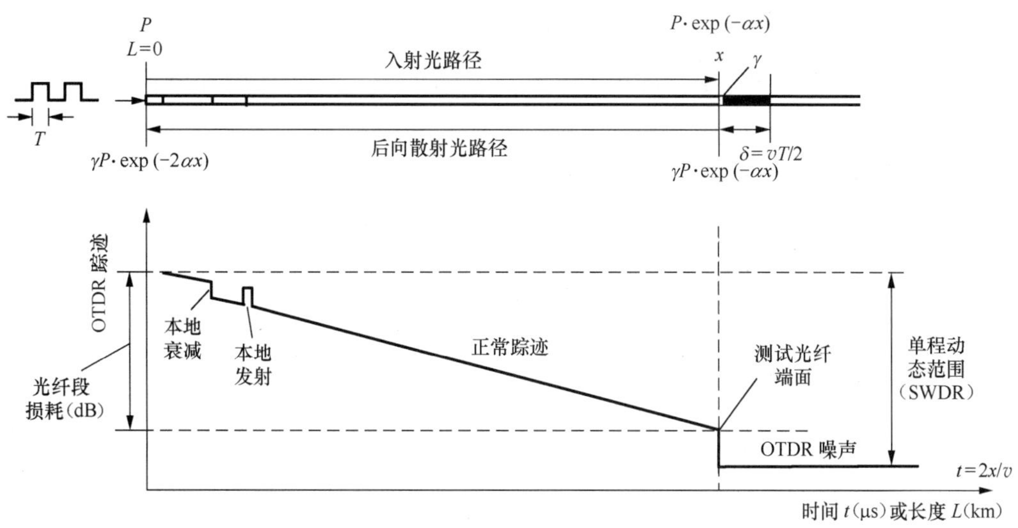

图 3-12 OTDR/C-OTDR 工作原理

接收到的后向散射信号衰减是用 dB 表示的两倍光纤损耗（见图 3-12），所以，测量到的后向散射功率（用 dBm 表示）与时间或长度的关系是线性的。

OTDR 性能由单程动态范围（SWDR，Single Way Dynamic Range）衡量，即最大单程衰减（用 dB 表示），如图 3-13 所示。后向散射信号可以保持在 OTDR 噪声之上。

在光中继海底光缆系统中，因为 EDFA 光中继器内有光隔离器，所以后向散射光信号是通过光耦合器进入返回通道的，如图 3-7 所示。有两种方法可以实现这种光路返回，即发送 EDFA 的输出后向散射光耦合到返回 EDFA 的输入或输出，如图 3-16 和图 3-17 所示。然而，这种技术使返回 EDFA 的 ASE 噪声和发送光纤的后向散射光同时在返回光纤上传输，导致 OTDR 信号的 SNR 很低。为了解决这一问题，我们使用相干检测 OTDR（C-OTDR）技术。

C-OTDR 技术的工作原理是这样的，在 OTDR 仪器内增加一个本振激光器，该激光器输出 λ_{LO} 光信号与接收到的 λ_{test} 光信号在接收机探测器混频，产生一个中频电信号，如图 2-62 所示。该电信号通过一个非常窄的带通滤波器滤除噪声。由于相干检测，占主导地位的噪声功率 P_{ASE} 是本振光信号 P_{LO} 与其自发辐射（ASE）噪声（N_{ASE}）的拍频噪声（$2P_{LO}N_{ASE}B_e$），光信号功率是本振光信号（P_{LO}）和接收到的后向散射光信号（P_{bs}）的拍频电信号功率（$P_{LO}P_{bs}$），因此，相干接收机的电 SNR 为：

$$\mathrm{SNR}=\frac{P_{LO}P_{bs}}{2P_{LO}N_{ASE}B_e}=\frac{P_{bs}}{2N_{ASE}B_e} \tag{3.3}$$

式中，N_{ASE} 是光自发辐射噪声功率频谱密度，$B_e=2/T$ 是接收机电带宽。由式（3.3）可知，当 SNR = 0 dB、$P_{ASE}=N_{ASE}B_e$ 时，要求的最小后向散射信号功率 P_{bs}（dBm）= 3+P_{ASE}，

即要比本振 LD 噪声功率多 3 dB。

提高 SNR 的一种方法是进行 m 次 C-OTDR 测量。P_{bs} 经返回路径上的 EDFA 放大，同时这些 EDFA 的噪声也叠加在该信号上，但是，P_{bs} 信号强度与 m 成正比，而 P_{bs} 信号在返回路径上的 EDFA 自发辐射噪声与 $m^{1/2}$ 成正比，所以，经过 m 次测量后，P_{bs} 信号的信噪比提高了 $m^{1/2}$ 倍。

因为一次测量持续时间是两倍线路传输时间，如果测量 $m = 2^{10}$ 次，5 000 km 长线路要测量 10 s。

所以，C-OTDR 测量的单程动态范围（SWDR）用 dB 表示为：

$$\text{SWDR} = \frac{P_{bs} - 3 - P_{ASE} + 5\ \lg m}{2} \tag{3.4}$$

因为 $P_{bs} = P_{out} + 10\ \lg\gamma + C$，所以，

$$\text{SWDR} = \frac{P_{out} + 10\ \lg\gamma + C - 3 - P_{ASE} + 5\ \lg m}{2} \tag{3.5}$$

式中，P_{out} 是光中继器输出端测量到的 C-OTDR 发送光功率，C 是正向中继器输出光信号通过 2×2 光耦合器耦合出一小部分光到反向光中继器的输入端的耦合系数，典型值为 –25 dB。由式（3.5）可见，本振 LD 噪声功率 P_{ASE} 越小，SWDR 越大。式（3.5）也表明，耦合系数 C 越大，SWDR 就越大，但是，为避免相干瑞利噪声引起传输质量的下降，C 值应小于 –25 dB。为了减小返回光纤的噪声功率，C-OTDR 的发送光波长不同于海底光缆系统携带业务信号的 WDM 波长是有必要的。

式（3.5）还表明，SWDR 随 P_{out} 增大而增大，因此，当 C-OTDR 仪器激光器发送光功率最大时，SWDR 最大。也就是说，当发送光纤的所有信号波长都不携带任何业务时，SWDR 最大。当然，信号波长工作时也可以使用 C-OTDR，只是要付出 SWDR 小的代价。

下面以 32×10 Gbit/s WDM 系统传输 6 000 km 为例，说明 SWDR 的计算过程。该系统包含 120 个中继器，每个输出功率 10 dBm，噪声指数 5 dB，增益 10 dB，测量次数 2^{10}。自发辐射噪声功率为：

$$P_{ASE} = \frac{2mh\nu F_n G}{T} \tag{3.6}$$

当 $T = 10\ \mu s$，将 $N = 120$、$M = 32$、$F_n = 5\ \text{dB}$、$G = 10\ \text{dB}$、$m = 2^{10} = 1\ 024$ 代入上式，则得到：

$$P_{ASE} = \frac{2mh\nu F_n G}{T} = 9.7\times10^{-8}\ \text{W，或}\ -70\ \text{dBm}$$

将 $P_{out} = 10\ \text{dBm}$、$m = 1\ 024$、$C = -25\ \text{dB}$ 和 $10\ \lg\gamma = -40\ \text{dB}$ 代入式（3.5），就可以得到

$$\mathrm{SWDR}=\frac{P_{\mathrm{outpr}}+10\lg\gamma+C-3-P_{\mathrm{ASE}}+5\lg m}{2}=\frac{10-40-25-3+70+15}{2}=13.5\ \mathrm{dB}$$

该值相当于衰减系数 0.2 dB/km 的光纤传输了 67.5 km。

关于 C-OTDR 仪器的原理构成图和性能参数分别见图 8-4 和表 8-1。

图 3-13 表示 C-OTDR 对由 4 个中继器组成的通信线路的测试，由图可见，接收到的后向散射光信号功率与长度或时间的关系呈现锯齿状态，每个锯齿的深度和长度分别代表线段的损耗和段长。每段损耗是 9 dB，SWDR 是 22 dB。由于在第三段插入了一个 10 dB 的衰减器，所以，在 C-OTDR 轨迹图中的相应位置有 10 dB 的下降。图中实线表示实际测量到的结果，虚线表示没有光衰减器时的正常轨迹。因为在 C-OTDR 的输出端没有光耦合器，所以不能检测到第一段光纤的散射光，如图 3-13 所示。通常，使用标准 OTDR 检测海底光缆登陆区段（图中第 1 段）光缆的故障。

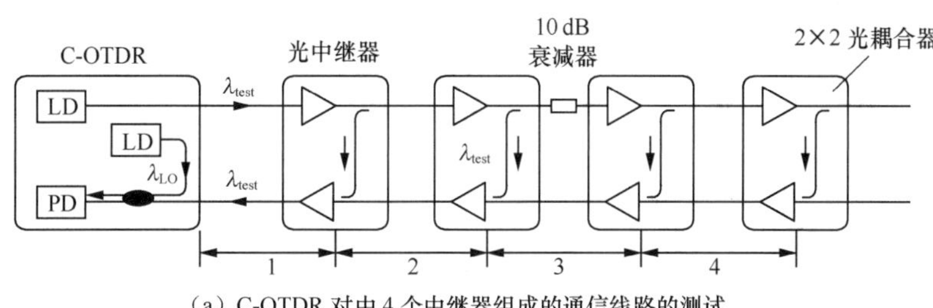

（a）C-OTDR 对由 4 个中继器组成的通信线路的测试

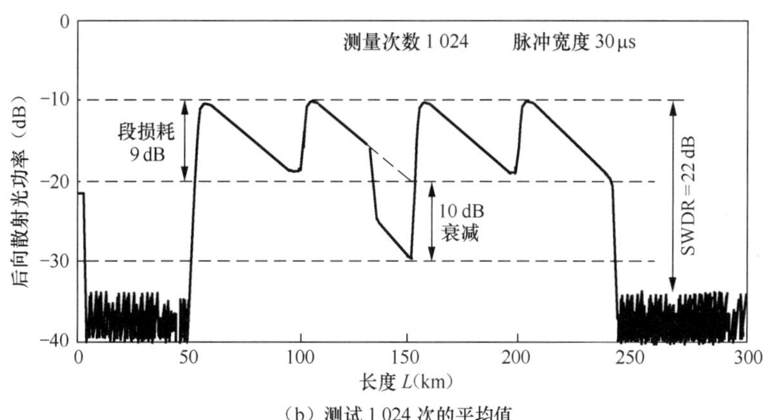

（b）测试 1 024 次的平均值

图 3-13　C-OTDR 对 EDFA 构成的光中继器线路测试

3.3.4　故障定位

通常，在业务中断情况下进行光缆断点定位。一般来说，使用光时域反射仪（OTDR）定位，特别是长距离光纤放大器系统故障定位，使用相干光 OTDR（C-OTDR，Coherent OTDR），因为它灵敏度高、频率选择性好。

定位过程如下：C-OTDR 光从一对光纤中的一根光纤进入，当线路发生故障时，光将被故障点反射，反射光和散射光通过“S”形环路，进入光纤对中的另一根，返回途中经过 EDFA 放大，最后被 C-OTDR 接收处理，通过比较，判定故障的位置，如图 3-14 和图 3-15 所示。

每个光纤放大器的输出均含光隔离器，OTDR 用于故障定位的后向散射光脉冲将被阻止进入该光纤的 EDFA。一种解决办法是用 2×2 光耦合器，为反射光提供路径，作为 C-OTDR 通道，这样就不会干扰在线业务，如图 3-14 至图 3-17 所示 [3][15]。由 C-OTDR 路径引入的传输代价应考虑在系统功率代价中。采用该解决办法，C-OTDR 设备在光纤放大器系统中可以对光纤全长状态进行监视，而且，在光纤放大器系统正常运行情况下，采用 C-OTDR 返回通道，还可以监视每个光纤放大器的增益状态。

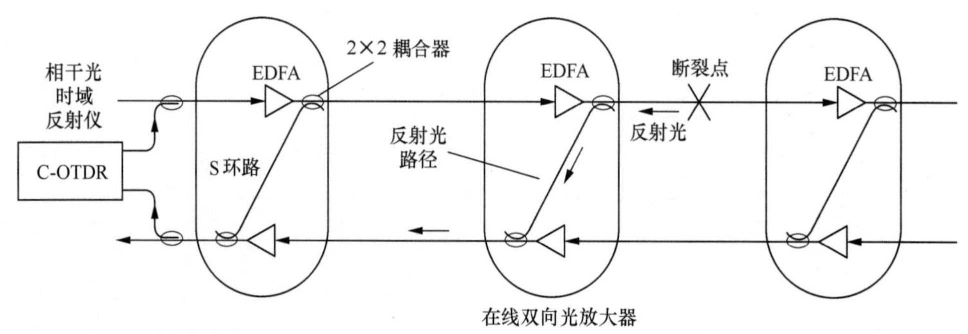

图 3-14　正向光路发生故障，反射光从反向 EDFA 输出，使用 C-OTDR 对光纤放大器系统故障定位

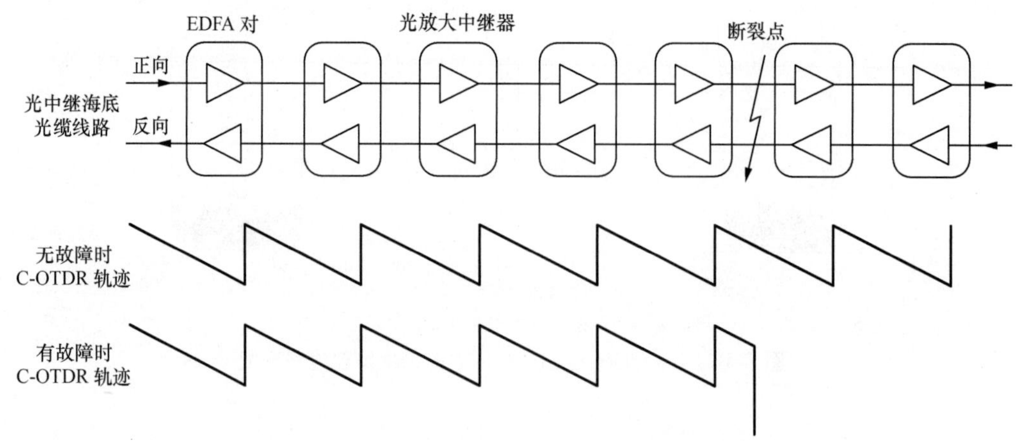

图 3-15　C-OTDR 应用与海底光缆系统故障定位

对含有 BU 的中继系统进行故障定位时，通常采用相干光时域反射仪（C-OTDR）。当 BU 提供全光纤分出功能时，C-OTDR 可以直接定位 BU 的内外故障。当 BU 提供 WDM 分插功能时，具有波长可调光源的 C-OTDR，将光源波长设置在每条线路的传输

波长上，分别独立监视主干线和分支线。假如光纤放大器包括在 BU 中，返回路径可用于光纤放大器外的故障定位。

有两种不同的方法，用 C-OTDR 对光中继器通道进行故障定位，一种是正向光路发生故障，反射光从反向 EDFA 输出，如图 3-14、图 3-16 所示；另一种是反向光路发生故障，反射光从正向 EDFA 输出，如图 3-17 所示。两种方法均可以实现双向监视。测试方法在 ITU-T G.976 第 8.7 节中给出[14]。图 3-18 所示为海底光缆断裂前 / 后观察到的 C-OTDR 轨迹。

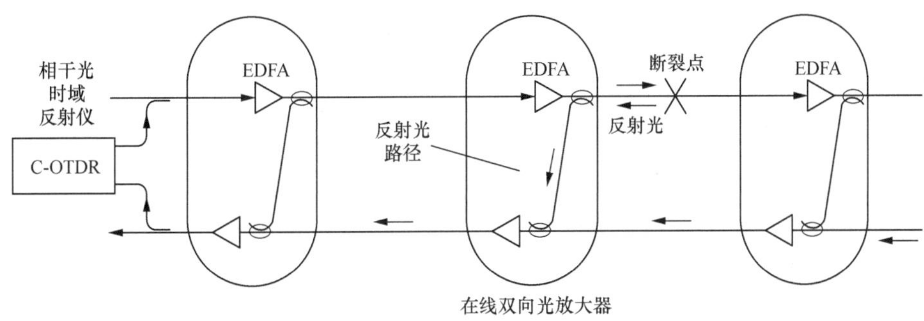

图 3-16　正向光路发生故障，反射光从反向 EDFA 输出，使用 C-OTDR 对光纤放大器系统故障定位

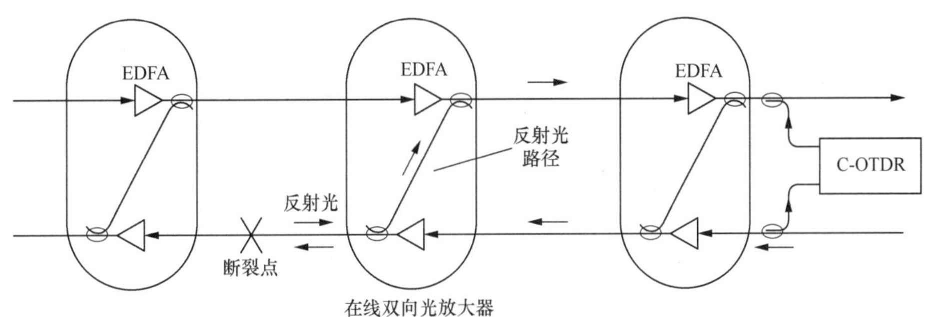

图 3-17　反向方向发生故障，反射光从正向 EDFA 输出，使用 C-OTDR 对光纤放大器系统故障定位

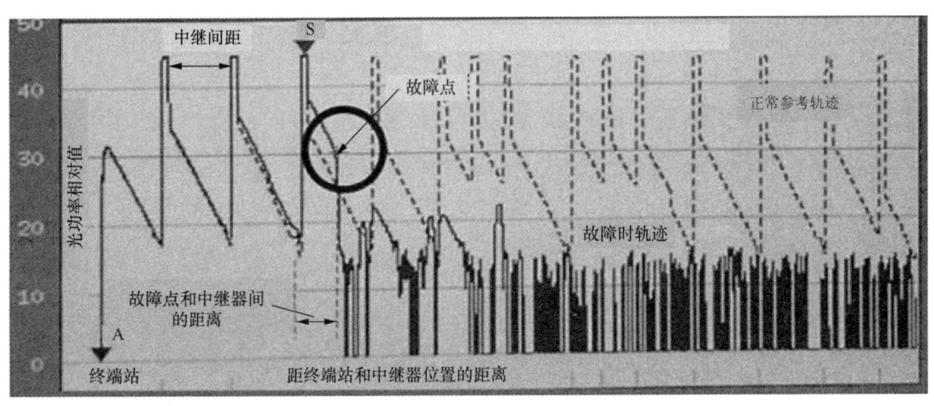

图 3-18　海底光缆断裂后 C-OTDR 的轨迹[97]

3.4 供电设备

3.4.1 海底光缆系统供电方式

通常，海底光缆系统采用高压恒流供电，其优点如下：

（1）输电电缆只用一根导体，大大降低了成本；

（2）恒流供电系统具有较强的自恢复能力；

（3）中继器取电模块体积小，安装容易，安全可靠；

（4）点对点海底光缆恒流供电系统应采用双端供电 [110]，即使海底光缆发生接地故障，供电系统仍可以正常工作；

（5）恒流供电故障点定位容易。

3.4.2 点—点远供电源系统设计

通过海底光缆中包围光纤的铜导体，安装在传输终端站的供电设备（PFE）向沉入海底的设备（如海底中继器、有源均衡器、BU 等）供电。供电设备不仅要向海中设备提供电源，而且要终结陆缆和海底光缆，提供地连接以及电源分配网络状态的电子监控。给海底设备供电既可以单独由终端站 A 供电，此时 B 供电设备备份，反之亦然；也可以由两个终端站同时供电，提供高压直流电源，如图 3-19 和图 3-20 所示。终端站 C 的供电由它自己提供，但要在 BU 处供电线路另一端接海床，以便形成供电回路。当对终端站 A-B 间海底光缆故障维修时，BU 内应能重构供电线路，由终端站 C 向 AC 干线或 BC 干线中的设备供电，如图 3-25 所示。

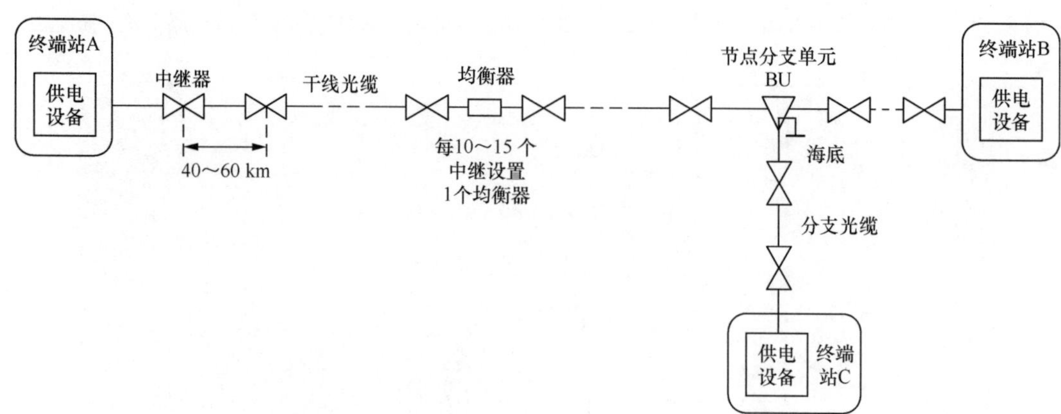

图 3-19　具有供电设备的中继海底光缆通信系统

1. 点—点供电系统设计概述

对于中继系统，终端必须给海底中继器中的泵浦激光器供电。供电设备（PFE，Power Feeding Equipment）通过海底光缆中的金属导体，提供恒定的 DC 电流功率给中继器 / 光分支单元，用海水作为返回通道。通常，该电流可以调整，因 PFE 是阻性负载，该电流稍微有所降低。因环境温度改变，PFE 电流在规定的范围内随时间变化。即使在备份切换后，这种供电电流、供电电压的变化也保持在一定的范围内。规定的 PFE 电流稳定性应满足海底光缆系统对稳定性的总体要求。通常，PFE 电流稳定性用 PFE 正常电流的百分比表示。

在自然感应电压出现时，PFE 的输出电压可自动调整，保持 PFE 电流恒定。通常，该感应电压沿线路累积，可能达到 0.3 V/km，并随时间缓慢变化（小于 10 V/s）[15]。

2. 点—点供电系统分类

供电系统可分为两种：一种是双端供电，另一种是单端供电，分别如图 3-20 和图 3-21 所示 [4]。双端供电的好处是，如果一个终端站发生故障和 / 或光缆断裂，另一个终端站可以提供单端供电。

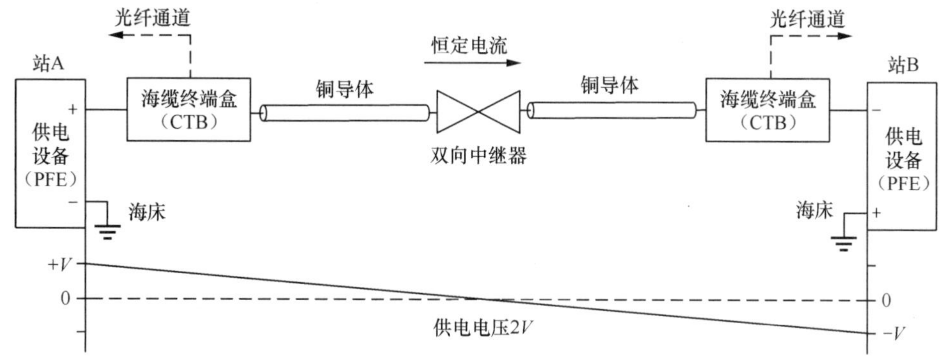

图 3-20　双端供电系统

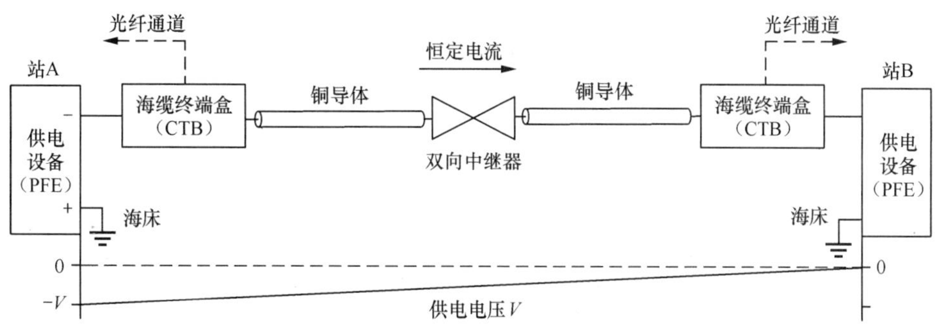

图 3-21　单端供电系统

以横跨太平洋的海底光缆系统为例，供电设备通过海底光缆中的导体提供 0.92 A 的高压恒流，对中继器进行串联供电，如图 3-22 所示。对于一个最长中继系统，在太平洋西海岸上的一个终端以 +7 500 V 的电压供电，在太平洋东海岸的另一个终端以 –7 500 V 的电压供电。这样的系统在每端使用全备份的电源供给设备（PFE）。虽然传输距离较短的系统可以只从一端供电，无须超过 PFE 的最大供给电压能力，但是通常从两端供电，不过此时在终端内不需要 PFE 备份。

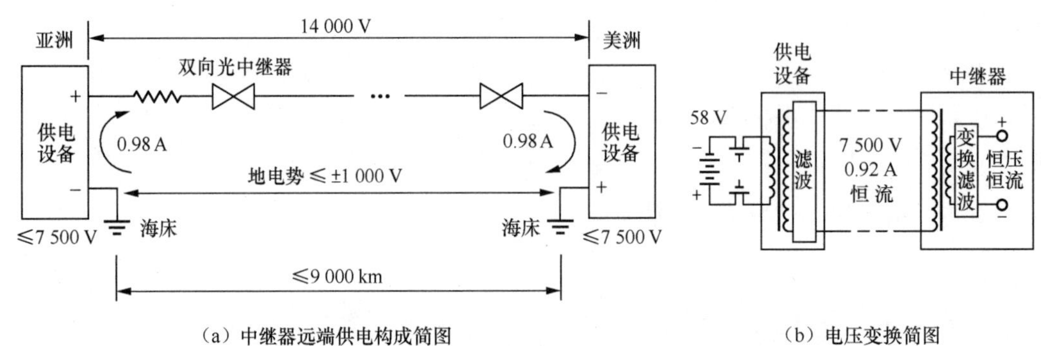

（a）中继器远端供电构成简图　　（b）电压变换简图

图 3-22　横跨太平洋海底光缆系统采用高压恒流串联供电

两端供电时，在干线或线段中间存在一个虚地，好处是一旦供电路径上绝缘遭到破坏，故障点相对于海底的电压差也仅约 0 V。这就能够对故障点精确定位，并允许系统在维修过程中继续传输信息。

为了给海底中继器供电，岸上电源供给设备（PFE）把 58 V 电池电压上变换为 7 500 V、0.92 A 的恒定电流，如图 3-22(b）所示。在中继器内，PFE 再把高压电流下变换到中继器所需要的恒定电流电压。

海底光缆两端的 PFE 在 9 000 km 的距离内可为几百个海底中继器提供电流。PFE 采用备份设备。

图 3-20 描述的电源供给系统结构是一种最简单的点对点系统，它是构成复杂供电系统的基础。在这种结构中，海底光缆两端的电源供给设备共同平均分担了系统的负载。

对于要求供电电压小于 7 500 V 的系统，可用单端设备提供整个系统的供电，另一端设备作为供电备用设备。

在供电设备从双端供电到单端供电切换，或从运行设备到备份设备切换时，系统应尽可能减少业务中继，防止干扰业务。

3. 对海底光缆供电设备的要求

（1）精确的电流控制功能

提供漂移小、电流恒定的输出，使在线路上串联的中继器共享总的系统电压。

（2）电压限制功能

完成从电流到恒定电压的自动变换，并限制加于系统上的最大电压。

（3）提供稳定的输出电流和恒定的输出电压

以便能够承担在测试期间的阻性负载、敷缆期间的感性负载以及正常情况下对海底光缆供电期间的容性负载工作。

（4）控制浪涌电流上升 / 下降的速度

为避免光缆断裂产生的强浪涌电流注入线路，PFE 应能控制电压上升和下降的速度。

（5）提供告警和保护断电功能

（6）海底光缆定位功能

远端探测设备应具有能够确定故障点在海床上或海底中海底光缆的位置。

（7）极性切换功能

为了实现供电路径重构，要求供电设备具有从负极切换到正极，或从正极切换到负极的功能，即双极切换功能。

（8）满功率测试功能

进行维护时，接入测试负载可进行满功率测试。

（9）系统监视功能

该设备能记录数据并能提供系统监视设备的接口，通常用 4 ～ 50 Hz 低频交流探测信号调制远供电流 [110]。

（10）自动保护功能

通常，系统配备一些设施，用于保护 PFE 自身和海底光缆部分，以免遭受 PFE 本身或系统任何地方发生电子故障产生的过高电流、电压的危害。特别是，假如系统供电电极断开或接触到比地电势高得多的电势，此时 PFE 能提供接地通道，自动让供电电流接地以此来对设备或人员进行保护。这种设计可避免海底光缆系统服务中断，并防止供电设备地电势升得太高损坏设备或危及人身安全 [15]。

PFE 提供个人保护功能，以免工作人员接触近端或远端海底光缆系统因失误产生的危险电压对人体造成伤害。保护设备包括光缆终端设备（CTE）的安全联锁保护（Interlocks）装置、PFE 紧急关闭（Shut-Down）和接地装置。在接触供电导体前，工作人员要确认接地装置已使该导体接地放电。

（11）放电功能

光缆在 PFE 终结时，由于电容的存在，PFE 存储了电荷，PFE 应提供放电按钮。首先通过一个阻性电路放电，然后 PFE 改变到短路模式。

此外，电源供给设备必须允许工作人员能安全地从供电系统中取出部分设备进行维修。

供电系统应能定位运行和非运行模式的光缆故障（见第 9.3 节）。

3.4.3 电压预算及接地考虑

系统需要多高的供电电压，与海底光缆长度和组成系统的中继器、分支单元和均衡器等水中设备数量有关，也与海底设备产生的压降和海底光缆供电导体特性以及地电势差有关，如图 3-23 所示。对于 SL 2000 海底光缆系统，中继器和分支单元电压占系统负载的 53%，电缆损耗占 50%。为了提高系统可靠性，还需要考虑增加必要的供电电压冗余。

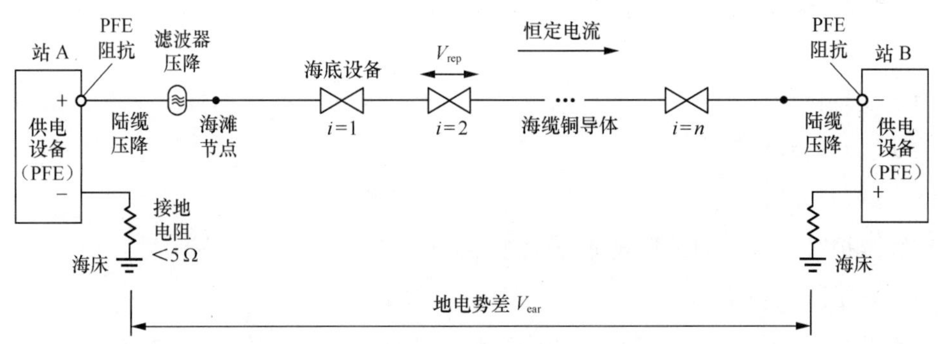

图 3-23 供电电压的高低与供电系统部件有关

海底光缆系统的供电子系统是恒流电子电路，供电通道电压随传输距离增加而下降，为此要进行供电电压预算。预算原则是，假定供电通道是单端供电。供电设备每端所需电压预算如下 [97]：

$$V = V_{cab} + mV_{rep} + nV_{BU} + V_{mar} + V_{ear} \tag{3.7}$$

式中，V 是供电设备每端所需电压；V_{cab} 是陆地光缆和海底光缆电压下降值，其值为单位长度电阻 × 光缆长度 × 馈电电流，供电导体一般为铜或铝，等效电阻约为 0.8 ～ 1.0 Ω/km[105]，该值与温度有关；V_{rep} 是中继器电压下降值；m 是中继器数量，通常中继器工作在低电流模式，一个中继器对产生的压降约 50 V 左右；V_{BU} 是分支单元电压下降值；n 是分支单元数量；V_{mar} 是维修增加的海底光缆电压下降值；V_{ear} 是地电势差，ITU-T G.977 建议 0.3 V/km，基于经验，V_{ear} = 0.1 ～ 0.3 V/km[110]，通常取 0.1 V/km[97]。地电势差与纬度有关，也与太阳黑子活动有关，有时太阳黑子可引起几百伏地电势差。如果使用在线滤波器，也要考虑其压降。

表 5-8 给出中继海底光缆通信系统远供电压的一种预算方法。

馈电电流由光中继器内使光放大器保持稳定放大特性所要求的工作电流决定。在恒流工作模式下，每个中继器沿光缆均产生一定的压降。确定中继器工作电流时，要考虑中继器输出光功率（与 WDM 信号波长数有关）、泵浦激光器电能使用效率（还需考虑老化冗余）和控制电路消耗的电能。通常，对于规定的输出光功率，LD 消耗电流占馈电电流的 80%（含 10% 的寿命终了冗余），LD 控制电路占 10%，电极冗余占 10%（80 mA 冗余的在线电极）。为了减小中继器输出光功率，提高系统传输容量，有效使用波长信道光功率，系统应采用先进的调制方式，提高每根光纤的传输容量。通常，为了减小供电电流，应尽可能减小系统电压，以便减少海缆和陆缆中的电路故障，避免分支单元的高压热切换故障，提高器件的可靠性[97]。

举例来说，假设有一个 1 000 km 长的海底光缆系统，海底放置了 15 个中继器。海缆供电导体等效电阻约为 1.0 Ω/km，1 000 km 海缆电阻为 1 000 Ω。若供电电流为 1 A，则整个海缆压降 1 000 V。一个中继器对产生压降 50 V，15 个中继器对产生压降 750 V。取地电势差 0.3 V/km，1 000 km 海缆产生压降 300 V。假设海缆登陆后，海滩节点到终端站机房 1 km，陆缆阻抗约为 1.0 Ω/km，终端站接地电阻为 5 Ω，则两端电压降为 12 V。因此，系统所需供电电压为 2 062 V。

海缆终端站至海滩节点的供电连接可直接采用带有供电导体的海缆，也可以单独布放电力电缆，在海滩节点海缆终端接头盒内，与海缆内的供电导体连接。

终端站供电设备必须单独设计海床接地，并要求在远供接地发生故障时，可转换至终端站接地系统，这两种情况均要求接地电极电阻小于 5 Ω[110]，典型值为小于 3 Ω[97]。接地线可选用电阻稳定、耐大电流冲击、电阻稳定的复合材料石墨接地线，芯部为不锈钢，表层为抗腐蚀、柔性好、高炭导电石墨线层。石墨接地线耐高低温、免维护、安装不受环境气候条件限制，使用寿命可达 30 年。石墨接地线截面积的大小，可根据可能通过的最大负荷电流确定，一般不小于 4 mm^2。为保险起见，可适当选用截面积较大的圆柱体或金属板电极深埋方式，也可使用多个接地电极组成格状网方式，以进一步降低接地电阻，提高接地可靠性。

对接地电极的要求是，最大工作电流 1.5 A，设计使用寿命不小于 25 年，导体电阻小于 1 Ω/km，绝缘电阻不小于 10 GΩ/km，工作温度范围 –20℃～ +50℃ [105]。

为了验证供电电压预算的正确性，要在海底光缆通信系统建设的各个阶段进行测试，如光缆装船前测试；光缆铺设后部分线路运营时测试；最后全线投入运营时测试。

3.4.4 干线—分支远供电源系统设计

干线—分支供电系统结构有三种类型，即星形结构、鱼骨结构和分支—分支结构，如图 3-24 所示。

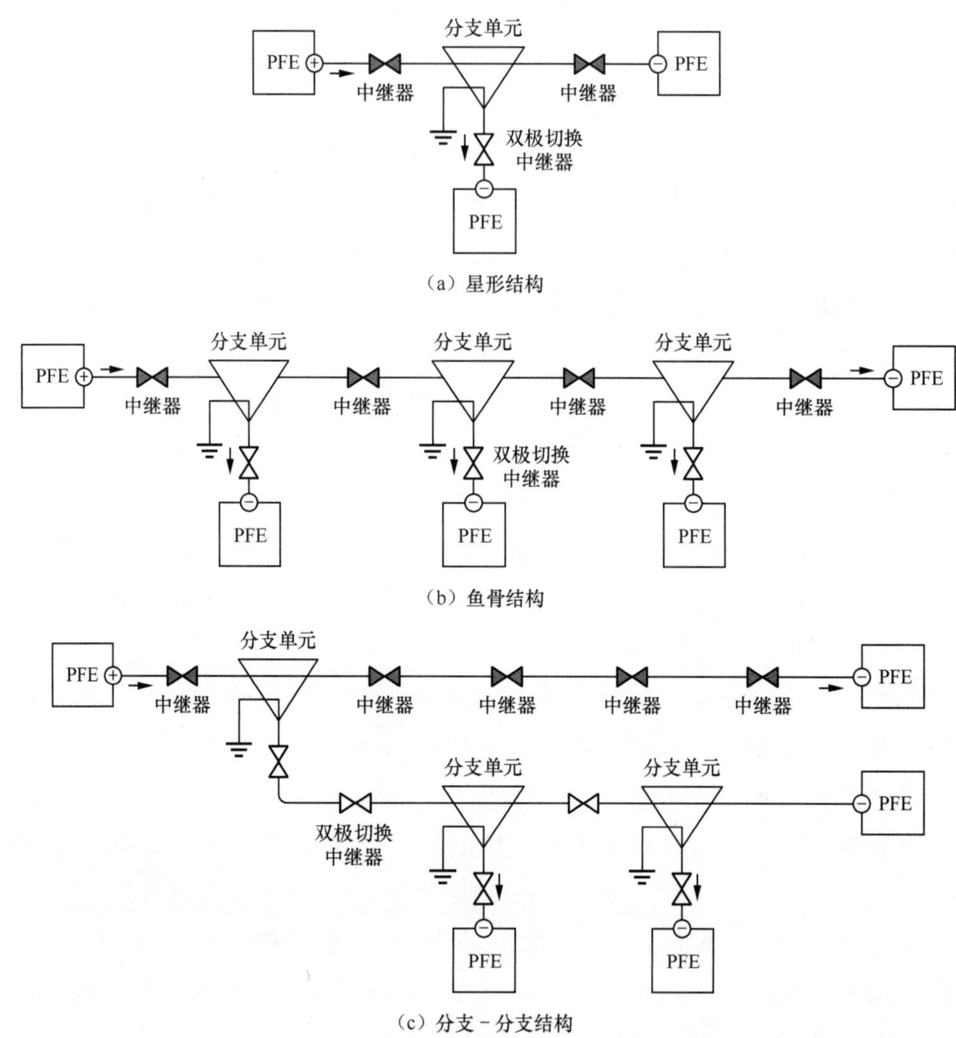

图 3-24　干线—分支远供电源结构[97]

在干线有源分支形拓扑结构中，为使供电路径不受外部光缆故障的影响，系统可通过可切换供电通道的可交换分支单元实现。通常，供电重构基于星形结构。此时，供电结构设计成中继段，在发生故障时不会影响其他中继段工作。系统使用可切换分支单元重构供电通道，实现要求的业务。当分支单元一侧干线光缆发生故障时，供电通道可切换到双端供电干线的另一侧供电；或者分支到分支单元、干线到分支单元另一侧的单端供电，如图 3-25（c）和图 3-25（d）所示。

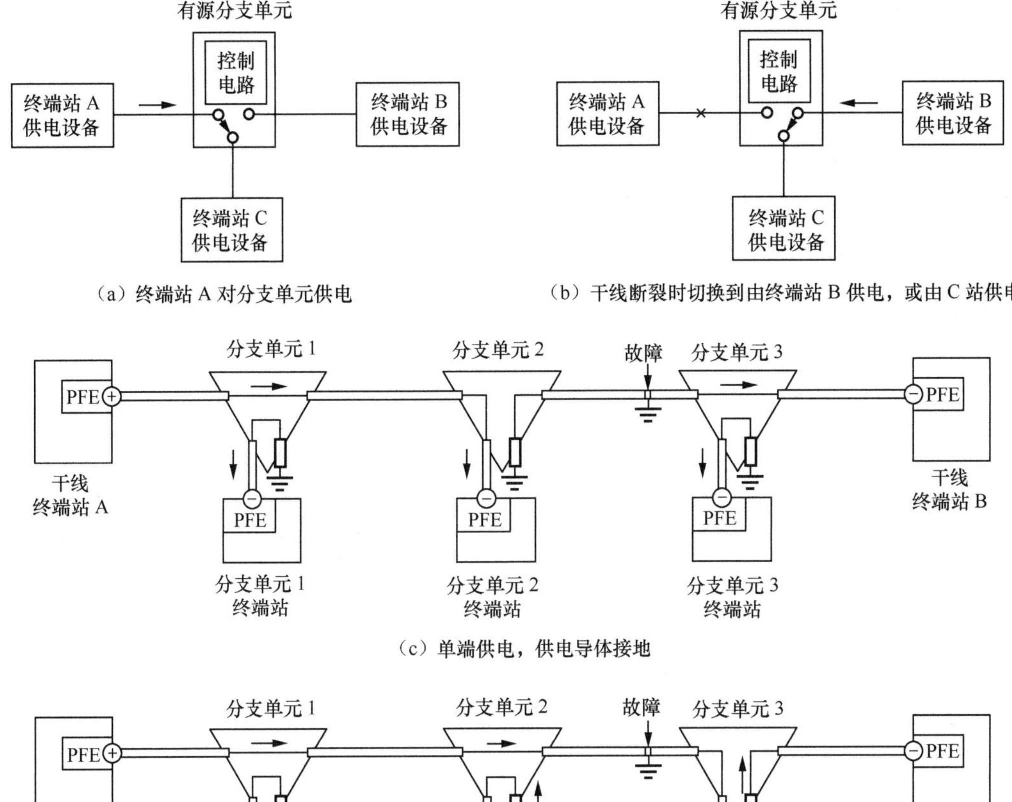

图 3-25　干线有源分支形结构供电路径不受外部光缆故障的影响

分支单元电源路径的切换，是通过馈电电流或终端站光通道送来的命令进行切换的。供电设备应具有极性切换功能，分支段内的中继器应具有双极切换功能。

3.4.5　终端传输设备恒流高压产生

供电设备必须根据用户需求定制，该设备通常是模块化结构设计，采用有效的开关电源技术实现。高压电源发生器使用功率金属—氧化物半导体场效应晶体管（MOS-FET），其转换效率为 80% ～ 90%，切换频率为 20 kHz，可在恒压和恒流模式之间无缝切换，如图 3-26 所示 [3]。

高压变换器的输入用 50 V 的直流电池，该电池由交流市电一直充电，必要时在没有充电的情况下，提供短期供电。直流 / 交流变换器的变压器将输入电压提升约 10 倍，然后送入滤波器。滤波器输出送入到 6 个并联的作为交 / 直流变换器的桥式整流器，每个转换器提供 2 ～ 3 kW 的输出功率（2 kV 电压、1.5 A 电流）。这 6 个交 / 直流变换器的输出串联叠加起来，就可以提供 12 kV/1.5 A 的直流电源。为保证可靠性，供电设备应有备份。

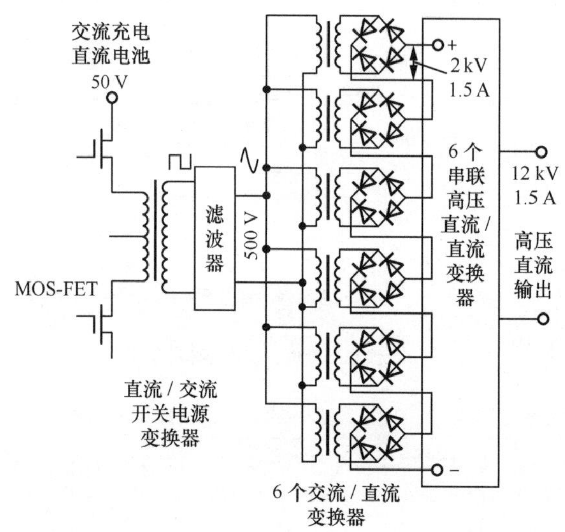

图 3-26　低压直流输入 / 高压直流输出变换电路

3.4.6　供电设备组成

典型的供电设备（PFE）由电源调整单元、控制单元、负载转换单元、接地切换单元和测试负载单元等组成，如图 3-27 所示。

电源调整单元由 *n* 个 DC/AC 转换器、桥式整流器串联组成，产生所要求的恒流高压，转换器采用 *n*:1 保护。

控制单元连续检测产生的电流和电压，发送控制信号到每个转换器，以便保持规定的电压，使用 *m*:*n* 保护。若用于分支单元，该控制单元也可以将电流控制模式切换成电压控制模式。

负载转换单元在海底光缆线路和测试负载单元之间进行 PFE 输出切换。

接地切换单元切换系统接地，如果海床地接触不良，可从海床地切换到终端站地。

测试负载单元为 PFE 测试提供模拟负载。

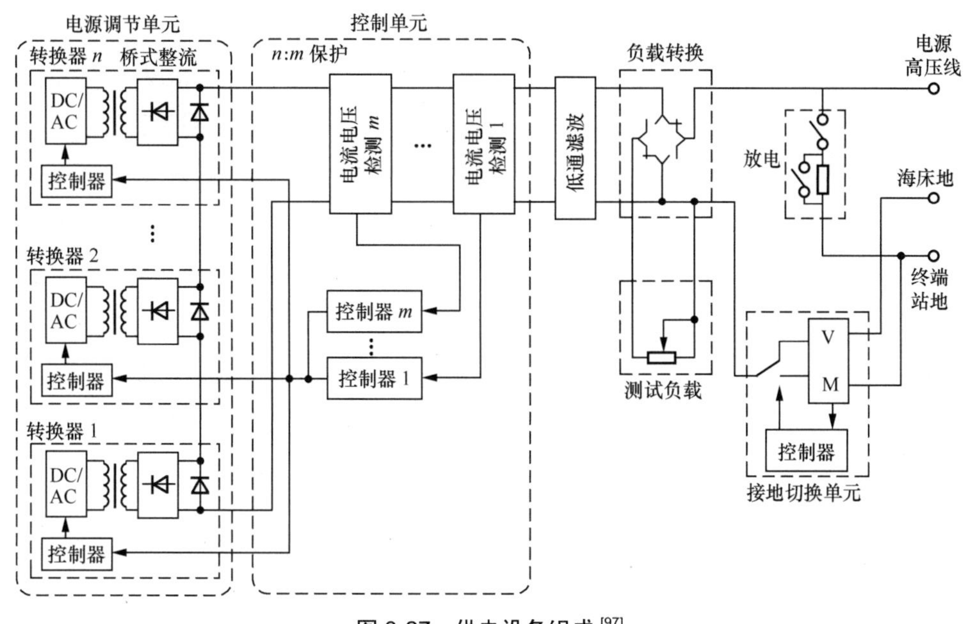

图 3-27 供电设备组成 [97]

3.4.7 PFE 在发生光缆断裂时的反应

在双端供电情况下，当光缆断裂故障发生时，因为存储在光缆导体里的电荷从故障位置通过供电线路向两侧终端站接地点流动，所以形成浪涌电流，放电到地，如图 3-28（a）所示。

光缆断裂故障将临时中断供电电流几秒钟，中断电流幅度与到故障点的距离有关，如图 3-28（c）所示。故障发生后，PFE 自动调整电压，力保电流不变，如图 3-28（b）所示，调整时间取决于供电线路长度和故障引起的电势差幅度，因为光缆在供电线路中扮演着一个低通滤波器的作用，所需时间约在 1 ms 左右，如图 3-28（c）所示。由于光缆充电电容短路，在故障点的浪涌电流可能超过 100 A，不同位置的峰值电流幅度被光缆电阻本身所限制。该峰值电流在 75 Ω 海床接地电阻上产生几千伏的冲击波。中继器和分支单元配备有浪涌保护电路，可使 200 A 以上的宽脉冲浪涌电流和 450 A/15 kV 的窄脉冲浪涌电流旁路。因此，故障引起的浪涌电流不会损坏海底设备。

海底光缆断裂的位置可用电极法探测，频率 5 ～ 50 Hz、峰—峰电流 100 ～ 200 mA 的电极信号施加在供电导体 DC 线路电流上（插入损耗约为 0.1 dB），导致产生一个随时间变化的电场，该电场可被海面上进行维修或调查海底光缆状况的船探测到。这种海底光缆定位可以在中继器供电或不供电的情况下进行（见第 9.3.4 节）。

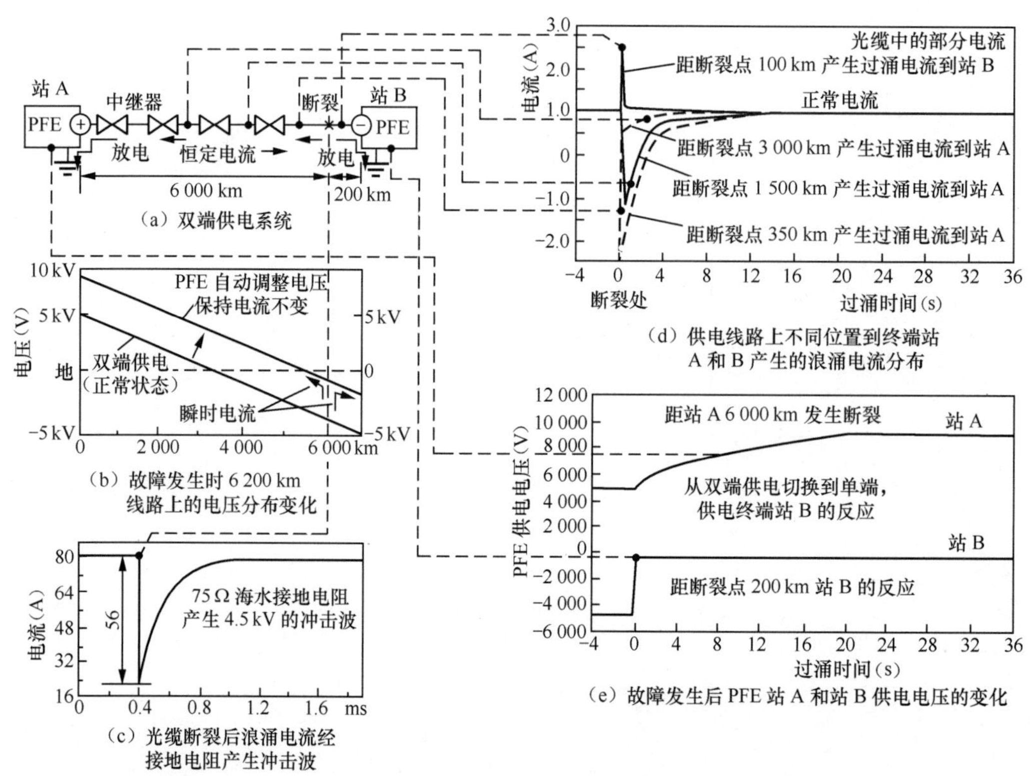

图 3-28　海底光缆断裂后 PFE 及其供电线路各处电压 / 电流的变化 [97]

3.4.8　中继器取电设计

中继器工作的网络电压通常为 10 ～ 15 kV，线性电流为 500 ～ 2 000 mA。中继器的取电设备可以很简单，如图 3-29 所示，它由桥式整流器、旁通电阻、两个抗浪涌线圈等组成。桥式整流器能够双向供电，既可以正向供电，也可以负向供电。旁路电阻可缓慢接通放大器电路，两个抗浪涌线圈可以保护中继器不受电流脉冲的冲击，这种冲击当靠近供电设备的海底光缆发生故障时就会产生。桥式整流器提供电压和电流给齐纳稳压二极管。6 对光纤中继器通常会使电压降低 45 ～ 50 V[3]。

对于低压供电系统，功率齐纳管在接通前，旁路电阻允许电流通过网络。齐纳管输出接滤波器，其目的是保护放大器电路免遭供电线路的瞬时冲击。每个放大器对接一个齐纳稳压管，使线路电流最小、中继器电压最大。

减小光缆欧姆损耗，可使网络供电效率最佳，这就是说尽可能使用最小的线路电流和最大的网络电压。然而，高压的使用，必须考虑存储在海底光缆中的能量，因为海底光缆本身拥有 100 ～ 200 nF/km 的固有电容，当海底光缆断裂故障发生时，如遭到拖网渔船损坏，存储能量的瞬间放电可产生幅度很大的电流脉冲。浪涌脉冲电流可能被放大到 1 kA，上升时间几毫秒，半最大值全宽（FWHM）1 ms。为保护中继器电子电路不因浪涌电流而损坏，系统必须在供电单元的输入和输出端接入抗浪涌线圈电感，如图 3-29 所示，以放缓影响并减小其幅度。滤波器跨接在二极管的两端，可进一步对放大器进行保护。

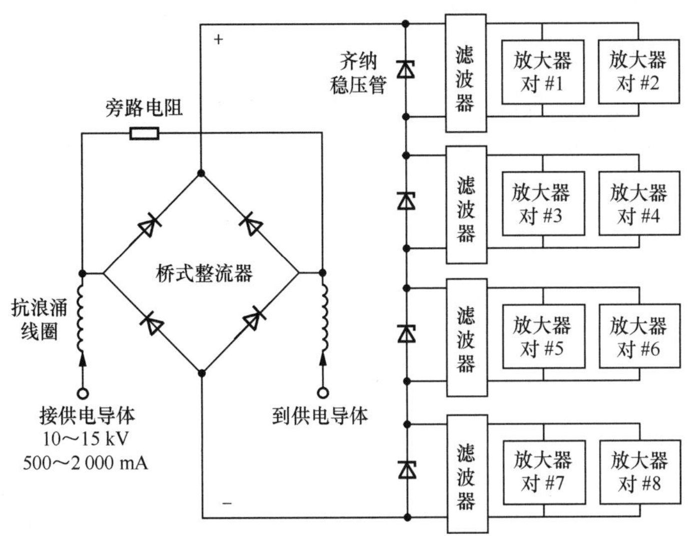

图 3-29　8 个中继器对的取电电路 [97]

3.5　光分支单元

3.5.1　光分支单元概述

为了满足海底光缆系统在海底能分配电信业务到多个登陆点的需要，海底光缆系统拓扑结构要比简单的点对点系统复杂得多。分支单元（BU，Branching Units）正好能够满足这种需要，因为在海底它至少能连接三根海底光缆（干线、分支 1、分支 2），如图 3-30 和图 3-31 所示，每一根包含若干对光纤，提供全光纤或者单个光信道的路由选择。在外形上，类似于光中继器，但分支单元有一端具有两个光缆连接端口。

在深海中，要求分支单元在工作、铺设、回收和重新铺设时，其机械特性和电、光特性不会降低 [3][15]。

通常，光分支单元是无源的，即对分支内的光信号没有放大，但有时对干线信号，就像光中继器那样，用 EDFA 放大。该 EDFA 拥有监控功能，以及和光中继放大器一样的相干光时域反射仪（C-OTDR）性能监视、故障定位能力。

在分支单元内，因光缆维修和故障恢复需进行供电电路切换，所需的电连接重构由网络终端站控制完成。分支单元必须提供接地连接，具有自保持选择，防止供电瞬变造成不必要的重构。

不同的网络设计要求不同的 BU 交换功能，例如，具有许多地区分支的长距离干线光缆或骨干光缆网络，可能要求干线自锁设备，以便总是保持干线可用；另一方面，具有保护功能的双登陆路由跨洋系统，可能要求对称自保持 BU，即使一个登陆路由在维修，也能保证另一路由能够提供业务。所有这些情况，因为电隔离取决于 BU 内部电路，假如一部分光缆在维修期间仍需保持供电，将强制采用热维修技术。

在光放大系统中，分支单元完成以下几个基本功能。

（1）具有在三根光缆之间完成光纤连接的能力。

（2）具有在三根光缆之间切换供电电源和信息流的能力。

在 BU 中，任意两根具有馈电导体的输入光缆可能连接在一起，而与 BU 接海水电极隔离。在馈电设备（PFE）发生故障或光缆断裂后，BU 可能存在几种可能的结构，以便确保信息流恢复。在使用 BU 的海底光缆网络中，某个线段、系统，特别是 BU 电源切换电路发生故障情况下，即使在维修期间，系统也应有能力在其他所有线段恢复业务。

（3）内置光纤放大器（EDFA），具有放大一个或几个光纤对光信号的能力。

（4）单波长系统（SWS，Single Wavelength System）具有全光纤分出功能。

（5）WDM 和 DWDM 系统具有全光纤分出和 / 或 WDM 分插功能。

（6）WDM 和 DWDM 系统具有固定或重构光分插复用—分支单元（OADM-BU）的分插能力。

（7）内置光分插模块，确保完成波长复用和解复用功能。

（8）具有监控系统、自动增益控制功能。

（9）具有相干光时域反射仪（C-OTDR）需要的光滤波和耦合能力。

（10）机械强度具有能够适应敷设和回收三根连接光缆的能力。

选择对偏振效应，如偏振相关损耗（PDL，Polarization-Dependent Loss）和偏振模色散（PMD，Polarization Mode Dispersion）不太灵敏的分支单元器件。一些其他效应，如偏振相关增益（PDG，Polarization-Dependent Gain）是光纤放大器的固有效应，在 LTE 发送端使用信号扰偏器避免或者限制它的影响[15]。

分支单元技术在过去的海底光缆系统中已得到了验证和考验。铍青铜密封盒已成功地经受了高电压、高水压及机械应力对它的考验。光继电器和高压电磁继电器在以前的海底光缆系统中已得到应用。

在实际应用中有 4 种分支单元：全光纤无源分支单元、电源切换分支单元、有源分支单元和波长分插分支单元[1]。

3.5.2　无源 / 有源分支单元

如无源分支单元（BU）的名称所暗示的那样，无源 BU 中无电子器件。它是具有三个端口的密封容器，如图 3-30 所示，在干线光缆和分支光缆之间，提供全光纤路由。尽管 BU 通常设计为全无源器件，即只是一个熔接光纤和重构传输方向的盒子，不对业务光信号进行任何放大，但是如果需要，它也具有给一对或多对光纤提供光放大的能力。从有 EDFA 放大的干线光缆分出业务到分支光纤的 BU，如图 3-31 所示。

无源分支单元主要是在无中继系统中使用，可提供 4 对或更多对无须光放大的光纤接入和分出。

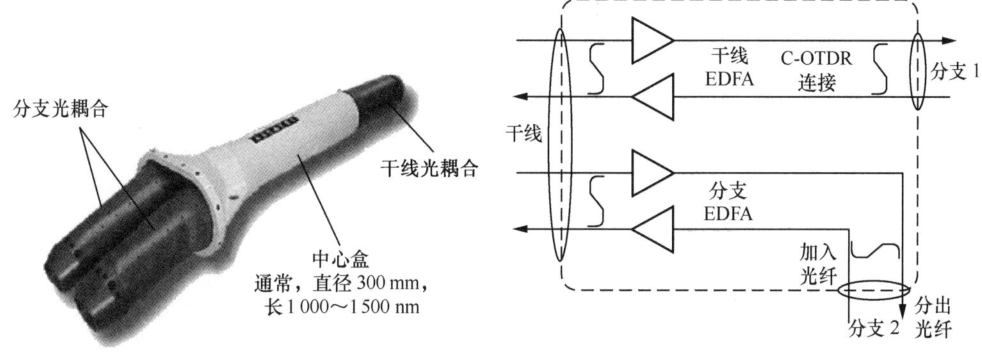

图 3-30　海底光缆分支单元外形图[3]　　图 3-31　从干线光缆分出业务的全光纤分支单元

有源分支单元有时也被称为光纤切换分支单元，如图 3-32 所示。它提供分支电源供电和光信息流的控制[3]。

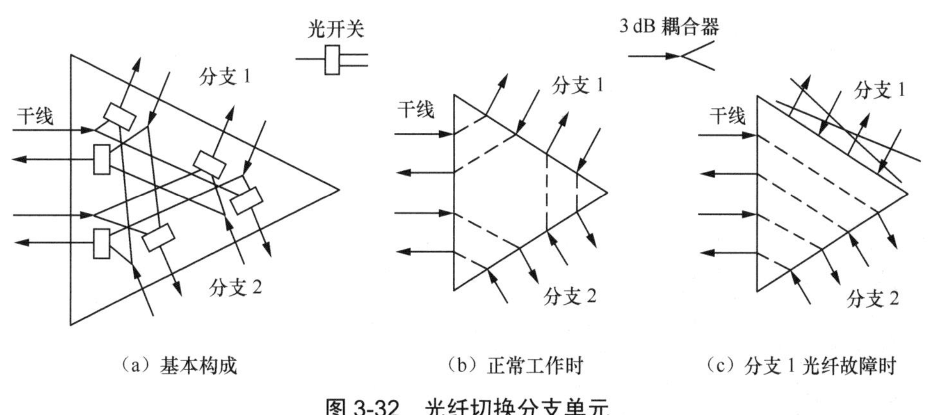

图 3-32　光纤切换分支单元

3.5.3 波长分插分支单元

波长分插分支单元，类似于波分复用系统的光分插复用器（OADM），可以取出或加入 1 ～ 4 个波长的信道，如图 3-33 所示。使用光纤布拉格光栅和光环形器可以取出波长信道，然后将余下的波长和要插入的波长信道复用在一起，如图 3-34 所示。布拉格光栅设计要求对要分出的波长光信号具有强烈的反射，第一个环形器允许所有的波长信道通过，但待分出的波长信号，如 λ_1 信号，被布拉格光栅反射回第一个光环形器，从分支 1 光纤分出，而没有被反射的波长信号与从分支光纤 2 进入的要插入的波长信号，经第二个光环形器复用在一起，进入干线光纤继续传输。要插入的波长信号可以与干线传输波长信号不同，也可以用已分出的 λ_1 波长信号携带其他用户信息。沿光纤施加拉力可以改变光纤布拉格光栅间距，实现机械调谐；加热光栅光纤也可以改变光栅间距，实现热调谐，从而对不同波长的光产生不同的反射，分出不同的波长。

在图 3-34 中，用两个 2×2 光耦合器取代两个光环形器，也可以构成一个光分插复用器（OADM）。

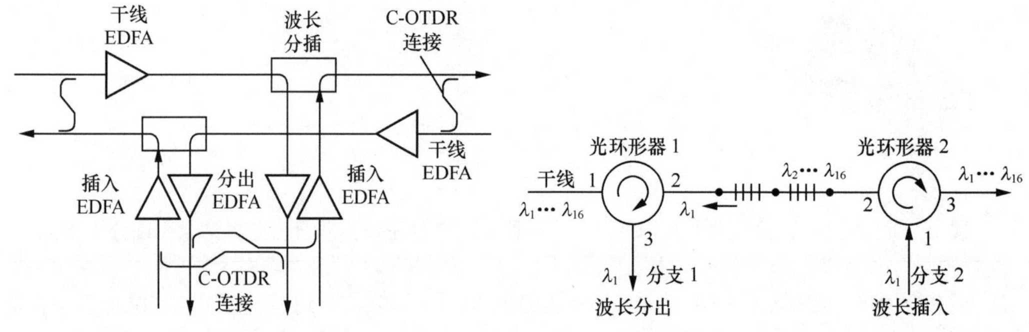

图 3-33　波长分出 / 插入分支单元 [3]　　图 3-34　用光环形器和光栅实现波长分出 / 插入 [1] [3]

在分支单元中，用 EDFA 对分 / 插信道和传输信道光信号进行放大，以便补偿光环形器、光耦合器等无源器件的损耗。

3.6 增益均衡

3.6.1 增益均衡概述

海底光缆通信系统的增益均衡设备可确保在信道间信号功率的均等分配，以满足所有信道对最小比特误码率的要求。每个中继器使用增益平坦滤波器（GFF，Gain Flattening Filters），纠正 EDFA 增益形状和与波长有关的光纤传输损耗引起的输出功率—频谱曲线的畸变。然而，这种光功率—频谱特性的纠正，不能完全解决所有信道的偏差。所选器件参数不可能完全一致，制造过程也不可避免地产生偏差。而且，光纤老化或海底光缆维修会引起网络传输特性的变化，进而使功率—频谱特性发生偏差。有两种可用的增益平坦技术，一种是无源均衡技术，另一种是有源均衡技术。均衡器可以按它们纠正的目的分类，纠正增益—频谱特性倾斜或斜率的均衡器，称为斜率均衡器（TEG，Tilt Equalizers），纠正与残留非线性有关倾斜的均衡器，称为形状均衡器（SEQ，Shape Equalizers）。

EDFA 增益不平坦，多级串联后使不同波长的光增益相差很大，这种光放大器线路的非一致性频谱响应，使长距离传输系统的 SNR 下降。因此，为了补偿这种效应，我们可采用以下两种技术。

首先，采用功率预增强技术，根据每个波长在线路中的损耗情况，使进入每个 WDM 信道的光功率不同，从而使终端接收机对所有波长信道接收的 SNR（BER）几乎相同。

其次，把增益平坦滤波器插入线路中，进行适当的预均衡。实际上，有三种增益平坦滤波技术：

（1）每个光放大器均有增益平坦滤波器；

（2）每 10 个光放大器插入一个固定增益均衡器（FGEQ，Fixed Gain Equalizers），补偿放大器链路中残留非一致性频谱响应，如图 3-35 所示，没有增益均衡时，在 1 533 ～ 1 565 nm 范围内，增益波动 3 dB，当插入增益平坦均衡器后，只有 0.25 dB 的波动；

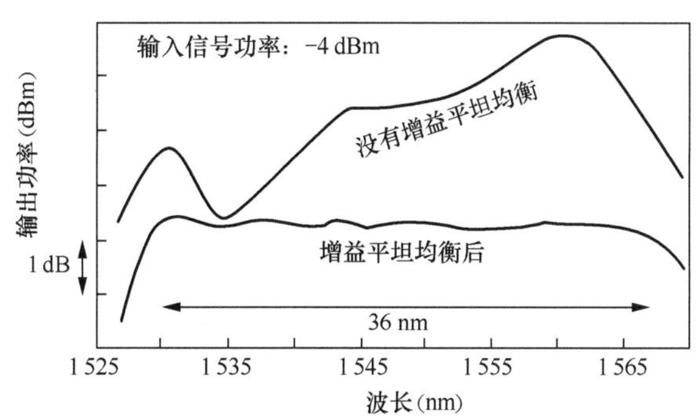

图 3-35 固定增益均衡器对 EDFA 增益频谱响应的影响 [3][97]

（3）每 10 个放大器插入一个可调谐斜率均衡器，补偿因器件老化和海底光缆维修引起的增益畸变。

图 3-36 表示横跨大西洋海底光缆系统增益均衡前后的实测输出频谱曲线，该系统长 6 000 km，有 80 个 EDFA 光中继器，采用 8 个波长 C 波段 WDM，增益均衡器采用在线布拉格光栅（IFBG，In-Fiber Bragg Grating）滤波器。

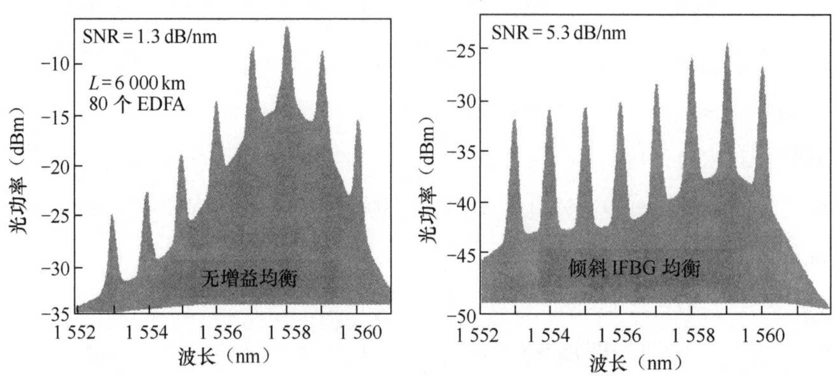

图 3-36　横跨大西洋海底光缆系统增益均衡前后实测输出信号频谱比较（1 nm 带宽）[97]

图 3-37 表示段长损耗增加或减小 1 dB 时观察到的 EDFA 增益曲线倾斜的变化。在波长 32 nm 范围内，段长损耗变化 1 dB，EDFA 增益倾斜典型值为 0.7 dB。因此，对于包含 120 个 EDFA 的 6 000 km 海底光缆线路，总的增益倾斜是 0.35×120 = 42 dB，这样的增益倾斜不能被预增强补偿调整，因此，系统有必要在链路中周期性地插入一个补偿设备，以便在寿命期内，从终端站遥控调整它的频谱传输响应，进行增益均衡。我们称这样的补偿设备为调谐增益均衡器（TGEG，Tunable Gain Equalizer）。

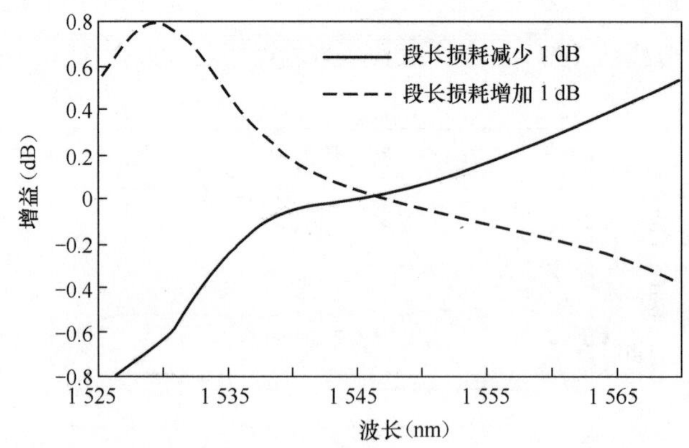

图 3-37　段长损耗变化 1 dB 引起 EDFA 增益曲线斜率变化[3]

另一种补偿方法是周期性地插入拉曼放大器，通过遥控拉曼泵浦功率，获得可调谐倾斜增益。例如用波长 1 480 nm、50 mW 功率的激光器，对非零色散移位（NZDS）光纤拉曼泵浦，在 1 540 ～ 1 570 nm 频谱范围内，获得 2 dB 增益的倾斜，如图 3-38(b)

所示。这 2 dB 倾斜增益一部分从 0.8 dB 拉曼放大增益坡度中得到，如图 3-38（a）所示，剩下的部分（1.2 dB）从前面紧挨拉曼放大的 EDFA 中获得。

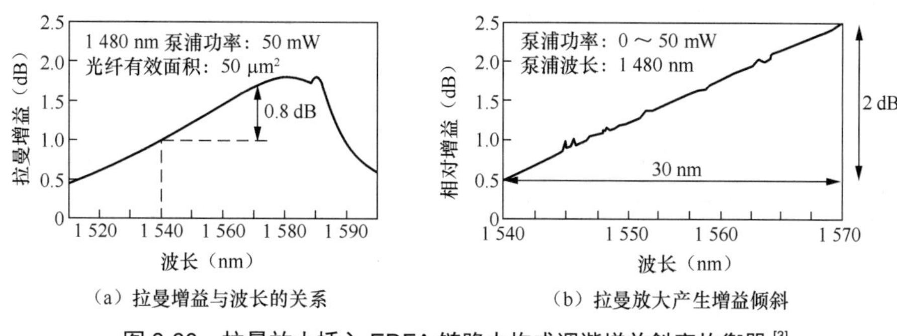

（a）拉曼增益与波长的关系　　（b）拉曼放大产生增益倾斜

图 3-38　拉曼放大插入 EDFA 链路中构成调谐增益斜率均衡器 [3]

3.6.2 无源均衡器

无源均衡器的特性在出厂前均已调整好。通常，每 10 ～ 15 个中继器插入一个均衡器。

无源均衡器有斜率均衡器（TEQ）和形状均衡器（SEQ），两者的区别在于是否与波长有关，前者与波长有关，而后者则无关。但两者均由固定传输滤波器组成，用光纤熔接方法接入中继器盒。

一种无源均衡器由多层电介质膜滤波器（TFF，Thin-Film Filters）或布拉格光栅（IFBG）滤波器组成 [7]，典型均衡器的构成如图 3-39 所示，在包含 8 对光纤的中继器盒中，只用一个均衡器即可。通常，均衡器的均衡范围为 1 ～ 6 dB，插入损耗为 3 ～ 7 dB。需要均衡的区段增益—频谱特性形状，以及滤波器的传输特性，通常可直接测量得到。无源均衡器直流电阻小于 0.5 Ω，不需要供电。

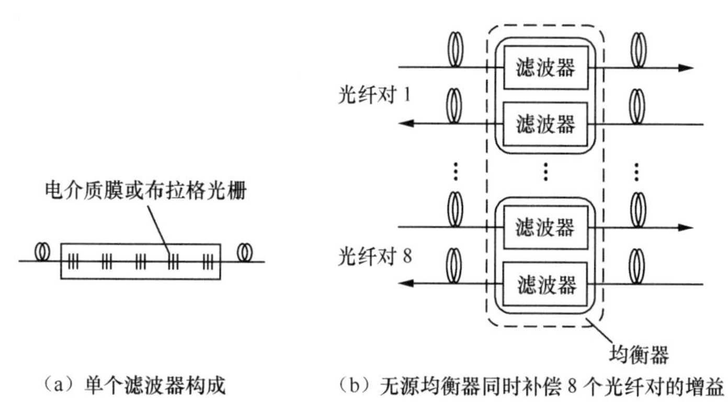

（a）单个滤波器构成　　（b）无源均衡器同时补偿 8 个光纤对的增益

图 3-39　由滤波器构成的无源均衡器 [3]

无源均衡技术除滤波法外，还有增益互补法和特种光纤放大器等。

增益互补法是把掺杂不同增益互补的两段掺铒光纤连接起来，实现增益均衡，但不影响放大器工作。在掺铒光纤中掺铝制成的放大器，长波长的信号增益大。在掺铒光纤中掺磷和铝，增益特性与仅掺铝的增益特性正好相反，长波长的信号增益低。把这两段掺铒光纤连接起来，组成放大器，各波长的增益就能实现均衡。

特种光纤放大器是用特种光纤（如氟光纤）制作的，放大器的增益特性平坦，从而使构建性能优良的 WDM 光纤通信系统变得容易，并成为发展趋势。另外，含铝浓度达 2.9 wt % 的掺铒光纤做成的放大器，可消除一般放大器在波长 1.55 μm 处的增益峰值，具有平坦的增益特性。

3.6.3 有源斜率均衡器

在输出功率自动控制的中继器中，输入信号功率的下降将引起短波长信号 EDFA 增益的增加，于是产生了负的斜率，即频带内短波长信道将携带更多的功率。有源均衡器可以均衡这种特性。在网络寿命期内，网络管理者在任何时间均可以发送指令，通过光纤传送给中继器监控电路，进行增益斜率调整。

采用一个光纤对的有源斜率均衡器（TEG）如图 3-40 所示，该均衡器利用法拉第磁光效应，使入射光偏振方向发生旋转，其磁场由通电线圈产生。波长不同旋转角度也不同，法拉第旋转器输出端对 WDM 波段内不同波长信道提供不同的线性衰减特性，即检偏器输出倾斜的增益—频谱特性，可用于对输入 WDM 信道增益的纠正。不同的偏流产生不同的倾斜校正。通过监控信号设置一套偏置电流对其校正。图 3-40 监控电路中的 PIN 光检测器接收终端站发送来的监控指令，被监控电路接收理解，并对光纤对上的有源滤波器进行独立控制。倾斜纠正范围典型值为 ±4 dB，提供的平坦偏差为 0.1 ～ 0.4 dB[3]。

对倾斜均衡的监控与对中继器的监控类似，不过使用的指令要少得多。光纤对上的每个有源滤波器有唯一的地址，终端站只需通知指定的斜率均衡器调整线圈偏流，对倾斜实施控制。

通常，6 个光纤对均衡器消耗的电力可使供电网络电压下降 15 ～ 20 V（线性电流 1 000 mA）。

有源均衡器还可以采用其他原理构成，例如可用拉曼泵浦获得正倾斜增益—频谱特性，如图 3-38 所示，以纠正老化和维修产生的负斜率。单个波长拉曼泵浦可以获得 40 nm 以上的带宽。混合使用 EDFA 和拉曼泵浦，同时可以提供倾斜和增益补偿。另外一种有源均衡技术是使用可变光衰减器，调整输入 EDFA 的输入功率，EDFA 产生一个线性倾斜的输出，直接控制 VOA 的设置。但这种方法的系统代价要比固定滤波器或拉曼倾斜均衡器的高。还有一种有源均衡是用光开关从一套无源倾斜滤波器特性中，选择所需要的特性进行均衡，但这种方法将中断业务的运行。

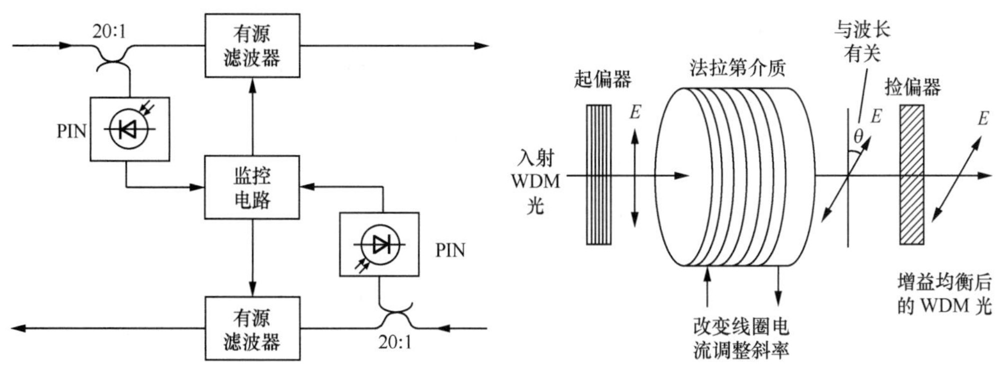

（a）用于一个光纤对的有源斜率均衡器　　（b）调整加在有源滤波器法拉第介质上的电流实施倾斜控制

图 3-40　有源斜率均衡器 [3]

3.7 终端传输设备

3.7.1 终端传输设备概述

终端传输设备包括海底光缆线路终端设备（LTE）、网元管理系统（EMS，Element Management System）、海底光缆终结盒（CTB），如图 3-41 所示。LTE 完成陆地业务信号和海底光缆传输信号之间的转换，PFE 馈送直流电功率给海底设备，如海底光缆中继器、均衡器和有源分支单元。EMS 监视和管理整个网络，以及网络系统中的所有器件，提供维修业务功能，同时提供到网络管理系统（NMS）的接口（见第 9.1 节）。CTB 终结海底光缆，并从海底光缆中分出光纤和供电导体。

第 3.7.2 节～第 3.7.4 节将分别介绍 2.5 Gbit/s、5 Gbit/s 和 10 Gbit/s WDM 系统终端传输设备，100 Gbit/s 超长 DWDM 系统的关键技术和设备模块已在第 2.9 节介绍过，供电设备也在第 3.4 节做了介绍。

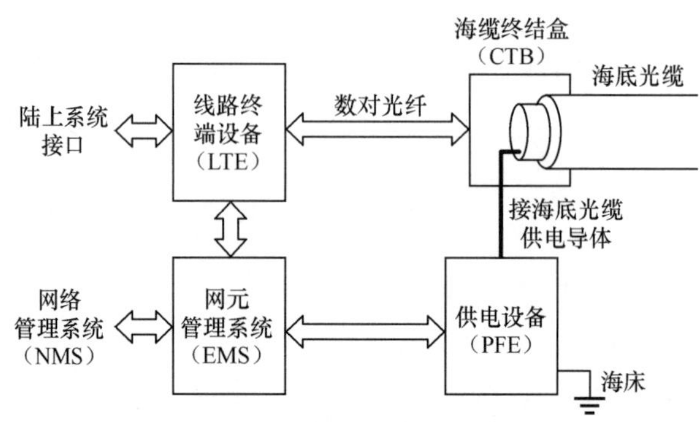

图 3-41 基本的终端传输设备

3.7.2 2.5 Gbit/s WDM 系统终端传输设备

2.5 Gbit/s WDM 系统终端传输设备用于传输 16 个 2.448 Gbit/s 信号或 16 个 STM-16 信号。终端设备将 2.448 Gbit/s 信号加上前向纠错字节和 WDM 控制字节，转换成 2.666 Gbit/s 信号，然后波分复用成光线路信号，发送到远端。为了提高传输性能，系统对每个波长的传输信号进行前向纠错（FEC）。在接收方向，把接收到的光线路 WDM 信号解复用，转换成电信号。

2.5 Gbit/s LTE 的功能如下：

在 2.448 Gbit/s（STM-16）备份信号和 2.666 Gbit/s 线路信号间进行转换；

对发送光信号和接收光信号进行光放大；

1+1 设备保护；

信道信号的波分复用（WDM）和解复用（DWDM）；

显示异常状态告警；

提供中继器监控接口；

提供色散补偿光纤。

图 3-42 所示为 2.5 Gbit/s WDM 系统线路终端设备（LTE）的功能构成框图。在发送侧，STM-16 光信号（1.31 μm）被转换成电信号，与开销字节和 FEC 字节一起复用成 2.666 Gbit/s 电信号，经外调制器转换成适当波长（1.55 μm）信道的光信号（见第 2.6.3 节）。然后，16 个信道波分复用（WDM）成一个光线路信号。

在接收侧，线路光信号被放大，进入色散补偿光纤（DCF），对传输色散损伤进行补偿。然后，光信号被放大解复用（DWDM）成每个波长信号，再一次用 DCF 进行色散补偿。每路信号被转换成 STM-16 信号。接收侧的转换过程与发送侧的相反。本节将进一步对其进行说明。

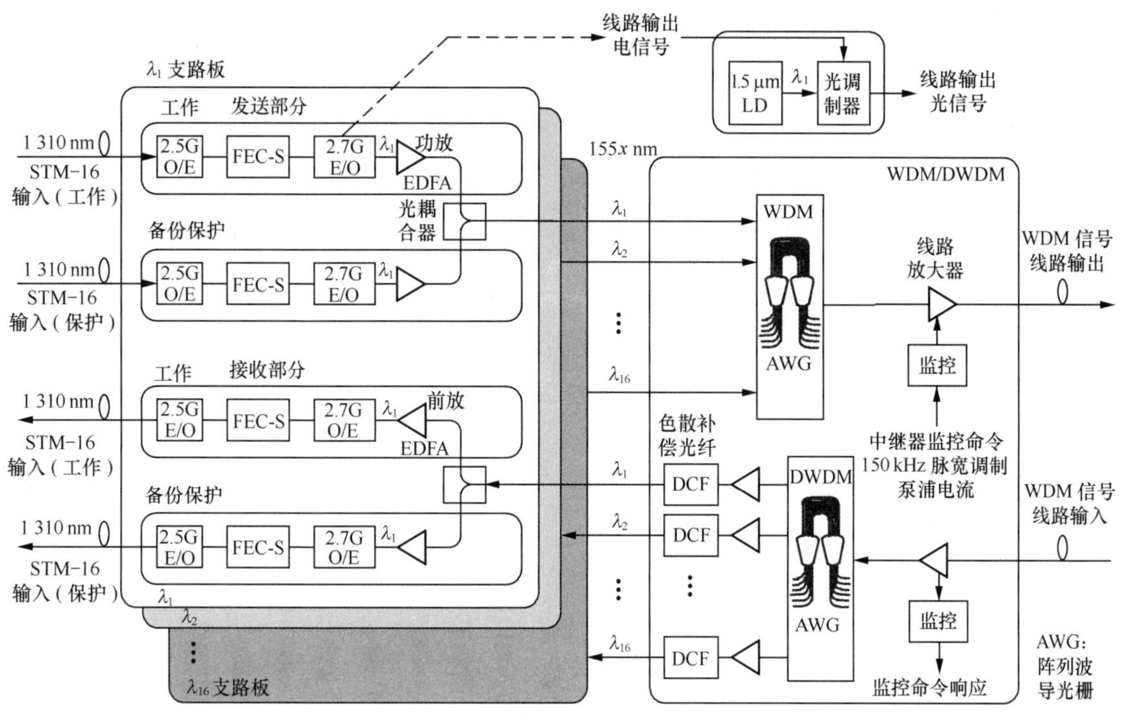

图 3-42　2.5 Gbit/s WDM 线路终端设备功能框图 [3]

1. STM-16 光信号支路电路

在发送侧，外部 SDH 设备送来 STM-16（2.448 Gbit/s）波长 1 300 nm 的光信号，在光 / 电（O/E）转换单元转变为 2.5 Gbit/s 的电信号。然后，该信号被分解为 16 路并行的 155 Mbit/s 电信号，以较低的比特率处理前向纠错（FEC）。用 FEC 格式编码并行信号，然后把开销字节插入 FEC-S 单元。开销比特包括帧对准字节（FAW，Frame Alignment Word）。FEC 码是里德—所罗门 RS[255, 239] 编码。FEC 编码后的输出信号被转换为串联的 2.666 Gbit/s 线路电信号。在 2.7G 电 / 光（E/O）转换单元，该线路电信号驱动一个 $LiNbO_3$ 光调制器，对 155*x* nm 波长激光器发射的光信号调制，产生 WDM 信道中的一路线路光信号。该光信号被 EDFA 放大到合适的功率电平，送入 2×2 50:50 的光耦合器的一端，耦合输出到 WDM 单元。光耦合器的另一端连接完全相同的备份保护电路。

在接收侧，波分解复用器输出一路携带 2.666 Gbit/s 数据流的 155*x* nm 波长线路光信号，比如 λ_1 信号，被 2×2 光耦合器分成功率几乎相等的两路，一路用于工作，另一路用于备份，该光信号被 EDFA 前置光放大器放大。然后，在 2.7G O/E 单元被转换成电信号，并提取出 2.666 GHz 系统时钟。该线路信号与被探测到的帧对准字节同步，并自动与标准帧对准字节比较。当探测到帧对准字节有误码时，帧对准字节保护电路工作，判断同步损失（或帧损失）。同步后的信号被分成 16 路并行信号（每路 166.63 Mbit/s）。在 FEC 接收单元，对并行信号解码、纠错，提取产生编码数据的同步比特，并误码计数。该并行信号与其他信息比特一起复合成串行的 2.488 Gbit/s 信号，在 2.5G E/O 单元转换成 STM-16 光信号。

在发生故障时，发送侧插入维修信号（AMS，Alternate Maintenance Signal），取代正常的业务信号。当接收侧探测到 AMS 数据时，2.7G E/O 单元给出指示。接收侧任何故障线路输入信号被 AMS 数据取代后，2.5G E/O 单元给出指示。AMS 数据具有固定的格式（1010…）。

在线路故障情况下，STM-16 输入信号数据被发送侧的 AIS 数据取代，并由 2.5G O/E 单元给出指示。在接收侧，当探测到 AIS 数据时，由 2.5G E/O 单元给出其状态指示。AIS 数据也具有固定的格式（1010…）。

作为一个安全措施，线路终端设备在 2.7G E/O 单元和功放 EDFA 单元提供激光器自动关机（ALS，Automatic Laser Shutdown）功能。当取出 2.7G E/O 单元后，通过控制功放 EDFA 单元的光输出信号，使它停止工作。当取出功放 EDFA 时，通过控制 2.7G E/O 单元的光输出信号，并使它停止工作。

2. 波分复用和解复用电路

每个支路波长互不相同的 16 路输出光信号汇集到 WDM 处，波分复用成线路光信号。WDM 是一个 16×16 阵列波导光栅（AWG，Arrayed Waveguide Grating）滤波器件（见第 2.6.2 节）。该线路光信号被一个增益平坦 EDFA 线路光放大器放大，并用一个低频中继器监控信号调制该 EDFA 输出光信号，这样就构成了海底光缆线路光信号，送入海底光缆传输。

在接收方向，海底光缆线路光信号被一个增益平坦 EDFA 放大器放大到合适的电平，同时取出中继器监控信号。放大后的光信号被 AWG 波分解复用器（DWDM）分解出不同波长的每路光信号。为了补偿 DWDM 引入的插入损耗，每路信号被支路光放大器放大。然后，每路色散被该路的色散补偿光纤（DCF）补偿。因为每路波长的色散互不相同，所以每路插入长度互不相同的 DCF，而且色散种类也可能不同，有的支路使用正色散光纤，有的支路可能使用负色散光纤。

3. 备份结构

为了提高设备的可用性，每个方向支路提供 1+1 保护。支路工作侧数据流来源于 SDH 设备工作侧的输出，而支路保护侧数据流来源于 SDH 设备保护侧的输出。在发送侧，备份支路数据流与工作数据流完全相同，分别接入 2×2 光耦合器的两个端口，耦合进入同一条线路。保护侧的光输出切换到 2.7G E/O 单元，也就是说，两个 2.7G E/O

单元的输出借助耦合完成，不需要光切换。在接收侧，线路光输入信号被 2×2 光耦合器分成两个相同的分路，选择哪个分路由 SDH 设备决定。在微处理器监控下，保护切换既可以自动完成，也可以手动完成。

在发送侧，假如探测到支路工作侧、远端 SDH 设备两个发送机工作侧的任一个内部出现故障，就进行切换，并把发现的这种远端 SDH 设备故障作为远端接收故障（FERF）报告给近端 SDH 设备，使用 FERF 信号触发切换。在接收侧，分析段开销字节，SDH 设备在工作信号和保护信号之间选择一种信号。

为了支持业务运行和维修活动，管理系统可用手工操作和远端切换方式进行强迫切换。对于远端切换，要注意远端切换的优先权是最低的，当一些支路电路处于故障时，或者手工切换在进行时，这种操作将被禁止。

4. 信令业务电路

用户和网络管理者可以使用SDH设备时分复用帧开销字节建立信令业务通信信道，这些信道可以是 2 Mbit/s、64 kbit/s 等，用于管理信息、远端告警指示、点对点电话等的交换。

5. 告警和监控接口

线路终端设备（LTE）的所有告警和状态信息由运行管理和维护（OA&M，Operation Administration and Management）电路收集，处于内部 LTE 和外部管理系统之间的接口上。OA&M 提供告警和状态指示信号，以及 LTE 内的必要控制，同时提供终端和管理系统的接口和站告警接口。LTE 的每块电路都有一个 LED，分别用于指示告警和状态信息。

LTE 具有中继器监控接口功能。在发送侧，管理系统发送来的 500 bit/s 中继器监控命令被 LTE 内的监控单元接收。监控命令包含放大器地址信息比特、中继器控制项目和优先比特。在监控单元内，为便于传输，所有命令比特被转换成低频（150 kHz）载波脉宽调制信号。然后，该调制信号叠加到线路放大器的线路信号上，如图 3-42 右边所示。所有中继器从线路信号上探测该低频载波包络调制监控命令。在接收侧，监控响应信号被送到每个中继器接收线上。监控响应信号含有放大器地址、监控数据和优先比特等信息比特。在中继器内，以同样的方法（低频载波脉宽调制）产生监控响应信号，作为监控命令控制放大器的泵浦电流，将监控命令信号叠加在线路信号上（见第 9.1.3 节和第 9.1.4 节）。

3.7.3　5 Gbit/s WDM 系统终端传输设备

5 Gbit/s WDM 系统终端岸上设备包括终端传输设备、线路监控设备和电源供给设备，其中基本的终端传输设备是 SDH 复用 / 解复用设备、线路终端设备、信令线路设备、交换和桥接设备及监控电路等。

1. SDH 复用 / 解复用设备

TAT 12/13 和 TPC-5 使用具有线路交换环形保护功能的分插复用设备。

除 SDH 复用设备外，SL2000 的终端传输设备将两路 2.5 Gbit/s 的 STM-16 信号进行比特穿插复用，构成 5 Gbit/s 信号。

2. 线路终端设备（LTE）

LTE 是一个适配器，它连接标准的陆上复用 / 解复用器设备到海底光缆。在陆地一侧，LTE 提供到陆上复用设备的 SDH 标准接口；在海底光缆一侧，LTE 提供专门要求与长距离海底光缆传输系统兼容的接口。

LTE 由两个基本相互独立的功能单元组成，一个是 LTE 光发送机，另一个是 LTE 光接收机。LTE 光发送机复合两个 SDH STM-16 电数据流，产生一个适合海底光缆传输的 5 Gbit/s 光数据流；与此相反，LTE 光接收机探测经海底光缆传送来的 5 Gbit/s 光数据流，然后把它分解成两路 STM-16 电数据流，再转变成两路 STM-16 光数据流，如图 3-43 所示。

在海底光缆系统最前端，5 Gbit/s LTE 光发送机提供两路 STM-16 光接口到终端传输设备的复用设备上。这些光数据流被 SDH 接收机探测并将其转变成电数据流。前向纠错（FEC）技术对电数据流编码，弹性存储，可提供稳定的、相位一致的 2.5 Gbit/s 数据到复用器。复用器比特穿插这两路 2.5 Gbit/s 数据流，产生一路 5 Gbit/s 电数据流。

5 Gbit/s 电数据流通过马赫—曾德尔（MZ）调制器对 DFB 激光器发出的 1 558.5 nm 连续光波进行调制，使电数据流再次转变成光信号。然后，该光信号通过一个偏振控制器加到光增强 EDFA 放大器。该光放大器提供海底光缆要求的功率电平，如图 3-43（a）所示。

5 Gbit/s 的 LTE 光发送机具有以下特点：可选择前向纠错技术，传输速率只提高 7 %，但系统功率余量可增加 5 dB 以上；光脉冲上升 / 下降时间约为 50 ps；具有发送机光波长年漂移小于 0.12 nm 的超稳定光源；具有数据同步和异步极化扰码功能，由用户选择；STM-16 具有与终端传输设备（LTE）兼容的光接口。

5 Gbit/s LTE 光接收机与海底光缆连接，LTE 的输出提供两路 STM-16 光输出到终端传输设备的解复用设备。从海底光缆来的光信号通过前置放大器放大、滤波后被接收机探测，转变为 5 Gbit/s 的光数据流，并对其比特解穿插，转变为两路 2.5 Gbit/s 电数据流，然后在具有前向纠错设备中解码，被 SDH 发送机转换成 1.3 μm 的 STM-16 光数据流，如图 3-43（b）所示。

5 Gbit/s LTE 光接收机的特点是：使用光自动增益控制，输入动态范围大，具有前向纠错功能，以及与终端传输设备兼容的光接口。

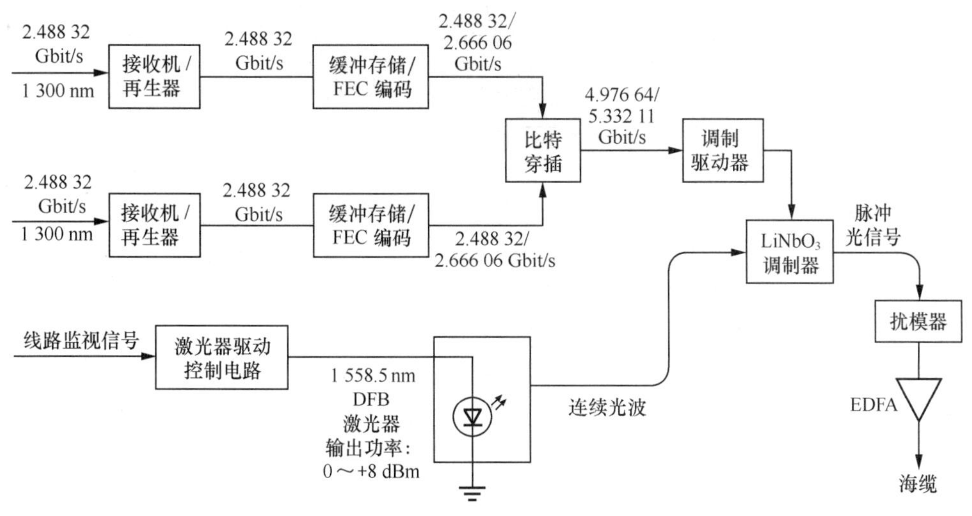

（a）LTE 光发送机

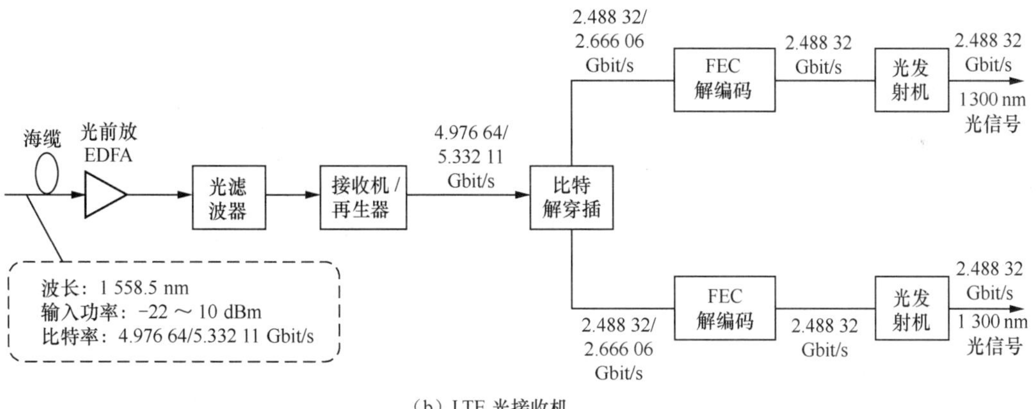

（b）LTE 光接收机

图 3-43　线路终端设备 [1]

1997 年铺设的中美跨太平洋海底光缆（FLAG），系统容量为 8×2.5 Gbit/s，使用 G.655 光纤。线路终端设备采用自动预均衡技术、极化扰模技术、色散管理技术、线路增益均衡技术、RS(255, 239）前向纠错技术。因为采用了 FEC，所以线路速率提高到 5.33 Gbit/s，且系统 Q 值改善了 5 dB。2006 年，FLAG 系统升级到 10 Gbit/s，2013 年再次提速到 100 Gbit/s。

3. 信令线路设备

信令线路信道是在不同网络站和操作控制中心之间，当系统施工、敷设和维修时，用于遥测和通话的声音 / 数据信道，同时，具有系统调整、控制以及设备运行情况报告等一些功能。信令线路信道既可以由 SDH 帧结构中的段开销携带，也可以由前向纠错帧结构中的段开销携带。因为有 SDH 复用 / 解复用单元，所以海底光缆信令线路单元是标准的、现成的设备。图 3-44 表示富士通网络终端设备中的 FLX 2500A 信令线路设备，由图可见，它具有 2 线和 5 线音频接口。2 线接口直接连接到线路终端设备（LTE）、分插复用器（ADM）和中继器上；而 5 线接口通过切换只与 2 线接口相连，这是为了使维护人员和操作人员的通话联系方便。

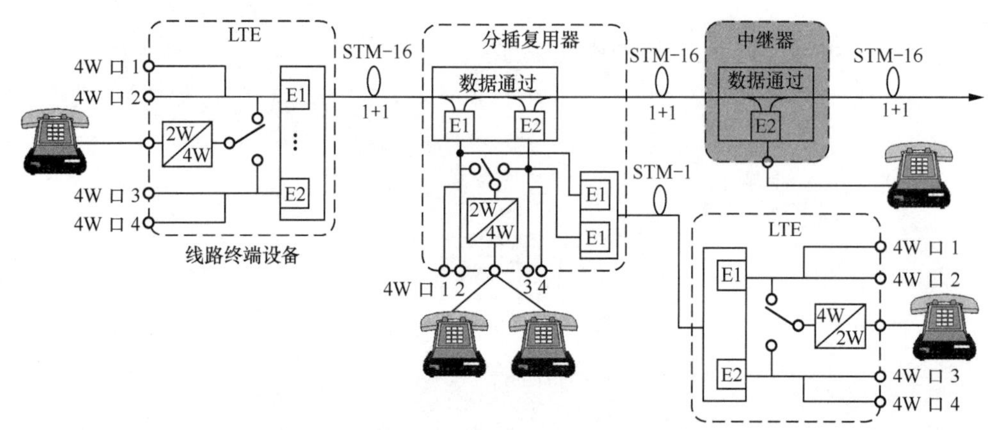

图 3-44 网络终端设备中的信令线路设备 [1]

4. 1+1 设备保护和切换

设备备份使系统可靠性得到很大提高，这是海底光缆系统的重要特性。通常采用 1+1 设备保护，也就是说海底光缆系统采用一套备份终端构成双路径结构，信号同时通过两条路径，当正常工作路径发生故障时，自动切换到热备份路径上，这种结构具有 100 % 的恢复功能。

一些系统结构要求站与站之间具有多条光缆路径，以便保证系统的可靠性，使用 SDH 分插复用设备的环形结构就是其中的一种。

5. 监控电路

监控电路判定每条信号路径的工作是否正常，在发生故障时，判定故障位置并控制保护切换。监控系统采用全双工方式，即任何时间在备用路径和工作路径上的监控系统均处于工作状态。此外，监控电路发出信令线路信号到适当的路径，并分发故障指示到终端站告警系统。

3.7.4 10 Gbit/s WDM 系统终端传输设备

表 3-7 所示为几种 10 Gbit/s WDM 系统的参数。

ITU-T 推荐的 10 Gbit/s 线路终端设备（LTE）技术包括色散补偿技术、光复用 / 解复用技术、自动增益预增强控制技术和宽带 EDFA 光放大技术。此外，由于使用了超强前向纠错（SFEC）编码技术，LTE 可提供更好的光传输性能。

10 Gbit/s LTE 为了给密集波分复用系统提供高可靠性的网络性能，使用 $N+n$ 备份保护。关于色散补偿，不仅要像 2.5 Gbit/s 系统进行后补偿，而且要在 LTE 内增加前补偿，因为 10 Gbit/s 系统待补偿的色散比 2.5 Gbit/s 系统要大得多。为了满足业务容量增加的需要，LTE 具有无缝在线扩大容量的能力。

表 3-7　几种 10 Gbit/s WDM 传输系统参数 [3]

项目	300×10 Gbit/s 系统	68×10 Gbit/s 系统	105×10 Gbit/s 系统
WDM 波段	C+L	C	C
传输距离（km）	7 380	8 700	6 700
使用光纤	色散管理光纤（DMF）	NZDSF/DMF	NZDSF/DMF
调制方式	NRZ 外调制	CRZ（chirped RZ）外调制	CRZ 外调制
中继段损耗（dB）	9.9	10.3	10.3
EDFA 数量（N_{amp}）	154	221	169
放大器噪声指数（F_n）（dB）	5.7	4.5	4.5
放大器输出功率（P_{out}）（dBm）	+18.5	+14	+15
复用波长数（M_λ）	300	68	105
$\mathrm{SNR}=P_{out}/(M_\lambda N_{amp} F_n Gh\nu B_o)$（dB/nm）	4.0	5.1	5.4
接收机电带宽（GHz）	7	6	6
消光比		0.1	0.1
接收机光带宽（B_o）（GHz）	20	30	30
Q 参数（$Q=20\log\sqrt{\mathrm{SNR}}$）（dB）	12.15	14.3	14.6
最坏估算 Q 参数（dB）	8.7	12	12
注解	SNR 和 Q 参数计算见例题 5.2.1		

LTE 提供以下系统功能：

提供较大的传送容量——每对光纤超过 1.0 Tbit/s；

完成波分复用与解复用，在发送端，把输入 STM-64 信号复用成一路 WDM 光线路信号；在接收端，把输入光线路信号解复用成 STM-64 光信号；

使用 $N+n$ 冗余保护机制，提高网络的可靠性，每 16 个（或 20 个）工作波长增加一个保护波长；

配备在线升级设施，具有 WDM 带宽提升能力，为运营商提供服务的灵活性；

使用 SFEC 技术，提供比 ITU-T G.826 更好的纠错能力；

配备增益均衡宽带 EDFA，实现最佳的光放大；

用 DCF 补偿系统正负色散，提供更好的光传送性能；

配备线路监控信号在线插入 / 检测设施，对海底中继器或斜率均衡器（TEQ）的状态监控；

提供辅助通信信道接入，为操作和维护者提供工程服务通道；

为故障或异常设备状态提供听觉与视觉上的告警指示，同时，提供管理系统的告警和状态信息。

LTE 达到以下技术指标：

复用支路信道 105 个，包括 5 个保护信道。每对光纤具有 1 Tbit/s 的传送容量；

信道波长间距 0.3 nm，波长稳定度 ± 0.02 nm；

传送信号波长范围 1 534 ～ 1 568 nm；

信道传送码型为归零（RZ）码；

SFEC 后，每个信道的比特率为 12.021 Gbit/s。

图 3-45 所示为 LTE 的功能框图。在发送端，STM-64 光信号被 2×2 50:50 光耦合器一分为二，用于工作路径和保护路径。对于工作路径，光信号经 O/E 单元转化成电信号，进行超强纠错编码（SFEC），与开销字节和 SFEC 冗余比特复用成一路 12.021 Gbit/s 的电信号；接着，经外调制转化成 WDM 信道中的适当波长光信号。预色散补偿后，每个信道光信号再经预增强控制放大。最后，最多 105 个信道，通过二级复用，即一级阵列波导光栅（AWG）波分复用器和一级 1×4 光耦合器复用为一路光线路信号。

在接收端，光线路信号经二级放大后，通过二级解复用，即一级 4×1 光耦合器和一级 AWG 波分解复用，解复用成每路信道信号。接着，每路信号经色散补偿和滤波后，送入支路板。然后，经 O/E 转换、SFEC 解码和 E/O 转换成 STM-64 光信号。由此可见，接收端的转换过程与发送端的正好相反。输出哪个工作信道的 STM-64 光信号，由光交换选择决定。下面进一步加以介绍。

1. STM-64 光信号支路电路

在 10 Gbit/s O/E 单元中，来自外部 SDH 设备的 STM-64 光信号（1 550 nm，9.953 Gbit/s）转化成电信号；接着，9.953 Gbit/s 电信号分成 16 个并行信号（每个 622 Mbit/s），以便以较低的速率进行超强纠错编码（SFEC）。在 FEC-S 单元，开销比特插入 622 Mbit/s 信号中，然后进行 SFEC 编码。开销比特包括帧对准字节（FAW）。在海底光缆通信系统中，SFEC 码级联两个里德—所罗门码，即 RS [248,232] + RS [144,128]。在 SFEC 编码后，输出信号转化成串行线路电信号（12.021 Gbit/s）。在 12G E/O 单元中，线路电信号驱动一个 $LiNbO_3$ 光调制器，与图 3-42 右上角表示的类似，对激光器发射的特定波长光信号调制，产生 WDM 信道中的一路线路光信号。振幅调制后，再用 $LiNbO_3$ 调制器调相，以获得一个啁啾光信号。

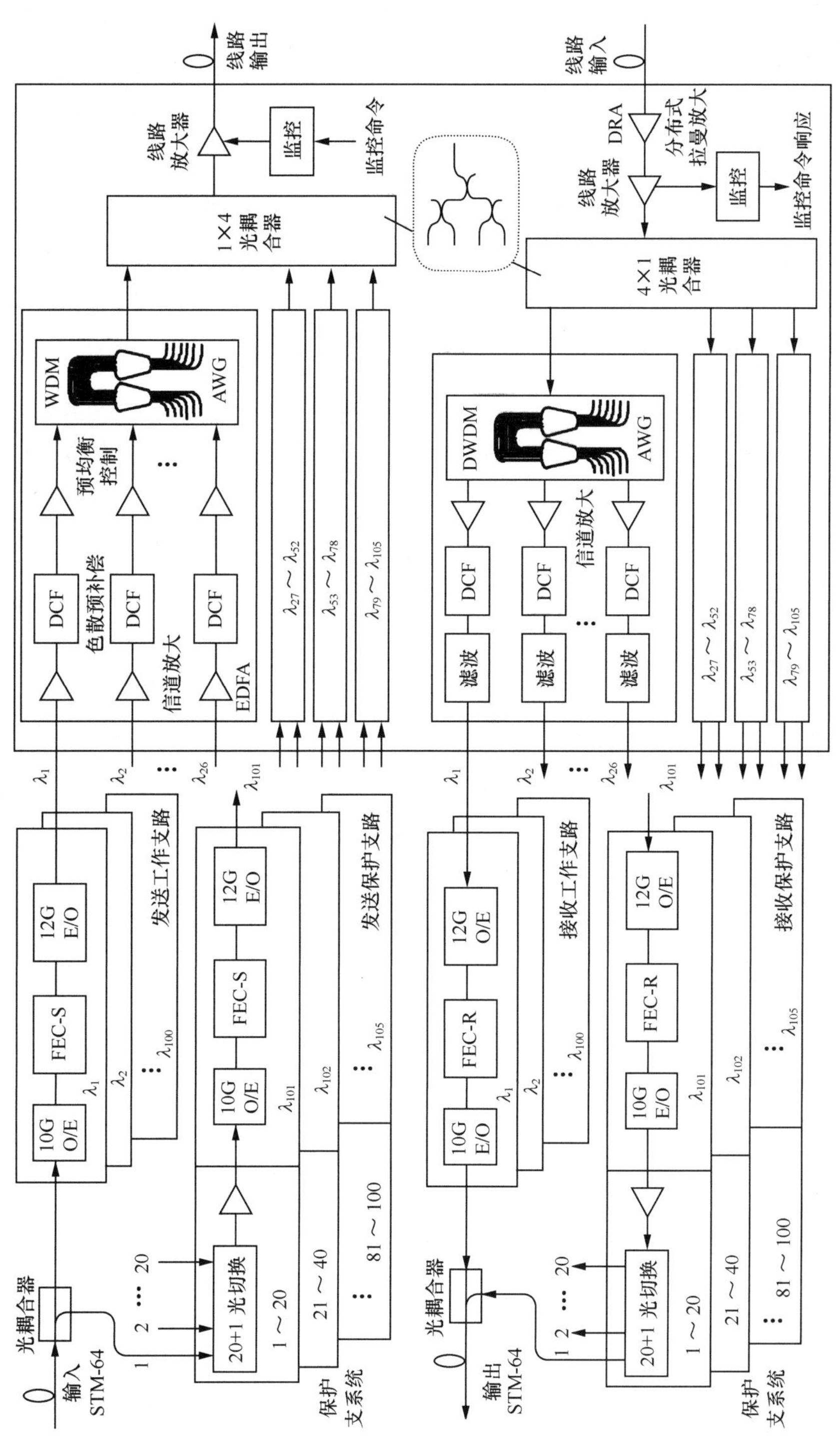

图 3-45　10 Gbit/s WDM 线路终端设备功能框图[3]

在接收侧，12G O/E 单元接收 12.021 Gbit/s 信道光信号，将光信号转化成电信号，并提取 12.021 GHz 的系统时钟。该单元提供阈值自动控制判决电路，防止定时和幅度波动，以保持误码性能不受影响。电信号要与远端发送来的帧对准字节（FAW）同步。当接收到该比特格式（Pattern）时，接收端将它与标准 FAW 比对，自动完成帧对齐。当检测到 FAW 有错误时，由 FAW 保护电路判断同步损失（或帧损失）。把已同步信号分成 16 个并行信号（每个 751 Mbit/s）。在 FEC-R 单元，并行信号由 FEC 解码器解码，解码器进行误码纠错和提取信息，以便再生编码数据。用校正后的误差计数，监测线路误码性能。其他开销比特用于工程服务电路。在 10G E/O 单元，并行信号中的剩余信息比特与一个串行 9.953 Gbit/s 信号结合在一起，转化为 STM-64 光信号。

发生故障时，发送侧插入维修信号（AMS，Alternate Maintenance Signal）数据，取代正常的业务流量，并显示在 12G E/O 单元中。当接收侧探测到 AMS 数据后，12G O/E 单元给出 AMS 检测状态显示。在接收侧，AMS 数据取代出现故障的线路输入信号后，由 10G O/E 单元给出指示。AMS 数据具有固定的格式（1010…）。

线路故障情况下，在发送侧，激光自动关闭（ALS，Automatic Laser Shutdown）数据替换 STM-64 输入信号，并在 10G E/O 单元中给予指示。当接收侧检测到 AIS 数据时，AIS 检测的状态会在 10G O/E 单元中指示。AIS 数据与 FEC 帧中的开销一样，都有一个固定的格式（101…）。

下面介绍支路电路中的关键技术，如超强 FEC、波长锁定系统、光相位调制和用于接收机阈值判断的自动控制等。

（1）超强前向纠错（SFEC）

10 Gbit/s WDM 系统线路终端设备（LTE）支路电路使用 ITU-T G.975 推荐的里德—所罗门（RS）编码，而最近几年的光纤通信系统，LTE 则采用 SFEC，即级联的里德—所罗门编码（见第 2.3 节）。

（2）波长锁定系统

波长锁定系统技术能实现密集 WDM 系统所需的激光输出波长的高稳定性。波长锁定系统由一个光波长锁定模块和控制模块温度的电路组成。波长锁定系统具有较好的稳定温度特性，并测量两个不同波长的输出功率。在控制电路中，控制波长在两个波长功率相同的那一点上。

控制电路由存储器、模 / 数转换器和数 / 模转换器组成。模 / 数转换器用于波长锁定模块测量输出功率，数 / 模转换器用于控制激光器驱动电流。波长锁定模块的温度数据表已预先存储在存储器中。其他电路完成激光器驱动电流的高精度计算，以便进行温度补偿。

（3）光相位调制

用光相位调制产生一个线性调频信号，用于补偿传输线路上自相位调制（SPM）引起的使传输性能劣化的非线性效应。相位调制原理与光发送机使用铌酸锂调制器对光传输信号调制类似。调整相位调制幅度，使 SPM 效应最小。

（4）自动控制接收机判决阈值

光纤通信系统在传输数据时，如光接收机收不到任何数据，LTE 就自动调整接收机的判决阈值，直至光 / 电转换过程获得最佳的接收性能。具有 SFEC 功能的传输系统，借助移动定时指针或阈值判决点，可获得更大的冗余 Q 值。自动控制接收机可保持最佳的判决阈值，获得最好的信噪比。

2. 光波分复用电路

在发送侧，每个信道用色散补偿光纤（DCF）预先进行色散补偿，根据每个波长在线路中的损耗情况，使用一个增益可变的功率预增强光放大器，使进入每个 WDM 信道的光功率不同，从而使终端接收机对所有波长信道接收的 SNR（BER）几乎相同。需要注意的是，海底光缆通信线路的色散累积与波长有关，波长不同色散累积也不同，使用多长的 DCF 和多大发射功率的 EDFA 信道，波长不同其值也不同。接着，每 26 个或 27 个波长信道被一个阵列波导光栅（AWG）波分复用器（WDM）复用成一个 WDM 信号。然后，这 4 个 WDM 信号被一个 4×1 光耦合器复用成一个海底光缆线路信号，并被一个线路 EDFA 放大到合适的光功率值。线路 EDFA 具有增益平坦的特性，即对所有波长的增益都相同。中继器监控低频信号通过调制线路 EDFA 的驱动电流，加载到线路信号上。

在接收侧，首先，海底光缆线路输入光信号被分布式拉曼放大器（DRA）放大，并且拉曼放大具有波长不同增益也不同的特性，所以该放大兼有增益平坦的作用。接着，线路光信号又一次被线路 EDFA 放大，并从中取出中继器监控信号。经放大均衡后的线路光信号被一个 1×4 光耦合器分成 4 份，分别送入 4 个 AWG 波分解复用器（见第 2.6.2 节），解调出每个信道波长。为了补偿光耦合器和 WDM 解复用器的插入损耗，加入 EDFA 对每个支路波长的光信号放大。然后，用不同长度的色散补偿光纤（DCF）对每个信道的色散进行补偿。考虑到有的信道可能累积的是正色散，而有的信道可能是负色散，所以准备了正负两种色散补偿光纤。

（1）长距离系统色散补偿

在海底光缆通信系统中，通常，每隔一段距离插入色散补偿光纤（DCF）进行色散补偿。然而，这种设计不能补偿所有波长的色散，所以，一些剩余色散必须在终端站的 LTE 中进行补偿。原则上讲，剩余色散随着传输光纤长度的增加而增加。并且，由于传输线路上的色散补偿是对中心波长进行的，中心波长外的剩余色散量就会更大，因此，在 LTE 中对每个波长采用不同长度的 DCF 进行补偿是必要的。对于一个长距离传输系统，剩余色散值会变得非常大，只在接收端进行色散补偿来实现最好的传输性能变得很困难，因此，不仅要在接收端进行色散补偿（后补偿），而且要在发送端进行色散补偿（前补偿）。下面提供两种不同的色散补偿方案。

一种方案是单独波长补偿，即波分复用之前与波分复用之后，给每个波长信道提供 DCF 和光放大器。这种配置 LTE 硬件数量最少，简单易行，色散管理很容易完成，未来系统升级也容易。

另一种方案是，除对单独波长信号补偿外，还对 WDM 信号共同补偿。这种方案具有 DCF 与光放大器总量最少的优点。

色散补偿的进一步介绍见第 2.5 节。

（2）阵列波导光栅（AWG）

AWG 是实现密集 WDM 系统的关键器件，技术指标为：波长间距 0.3 nm，复用与解复用信道 30 个，每个信道带宽 ±0.04 nm，复用插入损失小于 8.5 dB，解复用插入损耗小于 9.0 dB。因为 AWG 是一个低插入损耗集成光滤波器件，所以可靠性高（小于 100 FIT）、体积小。AWG 器件的进一步介绍见第 2.6.2 节。

（3）分布式拉曼放大器（DRA）

接收机接收到的 WDM 信号光功率对于每个波长是不同的，所以使每个波长的 SNR 具有足够的冗余是很困难的。为了改善这一情况，可在 LTE 接收端使用一个 DRA，对入射 WDM 信号放大。DRA 具有宽的增益带宽和灵活的增益均衡特性。DRA 的配置很简单，它由泵浦激光器与光耦合器组成，从 LTE 接收端对海底光缆光纤进行泵浦。DRA 的机理是受激拉曼散射（SRS，Stimulated Raman Scattering）。通常，我们使用不同波长的多个激光器对传输光纤进行泵浦，获取拉曼增益。因为 DRA 的增益与波长特性取决于每个泵浦激光器的波长和功率，同时与光纤类型与长度有关，所以，海底光缆传输线路不同，终端站的 DRA 设计参数也不同，例如使用非零色散位移光纤（NZ-DSF）的 10 Gbit/s 系统，DRA 的设计参数为：采用 1 433 nm 与 1 484 nm 两个波长激光器泵浦，激光器输出功率约为 22 dBm，拉曼增益 >7.0 dB，增益带宽 1 534 ～ 1 568 nm。

分布式拉曼放大的进一步介绍见第 2.1.3 节。

3. 自动预均衡控制

当系统发送端传送业务数据时，接收端却接收不到该数据，此时 LTE 启动对所有波长的自动预均衡控制功能，即在本地终端站将发送光功率调整到一个最佳水平。因为系统具有 SFEC 功能，即使减少了发送光功率，也能获得足够的 Q 值冗余。通过控制光放大器内可变光衰减器值，实现预均衡控制。

图 3-46 所示为自动预均衡控制流程图，预均衡控制如下所述。

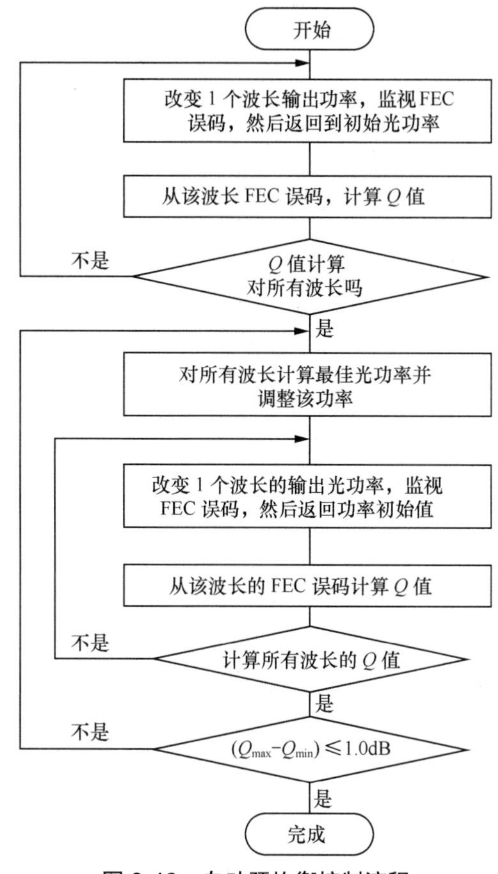

图 3-46　自动预均衡控制流程

（1）在本地终端站自动预均衡控制单元中，增加一个波长信道的可变光衰减器衰减值，以便减少该波长信道的输出光功率。其结果是，远端站中发生的误码被 SFEC 纠正，该纠正的误码被计数，并送回本地终端站。本地站接收到误码数后，光功率被调回到初始值。

（2）用比特误码率（BER）计算该波长的 Q 值，见第 5.2.1 节式（5.5）。

（3）重复步骤 1 和 2，依次计算所有波长的 Q 值。

（4）计算最佳输出光功率，增加或减少本站可变光衰减器的衰减值，调整所有波长光功率。

（5）检查调整结果，重复步骤 1 ～ 3。

（6）如果所有波长的 Q 值变化在 1.0 dB 之内，操作完成。如果不是，重复步骤 4 和 5。

在系统安装期间，要进行预均衡控制。然而，为了使系统实际传送性能保持在最佳状态，需要周期性地调整，特别是在海底光缆、中继器维修结束后要进行调整，因为维修过程可能使传输性能发生变化。

增益均衡技术的进一步介绍见第 3.6 节。

4. 冗余配置

2.5 Gbit/s WDM 系统 LTE 采用 1+1 的冗余配置，而 10 Gbit/s WDM 系统采用更有效、可靠性更高的 $N+n$ 保护方案，工作支路（波长）数 N 最大可达 100，保护支路（波长）数 $n=5$。每 20 个工作波长配备一个路径保护波长。如果任何工作波长发生故障，受影响的信号会切换到保护波长。LTE 通过支路切换执行保护功能，在这种模式中，保护支系统分别控制每个工作波长切换。下面介绍 $N+1$ 保护结构。

正常情况下，本地终端站支路 1 工作信道上的保护支系统通过保护支路上的数据信道，发送保护状态信息给远端站。这个备用单元像其他工作单元一样，不停地用同样的方式运行和监视，如果要求冗余切换，它随时准备切换到其他工作信道上。

如果本地终端站支路 20 发生故障，将通知远端站的保护支系统：本地终端站支路 20 接收侧已探测到信号故障情况。为此，远端终端站保护支系统通过保护支路上的数据信道通知本地站，它已收到本地站支路 20 发生故障的信息，予以确认。本地站保护支系统接收到远端站的确认信息后，本地站保护支系统将在发送端的（20+1 光切换）单元中从支路 1 切换到支路 20，如图 3-45 所示，由本地站保护 λ_{101} 信道携带工作信道 20 上受影响的信号。接着，本地站保护支系统发送该切换工作已完成的信息给远端站。远端站保护支系统接收到该确认信息后，让远端站接收侧的（20+1 光切换）保护支系统单元从支路 1 切换到支路 20。同时，远端站保护支系统也控制本站接收侧支路 20 输出切换到 λ_{101} 信道。

5. 运行维护业务电路

LTE 提供 8 个 2 Mbit/s 运行维护业务信道，这些信道用于系统运行与维护。使用 SFEC 帧中开销比特发送这些运行维护指令。这些运行维护电路用于终端站之间的电话及数据通信，以便建立管理网络、保护支系统和进行自动预均衡。

6. 告警与监视接口

10 Gbit/s WDM 系统 LTE 的运行管理和维护（OA&M）电路职能，基本与 2.5 Gbit/s 系统的相同。而且，LTE 与中继器（或斜率均衡器）之间的监控通信系统也与 2.5 Gbit/s 系统的相同。现只对其不同点加以叙述。

因为 10 Gbit/s 系统支路数量多，LTE 发送到管理系统的数据量大，这就需要一个更有效的接口。为此，我们采用 TCP/IP 10 Base-T LAN 接口，以便在 LTE 与管理系统之间实现高速数据传送。

LTE 到管理系统的告警与状态信息报告，从持续方式变为偶尔方式，以避免 LTE 与管理系统接口的流量堵塞。

LTE 提供自动性能监测功能。每个信道中，各种信号性能参数被连续不断地分别监视和收集，并存储当前每 15 分钟的最近 48 小时数据，即 192 个以前的每 15 分钟数据的性能参数数据。每 15 分钟发送该数据给管理系统。性能参数包括：经 SFEC 纠错后的线路误码率、STM-64 陆地接口段开销 B1 字节监视参数。该性能参数有背景块误码（BBE）、误码秒（ES）、严重误码秒（SES）和不可用秒（UAS）。

1998 年铺设的日美海底光缆系统，系统容量为 16×10 Gbit/s，使用混合光纤配置对色散进行管理，最长无电中继距离 8 800 km。除采用中美跨太平洋海底光缆的技术外，线路编码采用 RZ 编码，前向纠错技术改用 RS（239, 223）和 RS（255, 239）的级联码，线路速率提高到 11.5 Gbit/s，系统 Q 值改善了 7 dB。

关于 100 Gbit/s 和 400 Gbit/s 系统和收发机模块介绍分别见第 2.10 节和第 2.11 节。

3.8　SEA-ME-WE 海底光缆通信系统

3.8.1　SEA-ME-WE 概述

东南亚—中东—西欧 3（SEA-ME-WE-3）海底光缆通信系统，简称 SMW-3 系统，西起英国，经地中海连接法国、意大利等国，经红海进入印度洋到新加坡，然后向南延伸到澳大利亚，向东经马来西亚、菲律宾、文莱、越南等国到达中国，最后到达日本、韩国，途径 33 个国家和地区，共设 39 个登陆点，全长 3.9 万千米。该系统提供了中国至欧洲、中东、东南亚和澳洲的直达电路，极大地拓展了中国的国际通信能力。

SMW-3 系统采用光分插复用器（OADM）、掺铒光纤放大器（EDFA）、色散补偿和增益均衡等技术，1999 年开通时，DWDM 系统容量为 8×2.5 Gbit/s。亚欧国际海底光缆系统使用波长 1 553.3 ～ 1 560.3 nm，信道间隔 1 nm，中继间距 80 km，39 个登陆点采用总线网络拓扑结构。全程主干线分成 10 个数据段，连接 11 个干线登陆点，其他登陆点通过海底 OADM 分支单元连接到主干线上。岸上 SDH 设备采用阿尔卡特 1678MCC 设备，而 DWDM 系统，包括海底光放大器、海底分支单元、海底增益均衡器均采用富士通 FLASHWAVE 系列海底光缆传输设备 [62]。

2002 年 9 月，SMW-3 系统开始沿着主干线对多个波长进行升级，即从原来的 2.5 Gbit/s

升级到 10 Gbit/s。2011 年 SMW-4 升级到 40 Gbit/s，这是第一个部署的大容量海底光缆通信系统 [97]。2017 年 SMW-5 升级到 100 Gbit/s，传输容量达到 24 Tbit/s。

3.8.2 SEA-ME-WE 系统构成

SMW-3 系统采用具有负色散特性的 G.655 非零色散移位光纤（NZDSF），它在 1 558.5 nm 处的色散系数为 –2 ps/(nm·km)。同时，每 10 个中继段 NZDSF 光纤插入一段 +19 ps/(nm·km) 的 G.654 光纤，作为线路色散补偿光纤。

SMW-3 系统中继间距 70 km，采用富士通 EDFA 作为双向光中继器，如图 3-47 所示，总重 300 kg，采用 980 nm 激光器泵浦，具有功率自动控制功能。

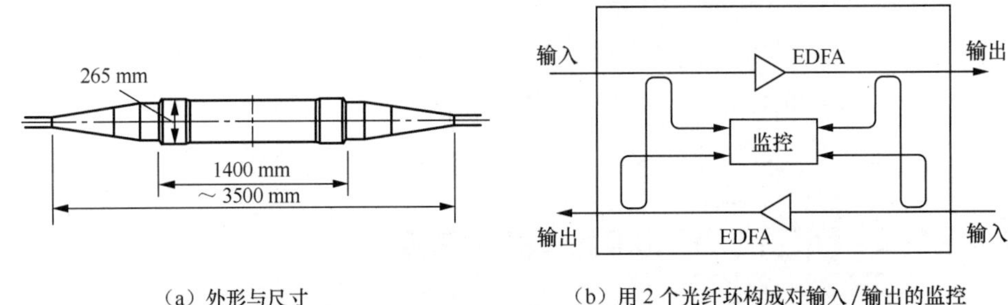

（a）外形与尺寸　　（b）用 2 个光纤环构成对输入/输出的监控

图 3-47　SEA-ME-WE 海底光缆通信系统 FLASHWAVE S10 中继器

SMW-3 系统在线路中每隔 7 个 EDFA 中继器，就插入一个如图 3-48 所示的无源斜率增益均衡器（TEG，Tilt Equalizers），并在发送端进行预加重，确保系统可用带宽和带内增益平坦度不因 EDFA 级联而劣化。

SMW-3 系统使用富士通 OADM 分支单元，如图 3-49 所示，灵活地构成多节点 DWDM 网络。OADM 由介质薄膜光栅、光环形器和隔离器组成，如图 3-50 所示，其工作原理见第 3.5.3 节。光衰减器用于调整输入 / 输出光中继器的光功率。

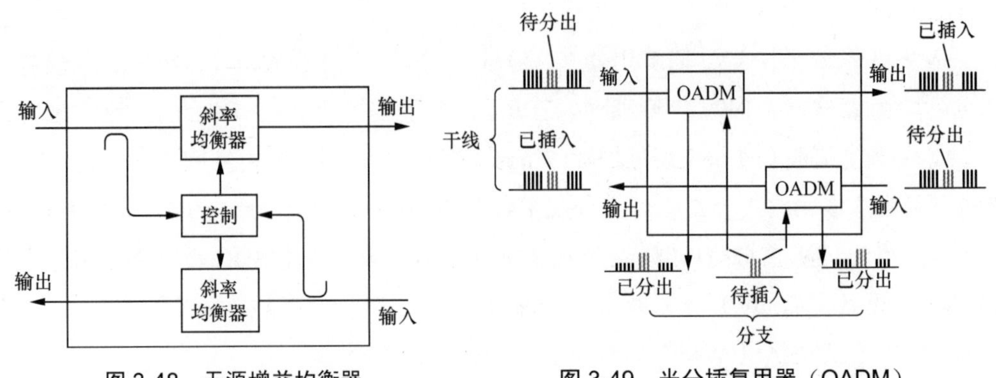

图 3-48　无源增益均衡器　　图 3-49　光分插复用器（OADM）

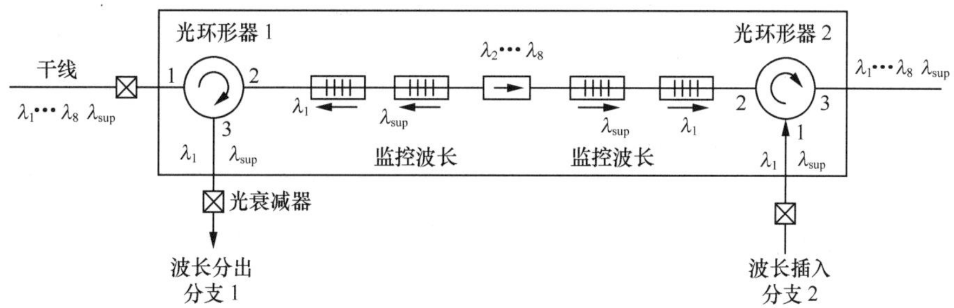

图 3-50 OADM 分支单元构成

SMW-3 系统岸上 SDH 设备采用阿尔卡特 2.5 Gbit/s 和 10 Gbit/s 设备 1664SM、1670SM、1678MCC，WDM 设备采用富士通海底终端设备 FLASHWAVE S650 线路终端（SLTE）设备。WDM 设备最多有 112 个波长，每个波长传输 STM-64 10 Gbit/s 速率信号。SLTE 设备采用 FEC、SFEC、色散补偿和增益均衡等技术，使 2.5 Gbit/s 系统平滑地升级到 10 Gbit/s 系统。10 Gbit/s 接口用 RS(144,128)+(248,232) 级联码 SFEC 编码模块。采用固定色散补偿和可调色散补偿技术，对累积色散进行补偿。富士通 FLASHWAVE S650 海底光缆终端设备收发端放置 G.654 光纤，作为色散补偿光纤，同时，在接收端对 WDM 解复用后的各信道信号分别进行可调色散补偿。

由于海底中继器中间波长的增益大于两边波长的增益，发送机若按正常功率发送信号，经长距离传输后，不同波长信号间将发生严重失衡，如图 3-51 所示，波段两边信号将无法正常工作。为此，在发送端，我们使波段两边信道信号光功率大于波段中间信道的，进行预加重。

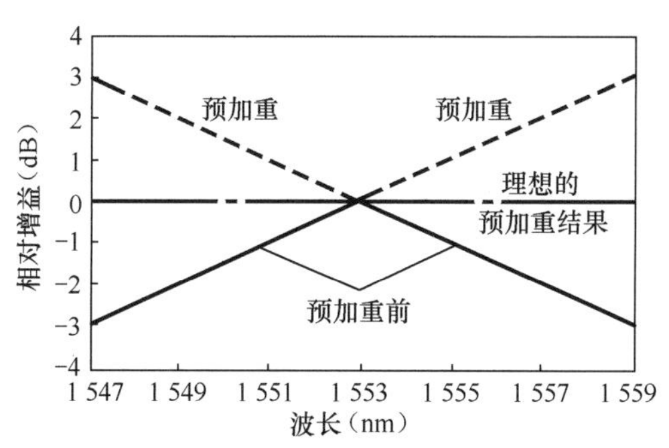

图 3-51 预加重原理说明

SMW-3 线路终端设备 EDFA 采用 1 460 nm 和 980 nm 波长激光器双泵浦方式，对光信号进行放大，并具有冗余保护配置。线路监控系统对每一支路信道提供监控通道，负责监测光缆、中继器、海底光中继器等设备的状态。远供电源设备提供高达万伏电压，为 8 对光纤中继器、均衡器和分支单元供电。

波分复用和解复用采用阵列波导光栅（AWG）器件完成，由于它对温度敏感，因此要加温度控制，以及冗余保护配置。

3.8.3 SEA-ME-WE-3 系统升级及其性能

在 SEA-ME-W-3 系统升级过程中，在不改变海底线路的条件下，为了满足系统性能的要求，需要对线路终端设备的主要参数进行精心配置，包括设备发送机的输出光功率、固定色散补偿值、每个信道可调色散补偿值等。具体示例如表 3-8 所示。

表 3-8　SEA-ME-WE-3 系统从 2.5 Gbit/s 升级到 10 Gbit/s 性能参数（以 2 号段为例）

项 目	参 数		
路 由	中国香港到中国澳门函仔岛（Taipa）	中国香港到越南达南（Danang）	中国香港到新加坡大士（Tuas）
系统长度（km）	253	2 060	3 590
光纤损耗系数（dB/km）	0.21		
色散 [ps/（nm·km）]	–2		
中继间距（km）	70		
分支单元数量	1	3	6
现有容量 / 升级后容量（Gbit/s）	2.5/10		
安排波长（nm）	1 557	1 559	1 553 ～ 1561
信道间隔（nm）	1.0		
通道号	4	6	2
升级前放大器输出功率（dBm）	9		
升级后信道功率（dBm）	2.5	2.9	5.5
升级后系统平均 Q（dB）	17.3（工作）/17.3（保护）	13.8（工作）/13.84（保护）	13.7（工作）/13.59（保护）

工程中，由于对 OSNR 的测量十分困难，因此在 SMW-3 海底光缆系统 10G 升级过程中，通过对 Q 值测试，计算 OSNR（Q^2 = OSNR）。为此，首先测量 BER，然后用式（5.5）或式（5.14）计算 Q 值。Q 值与 BER 的关系如图 5-3 所示，换算如表 3-9 所示。

表 3-9　Q 值与 BER 对照表

BER	2.67×10^{-3}	8.5×10^{-4}	2.1×10^{-4}	3.6×10^{-5}	4.2×10^{-6}	2.8×10^{-7}
Q（dB）	9	10	11	12	13	14
BER	9.6×10^{-9}	1.4×10^{-10}	7.4×10^{-13}	4.1×10^{-13}	2.2×10^{-13}	1.2×10^{-13}
Q（dB）	15	16	17	17.1	17.2	17.3

系统升级后，光谱图不如升级前的整齐，各信道功率也不像以前那样都为 9 dBm，而是路程越远，所需功率越大，不过平均 Q 值都能达到 13.7 dB 以上。若长期检测 Q 值基本保持不变，说明利用现有海底光缆线路，可将 2.5 Gbit/s 系统平滑升级到 10 Gbit/s，容量扩大到 4 倍。

第 4 章 无中继海底光缆通信系统

4.1 无中继海底光缆通信系统发展历程

4.1.1 无中继海底光缆通信系统概述

在有限的地域内，无中继海底光缆通信系统在两个或多个终端站间建立通信传输线路。该系统在长距离中继段内无任何在线有源器件，减小了线路复杂性，降低了系统成本。在无中继传输系统中，所有泵浦源均在岸上。典型的无中继传输距离是几百千米。

成熟的光放大技术为开发中的长距离、大容量全光传输系统铺平了道路。无中继海底光缆通信系统与光中继海底光缆系统相比具有许多优点，特别是可靠性高、升级容易、成本低、维护简单，以及与现有系统兼容。因此，这些系统得到很大发展，正在与其他传输系统，如本地陆上网络、地区无线网、卫星线路以及海底中继线路竞争。

ITU-T G.973 是关于无中继海底光缆系统特性和接口要求的标准，它包括单波长系统（SWS）和波分复用（WDM）系统，也包括掺铒光纤放大（EDFA）技术、分布式光纤拉曼放大（DRA）技术在功率增强放大器、前置放大器、远端光泵浦放大器（ROPA）中的应用。

当无中继海底光缆系统只连接两个终端站时，称为海底光缆通信线路；当连接两个以上终端站时，称为海底光缆网络。

无中继海底光缆系统无馈电设备（PFE），因为线路中无光纤放大器，即使有分支单元，但内部没有电子器件，所以也不需要监视和供电。

通常，无中继海底光缆通信系统连接两个海岸人口密集的中心城市，以及一些现有在线业务接入非常困难、具有潜在应用前景的边远海岸区域。无中继传输的目的之一是不用任何有源在线器件 (光中继放大器)，尽可能增加传输距离，减少系统复杂性和运营成本。无中继传输系统已经从每信道 10 Gbit/s 发展到 40 Gbit/s、100 Gbit/s 数据速率。无中继系统的巨大挑战是，如何克服距离增加产生的光纤损耗，使接收机具有足够大的 OSNR。此外，OSNR 或频谱效率随每信道比特速率增加而增加，从而使大跨距设计更加困难。问题的解决不能简单地通过在光纤输入端增加发射功率，因为光纤的非线性将增加系统的功率代价。扩大无中继海底光缆系统距离的技术途径很多，如混合使用不同有效面积光纤，增加远泵 EDFA 和分布式拉曼光放大器，采用低损耗大芯径面积光纤，以及先进的调制技术，如差分相移键控（DPSK）和偏振复用正交相移键控（PM-QPSK）等，从而在提高 OSNR 的同时无须付出非线性代价。

对无中继产品的要求是，在保持与中继系统费用竞争的情况下，尽量增加系统长度。无中继系统的间距已达到几百千米，两者的费用大致相等，此时用户必须权衡每种产品在可靠性、易升级性、适应性以及维护性方面的得失。

为了降低费用，终端设备、海缆敷设及维护费用必须降低。为此，系统所有者要设法降低海缆的运输成本，最好使用本地船只和本地生产的海缆，简化终端设备和海缆的安装与连接。

一种提高可靠性的技术是分支单元和波分复用技术的结合，它将具有多个波分复用信道的光纤小环敷设在易于保护的深水中，各 WDM 信道从环路分支单元中分开到各登陆点。

无中继系统可以使传输距离增加的技术有：

（1）高功率泵浦激光器；

（2）集中式 EDFA 放大和分布式拉曼放大技术的综合使用；

（3）插入损耗小、性能好的无源器件，如波分复用器、光隔离器、光耦合器；

（4）减少误码的编码方式（如 BPSK、QPSK）和纠错方式；

（5）低损耗大芯径单模光纤或非零色散移位光纤（NZ-DSF），减少信号和泵浦功率损失；

（6）偏振复用 / 相干接收；

（7）增加传输带宽、采用大芯径有效面积单模光纤（SMF）对无中继系统的色散斜率进行补偿。

4.1.2　无中继海底光缆通信系统进展

海底无中继传输系统有两个不同的发展趋势，一个是尽量扩大传输距离，即使只有几个信道也行；另一个是尽量增加信道数量，以便提供大于 1 Tbit/s 的线路容量。

无中继海底光缆传输技术已获得了突飞猛进的发展，历年来典型的实用单波长无中继海底光缆通信系统参数如表 4-1 所示。

表 4-1　单波长无中继海底光缆通信系统参数 [10]

系 统	560 Mbit/s（PDH）	622 Mbit/s（SDH）	2 488 Mbit/s（SDH）	4 977 Mbit/s（SDH）
传输容量（每信道 64 kbit/s）	7 560 ～ 7 680	7 560 ～ 7 680	30 240 ～ 30 720	60 480 ～ 61 440
信道比特速率（Mbit/s）	～ 560	～ 560	～ 2 240	～ 4 480
线路比特速率（Mbit/s）	～ 591	～ 622	～ 2 488	～ 4 977
线路码 [注 1]	可变	扰码的 NRZ SDH	扰码的 NRZ SDH	扰码的 NRZ SDH
最大系统长度（km）[注 2]	>120	>120	>100	>80
水深（m）	～ 4 000			
光纤类型	ITU-T G.652，ITU-T G.653，ITU-T G.654			
工作波长（nm）	～ 1 550			
系统设计寿命（年）	25			
可靠性	在 25 年内维修少于 1 次			
误码率	ITU-T G.821	ITU-T G.826		
抖动	ITU-T G.823	ITU-T G.825（工作接口）；FFS（电接口）		

注 1：SDH 系统使用扰码的非归零码（NRZ）；PDH 系统采用各种线路码，为了提高系统性能，也可以采用纠错线路码。

注 2：PDH 和 SDH、光增强放大器、光前置放大器和远泵光放大器可增加最大系统长度。

典型的单波长 10 Gbit/s 的系统参数如表 4-2 所示。

表 4-2　单波长 10 Gbit/s 无中继海底光缆通信系统参数 [10]

系 统	10 Gbit/s（SDH）
传输容量（每信道 64 kbit/s）	120 960 ～ 122 880
信息比特速率（Mbit/s）	～ 8 960
线路比特速率（Mbit/s）	～ 9 953
线路码	扰码的 NRZ [注 1]
最大系统长度（km）[注 2]	>70
水深（m）	～ 4 000
光纤类型	ITU-T G.652，ITU-T G.653，ITU-T G.654

续表

系 统	10 Gbit/s（SDH）
工作波长（nm）	～1 550
系统设计寿命（年）	25
可靠性	在 25 年内维修少于 1 次
误码率	ITU-T G.821，ITU-T G.826
抖动	ITU-T G.823，ITU-T G.825（光接口），FFS(电接口)

注 1：SDH 系统使用扰码的非归零码（NRZ）。
注 2：见表 4-1 注 2。

表 4-3 表示阿尔卡特（阿尔卡特—朗讯）等公司的无中继传输系统实验。

表 4-3　无中继传输系统或实验系统

时间	比特率（Gbit/s）	距离（km）	结构和技术描述
1990	0.565	218	DPSK-HD 接收机 + 后置 EDF 放大器
1992	0.622 2.5	401 357	远泵前放 +FEC+ 后置 EDF 放大器； 远泵前放 +FEC+ 后置 EDF 放大器
1993	0.622 10	420 252	远泵前放 +FEC+ 后置 EDF 放大器； 前放 + 后置 EDF 放大器
1994	2.5 0.622 2.5	407 531 511	远泵后放和前放 + 后置 EDF 放大器； 远泵后放和前放 +FEC+ 后置 EDF 放大器； 远泵后放和前放 +FEC+ 后置 EDF 放大器
2000	100×10 （见第 4.3.1 节）	350	远泵（1 480 nm，1.8 W）EDF+ 双波长（1 425 nm，1.1W+1455 nm，530 mW）拉曼前放 +FEC
2001	64×40	230	光纤拉曼放大 + 大芯径光纤（170 μm²）
2008	4×43	485	NRZ-DPSK 调制 + 超低损耗大芯径光纤 + 收发端拉曼泵浦放大 + 远泵 EDFA
2009	26×100	401	PM-QPSK 调制 + 相干接收 + 大芯径低损耗光纤（115 μm²，0.167 dB/km）
2010	单信道 ×10 4×10	601 574	RZ-DPSK 调制 + 收发端三级拉曼泵浦放大 + 远泵 EDFA+ 超低损耗(0.162 dB/km）大芯径光纤（110 μm）[38]
2011	64×43	440	PM-RZ-BPSK 发射机 + 相干接收 + 三级拉曼泵浦放大 + 超低损耗大芯径光纤（见第 3.3.2 节）
2011	8×112	300	PM-QPSK 调制 + 相干接收 +NZ-DSF 光纤（见第 3.3.3 节）
2014	10×100	500.5	PM-QPSK 调制 + 相干接收 +EX2000 光纤（112 μm²），两个前向拉曼泵浦 ROPA+ 两个后向拉曼泵浦 ROPA，一个后向泵浦拉曼放大，发射功率（31～33）dBm[97]
2014	63×128	402	PM-QPSK，功放 L 波段 EDFA，接收端 1 480 nm 光泵浦远端铒光纤，1 497 nm 和 1 393 nm 光泵浦传输光纤，提供拉曼增益 [79]
2014	150×100	409.6	相干检测，61 nm 带宽，前向和后向泵浦拉曼放大，后向 ROPA[97]

续表

时间	比特率（Gbit/s）	距离（km）	结构和技术描述
2014	1×100	556.7	PM-QPSK，线路损耗 90.2 dB，使用商用拉曼放大 DWDM 系统，增强 ROPA[97]
2015	80×200	321	G.654 光纤，三级拉曼放大（1 276 → 1 360 → 1 425 → 1 455 nm），16QAM，拉曼增益 27 dB[80]
2016	150×120	333+298	总损耗 118 dB，容量 15 Tbit/s[130]
2017	16×400	403	单载波 66 Gbaud 16QAM，400 Gbit/s，112/150 μm^2 光纤，67.7 dB 损耗，一级拉曼放大，ROPA[118]
2017	120×200	349	C 波段，PM-16QAM，容量 24 Tbit/s，高功率增强，接收端三级拉曼远端光泵浦放大 [119]

中国电子科技集团公司（CETC）第三十四研究所，在接收端和发送端综合使用了远泵前置放大、本地功率放大和远泵功率放大 EDFA，并使用传输光纤进行分布式拉曼光纤放大，加上前向纠错（FEC）技术，建立了 400 km 无中继传输海底光缆 WDM 通信系统。

表 4-4 给出了近几年商用相干光检测无中继海底光缆通信系统的主要数据。

表 4-4　商用相干检测无中继海底光缆通信系统 [97]

时间（年）	信道数 × 比特率（Gbit/s）信道间距（GHz）	容量（Tbit/s）	距离（km）	光纤类型	调制方式	ROPA	来源
2009	26×112（50）	2.6	401	E-PSCF（115 μm^2）	PM-QPSK	有	ALU-ECOC
2010	40×112（50）	4	365	EX1000，2000（76，112，128 μm^2）	PM-QPSK	无	Corning-ECOC
2011	8×112（50）	0.8	300	NZDSF（LEAF）	PM-iRZ-BPSK	无	Bell labs,OFC
2011	8×120（100）	0.8	444.2	Z（Legacy，76 μm^2）	PM-NRZ-QPSK	有	Xtera,ECOC
2011	4×100（50）	0.4	462	ULA-PSCF，E-PSCF（135，115 μm^2）	PM-QPSK	有	ALU-ECOC
2011	80×224（50）	16	240	PSCF（133 μm^2）	PM-16QAM	无	Fujitsu-ECOC
2012	34×120（50,100）	3.4	432.8	Z（Legacy，76 μm^2）	PM-NRZ-QPSK	有	Xtera-ECOC
2012	60×100（40）	6.0	437	ULA-PSCF，E-PSCF（135，115 μm^2）	PM-RZ-QPSK	有	ALU-ECOC
2012	12×120（100）	1.2	383.5	Z（Legacy，76 μm^2）	PM-NRZ-QPSK	无	Xtera-IPC

续表

时间（年）	信道数 × 比特率（Gbit/s）信道间距（GHz）	容量（Tbit/s）	距离（km）	光纤类型	调制方式	ROPA	来源
2013	8×120（100）	0.8	480.4	Z，EX2000（76，112 μm^2）	PM- QPSK	有	Xtera-OFC
2013	32×120	3.2	445	ULAF1，ULAF2，AW（150，125，80 μm^2）	PM-NRZ-QPSK	有	OFS
2014	63×128	6.3	402	ULAF1，ULAF2，AW（150，125，80 μm^2）	PM-NRZ-QPSK	有	OFS
2014	1×120	0.1	556.7	EX2000（112 μm^2）	PM-iRZ-QPSK	有（2）	Xtera,Corning OFC(PD)
2014	4×200（50）	8.0	363	ULA-PSCF，E-PSCF（135，115 μm^2）	PM-16QAM	有	Corning-Optics Express
2014	150×20 120（50）	15	389.6	SMF-ULL（83 μm^2）	PM-NRZ-QPSK	有	Xtera, Corning, ECOC
2014	10×100（100）	1.0	500	SMF-ULL（83 μm^2）EX2000（112 μm^2）	PM- QPSK	有（2）	T8-Optics Express
2014	150×120（50）	15	409.6	EX2000（112 μm^2）	PM-NRZ-QPSK	有	Xtera, Corning, Optics Express
2015	1×120	0.1	520.6	SMF-ULL（83 μm^2）	PM-iRZ-QPSK	有（2）	Xtera,Verizon, Corning, JLT
2015	80×200（50）	16	321	ULA-PSCF（135 μm^2）	PM-16QAM	无	ALU-OFC

表 4-4 中系统使用的 EX2000 光纤是康宁公司 2010 年 5 月推出的用于高速大容量海底光缆系统单模光纤。它是一种硅芯纯、衰减小、有效面积大、色散斜率低、截止波长位移光纤，衰减系数 0.16 dB/km(1 550 nm)，有效面积 ≥ 112 μm^2，截止波长 ≤ 1 520 nm，色散系数 ≤ 22 ps/(nm·km)。

ULL 光纤也是康宁公司生产的可与 G.652 光纤兼容的纯硅芯、低衰减系数、截止波长非位移单模光纤，衰减系数 ≤ 0.18 dB/km(1 550 nm)，有效面积 ≥ 85 μm^2，截止波长 ≤ 1 260 nm，色散系数 ≤ 18 ps/(nm·km)。

高性能无中继系统设计的未来趋势将集中在以下几方面：

（1）延长无中继距离；

（2）降低费用，提高可靠性；

（3）利用最新技术提高终端设备性能，精心设计网络拓扑结构，合理选择敷设方式；

（4）生产、敷设、测试及维护操作中尽量使用本地资源。

4.2 单波长无中继海底光缆通信系统

4.2.1 无中继海底光缆通信系统构成

图 4-1 表示单波长无中继海底光缆系统和边界的基本概念，根据要求，系统可能包括光分支单元。A 代表终端站的系统接口，在这里系统可以接入陆上数字链路或到其他海底光缆系统；B 代表海滩节点或登陆点。A-B 代表陆上部分，包括陆上光缆、岸上节点和系统终端站，在有功放和 / 或前放的光纤放大器系统中，甚至还有光电子器件，以便为分布式光纤拉曼放大器提供远泵。

B-B 代表海底部分，包括海底光缆、海缆分支单元和海缆连接盒，甚至还有作为远端光泵浦放大器（ROPA，Remote Optically Pumped Amplifier）的掺杂光纤，该光纤要么在一个海床上的特殊盒子里，要么在海缆里。海缆含有用于双向传输的一对或多对光纤。

O 代表光源输出口，I 代表光探测输入口，S 代表发送端光接口，R 代表接收端光接口。

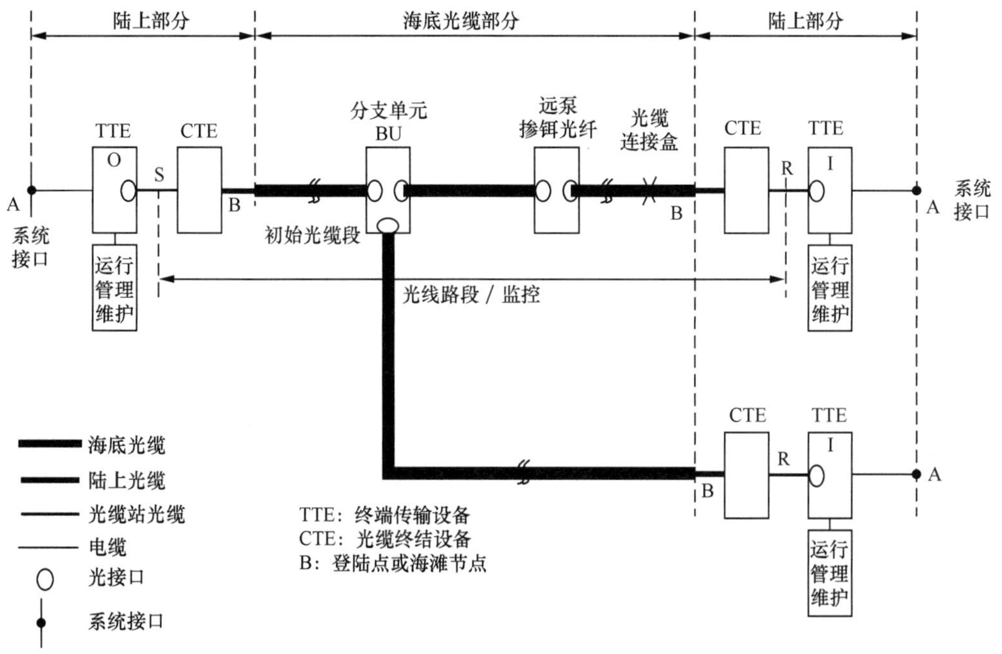

图 4-1　无中继海底光缆通信系统

图 4-2 表示一个实际无中继海底光缆系统框图。虽然，无中继器系统海底设备只包括海缆，然而，有的中继系统的海缆中还有一段远端泵浦的光放大器，即一小段掺铒光纤。无中继岸上设备不需要电源供给设备，但为了驱动海缆中的远端泵浦 EDFA，可能装有高功率光泵浦源，其他部分与有中继器系统相同。对于光纤的选择原则是，根据线路传输速率、长度、最小色散或最小损耗确定适合的光纤。

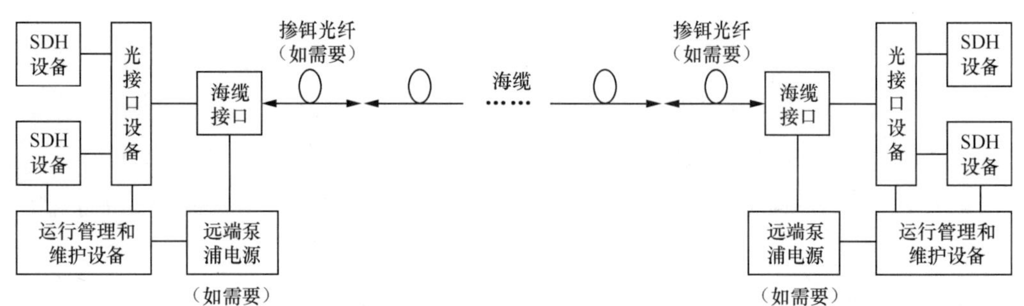

图 4-2 无中继海底光缆系统框图 [10]

无中继器系统海缆的基本结构与有中继器系统的类似，但是有以下两点例外。

（1）海缆中包含的光纤数目较多，一般有 24 芯光纤，未来的设计甚至使用 48 芯光纤。

（2）海缆中钢和铜加强筋的数量和直径以及护套厚度都有所减少，因此海缆强度、导电性能以及直径也随之降低或减小。

为了适应各种海底环境，无中继器海缆也有各种各样的附加保护层。

4.2.2 10 Gbit/s 无中继 601 km 单载波传输实验

图 4-3 所示为 10 Gbit/s 单波长传输 601 km 实验系统构成图，1 560 nm 波长 DFB 激光器输出光通过归零码差分相移键控（RZ-DPSK）MZ 调制器，被 10.709 Gbit/s（含 7% 的 FEC 开销）的伪随机码调制，随后被 EDFA 放大，放大后的信号光与 1 276 nm 波长三级拉曼泵浦光一起进入传输光纤 [38]。

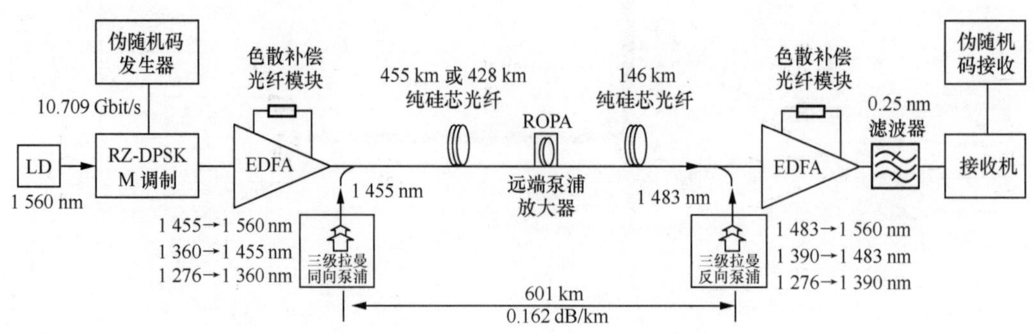

图 4-3 单载波 10 Gbit/s 601 km 传输实验

传输光纤是 110 μm^2 有效芯径面积的纯硅芯光纤，衰减系数 0.162 dB/km（含熔接损耗）。远端泵浦光放大器（ROPA，Remote Optially Pumped Ampolifier）插入线路中间，距离接收机 146 km，线路总长 601 km，损耗 97.3 dB，累积色散 12 400 ps/nm。在发送端和接收端光放大器内，色散补偿光纤模块（DCM）用于预补偿和后补偿。色散补偿放大后的光信号被 0.25 nm 带通滤波器滤波，由光接收机检测放大处理，伪随机接收机检测误码。

实验系统中，发送端和接收端均采用双向三级拉曼放大模块对光纤传输的信号光进行拉曼放大。该模块由波长为 1 276 nm 的拉曼光纤激光器（RFL，Raman Fiber Laser）、两段光纤布拉格光栅（FBG，Fiber Bragg Grating）组成，如图 4-4 所示。

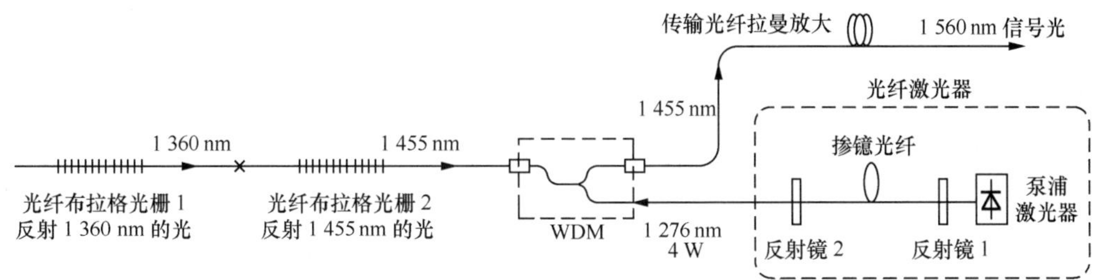

图 4-4 3 级拉曼泵浦光源构成原理

通常光纤激光器的增益介质为纤芯中掺有稀土元素（如镱）的光纤，该光纤夹在两个反射镜之间，从而构成 F-P 谐振腔。泵浦光束从反射镜 1 入射到掺有稀土元素的光纤中，稀土离子吸收泵浦光后，从基态跃升到激活态，发生粒子数反转。但是，激活态是不稳定的，激发到激活态的离子很快返回到基态，将其能量差转换成比泵浦光子波长要长的光子，发生受激发射。所以，光纤激光器实质上是一种波长转换器，即通过它将泵浦光能量转换成比泵浦光波长要长的所需波长的发射光。

在发送端，拉曼光纤激光器给第一段线路光纤提供同向三级分布拉曼放大。光纤激光器提供波长 1 276 nm、功率 4 W 的激光，两段光纤布拉格光栅分别反射 1 360 nm 和 1 455 nm 波长的光。所以，1 276 nm 的光经过两段光纤布拉格光栅反射后，先后将光纤激光器的能量转换成 1 360 nm 和 1 455 nm 波长光信号。后者为信号光提供拉曼增益，信号光经光纤传输衰减后到达远端泵浦放大器（ROPA）。该放大器被从接收机三级拉曼泵浦光源发送来的光激励放大。由此可见，所谓三级拉曼泵浦指的是，光纤激光器 1 276 nm 波长的光首先转换为 1 360 nm 波长的光，接着由 1 360 nm 波长的光转换为 1 455 nm 波长的光，最后由 1 455 nm 波长的光能转换为 1 560 波长的信号光。

在接收端，拉曼光纤激光器提供 1 276 nm、5.5 W 的光功率，两段 FBG 分别反射 1 390 nm 和 1 483 nm 波长的自发辐射信号。所以，1 276 nm 的光经过两段光纤布拉格光栅反射后，先后就转变成 1 390 nm 和 1 483 nm 波长的光。然后，1 483 nm 光耦合进入传输光纤，一边传输一边为信号光提供拉曼放大光增益。在到达远泵前置铒光纤（ROPA）位置时，还以 5 mW(+7 dB）的功率去泵浦铒光纤，进一步对 1 560 nm 信号光放大。最后，信号光再通过 146 km 长的光纤拉曼效应得到放大。接收端铒光纤和分布式拉曼放大共提供 40 dB 的增益。信号光功率和泵浦光功率沿传输光纤长度的分布如图 4-5 所示。

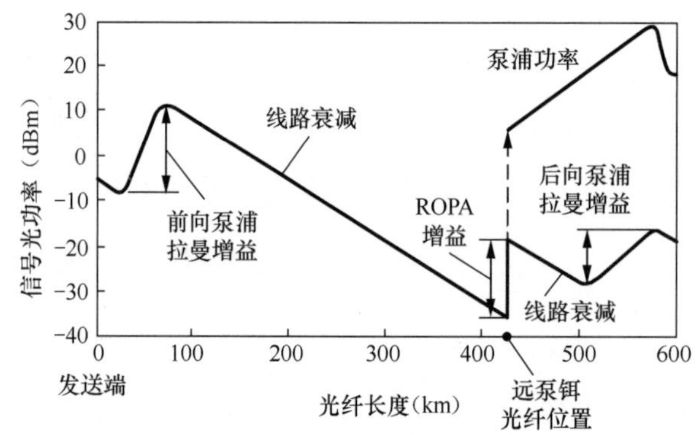

图 4-5　泵浦光功率沿传输光纤长度的分布

光纤拉曼效率与光纤有效面积、泵浦波长衰减有关，也与终端泵浦功率有关。本实验要求的拉曼泵浦功率为 4.9 W。

单载波传输 601 km(97.3 dB 损耗)Q^2 参数为 8.5 dB，正好在无误码 FEC 限制（BER<10^{-15}）以上，对应的 OSNR 为 5.8 dB/0.1 nm。

4.3　无中继 WDM 海底光缆通信实验系统

表 4-5 简要给出几种实验室演示的和已安装的、有代表性的无中继海底光缆通信系统。

表 4-5　实验室演示 / 已安装的有代表性的无中继海底光缆通信系统

实验室演示系统			已安装系统		
时间（年）	长度（km）	容量（Gbit/s）	安装时间（年）	容量（Gbit/s）	名称
1995	427	16×2.5	1993	0.622	Germany-Serfrn 4&5
1995	357	8×10	1995	2.5	RIOJA
1999	450	32×10	1999	4×2.5	Alaska United
2000	350	100×10	1999	16×2.5	Rembrandt
2001	230	64×40	2000	32×2.5	Korea Domestic
2011（OFC JThA38）	300	8×112	2000	16×10	Cook Straight
2011（OFC OM12）	440	64×43	2000	32×10	Pangea

4.3.1　100×10 Gbit/s 无中继 350 km 传输实验

2000 年，阿尔卡特—朗讯（Alcatel-Lucent）进行了 100×10 Gbit/s WDM 无中继传输 350 km 实验。在发送端，系统使用功放 EDFA；在接收端，系统使用远泵 EDFA 放大和双波长泵浦分布式拉曼前置放大，如图 4-6 所示[39]。在 1 532.68 ～ 1 564.35 nm 波长范围内，100 个信道以等间距 40 GHz 排列，以间插方式分别调制 4 个马赫—曾德尔 $LiNbO_3$ 幅度调制器。FEC 采用 RS（239, 255）码。该系统使用 0.173 dB/km 纯硅光纤，在 1 550 nm 波长，总损耗 61 dB，平均色度色散为 +18.2 ps/（nm·km）；采用两种芯径面积不等的纯硅芯光纤级联，标准的芯径面积为 80 μm^2，大有效芯径的芯径面积为 115 μm^2，其配置如图 4-6 所示。大芯径光纤用于大功率泵浦。

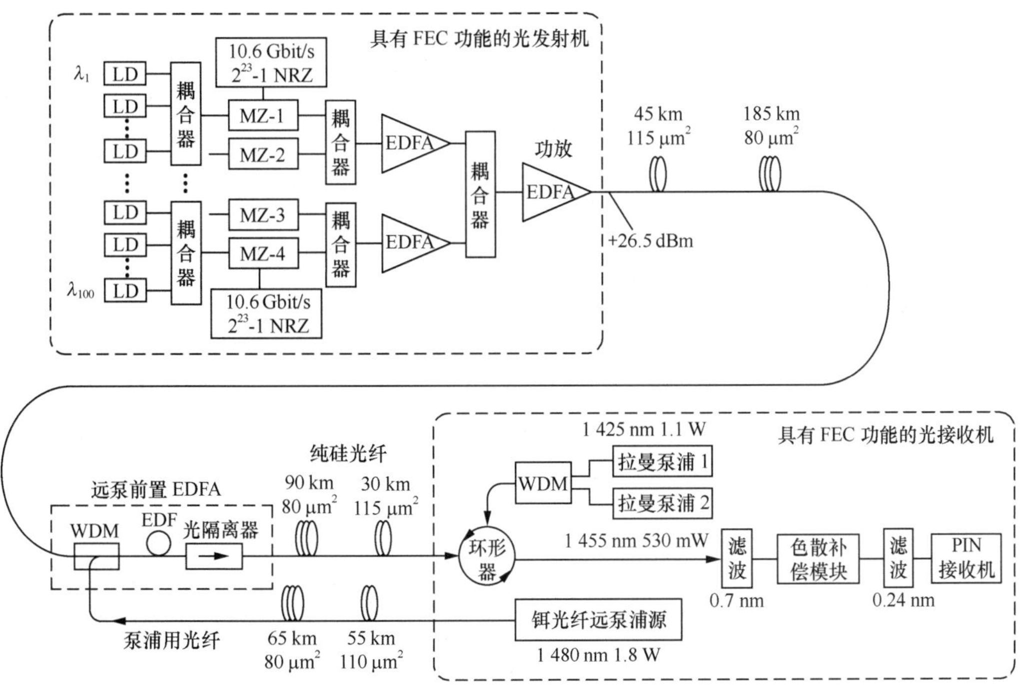

图 4-6　100×10 Gbit/s WDM 系统无中继传输 350 km 实验构成

系统在发送端采用信道预均衡技术，在线路输入端，引入 4 dB 的斜率，以便在远泵放大器输入端均衡每信道的功率。接收终端输入 SNR 约为 13 dB/0.1 nm。纠错前，测量所有信道 BER，都优于 8×10^{-5}；纠错后，所有信道无误码。根据里德—所罗门编码理论的纠错能力，实际计算得到的 $BER<1\times10^{-15}$。

在泵浦功率 6 mW 时，实验人员对远泵 EDFA 放大增益和噪声指数进行了测量，测量结果如图 4-7 所示。图 4-8 表示 120 km 纯硅芯光纤的小信号拉曼增益频谱，双波长泵浦时，无滤波均衡增益平坦度在 32 nm 波段内小于 1.5 dB。

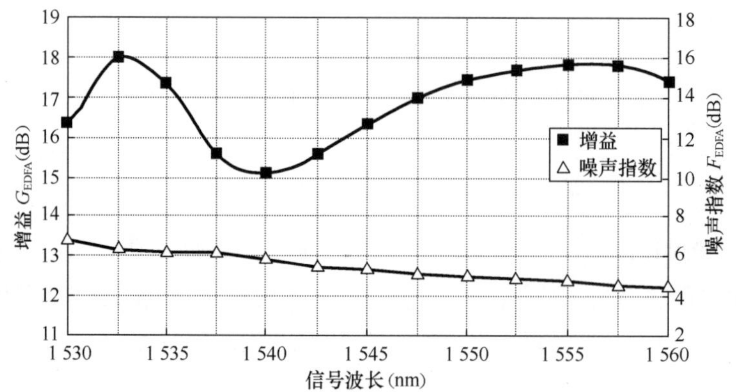

图 4-7　远泵 EDFA 增益和噪声指数频谱曲线

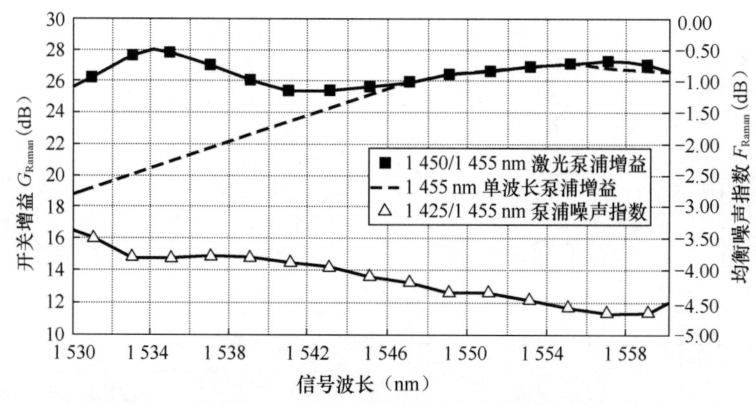

图 4-8　120 km 纯硅芯光纤拉曼放大增益和噪声指数 [39]

关于 10 Gbit/s 实验还有，阿尔卡特—朗讯（Alcatel-Lucent）2005 年使用三级拉曼级联泵浦，既提供前向拉曼增益，又提供远端泵浦前放增益，进行了 4×10 Gbit/s WDM 信号无中继传输 525 km 的实验。

4.3.2　4×43 Gbit/s 无中继 485 km 传输实验

早期，几乎所有铺设的无中继传输系统都工作在 10 Gbit/s 速率。然而，为了满足用户对传输容量的需求，人们利用现已铺设线路将传输速率提升到了 40 Gbit/s 和 100 Gbit/s 及以上速率，使系统升级。

2008 年，Alcatel-Lucent 采用 NRZ-DPSK 调制发射机 / 接收机和 FEC 技术，在发送端和接收端使用三级拉曼泵浦，在光纤线路中间使用远端泵浦 EDFA 放大，实现了 4×43 Gbit/s WDM 信号无中继 485 km 传输实验 [36]，如图 4-9 所示。实验系统采用日本住友超低损耗纯硅芯光纤，纤芯有效面积 110 μm^2，平均传输损耗为 0.167 dB/km。

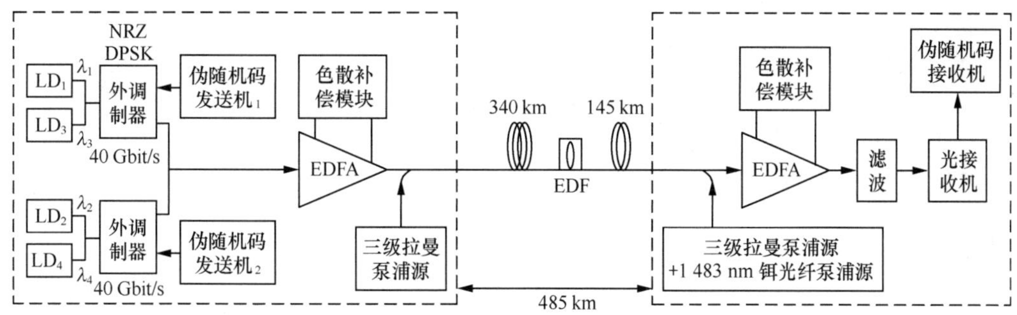

图 4-9　4×43 Gbit/s WDM 信号无中继 485 km 传输实验系统构成

4 个 DFB 激光器波长在 1 556.6 ～ 1 561 nm 范围内，波长间距是 200 GHz，43.02 Gbit/s 的 NRZ-DPSK 数据流通过马赫—曾德尔（MZ）调制器对每对 LD 发射光调制。

光纤线路累积色散值是 +9 980 ps/nm，用色散补偿模块（DCM，Dispersion Compensating fiber Modules）在发送端进行前补偿，在接收端进行后补偿。

在实验系统中，发送端和接收端均采用双向三级拉曼放大模块对光纤传输的信号光进行放大（见第 4.2.2 节）。

在发送端，采用三级拉曼泵浦源，拉曼光纤激光器可提供波长 1 276 nm、功率 4 W 的激光，两段光纤布拉格光栅分别反射 1 360 nm 和 1 455 nm 波长的光。所以，1 276 nm 的光经过两段光纤布拉格光栅反射后，先后将能量转换成 1 360 nm 和 1 455 nm 波长的光。后者远端泵浦传输光纤为信号光提供拉曼增益。

在接收端，系统采用三级拉曼泵浦源，拉曼光纤激光器提供 5.5 W 的光功率，两段 FBG 分别反射 1 390 nm 和 1 483 nm 波长的光。所以，1 276 nm 的光经过两段光纤布拉格光栅反射后，先后转变成 1 390 nm 和 1 483 nm 波长的光。然后，1 483 nm 光耦合进入传输光纤，一边传输一边为信号光提供拉曼放大光增益，在到达远泵前置铒光纤位置时还去泵浦铒光纤，进一步对信号光放大。接收端铒光纤和拉曼分布式放大共提供 39 dB 的增益。信号光功率和泵浦光功率沿传输光纤长度的分布如图 4-10 所示。

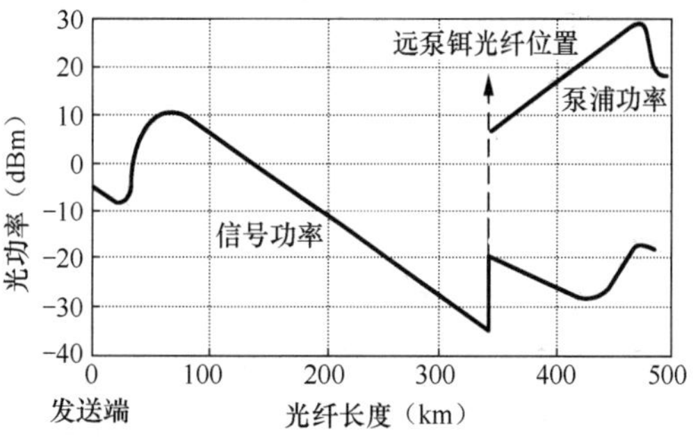

图 4-10　泵浦光功率沿传输光纤长度的分布

4.3.3 64×43 Gbit/s PM-BPSK 相干检测无中继 440 km 传输实验

在高比特率传输技术中，通常采用偏振复用（PM，Polarization Multiplexed）相移键控调制 / 相干接收技术，利用数字信号处理（DSP）技术，对色度色散（CD）和偏振模色散（PMD）进行补偿。

第 2.7 节已经介绍了偏振复用 / 相干接收原理，这里我们介绍一个偏振复用相干接收无中继传输 WDM 实验系统，如图 4-11 所示。据报道[37]，阿尔卡特—朗讯将 64 个 WDM 信道采用偏振复用归零码（RZ）二进制相移键控（PDM-RZ-BPSK）发射机和相干接收机，线路中间使用远泵 EDFA，在接收端使用双向三级拉曼泵浦技术和超强 FEC 技术，实现了 64×43 Gbit/s 无中继 440 km 的无误码传输实验。该实验采用日本住友生产的超低损耗纯硅光纤，纤芯有效面积 115 μm^2，平均传输损耗 0.163 dB/km，总共损耗（包括熔接损耗）71.5 dB，累积色度色散值 9 000 ps/nm。

实验系统使用 DFB 激光器，波长间距 50 GHz，21.4 Gbit/s 的数据信号分别通过 MZ 调制器，调制奇偶信道波长信号，然后分别偏振复用在一起，如图 4-11（a）所示；接着，奇偶波长信道通过 50 GHz 的光频间插（IL）复用在一起。使用共掺铒和掺镱光纤放大器（EYDFA，Erbium-Ytterbium Doped Fiber Amplifier）对 50 GHz 间插频谱复用器的输出光信号放大到 33 dBm，然后送入传输光纤。前向纠错（FEC）采用 BCH 编码，使 BER 从 10^{-3} 减少到 10^{-13}。使用三级拉曼泵浦光纤激光器，对传输光纤反向拉曼泵浦，给信号光提供增益，并在传输 146.2 km 后到达铒光纤（EDF）所处位置，拉曼泵浦源的能量通过 EDF 又转移到信号光。拉曼光纤激光器通过铒光纤和传输光纤的拉曼分布式放大总共提供 40 dB 的增益。

EYDFA 光纤放大器是一种在拉制光纤过程中，将镱（Yb）和铒（Er）元素同时掺入硅（Si）光纤芯中，构成共掺杂光纤放大器。这种共掺杂光放大器允许使用发射波长为 1.053 nm 的 Nd:YIF 固体激光器作为泵浦源，而 Nd:YIF 固体激光器又可以使用输出功率高达几瓦的 AlGaAs 激光器作为它的泵浦源。这种 EYDFA 放大器输出饱和功率大、寿命长、可靠性高，在该实验中 EYDFA 放大器输出功率高达 33 dBm。

偏振复用和光频间插复用原理和过程如下：在图 4-11（a）中，将 64 个波长信道分成两组，奇数信道为一组，偶数信道为另一组，分别复用后的 WDM 光信号通过 MZ 外调制器分别被 21.4 Gbit/s 的 RZ-BPSK 伪随机序列信号调制，因为 BPSK 每符号只携带 1 比特信号，所以调制器输出信号仍为 21.4 Gbit/s。调制器输出光被分解成 x 偏振光和 y 偏振光，其中 y 偏振光在时间上比 x 偏振光延迟几百个符号（时延为 τ），然后通过偏振合波器（PBC）在时间上交替偏振复用在一起，如图 4-11（b）所示，其输出为

2×21.4 Gbit/s 信号。然后，奇数波长偏振复用光和偶数波长偏振复用光通过光频（波长）交错器（IL）又间插复用在一起，从而构成一个 43 Gbit/s 的 PM-RZ-BPSK 信号，如图 4-11（c）所示，送入 EYDFA 光放大器。

交替偏振复用 DPSK 调制信号对非线性的容忍可以提高约 2.5 dB [OFC 2004, PDP35]。这种制式已在实验室实现了 11 000 km 距离的传输 [ECOC 2004, Th4.4.5]。

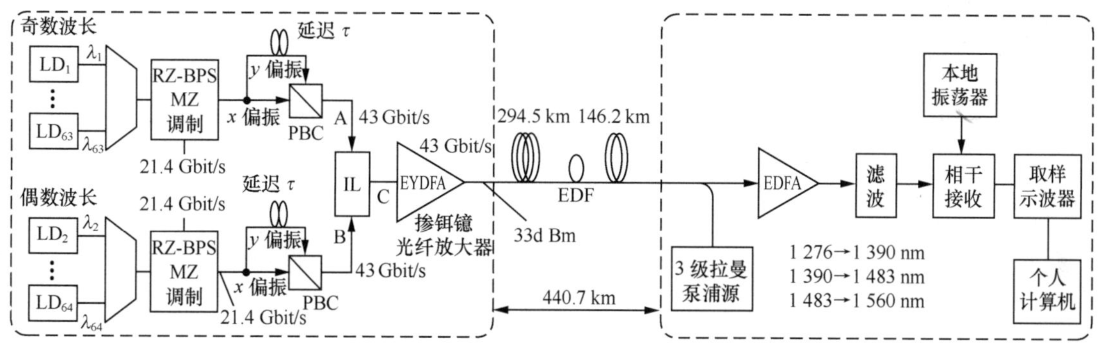

（a）64×43 Gbit/s 无中继 440 km 偏振复用相干接收 WDM 传输实验系统构成

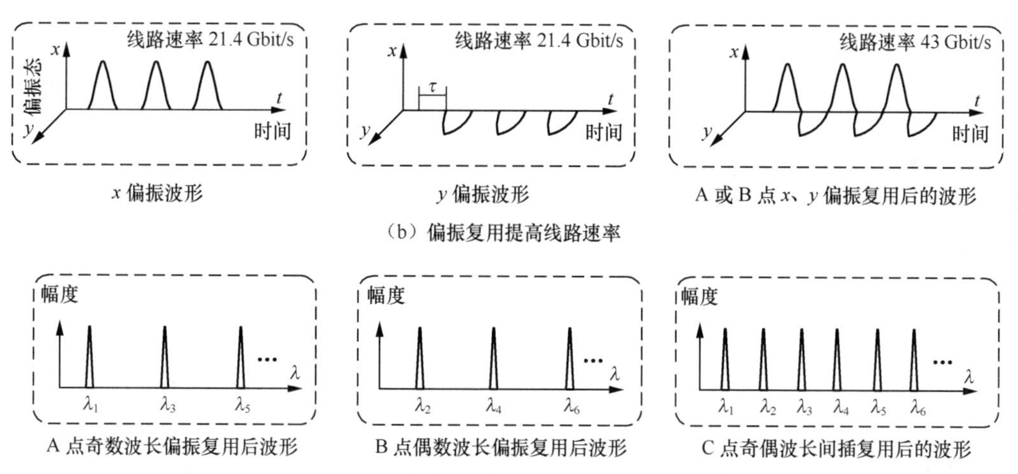

（b）偏振复用提高线路速率

（c）WDM 系统奇偶波长信道间插复用增加波长复用数

图 4-11　偏振复用 + 波长间插复用 / 相干接收 WDM 传输实验系统

图 4-12（a）表示所有信道增益均衡后的线路输出光频谱响应，但不能直接测量信道 OSNR，因为不知道其噪声值。图 4-12（b）表示的噪声值是这样估算出来的，首先，关掉一个信道的信号输入，在输出端测量该信道的噪声；然后，接通该信道，在输出端测量该信道的光功率值，利用这两个值估算该信道的 OSNR。测量到的信道 OSNR 在 11.3 ～ 13.0 dB/0.1 nm 之间变化。图 4-13 表示从离线测量到的 64 个信道 BER 计算出的 Q^2 值分布（见第 5.2.1 节）。所有信道的 Q^2 值均高于 FEC 限制 8.5 dB，经开销占 7% 的 FEC 后，BER 小于 10^{-13}。

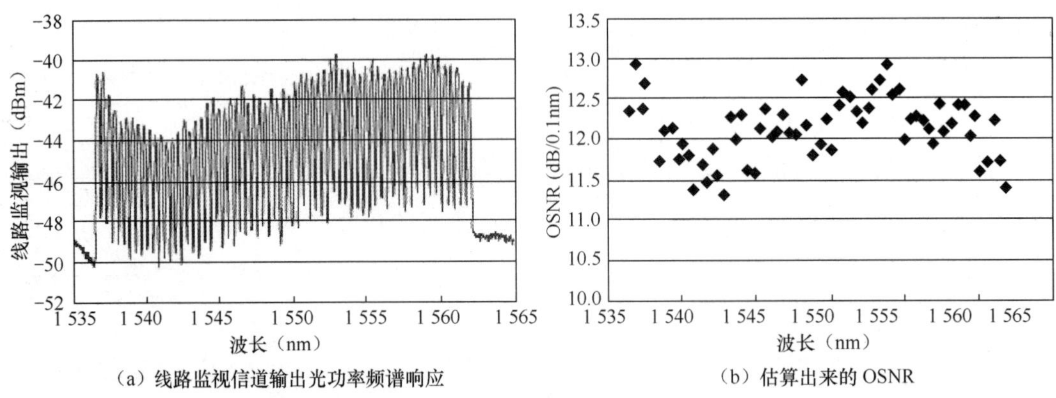

（a）线路监视信道输出光功率频谱响应

（b）估算出来的 OSNR

图 4-12　64×43 Gbit/s 无中继 440 km 偏振复用相干接收 WDM 传输实验系统性能

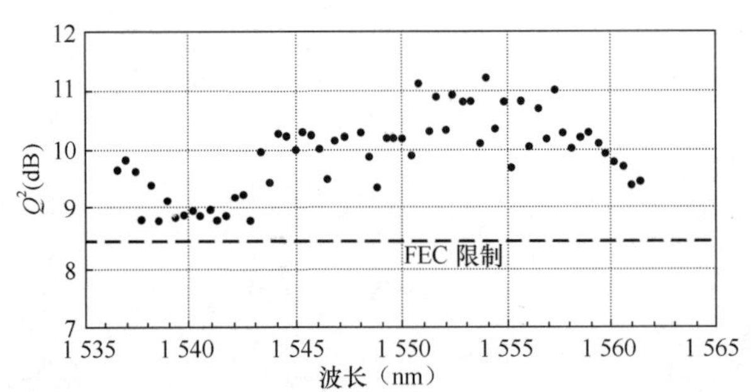

图 4-13　从离线测量到的 BER 计算出的 Q^2 值分布

4.3.4　8×112 Gbit/s PM-QPSK 相干检测无中继 300 km 传输实验

本节将介绍使用标准非零色散移位光纤（NZ-DSF）进行的 8×112 Gbit/s 偏振复用正交相移键控（PM-QPSK）调制 300 km 无中继传输实验[34]。

该实验采用两组发射机产生 8 个 50 GHz 间距 112 Gbit/s 速率的 PM-QPSK 信道，占用频带 1 589.99 ～ 1 592.95 nm，一组为偶数信道，另一组为奇数信道，如图 4-14 所示。线宽 100 kHz 外腔激光器（ECL）用于测试系统 BER。两组 DFB 激光器连续光和一个测试用外腔激光器连续光经功率合成器构成偶数信道或奇数信道的梳状复用波长信号。该信号被送入一个由 28 GHz 时钟信号驱动的脉冲处理器，产生 50% 占空比的 RZ 脉冲；接着，进入 28 Gbit/s 电信号驱动的 I/Q MZ 调制器，对于 QPSK 调制器，每个符号携带 2 比特信号，所以调制器输出信号为 56 Gbit/s。然后，奇偶信号经 50 GHz/100 GHz 波长间插器，合成一路 56 Gbit/s 的 QPSK 光信号，被 EDFA 放大，进入偏振复用器，复用为一路 112 Gbit/s PM-QPSK 信号。在偏振复用器的一个支路中，系统使用可调延迟线，调整两个偏振间的相对时间延迟，以便两个偏振信号在时间上对准插入。

偏振复用后，信号被功放 EDFA 放大到 24 dBm。NZ-DSF 光纤传输线路长 300 km，和光纤损耗、连接器损耗合计 66 dB，累积信号色散 2 250 ps/nm，没有使用色散补偿。光纤损耗用在线双向拉曼放大和非在线拉曼放大和 EDFA 补偿。前向拉曼泵浦采用两个波长 1 495 nm 的激光器（最大功率 310 mW），其输出光偏振复用在一起，用于拉曼泵浦。实验中，一个输出功率 310 mW，另一个 160 mW，分别产生 5.5 dB 和 3.4 dB 的前向泵浦增益。后向泵浦采用 1 444 nm、1 474 nm 和 1 510 nm 三个波长 LD，共获得 35 dB 的泵浦增益。

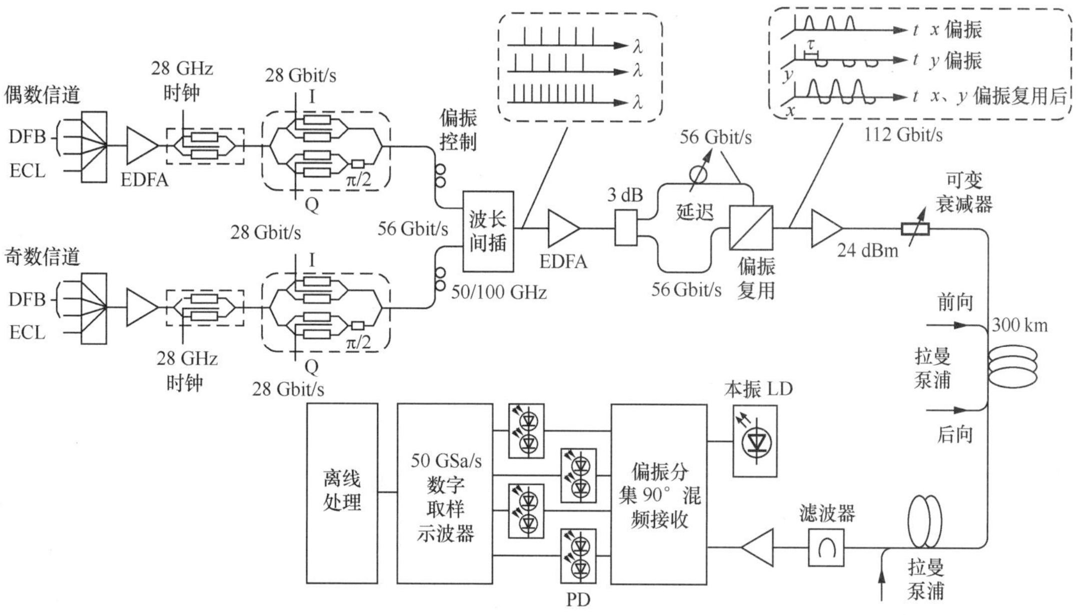

图 4-14　8×112 Gbit/s PM-QPSK 300 km 无中继传输实验

在接收端，信号被拉曼光纤构成的分布式拉曼放大器放大、滤除 ASE 噪声，又被 EDFA 放大，以保证输入信号有足够强的功率。然后，信号在偏振分集 90° 混频相干接收机转变为电信号，被 Tektronix 50 GSa/s 取样示波器取样，最后对取样后的信号离线处理。在这里，系统进行色散数字补偿，用 19 抽头的蝶形均衡器进行偏振解复用，对残留色散补偿，使用恒定模数算法减轻符号间干扰；进行差分解码和非差分解码，并比较这两种解码的性能。通过 Viterbi-Viterbi 算法或最小平方算法（Least Mean Square）完成频率和相位估计。

当 RZ 码前向泵浦总功率为 310 mW 时，非差分解码 Q 参数为 8.5 dB，差分解码为 7.5 dB。每信道 8 dBm 发射功率时，Q 参数为 8.5 dB。

4.3.5 16×400 Gbit/s WDM 偏振复用 16QAM 无中继传输系统

本节将介绍 2017 年 OFC 会议上报道的每个波长速率 400 Gbit/s、16×400 Gbit/s WDM 偏振复用（PM）16QAM 无中继传输系统，如图 4-15 所示，该系统使用前向 / 后向拉曼放大、远端泵浦（ROPA）技术、403 km 大芯径面积光纤（64.7 dB 损耗），实现了无误码传输 [118]。

实验系统采用线宽 100 kHz 的 16 个外腔激光器（ECL），按奇偶分成两组，奇偶信道间距分别为 75 GHz，奇偶信道光分别进入 PM-I/Q 调制器，被随意波形发生器（型号为 Keysight M8196A）产生的电子信号驱动，该发生器取样率为 92 GSa/s，具有 8 比特分辨率，32 GHz 带宽。随意波形发生器为 x 和 y 偏振光产生滚降系数为 0.1 的升余弦形状 16QAM 调制信号，该信号具有 97 k 随机的符号，符号率为 62 ～ 70 Gbaud，经 16QAM 调制后，分别对应 248 Gbit/s（4×62）和 280 Gbit/s（4×70）速率，经偏振复用后分别为 496 Gbit/s 和 560 Gbit/s 线路速率，分别对应 1.48 倍和 1.31 倍取样，足够分别包括 23% 和 39% 的 SD-FEC 开销。实验通过调节 ECL 的输出功率，进行预均衡。传输线路由 4 段大芯径低损耗光纤组成，在发送端和接收端，采用光纤分布式拉曼放大（DRA）和铒光纤放大，如图 4-15 所示。波长为 1 445 nm 和 1460 nm 的两个泵浦 LD 提供 600 mW 的总功率，进行光纤拉曼放大。

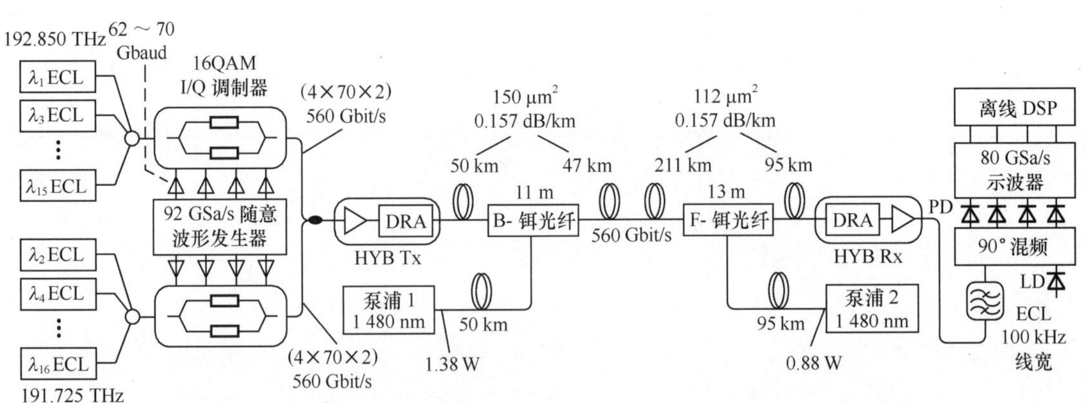

图 4-15 16×400 Gbit/s WDM 偏振复用（PM）16QAM 无中继传输系统

在接收端，调谐滤波器选择一个 400 Gbit/s 的 WDM 信道，被偏振分集接收机接收，4 路输出电信号被 4 通道 80 GSa/s 取样示波器（带宽 35 GHz）取样，用于标准的 DSP 离线处理。DSP 包括每个符号每个正交 I/Q 分量的两次取样、色散补偿、基于判决导引最小均方算法（DD-LMS, Decision-Directed Least Mean Squares）的动态适配均衡（30 个抽头）和载波相位恢复等。

图 4-16 表示 16×400 Gbit/s WDM 复用 PM-16QAM 调制无中继传输系统实验结果，

图 4-16（a）表示 403 km 线路上的光功率分布图，4-16（b）表示相干接收机测量到的 16 个波长的 WDM 频谱和 0.1 nm 带宽内的每个波长对应的 OSNR。

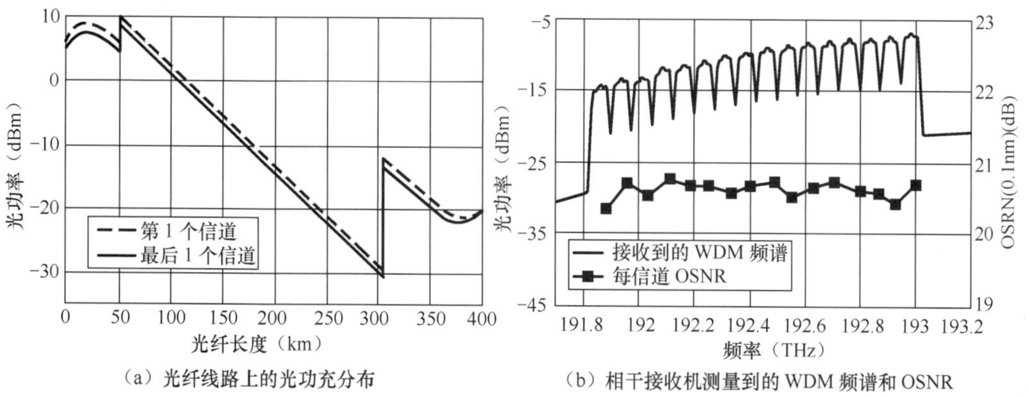

（a）光纤线路上的光功充分布　　（b）相干接收机测量到的 WDM 频谱和 OSNR

图 4-16　16×400 Gbit/s WDM 复用 PM-16QAM 调制无中继传输系统实验结果

表 4-6 是对以上几节介绍的无中继波分复用海底光缆系统参数的汇总。

表 4-6　无中继波分复用海底光缆通信系统参数

系 统	100×10	64×43	26×100	8×112	120×200[119]	16×400[118]	150×120[130]
调制 / 复用方式	NRZ	PM-BPSK	PM-QPSK	RZ-PM-QPSK	PM-16QAM	PM-16QAM	奇偶 AWG
比特速率（Gbit/s）	10	40	100	112	200	400	120
复用信道数	100	64	26	8	120	16	150
带宽（nm）	31.67	25	10	2.96	C 波段 32		61
光纤有效面积（μm^2）	80+115	115	115		160/135	112/150	
光纤损耗（dB/km）	0.173	0.163	0.167	LEAF 光纤	0.151,G.654	0.157	
线路长度（km）	350	440	401	300	349	403	333.4/298.6
线路损耗（dB）	60.55	71.5	67	66	53.4	64.7	58.6/59.4
平均 Q 值（dB）	/	9.9	9.1	8.5	$6.8/Q^2$	OSNR< 20 dB	7
注解	见第 4.3.1 节	见第 4.3.2 节	ECOC2009, We，见第 6.4.3 节	见第 4.3.4 节	33.33 GH 间距，6 bit/s/Hz	5.33 bit/s/Hz 见第 4.3.5 节	容量 15 Tbit/s

4.4　无中继海底光缆通信系统传输终端

图 4-17 表示无保护设备的无中继海底光缆系统传输终端构成图，发送电路包括复用器、前向纠错编码、光发射机和光功率增强 EDFA 放大器。接收电路包括前置 EDFA

光放大器、光接收机、前向纠错解码，以及解复用器。另外，如果在终端设备之前的海底光缆中接掺铒光纤（Er^{3+}），可对发送光信号进一步放大或对接收光信号提前进行预放大，同样还有远端泵浦激光源，如图 4-18 所示。

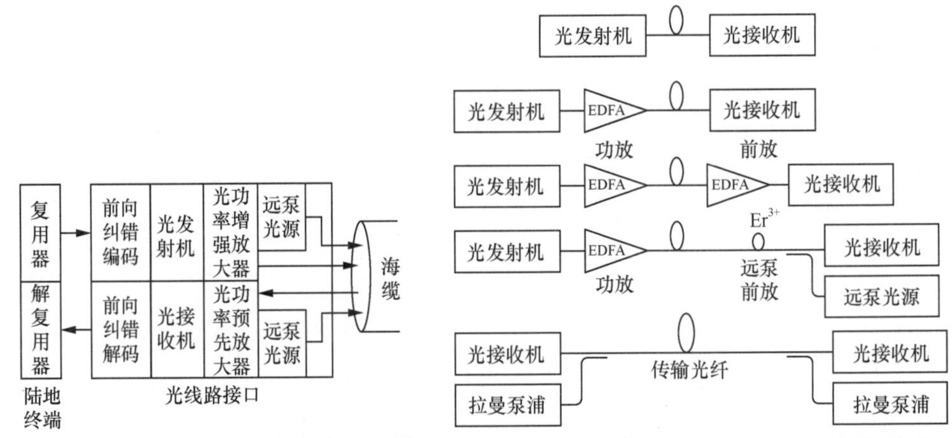

图 4-17　无中继海底光缆系统终端框图　图 4-18　光放大器在无中继海底光缆系统中的应用

4.4.1　光功率增强放大器

在终端内的光功率增强放大器（后置放大器）对光发射机的输出光信号进行放大，这类放大器的特点是输入光信号功率大（约 0 dBm），输出信号功率更大，且与泵浦功率有关，622 Mbit/s 输入信号，其输出功率可达 +21 dBm；2.5 Gbit/s 输入信号，输出信号也有 +18 dBm；8×112 Gbit/s WDM 发射机功放输出达 24 dBm；共掺铒镱放大器竟高达 33 dBm。如此大的输出光功率，将会引起光纤中的受激布里渊散射（SBS），将部分光反射回光发射机。为此，可使用低频幅度调制，使激光器频谱展宽来减小这种影响。此外，由于传输光纤的零色散波长和光发射机的中心波长非常接近，易引起自相位调制（SPM），因此我们可有意使两种波长发生偏差来减小这种影响。

表 4-7 给出了点对点单信道系统功率增强放大器的输入端参数，输出端参数由 ITU-T G.690 给出。

表 4-7　单信道系统功率增强光放大器输入端参数 [98]

参 数	单 位	数 值
输入光功率范围	dBm	–6/+3
放大自发辐射（ASE）噪声	dBm	≤ –20
输入反射	dB	≤ –27

续表

参 数	单 位	数 值
泵浦功率（峰值以下 30 dB 以上所有的发射功率）	dBm	≤ –15
输入端允许的最大反射	dB	–27
波长范围	nm	1 530 ～ 1 565

4.4.2　前置光放大器

前置光放大器放在终端接收机之前，目的在于提高接收机灵敏度。它的特点是要求 EDFA 具有低噪声和高增益。AT&T SSI 使用 980 nm 泵浦的两级放大器已实现接近理论极限的 3 dB 噪声指数。在两级放大器之间使用适当的隔离措施，并采用小于 0.1 nm 的窄带滤波器滤波，可以显著地降低噪声指数。AT&T SSI 的前放增益已达到 35 dB。

法国 Alcatel 也使用两级前置光放大器进行了 10 Gbit/s 无中继距离 252 km 的传输实验，如图 4-19 所示。

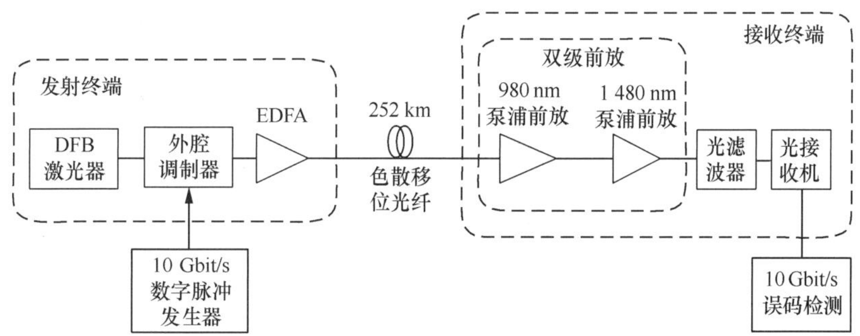

图 4-19　使用两级前置放大器进行无中继传输实验的原理

表 4-8 给出了点对点单信道系统前置光放大器的输入端参数，输出端参数由 G.690 给出。

表 4-8　单信道系统前置光放大器输入端参数 [98]

参 数	单 位	数 值
输出光功率范围	dBm	–16/–9
小信号增益	dB	≥ 20
信号—自发辐射噪声指数	dB	在研究中
输出端允许的最大反射	dB	–27
最大总输出功率	dBm	–9
小信号增益波长范围	nm	1 530 ～ 1 565

4.4.3 远端泵浦技术

1. 远端泵浦技术

远端泵浦放大器（ROPA，Remotely Pumped Amplifier）包括远泵前置放大器（Pre ROPA）和远泵后置放大器（Post ROPA），如图 4-20 和图 4-21 所示。这两种放大器均由一小段在海缆内的掺铒光纤（EDF）和在终端内的泵浦激光器组成。泵浦光经传输光纤送到掺铒光纤。图 4-20（c）表示一种远端泵浦光放大器的内部结构和外形[97]。

在终端站外几十千米处，插入一小段掺铒光纤（Er^{3+}），从发送端和 / 或接收端，对掺铒光纤泵浦，就能使信号光获得增益。在保持足够高增益、低噪声情况下，泵浦功率越高，远端放大器就可以放置得越远。

980 nm 和 1 480 nm 激光均可以对掺铒光纤泵浦，获得增益，但在无中继系统中，只使用 1 480 nm 激光，因为该波长的光纤损耗比 980 nm 的低，可使收发终端间的距离更长。

为了进一步扩大传输距离，可以在发送端和接收端采用几种远泵技术，如图 4-20 ～图 4-22 所示。

一种技术是使用额外光纤进行泵浦，使铒光纤提供更多的增益和更小的噪声指数，如图 4-20（b）所示，显然该技术以系统费用增加为代价。另外，也可以使用图 4-21（b）的结构，1 455 nm 泵浦光通过接收终端内的耦合器或波分复用器，将泵浦光耦合进入传输光纤，以与信号光反方向的形式在传输光纤内传输，泵浦掺铒光纤，而 1 480 nm 泵浦光通过另外一根光纤传输泵浦光到铒光纤[3]。

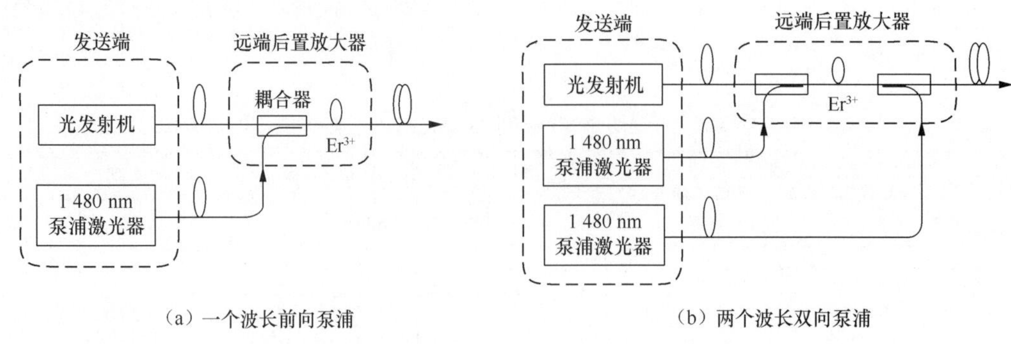

（a）一个波长前向泵浦　　（b）两个波长双向泵浦

图 4-20　发送端远泵光纤放大器（ROPA）

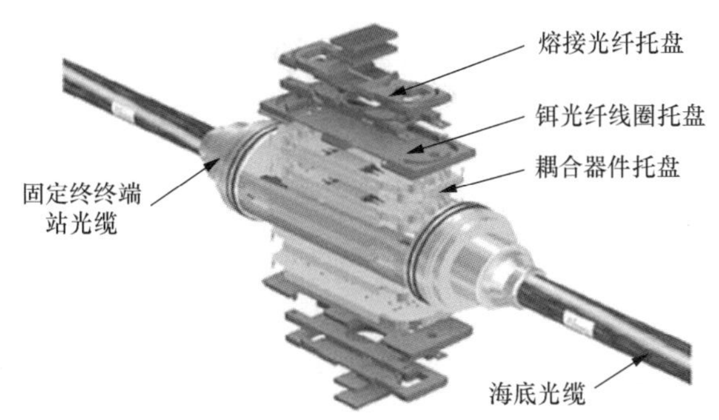

（c）一种远端泵浦光放大器结构

图 4-20　发送端远泵光纤放大器（ROPA）（续）

另外一种技术是在远端泵浦放大盒中，增加一个 1 480 nm 波长光纤光栅反射镜以及在其后插入一个光隔离器，如图 4-21（a）所示。器件的这种放置可以反射铒光纤还没有吸收的泵浦功率，几乎允许双倍泵浦功率产生放大效应，从而提高增益，降低噪声指数，而增加的插入损耗足够低。

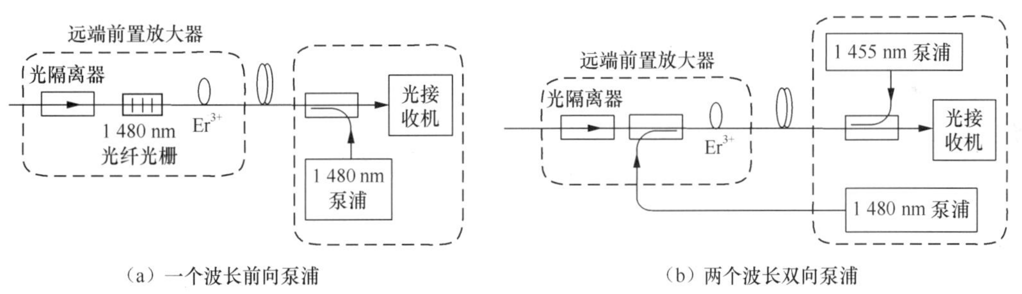

（a）一个波长前向泵浦　　（b）两个波长双向泵浦

图 4-21　接收端远泵掺铒光纤

系统发送 / 接收端均可以使用拉曼泵浦激光器，对传输光纤从正向 / 反向两个方向同时进行激励，获取拉曼增益，如图 4-22 所示。在接收端，拉曼反向泵浦光经耦合器进入传输光纤，一边传输一边为信号光提供拉曼放大增益，在到达远泵前置铒光纤（Er^{3+}）位置时，还去泵浦铒光纤，进一步对信号光放大。接收端铒光纤和拉曼分布式放大可提供更多的增益。为了使拉曼放大频谱响应平坦，通常，系统使用多个波长光同时对传输光纤泵浦。传输光纤获取拉曼增益的长度一般为 50 km，当然，这与泵浦光功率、传输光纤芯径和拉曼增益有关。

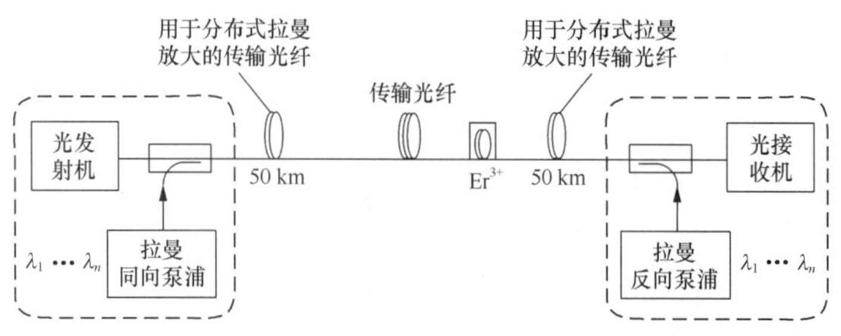

图 4-22　发送机和接收机同时对传输光纤泵浦获取拉曼增益

现在举例说明同时采用几种泵浦技术获取增益的情况。在接收端，系统采用远泵前置放大器可以获得 10 dB 的增益；在发射端，采用远泵后置放大器也可以获得 5 dB 的增益。提高远泵放大器性能的关键是尽可能从远泵激光器中得到更多的泵浦能量。因此，系统使用泵浦光源的波长为 1 480 nm，与后置放大器的相同，因为这个波长远离 1 550 nm 传输波长，因此不会干扰传输信号。该波长的损耗仅比传输波长的大 0.02 dB/km，经一段传输光纤到达远端掺铒光纤的功率仍有几毫瓦，可获得最大的增益。为了进一步提高远泵掺铒光纤的增益，还可以对它进行双向泵浦，不过要增加一个泵浦源、一个波分复用器和一段传送泵浦光的光纤，如图 4-23（a）所示。对于远泵前放可以获得 16.5 dB 的增益，比一个远泵光源泵浦高出 6.5 dB 增益；对于远泵后放可以获得 7 dB 的增益，比一个远泵光源泵浦高出 2 dB 的增益，如图 4-23（b）所示。无中继传输系统使用组合 EDFA 光放大器，及前放、后放及远端泵浦的前放、后放，可使无中继传输距离延长，对于 2.5 Gbit/s 无中继器可达到 511 km，对于 622 Mbit/s 无中继器可达到 531 km。

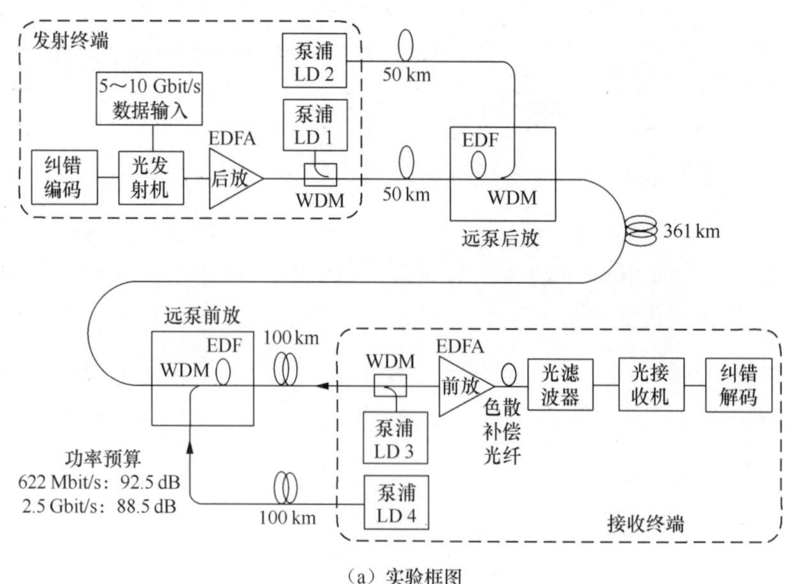

（a）实验框图

图 4-23　使用前放、后放及远端泵浦前放、后放的无中继传输实验

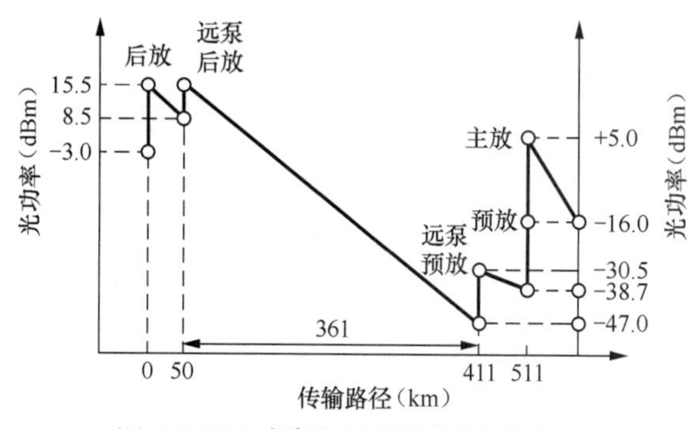

（b）2.5 Gbit/s 光信号功率沿传输路径的分配图

图 4-23　使用前放、后放及远端泵浦前放、后放的无中继传输实验（续）

应该指出，在这种远泵后置放大方式中，从岸上到远端掺铒光纤之间的这段传输光纤提供的拉曼增益对整个性能的改进约有几 dB，该增益不属于远端掺铒光纤的贡献，如图 4-24 所示。

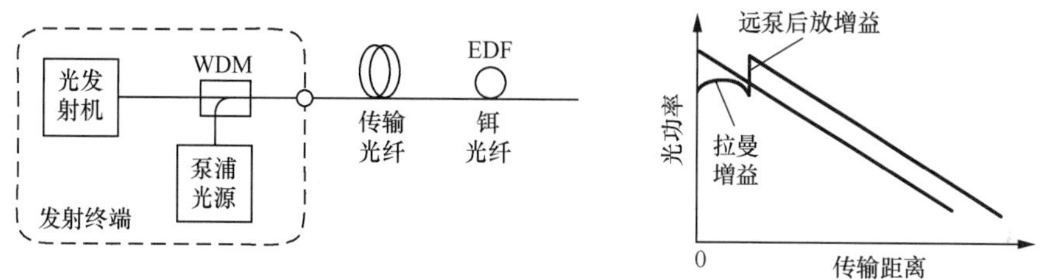

图 4-24　在远端后置放大方式中，约有几 dB 的增益由拉曼增益提供

图 4-25 表示使用不同泵浦方式和不同光放大器，系统输出信号光功率沿光纤的分布情况，以此作为总结。图 4-25（a）是只有一个 EDFA 的分布，图 4-25（b）是增加后向泵浦拉曼放大后的分布，图 4-25（c）是增加前向泵浦拉曼放大的分布，图 4-25（d）是进一步增加一个远泵 EDFA 的分布，图 4-25（e）是再增加一个远泵 EDFA 的分布情况。

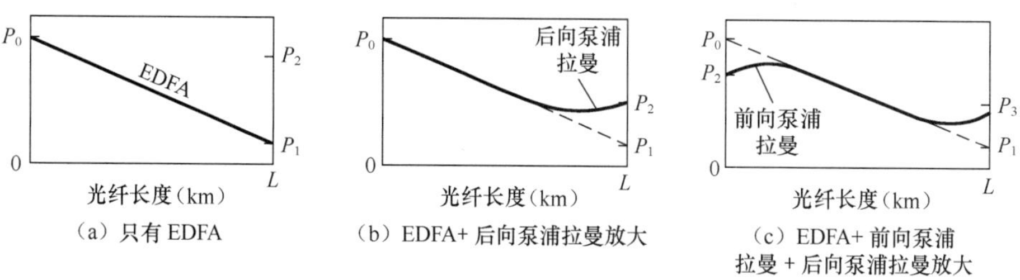

图 4-25　使用不同泵浦方式和不同光放大器系统输出光信号功率沿光纤的分布

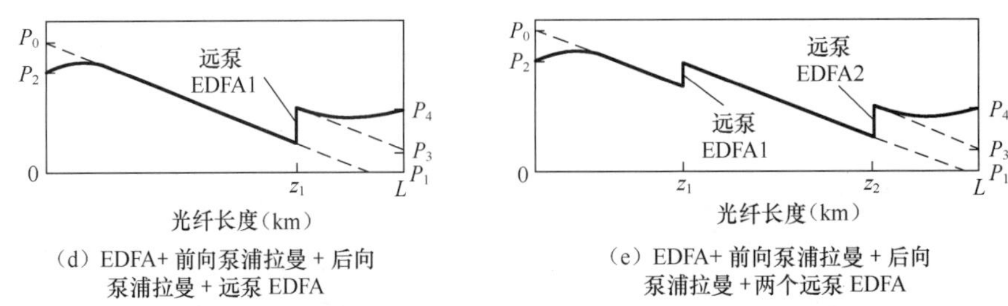

图 4-25 使用不同泵浦方式和不同光放大器系统输出光信号功率沿光纤的分布（续）

2. 先进的远端泵浦技术

为抑制多通道干扰（MPI，Multi-Path Interference）或激光器振荡，可采用先进的充分利用泵浦光能量的泵浦技术，将强泵浦光分给远泵掺铒光纤（Er^{3+}），如图 4-26 所示。强泵浦光 λ_1 在 C 处与 λ_2 泵浦光复合，去泵浦 1 号 Er^{3+}。λ_1、λ_2 残留光从正向又去泵浦 2 号 Er^{3+}，而 λ_3 泵浦光从后向也去泵浦 2 号 Er^{3+}，λ_3 残留泵浦光又去泵浦 1 号 Er^{3+}，所以，该技术充分利用了这三路泵浦光。

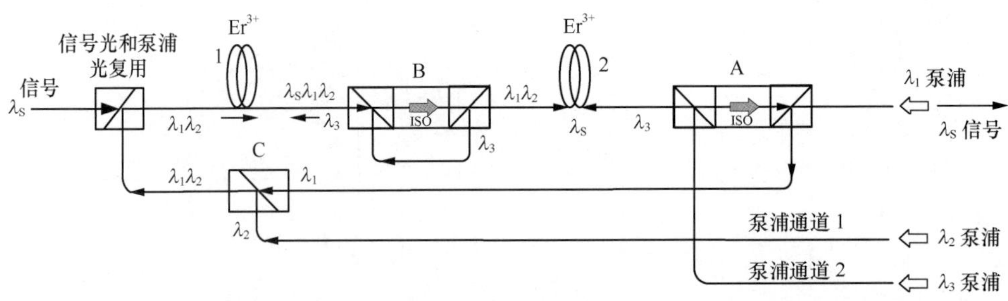

图 4-26 为抑制 MPI 或激光器振荡采用先进的泵浦技术 2 次利用了强泵浦光

双向传输系统利用了残留泵浦光功率的远端泵浦光放大器（ROPA），如图 4-27 所示，这种结构可以提高 ROPA 的增益和降低噪声指数。

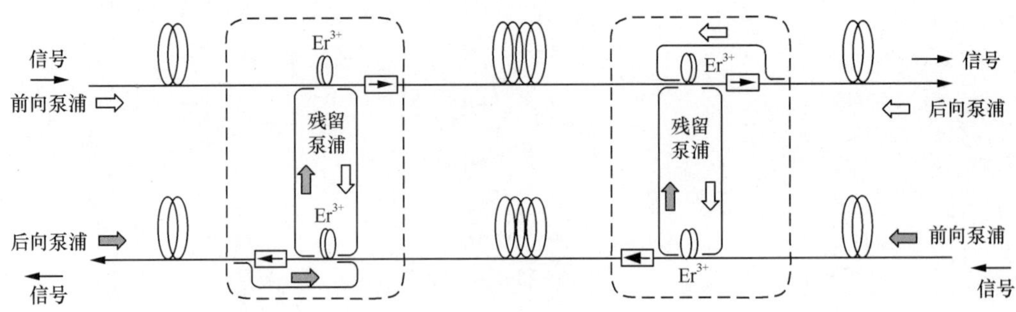

图 4-27 ROPA 利用残留泵浦功率的双向传输系统[97]

4.4.4　光发射机

对于小于 100 km 的无中继海底光缆传输系统，光发射机使用陆上光纤系统常用的直接调制激光器方式。然而，随着传输距离的扩大、比特速率的提高，当仍使用标准 G.652 光纤时，光发射激光器必须具有窄线宽特性。这种要求仍然可以使用陆上终端，但要选择窄线宽激光器。为了提高无中继、长距离、大容量海底光缆传输系统的性能，最终，光发射机必须改用外腔调制器。此时，当使用 G.653 色散移位光纤时，色散代价更容易控制，因此对光发射机的要求就不那么苛刻了。

4.4.5　光接收机

在无中继系统应用中，各种标准的高性能接收机可供选择。对于较短的传输距离，陆上终端用 APD 接收机即可满足要求。对于较长的距离，陆上终端则采用前置光放大器和固定的窄带线路滤波器。

无中继海底光缆系统使用远泵前放和后放、前向纠错技术，可使 2.5 Gbit/s 系统传输 350 km，允许路径损耗达到 75 dB，如图 4-28 所示。

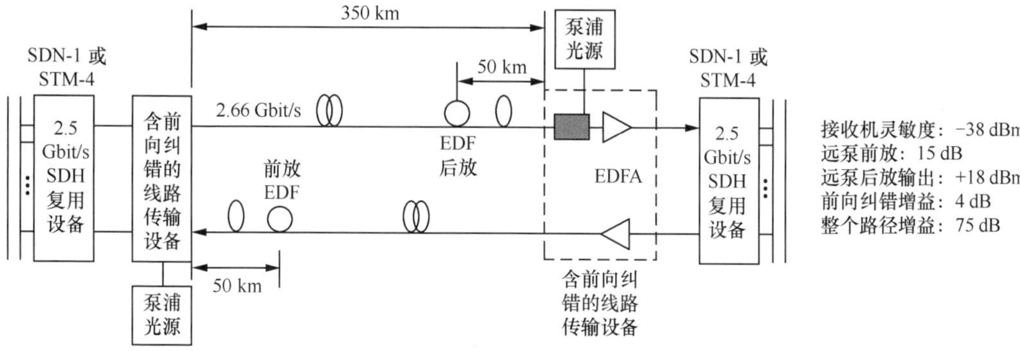

图 4-28　EDFA 在无中继海底光缆系统中的应用[1]

4.5　无中继系统维护

因为在无中继海底光缆系统传输路径上不存在有源器件，所以海底设备失效率和性能的退化要比中继系统少，无中继系统的海底设备监视和故障定位系统也要比中继系统简单。

在系统运行的同时，测量端对端传输性能，例如比特误码率、数据块误码率等可以对海底设备进行监视。监视任务由网络管理系统来完成。

一旦海缆发生故障，可以使用相干光时域反射仪（C-OTDR），确定光纤故障点的位置，也可以使用电缆通断 / 电极测试仪，确定海缆中的金属导体故障点的位置（见第 9.3 节）。

海缆电极测试技术是传统的中继系统故障定位技术，目前它也适用于无中继系统，现已得到广泛地使用，不过最重要的故障定位工具仍然是 C-OTDR（见第 8.1.4 节）。

无中继系统的两个重要性能参数是误码率和可靠性。误码率由 G.821 或 G.826 建议规定，可靠性由需要船只维修海底设备的次数度量[4][10][11]。维修的次数不包括由外部因素，如抛锚、拖网引起的故障，因为这类故障海底光缆系统供应商无法控制。但这类故障又对系统的有效使用产生重要的影响，所以用户和设计单位要仔细考虑和精心选择网络拓扑结构、保护措施、海缆类型（铠装与否）、敷设方法（掩埋与否及其掩埋深度）、路由和登陆点（避开频繁渔业和港口作业区）位置等。

要求的系统误码率可通过系统损耗预算设计达到，关于损耗预算设计将在第 5.3 节介绍。

前向纠错将纠正误码直到线路老化到完全失效为止。实际上，前向纠错系统是在无误码状态下工作的。因为无中继系统在海底无有源器件，而陆上终端设备又采用备份保护措施（备份子系统和激光器），所以系统工作中断极为罕见。但终端保护切换在几分之一秒内完成，将导致误码块或误码秒发生，因此，终端设计必须考虑平均故障间隔时间（MTBF，Mean Time Between Failure）（见第 7.1 节）。

系统中的光纤故障发生率在海缆系统设计 25 年的寿命期限内实际上为零。光纤的故障通常是海缆敷设时由于扭折应力产生的。

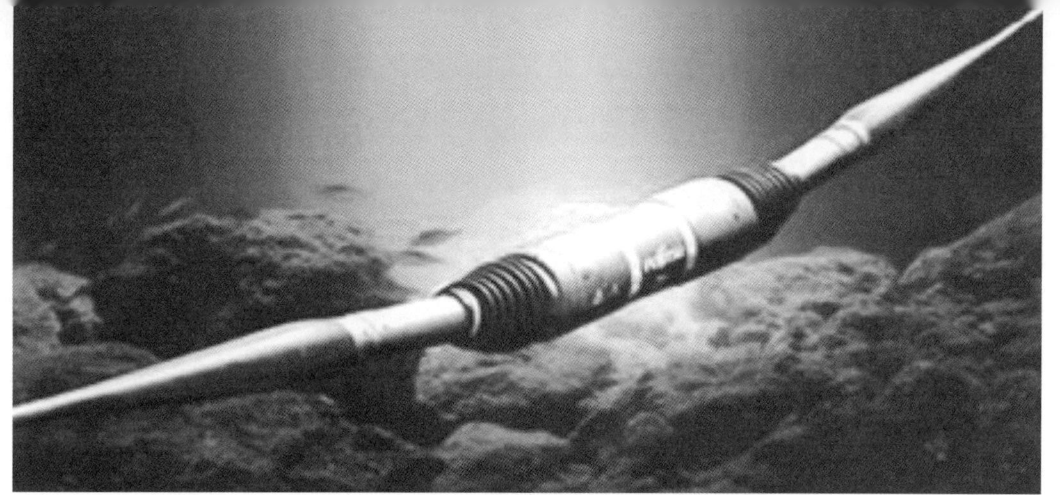

第 5 章 海底光缆通信系统技术设计

5.1 海底光缆通信系统设计总则

5.1.1 海底光缆通信系统设计概述

影响系统设计的主要因素是用户要求、可用技术、供应商现在可提供的产品以及政府的有关政策。用户的基本要求有传输容量、性能指标、可靠性与费用、运行和维护等。工业标准在决定用户要求和确保海底光缆通信系统和陆上电信网络兼容性方面扮演着重要的角色。然而，海底光缆通信系统用户通常要求比标准规范更高的性能。采购设备时必须考虑现有技术和未来技术的兼容性。政府规定也影响系统设计，包括系统制造、安装和运行、安全性和环境标准 [8]。

海底光缆通信系统使用新技术的主要原因是降低每话路成本。系统的每话路成本由系统容量、器件费用，以及系统安装运行和维护费用决定。新一代海底光缆通信系统技术的每次进步，其容量都有大幅度扩大，而给定长度的系统成本却维持不变，因此每话路费用在过去二十几年内下降很快。

通常，系统设计寿命是 25 年 [10]。一个 25 年寿命的跨洋系统，要求器件失效引起的故障不应多于三次 [11]。在系统设计寿命期限内，无中继系统可靠性要求是海缆船介入维修次数少于一次 [10]；长距离中继系统每个光纤对需海缆船介入维修次数也不能多于一次 [4]。为确保这样高的可靠性，设计单位必须进行精心的设计。

海底光缆通信系统设计有技术设计、工程设计和可靠性设计，本章介绍技术设计，工程设计和可靠性设计分别在第 6 章和第 7 章介绍。

5.1.2 海底光缆通信系统设计事项

系统设计寿命应达到 25 年。

1. 系统选择

海底光缆通信系统有无中继系统、3R 光—电—光再生中继系统和光放大中继系统三类，分别由 ITU-T G.973、G.974 和 G.977 进行规范。

3R 光—电—光再生中继器是对输入中继器的光信号再定时、再整形和再放大（Retiming，Reshape and Repowering），它由中继器内的光接收机和随后的光发射机完成。这种中继器没有噪声和色散累积，但是如果传输的是 WDM 信号，则需要对每个波长信号进行再生，所以中继设备非常复杂，通常并不使用，本书也就不再介绍。

无中继海底光缆通信系统在长距离中继段内无任何在线有源器件，减小了线路复杂性，降低了系统成本，提高了可靠性。其不足之处是设计容量偏小，不过可通过增加光纤对数来弥补。成熟的光放大技术为开发长距离、大容量全光传输系统铺平了道路，更多介绍见第 4 章。在无中继传输系统中，所有泵浦源均在岸上。典型的无中继传输距离是几百千米。无中继海底光缆通信系统具体设计考虑将在第 5.5.3 节介绍。

光放大中继系统通常用于长距离海底光缆通信系统，每隔 40 ～ 60 km 由海底光中继器放大衰减的光信号，每 10 ～ 15 个中继器放置一个光均衡器，以便保持每个信道信号功率相等，光分支单元（BU）用于增强网络的灵活性和连接性，更多介绍见第 3 章。光放大中继系统的设计见第 5.5.1 节和第 5.5.2 节。

系统设计应综合考虑设计容量和成本因素，实现系统最优化，在技术条件允许的情况下，应优先选择无中继系统。

2. 规模容量确定

无中继海底光缆通信系统的信道速率应根据登陆站间距离确定，降低信道速率，增加传输距离。由于无中继海底光缆系统不受远供电源系统供电能力和海底中继器体积的限制，因此可通过增加光纤芯数扩大总的传输容量。光纤芯数应结合中远期容量需求，通过技术经济分析比较确定，但无中继海底光缆芯数一般不大于 48 芯 [110]。

有中继系统的光纤芯数应结合成本、中远期（10 ～ 15 年）容量需求和远供电源容量等方面综合考虑确定。该系统应采用先进、成熟的终端技术，结合光纤类型和海底光中继器间距等确定设计容量，使系统单位设计容量的成本最小。终端设备的配置容量可按近期业务量需求确定 [110]。

3. 传输性能

ITU-T 已对传输性能标准进行了规范，它们是 G.821 和 G.826。海底光缆通信系统最常用的接口是 PDH 的 140 Mbit/s 电接口和 SDH 的 155 Mbit/s 光 / 电接口，这些标准适用于任何传输介质的本地的和国际的数字线路。G.826 标准比 G.821 规定的比特误码率（BER）性能更高。

随着技术的进步，人们对传输性能的要求也逐渐提高。TAT–8 是第一条横跨大西洋的海底光缆通信系统，于 1989 年开始运营，而 TAT–12/13 是第一条使用第三代海底光缆技术的横跨大西洋系统，于 1995 年 9 月开始运营。TAT-8 等效平均 BER 是 6.8×10^{-12}/km，而 TAT-12/13 是 6.4×10^{-14}/km，性能要求几乎提高了 100 倍。

G.973（07/2010）[10] 规范了无中继系统信号光接口、电 / 光接口性能特性，如表 4-1 和表 4-2 所示。该建议也规范了背对背信道最小 *Q* 参数、告警和自动切换条件、海底光缆色散管理方法等（见第 2.5 节）。

无中继 WDM 海底光缆系统的抖动和误码性能宜分别符合国家标准 GB/T 51152 规范相关条款的规定 [110]。

无中继 SDH 海底光缆系统的抖动和误码性能宜分别符合行业标准 YD5095 规范相关条款的规定 [110]。

有中继 WDM 海底光缆系统数字信号的抖动传输性能应符合 GB/T 51152 中的有关规定，通道误码性能应符合表 5-1 的规定。

表 5-1　有中继 WDM 海底光缆通信系统通道误码性能指标 [110]

通道类型	严重误码秒比（SESR）	背景差错块比（BBER）
STM-16 通道	0.002×[2%+0.2%(*L*/100)]/10	0.000 1×[2%+0.2%(*L*/100)]/10
STM-64 通道		0.001×[2%+0.2%(*L*/100)]/10
OTU1 通道	0.002×[5%+0.2%(*L*/100)]/10	2.5×10^{-6}×[5%+0.2%(*L*/100)]/10
OTU2 通道		
OTU3 通道		
OTU4 通道		

注 1：*L* 为海底光缆以千米为单位的长度。

注 2：通道误码率等于 BBER 除以相应速率的块的大小。

注 3：误码性能应采用 *Q* 值规范，海底光缆段误码性能 *Q* 值预算应保证光缆段寿命开始（BOL）时验收 *Q* 值在寿命周期内有足够的维修和老化余量，且在寿命终了（EOL）后仍应留有 1 dB 的 *Q* 值余量（图 5-9 中 Q_{mar} = 1 dB）。

4. 系统有效性

有效性是传输系统能够载运用户信息的时间百分率。每千米中断时间，即不可用时间，由 ITU-T G.821 规范，它与系统可靠性有关。在 10 个连续秒期间内，每秒比特误码率（BER）大于 1×10^{-3} 时，不可用时间就开始了。这 10 秒就是不可用时间。在 10 个连续秒期间内，当每秒 BER 小于 1×10^{-3} 时，不可用时间就终结了 [11]。

不可用时间由系统器件，如激光器切换、终端故障、监控和维修工作故障导致 10 秒或 10 秒以上业务中断造成，不包括拖网渔船或系统供电切换时间和维修断电等其他外部因素造成的中断。对于海底光缆通信系统，系统中断时间不包括维修船排除系统故障时间。

5. 业务接口标准

海底光缆通信系统的业务可以是纯 SDH 业务和以太网数据业务，也可以是从 WDM 网络光分插复用器（OADM）或光交叉连接器（OXC）提取出的波长信号，还可以是第 1.3.1 节介绍的光传输网（OTN）业务，如图 5-1 所示。以上几种波长业务光信号可以在海底光缆系统线路终端中波分复用后，用海底光缆中的一根光纤传输，也可以分别用单独的一根光纤传输。

SDH 的灵活性允许光缆通信系统有效地传输传统的电信业务，包括准同步数字系列（PDH）业务、ATM 分组交换数据业务和以太网数据业务。

图 5-1 表示光传输网的分层结构，ITU-T SG15 组制定了一系列 OTN 标准，涵盖物理层、信号速率、格式规范，以及设备功能要求等。OTN 受到全球电信运营商的追捧，这是因为它不仅是一种端到端技术，而且是 SDH 更新换代的全新网络层，可实现城域光网络（WAN）。OTN 使电信运营商能够构建透明、可扩展、低成本的网络，以太网及 SDH 等客户端流量可以在 OTN 边缘映射进 OTN，高速以太网数据也可以直接映射进入 OTN，而不再通过 SDH 接入 OTN（见图 1-11）。SDH 用于单信道传输，而 OTN 用于多信道传输。

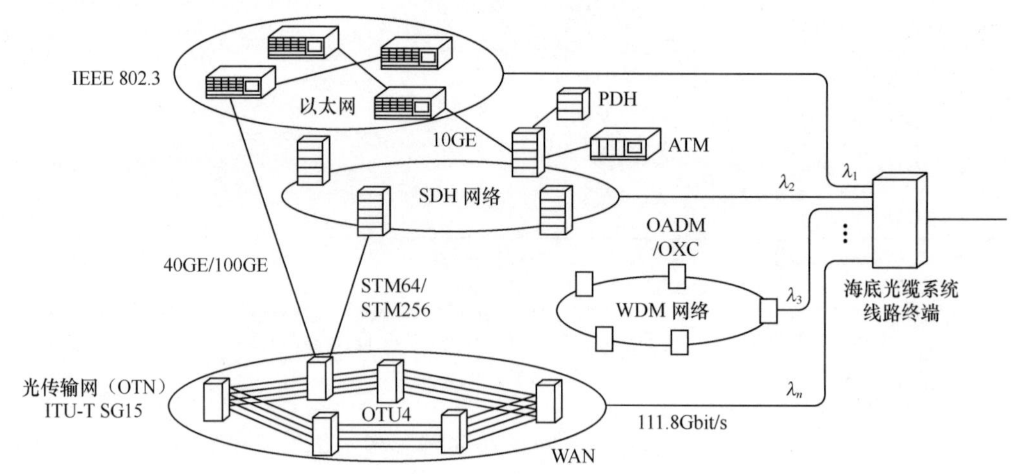

图 5-1 光传输网的分层结构及海底光缆通信系统的业务接口

6. 运行管理和维护（OA&M）

为了确保海底光缆通信系统各种设备稳定、安全可靠地运行，有关人员必须对系统各种设备进行集中管控，提高系统运行管理和维护（OA&M）性能。

海底光缆通信系统网络管理系统（NMS，Network Management System）的主要功能是管理岸上和水下所有设备的状态，并根据需要修改设备的相关参数，提供配置管理（Configuration Administration）、性能管理（Performance Administration）、故障管理（Fault Administration）、安全管理（Security Administration）、计费管理（Account Administration）和网管系统自管理等功能。

在网络管理系统（NMS）上，用户应能查看无中继 / 有中继 WDM 海底光缆系统终端设备每个光通道的光功率和光信噪比（OSNR）数据 / 每个光通道的光功率和 FEC 纠错数据 [110]。

7. 质量管理

ISO 9001 是设计 / 研制、生产、安装以及运行的质量保证模型，它是质量保证系统的国际标准，已在工业界广泛应用。就设计问题而言，ISO 9001 定义了如何管理和控制设计过程，以及如何确保系统用户的要求被确认和满足。

8. 环境和安全标准

设计要满足用户要求，包括在系统寿命期内，在设备制造、安装、维护和运行期间，避免人体遭受来自光、机械、化学以及电子物质的危害。对于中继海底光缆通信系统，通常，中继器使用高压恒流供电，比如长距离系统要求提供 7 500 V 电压，所以应对工作人员特别强调用电安全标准。所有高压设备都要安装安全装置，以防止人为接触高压发生意外。通常，海缆维修是在断电情况下进行的，但分支系统除外，在主干线仍能供电、传输电信业务的情况下，维修分支单元。

对于常规光纤传输系统，使用较低的激光功率不会引起激光危害。但由于光放大器的出现，及输出光功率电平的不断提高，激光安全问题也提上了议事日程。现在设计的海底光缆通信系统要符合国际电气技术委员会（IEC，International Electrotechnical Commission）IEC 60825-1[93] 激光设备安全标准和 IEC 60825-2[92] 光纤通信系统安全标准（具体规定见第 7.3 节）。

配置的 EDFA、拉曼光放大器应具有明显的安全标识。在光纤切断、设备失效或光连接器拔出时，设备应启动自动功率降低进程，并应具有自动 / 人工重启动进程的功能 [110]。

设备的电磁兼容性应符合现行国家标准 GB 19286《电信网络设备的电磁兼容性要求及测量方法》的有关规定 [110]。

9. 其他 [110]

需要船只维修的次数中，不包括由于外部原因所引起的需要船只修理的次数，可根据海底光缆系统的实际长度及海底光中继器的数量，做出相应的规定，但不得多于三次，对于无中继系统可按一次要求。

时钟同步系统设计要求应符合现行行业标准 YD 5095《同步数字体系（SDH）光纤传输系统工程设计规范》中的有关规定。

公务联络系统设计可利用网络管理系统（NMS）的数据通信网络（DCN），以 VoIP 方式实现业务联络功能。

线路监控系统设计要求各登陆站配置海底线路监控设备，利用光信号监控光缆线路。该系统应具有海底设备状态和性能监控，以及线路故障定位功能。

5.2 海底光缆通信系统 OSNR 和 Q 参数

海底光缆通信系统技术设计的主要任务是进行光功率预算，列出影响系统性能的主要因素，如中继设备、终端设备，以及各种因素需要付出的功率代价。设计师可使用理论分析、计算机模拟和在实验测试床上直接测量，对功率代价进行评估。

光功率预算目的是保证系统性能比要求的最小 BER 性能要好。光功率预算从测量线性性能参数 Q 开始（见第 8.4.1 节），平均 Q 参数只考虑光放大器 ASE 噪声引起的功率下降。通过对 Q 值测试，由式（5.14）计算 OSNR。

5.2.1 Q 参数和 BER 相关

由于噪声干扰，在光接收机输出信号波形上叠加了随机起伏的噪声。判决电路用恢复的时钟在判决时刻 t_D 对叠加了噪声的信号进行取样。等待取样的“1”码信号和“0”码信号分别围绕平均值 I_1 和 I_D 摆动。判决电路对取样值与判决门限 I_D 进行比较。如果 $I > I_D$，认为是“1”码；如果 $I < I_D$，则认为是“0”码。由于接收机噪声的影响，比特“1”可能被判决为 $I < I_D$，误认为是“0”码；同样“0”码可能被错判为“1”码。误码率包括这两种可能引起的误码，因此误码率为：

$$\text{BER} = P(1)P(0/1) + P(0)P(1/0) \tag{5.1}$$

式中，$P(1)$ 和 $P(0)$ 分别表示接收“1”码和“0”码的概率，$P(0/1)$ 是把“1”判为“0”的概率，$P(1/0)$ 是把“0”判为“1”的概率。对脉冲编码调制（PCM）比特流，“1”和“0”发生的概率相等，$P(1) = P(0) = 1/2$。因此比特误码率为：

$$\text{BER} = \frac{1}{2}\left[P(0/1) + P(1/0)\right] \tag{5.2}$$

图 5-2（a）表示判决电路接收到的叠加了噪声的 PCM 比特流，图 5-2（b）表示“1”码信号和“0”码信号在平均信号电流 I_1 和 I_0 附近的高斯概率分布，阴影区表示当 $I_1 < I_D$ 或 $I_0 > I_D$ 时的错误识别概率。

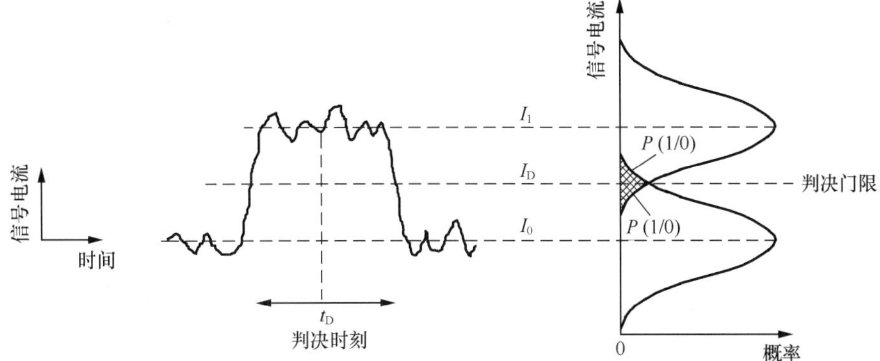

（a）判决电路接收到的叠加了噪声的 PCM 比特流，判决电路在判决时刻 t_D 对信号取样

（b）“1”码和“0”码信号在信号电流平均值 I_1 和 I_0 附近的高斯概率分布，阴影区表示当 $I_1 < I_D$ 或 $I_1 > I_D$ 时的错误识别概率

图 5-2　二进制信号的误码概率计算

衡量系统传输质量的 BER 通过性能 Q 参数表示。

在没有前向纠错（FEC）情况下，最佳判决值的比特误码率为 [19][3][14]：

$$\mathrm{BER} = \frac{1}{2}\mathrm{erfc}\frac{Q}{\sqrt{2}} \tag{5.3}$$

式中，erfc 代表误差函数 erf(x) 的互补函数，其表达式为：

$$\mathrm{erfc}(x) = \frac{1}{\sqrt{2\pi}}\int_x^{\infty} \mathrm{e}^{-\frac{\beta^2}{2}}\mathrm{d}\beta \tag{5.4}$$

当 $Q > 3$ 并假定平均信号电流 I_1 和 I_0 为高斯概率分布时，通常使用 BER 的近似：

$$\mathrm{BER} = \frac{1}{Q\sqrt{2\pi}}\exp(-\frac{Q^2}{2}) \tag{5.5}$$

式中，

$$Q = \frac{I_1 - I_0}{\sigma_1 + \sigma_0} = \frac{RP_1 - RP_0}{\sigma_1 + \sigma_0} \tag{5.6}$$

R 是接收机光检测器的响应度（Responsivity）；P_1 是接收“1”码时，光检测器输出；P_0 是接收“0”码时，光检测器输出；σ_1 表示接收“1”码的均方噪声电流；σ_0 表示接收“0”码时的均方噪声电流，其值分别为：

$$\sigma_1^2 = R^2\left(2P_1 N_{\mathrm{ASE}} B_{\mathrm{e}} + N_{\mathrm{ASE}}^2 B_{\mathrm{o}} B_{\mathrm{e}}\right)$$
$$\sigma_0^2 = R^2\left(2P_0 N_{\mathrm{ASE}} B_{\mathrm{e}} + N_{\mathrm{ASE}}^2 B_{\mathrm{o}} B_{\mathrm{e}}\right)$$

式中，N_{ASE} 是光放大器自发辐射（ASE，Amplified Spontaneous Emission）噪声光谱密度；B_e 是光接收机电带宽；B_o 是光接收机光带宽；$R^2\left(2P_1N_{ASE}B_e\right)$是信号和 ASE 噪声的拍频噪声；$R^2\left(N_{ASE}^2B_oB_e\right)$是 ASE 和 ASE 噪声的拍频噪声。

图 5-3 表示 BER 随 Q 参数变化的曲线。由图可见，随 Q 值的增加，BER 下降，当 $Q>7$ 时，BER<10^{-11}。由于超强前向纠错（SFEC）和电子色散补偿的应用，纠错能力大为提高，此时 Q 值和 BER 的关系如图 5-3（b）所示。

通常，Q 用分贝表示：

$$Q_{(dB)} = 20\ \lg Q \tag{5.7}$$

海底光缆数字线路段的性能由测量到的BER描述，通常，利用已知的BER，由式（5.5）计算出 Q 参数，用 Q 值描述系统性能。其值应满足合同在光功率预算中指出的使用限制。

为了判定最佳判决阈值的信号质量，可观察接收到的信号眼图的张开程度，张开越大，信号质量越好，BER 越小，Q 值越大，所以，Q 被认为是实际 BER 性能好坏的唯一指标。

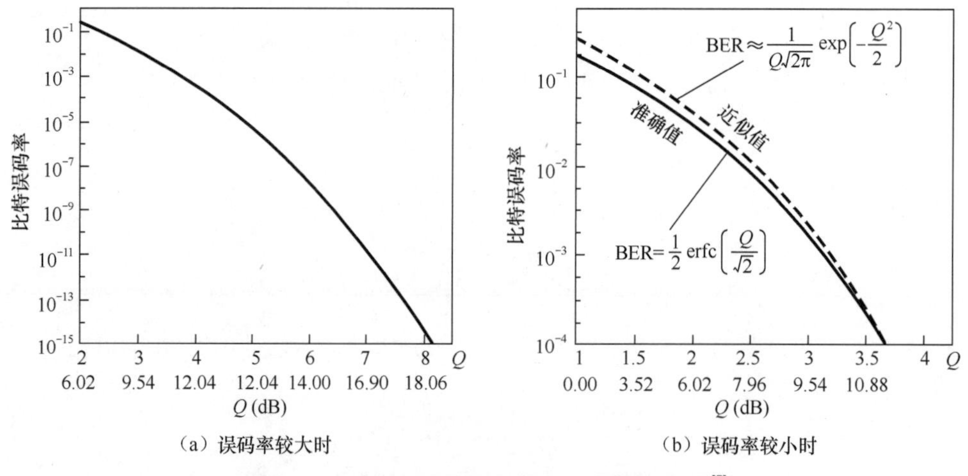

（a）误码率较大时　　（b）误码率较小时

图 5-3　光接收机比特误码率和 Q 参数的关系 [5]

应该指出，式（5.5）仅适用于高斯噪声分布。该近似适用于 OOK 调制，对 DPSK、QPSK 等相位调制，还需进行一些修正。

5.2.2　光信噪比（OSNR）

海底光缆通信系统线路设计的首要任务是计算每个波长的光信噪比，考虑到这种系统的设计寿命是 25 年，所以必须考虑海缆维修和器件老化引起的 SNR 下降。

在有 EDFA 光放大器的线路中，光信号和噪声的变化可用光信噪比（OSNR）描述。

在光放大器的输出端，定义 OSNR 为给定信道的平均光信号功率与平均光噪声功率密度之比，即：

$$\mathrm{OSNR}=\frac{\left(P_1+P_0\right)/2}{m_{\mathrm{pol}}N_{\mathrm{ASE}}B_{\mathrm{o}}}=\frac{P_1+P_0}{2m_{\mathrm{pol}}N_{\mathrm{ASE}}B_{\mathrm{o}}}=\frac{P_1+P_0}{m_{\mathrm{pol}}h\nu F_{\mathrm{n}}GB_{\mathrm{o}}} \tag{5.8}$$

式中，N_{ASE} 是单偏振输出 ASE 噪声光谱密度，$N_{\mathrm{ASE}}=(G-1)n_{\mathrm{sp}}h\nu\approx Gh\nu F_{\mathrm{n}}/2$，对于理想光放大器，$F_{\mathrm{n}}\approx 2n_{\mathrm{sp}}$，$G$ 是光放大器光增益，B_{o} 是放大器光带宽，通常取参考带宽 0.1 nm（ITU-T G.661），m_{pol} 是贡献给噪声的偏振模式数量，不采用偏振复用时，$m_{\mathrm{pol}}=1$；采用偏振复用时，$m_{\mathrm{pol}}=2$。

对于高增益（G >>1）理想光放大器，输出端 OSNR 近似为：

$$\mathrm{OSNR}\approx\frac{G\overline{P}_{\mathrm{in}}}{m_{\mathrm{pol}}N_{\mathrm{ASE}}B_{\mathrm{o}}}=\frac{\overline{P}_{\mathrm{in}}}{m_{\mathrm{pol}}h\nu F_{\mathrm{n}}B_{\mathrm{o}}} \tag{5.9}$$

式中，$\overline{P}_{\mathrm{in}}$ 是光放大器每个波长的平均输入信号光功率，F_{n} 是光放大器的噪声指数，h 是普朗克常数，其值为 6.6261×10^{-34} J·s，ν 是光频（Hz）。通常，考虑两个偏振（$m_{\mathrm{pol}}=2$）的噪声。

由于光放大器自发辐射噪声在信号放大期间叠加到了信号上，所以对于所有的放大器，信号放大后的光信噪比（OSNR）均有所下降。定义光放大器噪声指数 F_{n} 为：

$$F_{\mathrm{n}}=\frac{(\mathrm{OSNR})_{\mathrm{in}}}{(\mathrm{OSNR})_{\mathrm{out}}} \tag{5.10}$$

式中，OSNR 指由光探测器将光信号转变成电信号的信噪比，$(\mathrm{OSNR})_{\mathrm{in}}$ 表示光放大前的光信噪比，$(\mathrm{OSNR})_{\mathrm{out}}$ 表示光放大后的光信噪比。通常，F_{n} 来源于信号和自发辐射拍频噪声、自发辐射和自发辐射拍频噪声、内部反射噪声、散粒噪声、自发辐射散粒噪声等，对于性能仅受限于散粒噪声的理想探测器，同时考虑放大器增益 G >>1，则可以得到 F_{n} 的简单表达式：

$$F_{\mathrm{n}}=2n_{\mathrm{sp}}\left(G-1\right)/G\approx 2n_{\mathrm{sp}} \tag{5.11}$$

式中，n_{sp} 为自发辐射系数或粒子数反转系数。

该式表明，即使对于理想的放大器（$n_{\mathrm{sp}}=1$），放大后信号的 SNR 也要比输入信号的 SNR 低 3 dB；对于大多数实际的放大器，F_{n} 超过 3 dB，可达 5 ～ 8 dB。在光通信系统中，光放大器应该具有尽可能低的 F_{n}。

5.2.3 OSNR 和理论线性 Q 参数相关

当忽略接收机热噪声和散粒噪声时，利用第 5.2.1 节给出的 Q 参数近似表达式，理论线性 Q_{line} 参数可近似表示为[3][4]：

$$Q_{\text{line}}=\frac{\dfrac{2\cdot \text{OSNR}(\text{EXP}-1)}{\text{EXR}+1}\sqrt{\dfrac{B_{\text{rec}}}{B_{\text{ele}}}}}{\sqrt{1+\dfrac{4\cdot \text{EXR}\cdot \text{OSNR}}{1+\text{EXR}}}+\sqrt{1+\dfrac{4\cdot \text{OSNR}}{1+\text{EXR}}}} \tag{5.12}$$

考虑调制方式时，

$$Q_{\text{line}}=\frac{\dfrac{2m\cdot \text{OSNR}(\text{EXP}-1)}{\text{EXR}+1}\sqrt{\dfrac{B_{\text{rec}}}{B_{\text{ele}}}}}{\sqrt{1+\dfrac{4m\cdot \text{EXR}\cdot \text{OSNR}}{1+\text{EXR}}}+\sqrt{1+\dfrac{4m\cdot \text{OSNR}}{1+\text{EXR}}}} \tag{5.13}$$

式中，B_{elc} 是接收机电带宽（Hz），B_{rec} 是接收机光带宽（Hz），m 是调制深度，与发射机消光比（EXR，Extinction Ratio）有关，定义 $m=(1-1/\text{EXR})$。同时 m 也与调制方式有关，NRZ 码，$m=1$；RZ 码，$m=1.4$。该系数与光、电滤波器传输函数有关。定义 EXR = 10 lg ($\overline{P_1}$ /P_0)，式中 $\overline{P_1}$ 是发射全“1”码时的平均发射光功率，P_0 是发射全“0”码时的平均发射光功率。

假如传输性能被信号与 ASE 拍频噪声所限制，并认为发射机的消光比（EXR）为无穷大时，接收机的光带宽 B_{opt} 等于电带宽 B_{ele}，从式（5.12）可推导出 Q 参数为：

$$Q_{\text{line}}=\frac{\dfrac{2\cdot \text{OSNR}(\text{EXP}-1)}{\text{EXR}+1}\sqrt{\dfrac{B_{\text{opt}}}{B_{\text{ele}}}}}{\sqrt{1+\dfrac{4\cdot \text{EXR}\cdot \text{OSNR}}{1+\text{EXR}}}+\sqrt{1+\dfrac{4\cdot \text{OSNR}}{1+\text{EXR}}}}\approx\frac{2\cdot \text{OSNR}}{\sqrt{1+\dfrac{4\cdot \text{EXR}\cdot \text{OSNR}}{1+\text{EXR}}}}\approx\frac{2\cdot \text{OSNR}}{\sqrt{1+4\cdot \text{OSNR}}}$$

所以，

$$Q^2\approx \text{OSNR} \tag{5.14a}$$

由此可见，Q^2 正好等于光信噪比（OSNR）。Q 和 OSNR 间的这种简单关系，就是为什么通常使用 Q 参数来衡量不同系统损伤的原因。如用 dB 表示 Q，则 $Q_{\text{dB}}^2=10\lg Q^2=10\lg(\text{OSNR})$ [97]。

当考虑调制方式的影响时，

$$Q^2\approx m\cdot \text{OSNR} \tag{5.14b}$$

在工程应用中，通过对 Q 值测试（见第 8.4.1 节），利用式（5.14）计算 OSNR。Q 值与 BER 的关系如图 5-3 所示，换算由表 3-9 给出。

对于偏振复用 QPSK 调制系统，BER 和 OSNR 的关系为 [97]：

$$\text{BER}=\frac{1}{2}\text{erfc}\left(\sqrt{\frac{\text{OSNR}}{2}}\right) \tag{5.15a}$$

此时，非线性影响作为增加的白高斯噪声。将式（5.15）代入式（5.14b），可以得到 Q 与 BER 的关系：

$$Q^2 = 20 \times \log[2^{1/2} \times \mathrm{erfc}^{-1}(2 \times \mathrm{BER})] \tag{5.15b}$$

有的学者也把该式应用于 QAM 调制（OFC 2016, W3G.1）。

5.2.4　光中继系统 OSNR 计算

在一个级联了许多光放大器的系统中，如图 5-4 所示，输出噪声是每个光放大器自发辐射噪声（ASE）的累积，光信噪比（OSNR）通过每个光放大器后均下降。图 5-4 表示使用 N_{amp} 个放大器级联的多信道系统，假定链路中所有光放大器，包括前置光放大器和功率增强放大器，具有相同的噪声指数 F_{n}，两个放大器间的光纤长度相等，每段损耗均相同，每个放大器的增益也相等，理想情况下，每个放大器的增益 G 正好补偿与前一个放大器连接的长为 L 的光纤损耗，即 $G = \exp(-\alpha L) = L_{\mathrm{fib}}$，所以光接收机输入端 OSNR 近似表示为 [4]：

$$\mathrm{OSNR} = \frac{P_{\mathrm{out}}}{M_{\lambda} N_{\mathrm{amp}} F_{\mathrm{n}} G h v B_{\mathrm{rec}}} \tag{5.16a}$$

式中，P_{out} 是中继器输出光功率（W），M_{λ} 是 WDM 系统使用的波长数，h 是普朗克常数，其值为 $6.626\,1 \times 10^{-34}$ J·s，v 是光频（Hz），B_{rec} 是光接收机带宽（Hz）。

用 dB 表示的 OSNR 为：

$$\mathrm{OSNR(dB)} = P_{\mathrm{out}} - 30 - F_{\mathrm{n}} - L_{\mathrm{fib}} - 10\lg M_{\lambda} - 10\lg N_{\mathrm{amp}} - 10\lg\left(hvB_{\mathrm{rec}}\right) \tag{5.16b}$$

式中，–30 dB 是 dBm 功率转换成 dBw 时产生的，其中 $-10\lg\left(hvB_{\mathrm{rec}}\right) = +88$ dB（$B_{\mathrm{rec}} =$ 12.5 GHz）。

如果用光放大器的输入 $P_{\mathrm{in}} = P_{\mathrm{out}}/G$ 表示，则式（5.16a）就变为：

$$\mathrm{OSNR} = \frac{P_{\mathrm{in}}}{M_{\lambda} N_{\mathrm{amp}} F_{\mathrm{n}} h v B_{\mathrm{rec}}} \tag{5.17}$$

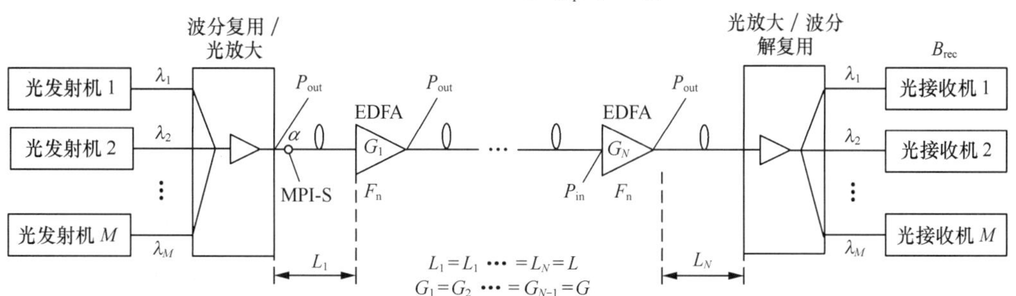

图 5-4　用于 OSNR 计算的 WDM 光中继放大线路系统 [3]

OSNR 与光链路的增益平坦度有关，如果放大器链路的增益频谱不平坦，在发送端必须进行增益预均衡，以便波分复用所有波长的增益在链路输出端几乎相同。然而，要求的预均衡越高，链路输出端均衡后的 OSNR 越低。这就需严格管理光放大器的平坦度（见第 3.6 节）。

表 5-2 给出两个长距离 10 Gbit/s 传输系统的实验参数，基于 OSNR 的 Q 参数经计算分别为 14.6 dB 和 14.3 dB。

表 5-2　10 Gbit/s 光中继传输实验参数 [97]

项目	系统 1 参数	系统 2 参数
信道速率（Gbit/s）	10	10
C 波段 WDM 数量	105	68
传输距离（km）	6 700	8 700
使用光纤	NZDSF	NZDSF
FEC 编码净增益（dB）	7.5	7.5
调制方式	CRZ (chirped RZ)	CRZ（chirped RZ ）
中继段损耗（dB）	10.3	10.3
EDFA 数量	169	221
EDFA 噪声指数（dB）	4.5	4.5
EDFA 输出功率（dBm）	15	14
接收机电带宽（GHz）	6	6
接收机光带宽（GHz）	30	30
非线性效应传输损伤（dB）	2.6	2.3
基于 OSNR 的 Q 参数（dB）	14.6	14.3
测量到的最小 Q（dB）	12	12

例题 5.1　计算光中继 WDM 系统 OSNR 和 Q 参数

已知 300×10 Gbit/s WDM 系统，传输距离 7 380 km，波长数（M_λ）300 个，中继放大器数（N_{amp}）154 个，放大器输出光功率（P_{out}）18.5 dB，光放大器噪声指数（F_n）5.7 dB，接收机光带宽（B_o）20 GHz，每段光纤损耗（L_{fib}）9.9 dB，计算每个波长的 SNR 和 Q 参数。

解：

每段光纤损耗 $L_{fib} = 9.9$ dB，可认为光放大器增益与此相等，即 $G = 9.9$ dB，用光放大器输出功率计算，由式（5.16a）可得到光放大器输出端 OSNR 近似为：

$$\mathrm{SNR} = \frac{P_{amp}}{M_\lambda N_{amp} F_n G h\nu B_o}$$

$$= \frac{10^{\frac{18.5}{10}} \times 10^{-3}}{300 \times 154 \times 10^{\frac{5.7}{10}} \times 10^{\frac{9.9}{10}} \times 6.626 \times 10^{-34} \times \dfrac{3 \times 10^8}{1.55 \times 10^{-6}} \times 20 \times 10^9} = 16.44$$

用对数表示为：

$\mathrm{SNR} = 10\lg 16.44 = 12.15$ dB

$$Q=\sqrt{\mathrm{SNR}}=\sqrt{16.44}=4.05$$

$$Q(\mathrm{dB})=20\ \lg 4.05=12.15\ \mathrm{dB}$$

用光放大器输入功率计算为：

$$P_{\mathrm{in}}=P_{\mathrm{out}}-L_{\mathrm{fib}}=18.5-9.9=8.6\ \mathrm{dBm}$$

$$P_{\mathrm{in}}=10^{\frac{8.6}{10}}=7.24\ \mathrm{mW}=7.24\times10^{-3}\ \mathrm{W}$$

$$\mathrm{SNR}=\frac{P_{\mathrm{in}}}{M_{\lambda}N_{\mathrm{amp}}F_{\mathrm{n}}h\nu B_{\mathrm{o}}}$$

$$=\frac{10^{\frac{8.6}{10}}\times10^{-3}}{300\times154\times10^{\frac{5.7}{10}}\times6.626\times10^{-34}\times\dfrac{3\times10^{8}}{1.55\times10^{-6}}\times20\times10^{9}}=17.9$$

用对数表示为：

$$\mathrm{SNR}=10\ \lg 17.9=12.53\ \mathrm{dB}$$

$$Q=\sqrt{\mathrm{SNR}}=\sqrt{17.9}=4.23$$

$$Q(\mathrm{dB})=20\ \lg Q=20\ \lg 4.23=12.53\ \mathrm{dB}$$

由此可见，用光放大器输出功率和输入功率计算的结果基本相同。

例题 5.2　计算使用 EDFA 和拉曼放大光中继 WDM 信道 OSNR 和 Q 参数，并与实测值比较

从第 2.9.3 节已知，有人进行了 173×128 Gbit/s WDM 光纤通信系统的传输实验，传输距离 4 000 km，波长数（M_{λ}）173 个，中继放大器（N_{amp}）40 个，EDFA+ 拉曼放大器输出光功率（P_{out}）20.4 dBm，每个波长信道光纤输入光功率为 –2.0 dBm，拉曼光放大器噪声指数（F_{n}）5.7 dB，接收机光带宽 B_{o} = 0.1 nm，每段 G.654B 光纤损耗（L_{fib}）= 0.182×100 = 18.2 dB，加上环路中的器件损耗合计 18.8 ～ 19.4 dB，计算每个波长信道的 OSNR 和 Q 参数，并与实测平均 OSNR 值 17.6 dB 和平均 Q 值 7.7 dB 比较。

解：

由题已知，M_{λ} = 173，N_{amp} = 40，$P_{\mathrm{out/ch}}$ = –2 dBm，认为 EDFA 和拉曼光放大器的噪声指数均为 F_{n} = 6 dB，接收机光带宽波长分辨率 B_{o} = 0.1 nm，相当于频率带宽 B_{o} = 12.5 GHz，每段光纤损耗 L_{fib} = 0.182×100 = 18.2 dB，加上环路中的器件损耗，取 19 dB，并将 $-10\ \log(h\nu B_{\mathrm{o}})=88$ 代入计算式，由式（5.16b）得到：

$$\begin{aligned}\mathrm{OSNR}&=P_{\mathrm{out}}-L_{\mathrm{fib}}-F_{\mathrm{n}}-10\ \lg M_{\lambda}-10\ \lg N_{\mathrm{amp}}-10\ \lg(h\nu B_{\mathrm{rec}})\\&=20.4-30-19-6.0-10\ \lg 173-10\ \lg 40+88\\&=53.4-22.4-16=15.0\ \mathrm{dB}\end{aligned}$$

$$\text{OSNR} = 10^{\frac{15}{10}} = 31.62$$

$$Q = \sqrt{\text{OSNR}} = \sqrt{31.62} = 5.62$$

$$Q(\text{dB}) = 20\ \lg 5.62 = 15\ \text{dB}$$

如果用每个波长信道光纤的输入功率 –2.0 dBm 计算，在公式中就没有 $-10\ \lg M_\lambda$，则计算公式变为：

$$\begin{aligned}\text{OSNR} &= P_{\text{out}} - L_{\text{fib}} - F_{\text{n}} - 10\ \lg N_{\text{amp}} - 10\ \lg(h\nu B_{\text{rec}}) \\ &= -2.0 - 30 - 19 - 6.0 - 10\ \lg 40 + 88 \\ &= 31.8 - 16 = 15\ \text{dB}\end{aligned}$$

计算结果也相同。

与实测的平均 OSNR = 17.6 dB，OSNR 减小 2.6 dB，可能使用了分布式拉曼放大，对公式需进行一些修正，但与最低端实测值一致。

例题 5.3　计算光中继 WDM 系统 OSNR 和 Q 参数，并与实测值比较

使用 PM-16QAM 编码调制，有人进行了 294×104 Gbit/s WDM 光纤通信系统 7 230 km（绕 12 环 ×11 段 ×55 km）传输实验（OFC 2013, OTu2B.3），光纤有效面积约 152 μm^2，每段 G.654B 光纤损耗（L_{fib}）0.182×55 = 10.01 dB，加上环路器件损耗约为 11 dB，中继放大器（N_{amp}）132 个，C 波段 EDFA 输出光功率（P_{out}）19.5 dBm，每个波长信道光纤输入光功率为 –5.2 dBm，光放大器噪声指数（F_{n}）约 5.7 dB，接收机光带宽 B_{o} = 0.1 nm，短波长 FEC 阈值 Q 值 4.9 dB（BER = 10^{-15}），当波长从 1 527.87（λ_1）变化到 1 567.66 nm（λ_{294}）时，测量到的 Q 值从 4.7 dB 变化到 5.8 dB，计算中间波长 1 546 nm 信道的 OSNR 和 Q 参数，并与实测平均 OSNR 值 16.2 dB（0.1 nm 参考带宽）和 Q 值约 5 dB 比较。

解：

由题已知，M_λ = 294，N_{amp} = 132，P_{out} = 19.5 dBm，EDFA 噪声指数 F_{n} = 5.7 dB，接收机光带宽波长分辨率 B_{o} = 0.1 nm，相当于频率带宽 B_{o} = 12.5 GHz，每段光纤损耗加上环路器件损耗 10.5 dB，并将 $-10\ \lg(h\nu B_{\text{o}}) = 88$ 代入式（5.16b），得到：

$$\begin{aligned}\text{OSNR} &= P_{\text{out}} - L_{\text{fib}} - F_{\text{n}} - 10\ \lg M_\lambda - 10\ \lg N_{\text{amp}} - 10\ \lg(h\nu B_{\text{rec}}) \\ &= 19.5 - 30 - 10.5 - 5.7 - 10\ \lg 294 - 10\ \lg 132 + 88 \\ &= 61.3 - 24.68 - 21.2 = 15.42\ \text{dB}\end{aligned}$$

$$\text{OSNR} = 10^{\frac{15.42}{10}} = 34.83$$

$$Q = \sqrt{\text{OSNR}} = \sqrt{34.8} = 5.9$$

$$Q(\text{dB}) = 20\ \lg 5.9 = 15.42\ \text{dB}$$

计算得到 OSNR = 15.42 dB，与实测值 16.1 dB 基本相符。但计算得到 Q = 15.42 dB 与波长 1 546 nm 信道的实测值 5 dB 相比大了许多，其原因可能是，在推导 Q 值时，见式（5.14），假定发射机消光比（EXR）为无穷大，接收机光带宽 B_{opt} 等于电带宽 B_{ele}，调制方式系数 $m = 1$，这就导致实际情况与计算并不完全一致。另外，式（5.5）仅适用于 OOK 调制的高斯噪声分布，对 DPSK、QPSK 等相位调制，还需进行研究。

5.2.5　无中继系统 OSNR 计算

当系统没有中继器而接收端只有一个前置放大器时，如图 5-5（a）所示，式（5.16a）可以修改为[4]：

$$\mathrm{OSNR}=\frac{P_{\mathrm{out}}\exp(-\alpha L)}{M_{\lambda}F_{n}h\nu B_{\mathrm{o}}}=\frac{P_{\mathrm{in}}}{M_{\lambda}F_{n}h\nu B_{\mathrm{o}}} \tag{5.18a}$$

式中，P_{out} 为进入传输光纤的功率，P_{in} 为光放大器的输入光功率，M_{λ} 是 WDM 波长数，B_o 是接收机光带宽，即 ASE 噪声带宽，通常取 0.1 nm（12.5 GHz），L 是光缆的长度（km），α 是光纤衰减系数（km^{-1}）。

当用 dB 表示 OSNR 时，式（5.18a）变为：

$$\begin{aligned}\mathrm{OSNR(dB)}&=P_{\mathrm{out}}-30-L_{\mathrm{fib}}-F_{\mathrm{n}}-10\ \lg M_{\lambda}-10\ \lg\left(h\nu B_{\mathrm{o}}\right)\\&=P_{\mathrm{in}}-30-F_{\mathrm{n}}-10\ \lg M_{\lambda}-10\ \lg\left(h\nu B_{\mathrm{r}}\right)\end{aligned} \tag{5.18b}$$

式中，L_{fib} 是连接收发端的光纤损耗，光放大器的输入功率 $P_{in} = P_{out} - L_{fib}$。因为 $-10\ \lg\left(h\nu B_{\mathrm{r}}\right)=+88\ \mathrm{dB}$，所以，

$$\mathrm{OSNR(dB)}=P_{\mathrm{in}}-30-F_{\mathrm{n}}-10\ \lg M_{\lambda}+88 \tag{5.18c}$$

当系统没有中继器，有一个功率增强光放大器和一个远泵光放大器时，如图 5-5（b）所示，式（5.18a）修改为：

$$\mathrm{OSNR}=\frac{P_{\mathrm{out}}\exp(-\alpha L)}{M_{\lambda}h\nu B_{\mathrm{rec}}\left(F_{n1}+\dfrac{F_{n2}}{G_{\mathrm{rem}}}\right)} \tag{5.19a}$$

式中，F_{n1} 和 F_{n2} 分别为远泵光放大器和光增强放大器的噪声指数，G_{rem} 是远泵光放大器的增益，P_{out} 是远泵光放大器的输出光功率。如果 G_{rem} 远大于 F_{n2}，则式（5.19a）变为：

$$\mathrm{OSNR}=\frac{P_{\mathrm{out}}\exp(-\alpha L)}{M_{\lambda}h\nu B_{\mathrm{rec}}F_{n1}} \tag{5.19b}$$

用 dB 表示 OSNR 为：

$$\mathrm{OSNR(dB)}=P_{\mathrm{out}}-30-L_{\mathrm{fib}}-F_{\mathrm{n1}}-10\ \lg M_{\lambda}-10\ \lg\left(h\nu B_{\mathrm{r}}\right) \tag{5.19c}$$

例题 5.4　计算无中继有前置光放大器 WDM 系统的 OSNR 和 Q 参数

当海底光缆通信系统没有中继器而接收端，只有一个前置放大器时，WDM 波长数（M_λ）8 个，发射机光放大器输出光功率（P_{out}）19 dBm，光放大器噪声指数（F_n）5.7 dB，光纤损耗 10 dB，接收机光带宽 0.1 nm，计算每个波长的 SNR 和 Q 参数。

解：

由题知，$P_{out}=19$ dBm，$M_\lambda=8$，$F_n=5.7$ dB，$L_{fib}=10$ dB，$\Delta\lambda=0.1$ nm，转换成以频率表示的带宽为：

$$\Delta v=-\frac{c\Delta\lambda}{\lambda^2}=\frac{3\times10^8\times0.1\times10^{-9}}{(1.550\times10^{-6})^2}=\frac{3\times10^{-2}}{2.4\times10^{-12}}=1.25\times10^{10}=12.5\ \text{GHz}$$

即 $B_o=1.25\times10^{10}$ Hz，接收机输出 OSNR 为：

$$\text{OSNR(dB)}=P_{out}-30-L_{fib}-F_n-10\ \lg M_\lambda-10\ \lg(hvB_o)$$

式中，–30 dB 是 dBm 变换为 dBw 时产生的。因为 $-10\ \lg(hvB_r)=+88$ dB，所以，

$$\begin{aligned}\text{OSNR}&=P_{out}-30-L_{fib}-F_n-10\ \log M_\lambda+88\\&=19-30-10-5.7-10\ \lg8+88=14.27\ \text{dB}\end{aligned}$$

$$\text{OSNR}=10^{\frac{14.27}{10}}=26.73$$

$$Q=\sqrt{\text{OSNR}}=\sqrt{26.73}=5.17$$

$$Q(\text{dB})=20\ \lg5.17=14.26\ \text{dB}$$

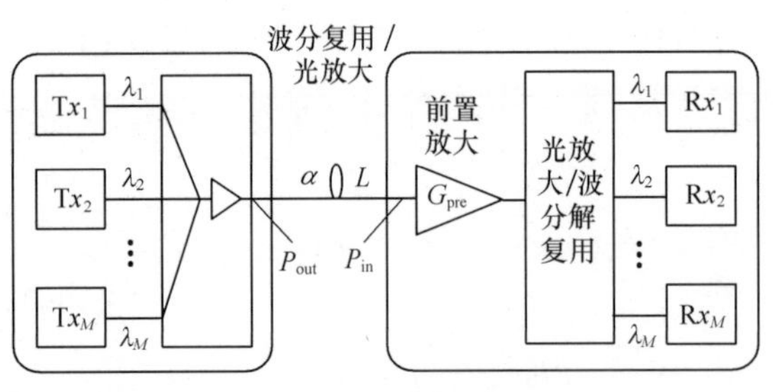

（a）无中继光接收机前置放大

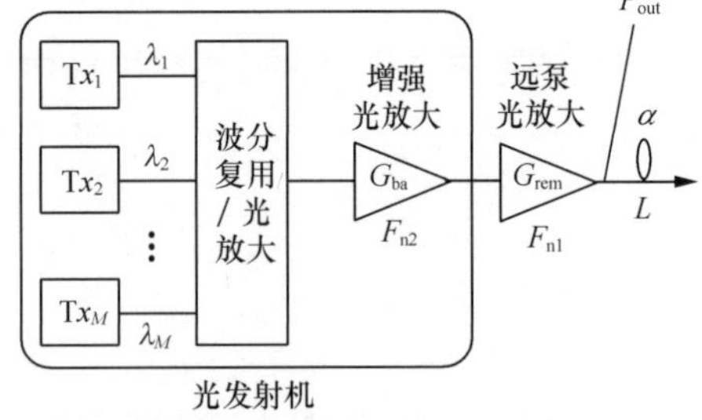

（b）无中继光发射机增强放大和远泵放大

图 5-5　用于 OSNR 计算的无中继海底光缆通信系统

例题 5.5　计算具有前置光放大器系统的 OSNR

计算具有前置光放大器的 2.5 Gbit/s 接收机 BER = 10^{-12} 时的 OSNR。

按照 ITU-T G. 957 的规定，2.5 Gbit/s 光接收机 BER = 10^{-12} 时，要求最小接收灵敏度为 –26 dBm，已知前置光放大器小信号增益 ≥ 20 dB，信号自发辐射噪声指数 F_n ≤ 5.5 dB，光源消光比 8.2 dB。接收机电带宽与比特速率成正比，$B_{ele}=f_{Nyquist}(1+l)$，奈奎斯特频率

f_{Nyquist} = 比特速率 /2，这里 l 是奈奎斯特信道信号滚降系数（在 0 ～ 1 之间）。对于速率 2.5 Gbit/s，$f_{\text{Nyquist}} = 1.25$ GHz，最小 $B_{\text{ele}} = f_{\text{Nyquist}}(1+l) = 1.25(1+0) = 1.25$ GHz，平均 $B_{\text{ele}} = 1.875$ GHz，最大 $B_{\text{ele}} = 2.5$ GHz。

解：

已知光放大器的输入光功率 $P_{\text{in}} = -26-20 = -46$ dBm，EXR = 8.2 dB，调制深度 $m = 1-1/\text{EXP} = 1-1/10^{8.2/10} = 0.85$，平均电带宽 $B_{\text{ele}} = 1.875$ GHz，$F_{\text{n}} = 5.5$ dB

$$-10\lg(hvB_{\text{ele}}) = -10\lg(6.6261\times10^{-34}\times\frac{3\times10^{8}}{1550\times10^{-9}}\times1.875\times10^{9}) = 96.2\text{ dB}$$

接收机光信噪比为：

$$\text{OSNR} = \frac{m^2 P_{\text{in}}}{F_n hvB_{\text{ele}}}$$

用 dB 表示为：

$$\begin{aligned}\text{OSNR(dB)} &= P_{\text{in}} - 30 + m^2 - F_{\text{n}} - 10\lg\left(hvB_{\text{ele}}\right)\\ &= -46 - 30 + 0.85^2 - 5.5 + 96.2 = 15.42\text{ dB}\end{aligned}$$

5.2.6 接收端混合使用 EDFA 和分布式拉曼放大 OSNR 计算

ITU-T Series G Supplement 41（06/2010）称拉曼放大无中继海底光缆通信系统的 OSNR 计算有待进一步研究 [4]。不过，这里我们根据文献 [3][106] 介绍一种计算方法。

接收端除采用 EDFA 前放外，还用多个波长泵浦光从传输光纤上获得分布式拉曼放大增益，如图 5-6（a）所示。此时，OSNR 为：

$$\frac{1}{\text{OSNR}} = \frac{1}{\text{OSNR}_{\text{Raman}}} + \frac{1}{\text{OSNR}_{\text{EDFA}}} = \frac{F_{\text{Raman}} B_{\text{o}} hv}{P_{\text{out/ch}}} + \frac{F_{\text{EDFA}} B_{\text{o}} hv}{P_{\text{out/ch}} G_{\text{Raman}} L_{\text{fiber}}^{\text{Raman}}} \tag{5.20}$$

式中，$P_{\text{out/ch}}$ 是发送端输入的信号光功率，B_{o} 是 ASE 带宽，有时也称为参考光带宽，$L_{\text{fiber}}^{\text{Raman}}$ 是产生分布式拉曼放大增益的光纤长度，通常是 50 km，F_{Raman} 是分布式拉曼放大器噪声指数，F_{EDFA} 是本地前置 EDFA 噪声指数，G_{Raman} 是分布式拉曼放大器开关增益，其值为：

$$G_{\text{Raman}} = \frac{P_{\text{s}}(L)}{P_{\text{s}}(0)/\exp(-\alpha L)} = \exp\frac{g_0 P_{\text{p}}(L) L_{\text{eff}}}{2A_{\text{eff}}} \tag{5.21}$$

式中，$P_{\text{s}}(z)$ 是在位置 z 处的信号光功率，α 是给定信号波长下的光纤衰减系数，g_0 是拉曼增益系数，$P_{\text{p}}(z)$ 是 z 处泵浦光功率，A_{eff} 是光纤有效面积，L_{eff} 是光纤产生拉曼放大的有效长度，定义为 $L_{\text{eff}} = \int_0^L P_{\text{p}}(z)/P_{\text{Pin}}dz = [1-\exp(-\alpha L)]/\alpha$，$P_{\text{Pin}}$ 是泵浦输入光功率。

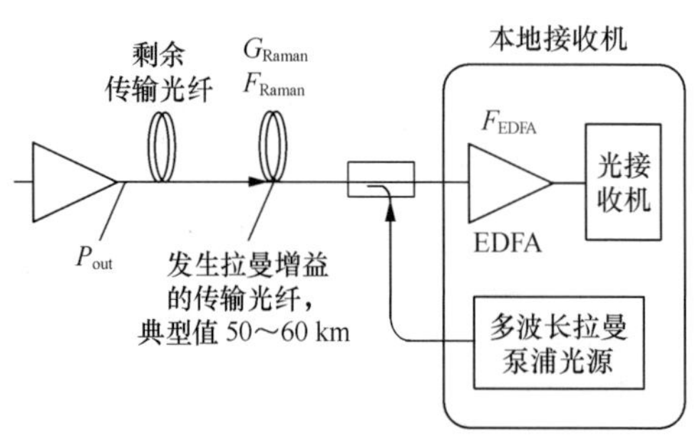

(a) 混合使用 EDFA 和分布式拉曼前置放大

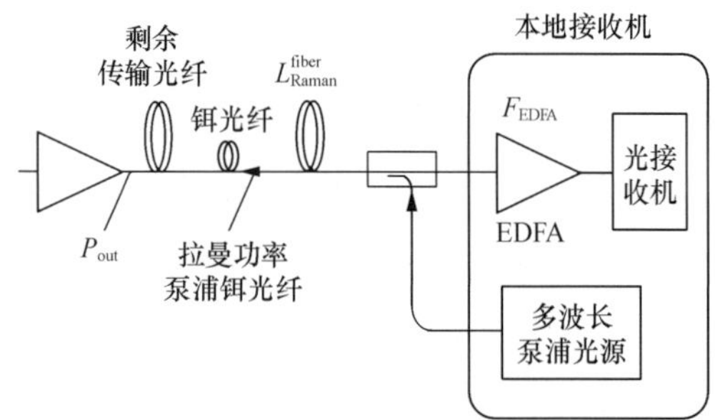

(b) 混合使用 EDFA 前放、功放和分布式拉曼前置放大

图 5-6　本地接收机混合使用 EDFA 和分布式拉曼前置放大的 OSNR 计算模型

如果用 dB 表示，则式（5.20）变为：

$$\mathrm{OSNR}_{\mathrm{Raman}}=P_{\mathrm{out/ch}}-30-F_{\mathrm{Raman}}-10\ \lg h\nu B_{\mathrm{o}} \tag{5.22}$$

$$\mathrm{OSNR}_{\mathrm{EDFA}}=P_{\mathrm{out/ch}}-30-\alpha L+G_{\mathrm{Raman}}-\alpha L_{\mathrm{fiber}}^{\mathrm{Raman}}-F_{\mathrm{EDFA}}-10\ \lg h\nu B_{\mathrm{o}} \tag{5.23}$$

假定在发送端每个波长输入光功率 3 dB/ch，传输光纤有效面积 70 μm^2，1 550 nm 光纤衰减系数 α 从 0.24 dB/km 变化到 0.30 dB/km，EDFA 噪声指数 8 dB，1 450 nm 波长后向泵浦光耦合进入光纤的功率 400 mW，拉曼放大在 100 km 长光纤段内，信号光和泵浦光损耗均以 1 dB 递增，以此进行数学模拟和读取 OTDR 数据。图 5-7 表示分布式拉曼放大器增益和噪声指数随光纤长度的变化情况，实线代表用 OTDR 数据近似取代数学模拟的结果，各种符号表示的增益是用式（5.21）计算得到的数据。

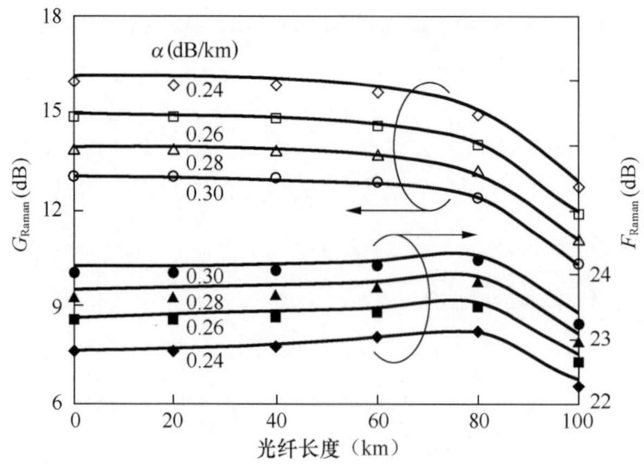

图 5-7　分布式拉曼放大器增益 G_{Raman} 和噪声指数 F_{Raman} 随光纤长度的变化 [106]

图 5-8 表示分布式拉曼放大器 $\mathrm{OSNR}_{\mathrm{Raman}}$ 随光纤长度的变化，实线代表用 OTDR 数据近似取代数学模拟的结果，$\mathrm{OSNR}_{\mathrm{Raman}}$ 符号代表用式（5.18）计算的结果。

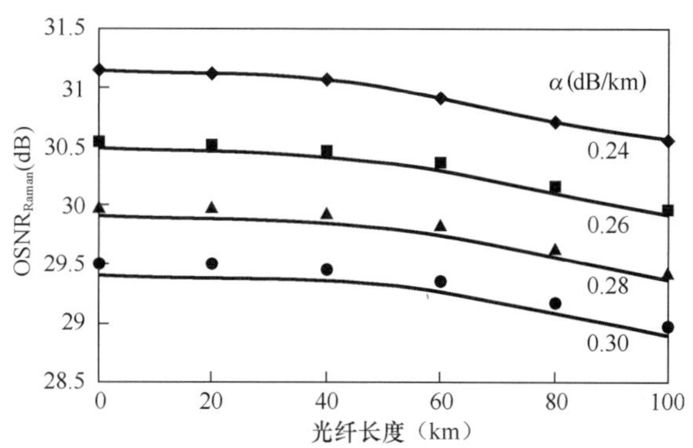

图 5-8　分布式拉曼放大器 $OSNR_{Raman}$ 随光纤长度的变化 [106]

如果分布式拉曼放大器前边再接一段掺铒光纤，作为远端光泵浦放大器（REDFA），用分布式拉曼放大功率和本地泵浦光功率泵浦铒光纤，如图 5-6(b) 所示，此时的 OSNR 为 [3]：

$$\frac{1}{\mathrm{OSNR}}=\frac{1}{\mathrm{OSNR}_{\mathrm{REDFA}}}+\frac{1}{\mathrm{OSNR}_{\mathrm{Raman}}}+\frac{1}{\mathrm{OSNR}_{\mathrm{EDFA}}} \tag{5.24}$$

式中，$\mathrm{OSNR}_{\mathrm{REDFA}}$ 是远泵 EDFA 的 OSNR，$\mathrm{OSNR}_{\mathrm{Raman}}$ 是远泵分布式拉曼放大器的 OSNR，$\mathrm{OSNR}_{\mathrm{EDFA}}$ 是本地 EDFA 的 OSNR，其值分别为：

$$\mathrm{OSNR}_{\mathrm{REDFA}}=P_{\mathrm{out/ch}}-30-\alpha L_{\mathrm{fiber}}^{\mathrm{REDFA}}-F_{\mathrm{REDFA}}-10\ \lg h\nu B_{\mathrm{o}} \tag{5.25}$$

$$\mathrm{OSNR}_{\mathrm{Raman}}=P_{\mathrm{out/ch}}-30+G_{\mathrm{Raman}}-F_{\mathrm{Raman}}-10\ \lg h\nu B_{\mathrm{o}} \tag{5.26}$$

$$\begin{aligned}\mathrm{OSNR}_{\mathrm{EDFA}}=&P_{\mathrm{out/ch}}-30-\alpha L+G_{\mathrm{REDFA}}+G_{\mathrm{Raman}}\\&-\alpha L_{\mathrm{fiber}}^{\mathrm{Raman}}-F_{\mathrm{EDFA}}-10\ \lg h\nu B_{\mathrm{o}}\end{aligned} \tag{5.27}$$

式中，F_{REDFA} 是远端泵浦 EDFA 的噪声指数，F_{EDFA} 是本地 EDFA 的噪声指数，P_{inREDFA} 是远泵 EDFA 的信号输入功率，其值为 $P_{\mathrm{out}}-30-\alpha L_{\mathrm{fiber}}^{\mathrm{REDFA}}$ W，$L_{\mathrm{fiber}}^{\mathrm{REDFA}}$ 是发送端到远泵 EDFA 的光纤长度，L 是线路光纤长度，$L_{\mathrm{fiber}}^{\mathrm{Raman}}$ 是发生分布式拉曼放大的光纤长度，G_{REDFA} 是远泵 EDFA 的增益，G_{Raman} 是远泵分布式拉曼放大器的增益。

例题 5.6　计算同时采用 EDFA 前放和远泵拉曼放大无中继系统 OSNR，并与实验结果比较

在本节介绍的无中继传输系统中，接收端同时采用 EDFA 前放和远端泵浦分布式拉曼放大，已知发送端每个波长输入光功率 3 dB/ch，1 550 nm 光纤衰减系数 $\alpha=0.24$ dB/km，EDFA 噪声指数 8 dB，拉曼放大器噪声指数 24 dB，拉曼增益 16.5 dB，光纤长 100 km，假定分布式拉曼放大光纤长 50 km，计算系统 OSNR，并与实验结果比较。

解：

将数据代入式（5.22）和式（5.23）中得到：

$$\begin{aligned}\mathrm{OSNR}_{\mathrm{Raman}}&=P_{\mathrm{out/ch}}-30-F_{\mathrm{Raman}}-10\ \lg h\nu B_{\mathrm{o}}\\&=3-30-24+88=37\ \mathrm{dB}\end{aligned}$$

$$\begin{aligned}\text{OSNR}_{\text{EDFA}} &= P_{\text{out/ch}} - 30 - \alpha L + G_{\text{Raman}} - \alpha L_{\text{fiber}}^{\text{Raman}} - F_{\text{EDFA}} - 10\ \lg h\nu B \\ &= 3 - 30 - 0.24\times 100 + 16.5 - 0.24\times 50 - 8 + 88 = 33.5\ \text{dB}\end{aligned}$$

$$\frac{1}{\text{OSNR}} = \frac{1}{\text{OSNR}_{\text{Raman}}} + \frac{1}{\text{OSNR}_{\text{EDFA}}} = \frac{1}{10^{37/10}} + \frac{1}{10^{33.5/10}} = \frac{1}{5\,011} + \frac{1}{2\,239} \approx 0.000\,646$$

所以，OSNR = 1 547，用 dB 表示，OSNR = 10 lg1 547 = 31.9 dB，与图 5-8 中 $\alpha = 0.24$ dB/km 的基本一致。

5.3 海底光缆通信系统光功率预算

海底光缆通信系统的技术设计主要指光功率预算和色散管理 [4]。光功率预算要考虑光噪声积累、色散和非线性效应等带来的传输损伤，进行 OSNR 和 Q 参数预算。系统不同，色散管理方法也不同。对于单波长系统，大多数链路段上一般使用具有接近零但不为零的负色散光纤，在少数色散补偿段上使用具有很高正色散值的光纤。对于多波长系统，大多数链路段上使用低负色散值 [约 –2 ps/（nm·km）] 的光纤（有时使用两种光纤：段首使用大有效面积光纤，段尾使用低色散斜率光纤），同时在色散补偿段使用具有较高正色散值的光纤，更多介绍见第 2.5 节。

5.3.1 WDM 海底光缆通信系统光功率预算

光功率预算（Optical Power Budget）就是冗余计算，即计算系统寿命开始（BoL）要求的最小冗余。这些冗余用 Q 值表示。供应商应提供进行功率预算使用的参数，以及与此配套的相关信息，如信道光功率、OSNR 和线路终端设备（LTE）调制方式及 Q 参数与 OSNR 的函数关系 [15]。

光功率预算表描述什么样的系统性能才能满足用户的要求。

海底光缆中继通信系统只在 LTE 接口发生电—光或光—电信号的转换。而在两个 LTE 中间，光信道将遭受噪声累积、光纤非线性和色散等带来的传输损伤。因此，我们要对海底光缆数字线路段（SDLS）进行光功率预算（见第 5.4.2 节）。一些系统可能由几个具有不同损伤的 SDLS 组成，这样就需对每个 SDLS 进行光功率预算。

当 WDM 网络具有 WDM 分支（WDM-BU）时，传输的两个方向可能遭受不同的损伤，需要分别对 SDLS 进行光功率估算，然后选最大损伤的进行预算。

另外，在设计多个登陆点的系统中，对于最长的 SDLS 与中继间距，OSNR 下降要比最短的多一些，最短的可能具有较大的额外冗余 Q_{ext}。该冗余通常称为未分配冗余

Q_{una}，在光功率预算表中应予以标明。

对于海底光缆通信系统，每个数字线路段（SDLS）的功率预算，要进行寿命开始预算（BoL）和寿命终了预算（EoL）。

BoL 功率预算提供最坏情况数字线路段（SDLS）性能，该 SDLS 的 Q 值要在交付使用时测量。寿命开始预算（BoL）和寿命终了预算（EoL）的工作要保证条件一致。

EoL 预算是计算系统寿命终了估算的最坏 Q 值和保证性能安全传输需要的最小 Q 值间的差。EoL 功率预算对系统设计寿命终了时的最坏情况数字线路段性能进行估算，包括光缆、器件和线路终端设备老化，泵浦激光器故障，维修工作增加的光接头，光缆损耗，以及由此引起的色散图改变。

供货商应该提供足够的信息，以便进行光功率预算，至少应给出总的传输距离和段长、WDM 波长数、发送机消光比、中继器输出光功率值和光放大器噪声指数值、接收机光及电带宽、线路终端设备背对背 Q 参数值、前向纠错编码性能（包括纠错前和纠错后的 BER 曲线）等[4]。

供货商也应该说明，为了改善传输性能，在发送端 / 接收端是否使用了偏振扰码器和 / 或虚拟信道，或者在海底设备中是否使用了增益均衡滤波器和斜率均衡器。

图 5-9 表示系统运行期间光功率预算性能参数 Q 的构成。光功率预算清楚地表明了为获得规定的系统误码性能所要求的最小 Q 值。

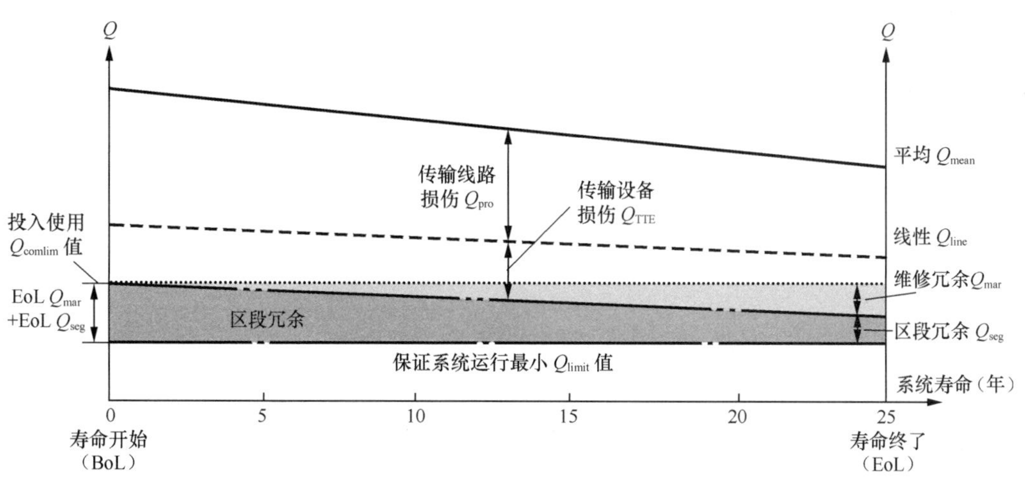

图 5-9　系统运行期间光功率预算性能参数 Q 结构[4]

表 5-3 列出 100×100 Gbit/s 长 10 000 km WDM 海底光缆通信系统中一些引起光功率代价的损伤效应及对应的 Q 值，并给出了系统功率预算结果。

表 5-3 WDM 海底光缆通信系统 Q 参数预算[15][97]

编号		项目	Q_x（dB）	BoL（dB）	EoL（dB）
0		计算得到 OSNR（dB/0.1 nm）		15.0	14.5
1		平均（mean）Q 值（从 OSNR 计算或实验获得，含海缆传输损伤 Q_{pro}）	Q_{mean}	9.5	9.3
传输损伤 $\sum Q_{imp}$	1.1	色散效应损伤、非线性效应、自相位调制、交叉相位调制、四波混频、受激拉曼色散等的综合（combined）影响	Q_{com}	–1.8	–1.6
	1.2	全段累积增益曲线不平坦（gain flatness）损伤	$Q_{gainfla}$	/	/
	1.3	非理想预均衡（pre-emphasis）损伤注1	$Q_{pre\text{-}em}$	/	/
	1.4	海缆数字线路段波长（wavelength）失配损伤	Q_{wav}	–0.5	–0.5
	1.5	偏振相关损耗（PDL）	Q_{PDL}	/	/
	1.6	偏振相关增益（PDG）	Q_{PDG}	/	/
	1.7	偏振模色散（PDM）注2	Q_{PDM}	/	/
	1.8	监控损伤（低频信号调制光信号用于监控，额外调制带来的损伤）	Q_{sup}	–0.2	–0.2
	1.9	制造和环境损伤（同一厂商生产同一个产品也不能保证指标相同）	Q_{man}	–0.5	–0.5
	2	偏振波动（fluctuation）使平均性能下降	Q_{flu}	–0.5	–0.5
	$\sum Q_{imp}$	$Q_{com}+Q_{gainfla}+Q_{pre\text{-}em}+Q_{wav}+Q_{PDL}+Q_{PDG}+Q_{PDM}+Q_{sup}+Q_{man}+Q_{flu}$	$\sum Q_{imp}$	–3.5	–3.3
3 线性 Q_{line} 计算		$Q_{line}=Q_{mean}+\sum Q_{imp}$	线性 Q_{line}	6.0	6.0
4		线路终端设备（LTE）背对背（输入输出直接相连）测试出的 Q 值	Q_{LTE}	17.1	17.1
5 区段 Q_{seg} 计算		$\frac{1}{Q_{seg}^2}=\frac{1}{Q_{line}^2}+\frac{1}{Q_{TTE}^2}$	区段 Q_{seg}	5.7	5.7
	5.1	FEC 前，BER注3 的典型值约为	$BER_{no\text{-}FEC}$	$2e^{-2}$	$2e^{-2}$
	5.2	FEC 后，BER_{FEC} 典型值约为	BER_{FEC}	$<1e^{-13}$	$<1e^{-13}$
	5.3	利用式（5.5），由 BER_{FEC} 计算出 Q_{FEC} 值	Q_{FEC}	>17.3	>16.6
6		FEC 后的 Q 值（符合 ITU-T G.826 和 G.975.1），保证系统运行的最小 Q 值，对应 FEC 前最坏允许的 BER注4	Q_{limit}	5.0	5.0
7 其他代价		维修（Repair）冗余、光纤和器件老化注5、泵浦激光器故障、判决阈值非理想等，$Q_{rep}=Q_{FEC}(BoL)-Q_{FEC}(EoL)$	Q_{rep}	/	0.7
8		区间冗余注6	Q_{mar}	1.7	1.0
9		未分配（Unallocaded）冗余	Q_{una}	/	0
10		系统开始运行 Q 值，由合同给出每个数字线路段（DLS）值	Q_{comlim}	5.7	

注 1：编号 1.3，预均衡损伤代价。

预均衡在发射机的多通道接口（MPI-S）使用，以便减轻在线光放大器在传输过程中增益波动和增益斜率对系统性能的影响。

预均衡是这样实现的：在 MPI-S 接口（见图 5-4），安排最大光功率 WDM 信道给在线放大器增益最小的信道；而安排最小光功率 WDM 信道给在线放大器增益最大的信道。最大和最小光功率之差就是每个波长的预均衡值。于是，信道功率预均衡后，系统所有信道的传输性能几乎相近。预均衡引入的额外功率代价，如图 5-10 所示。

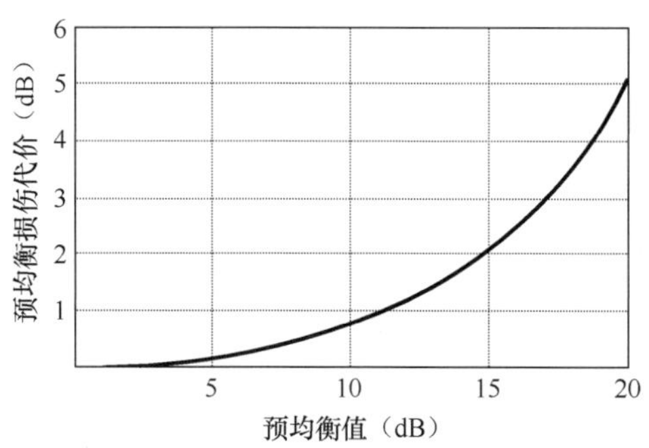

图 5-10　预均衡损伤代价

注 2：编号 1.7，对于 10 Gbit/s NRZ 系统，偏振模色散（PMD）30 ps 极限的一阶代价是 1 dB，其概率为 1×10^{-5}（见 ITU-T G.691 和 G.959.1）。

注 3：编号 5.1，FEC 前要求的最小 BER，为了 FEC 后达到要求的传输性能，FEC 前就要满足最小 BER 要求。该值与使用的 FEC 有关，典型值约为 $1e^{-2}$。

注 4：编号 6，保证系统运行的最小 Q 值（Q_{limit}），该值是 FEC 后的符合 ITU-T G.826 和 G.975.1 推荐的 Q 值。Q_{limit} 对应 FEC 前最坏允许的 BER，例如 Q_{limit} 为 11.2 dB，对应 BER = 2.4×10^{-4}。该 BER 在 ITU-T G.975 中，减小到 BER < 10^{-11}。而 ITU-T G.975.1 的 SFEC 能把 10^{-3} 的 BER 减小到比 10^{-13} 还要小。

注 5：编号 7，其他代价（含维修冗余）Q_{rep}，由环境引起的物理效应和光纤损耗缓慢增加引起。海缆光纤老化主要考虑氢效应老化和海洋辐射老化两个因素。光纤氢效应，25 年后损耗增加约 0.003 dB/km。海底沉淀物、倾倒垃圾等引起的辐射效应，使损耗 25 年后约增加 < 0.002 dB/km，陆地光缆老化损耗可按 0.01 dB/km 考虑。Q_{rep} 等于寿命开始（BoL）区段 Q_{seg} 减去寿命结束（EoL）区段 Q_{seg}。

EoL 的 Q_{mar} 通常为 1 dB，BoL 的 Q_{mar} 等于 EoL 的 Q_{rep} 加上 EoL 的 Q_{mar}。

系统维修冗余，每次维修可能将额外插入两倍水深的光缆，并增加两个光纤接头。陆地光缆按两个登陆站每侧 4 次维修考虑，虽然陆地光缆维修不额外增加光缆长度，但可能每次增加两个光纤接头，应把所有插入光缆损耗和接头损耗作为系统总的维修损耗量，并把该值分摊到每个中继段中，作为每个中继段的光功率代价 [87][88]。

光缆施工冗余，由于船载量或施工气象不测等原因，海缆施工时可能增加的现场接头及其附加损耗，根据施工期的不同，可按每 100 ～ 200 km 增加一个接头进行预算。该接头只增加接头盒而不额外插入光缆，按每个接头损耗 0.1 dB 计算。GB 51158《通信线路工程设计规范》要求每个接头损耗最大值为 0.14 dB。海底光缆每次维修不少于两个接头，接头总损耗按 0.4 dB 计算 [110]。

注 6：编号 8，区段冗余 Q_{mar}。

5.3.2　相干检测 WDM 海底光缆通信系统光功率预算

表 5-4 是对高比特率相干检测 WDM 海底光缆通信系统的光功率预算。供货商也应该标明为提高系统性能，发射机、接收机和海底设备是否采用了一些器件，如扰偏器、增益均衡滤波器、斜率均衡器等。

表 5-4a　相干检测 WDM 海底光缆通信系统 Q 参数预算 [15]

项目编号	描　述	OSNR（dB/0.1 nm）
A	按合同规定的信道光功率、满负荷设计容量，系统寿命开始（BoL）OSNR 计算注 1	
B	按合同规定的信道光功率、满负荷设计容量，系统寿命终了（EoL）OSNR 计算注 1	

表 5-4b　相干检测 WDM 海底光缆通信系统 Q 参数预算

项目编号		描　述	Q（dB）
1		线路终端设备（LTE）背对背（输入—输出相连）测试 Q 值[注2]	Q_{LTE}
传输损伤 $\sum Q_{imp}$	2	测量或模拟获得的传输（Propagation）损伤 Q 参数[注3]	Q_{pro}
	3	其他损伤	
	3.1	非理想预均衡（Pre-emphasis）损伤	$Q_{pre\text{-}em}$
	3.2	海缆数字线路段波长（Wavelength）失配损伤	Q_{wav}
	3.3	相关损耗（PDL）、偏振相关增益（PDG）、偏振模色散（PDM）平均代价	Q_{pol}
	3.4	监控（Supervisory）损伤（低频信号调制光信号用于监控，额外调制带来的损伤）	Q_{sup}
	3.5	制造（Manufacturing）和环境损伤（同一厂商生产同一个产品也不能保证指标相同）[注4]	Q_{man}
	3.6	未规定（Unspecified）的损伤	Q_{uns}
	$\sum Q_{imp}$	$Q_{pro}+Q_{pre\text{-}em}+Q_{wav}+Q_{pol}+Q_{sup}+Q_{man}+Q_{uns}$	计算损伤 $\sum Q_{imp}$
4		平均性能参数 Q 波动（Fluctuations）损伤[注5]	Q_{flu}
5		寿命开始（BoL）性能参数 $Q_{BoL}=Q_{LTE}-\sum Q_{imp}-Q_{flu}$	计算 Q_{BoL}
6	6.1	海缆（Cable）维修和老化（Ageing）损伤[注6]	$Q_{cab\text{-}age}$
	6.2	线路终端设备（LTE）老化	$Q_{LTE\text{-}age}$
7		系统寿命终了（EoL）性能参数 $Q_{BoL}=Q_{BoL}-Q_{cab\text{-}age}-Q_{LTE\text{-}age}$	计算 Q_{BoL}
8		FEC 后要求的最小 Q 值（满足 ITU-T G.826 和 G.975.1 的要求）	Q_{limit}
9		海缆用户在系统寿命终了（EoL）时用户要求的冗余	Q_{EoL}
10		除维修、老化、用户要求的冗余外的额外（Extra）冗余	Q_{ext}
11		合同规定每个数字线路段（DLS）投入使用（Commissioned）的最小 Q 值[注7]	Q_{comlim}

注 1：编号 A 和 B，OSNR 计算，由设备供应商给出系统 OSNR，作为 LTE 的平均性能参数。供应商应提供系统的关键参数，以便对给出的信道功率进行 OSNR 计算。对于新系统，给出的 OSNR 仅供参考。

注 2：编号 1，线路终端设备（LTE）发射端 Q_{LTE} 值，将发射机输出和接收机输入直接相连，测得 Q 参数，供应商应给出从 OSNR 得到线路终端设备（LTE）Q 的方法。

注 3：编号 2，传输损伤，通过测试或模拟一个海底光缆数字线路段（SDLS），获得经传输后的 Q_{pro} 参数，包括现在所有可能的代价。假如行 1 给出的是 LTE 单信道 Q 值，则行 2 应给出 WDM 信道间的串话代价。

注 4：编号 3.5，制造和环境损伤 Q_{man}，对于新系统，制造和环境损伤 Q_{man} 包括数字线路段（DLS）传输通道和线路终端设备（LTE）的损伤。对于系统升级，该参数只包括 LTE 损伤。

注 5：编号 4，平均性能波动 Q_{flu}，可用 5 个标准偏差 σ 表示。

注 6：编号 6.1，海缆维修和老化代价 $Q_{cab\text{-}age}$，供应商应提供估算这种代价的详细方法，它与系统寿命开始（BoL）和寿命终了（EoL）OSNR 下降的关系。

注 7：编号 11，合同规定每个数字线路段（DLS）投入使用（Commissioning）所要求的最小 Q_{comlim} 值。假如测量到的每个信道性能 Q 值均大于投入使用 Q_{comlim}，就说明有足够的冗余用于维修、老化和用户需求。

5.4　海底光缆通信系统技术设计实例

5.4.1　无中继放大系统功率预算

两种不同的无中继光放大器海底光缆通信系统如图 5-11 所示，图 5-11（a）表示只有本地功放和本地前放无中继系统，图 5-11（b）表示除有本地功放和前放外，还在发送端和接收端分别增加了远泵功放和远泵前放 EDFA 或拉曼放大。表 5-5 给出两种无中继放大系统的功率预算结果，既适用于单信道系统，也适用于 WDM 系统，后者只要发射功率满足每个信道的要求即可。

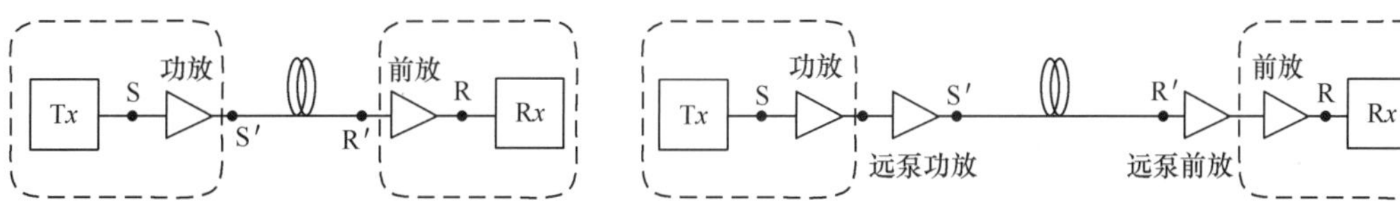

（a）系统 1，只有功放和前放　　（b）系统 2，在功放和前放基础上又增加了 2 个远泵光放大器

图 5-11　无中继放大系统构成

在表 5-5 中，凡是能够提供增益的项目，如发射机输出功率、光放大器增益、接收机灵敏度都设为“+”值；而凡是吸收或衰减增益的均设为“–”值，在计算公式中均相加即可。

传输终端设备（LTE）寿命开始（BoL）功率预算是光发射机输出功率、光放大器增益、接收机灵敏度，以及传输损伤相加。LTE 寿命终了（EoL）功率预算是 BoL 值加上设备老化值。

海底光缆功率预算首先将海缆长度与其衰减系数相乘，然后相乘值加上安装损耗、维修冗余就是海缆总损耗。

系统寿命开始（BoL）/ 寿命终了（EoL）冗余是寿命开始（BoL）设备功率预算 / 寿命终了（EoL）设备功率预算分别加上其总损耗。

表 5-5　无中继海底光缆通信系统功率预算[3]

	项　目	单位	系统 1	系统 2	表示符号及计算结果
传输终端设备（LTE）功率预算	参考点 S′ 发射功率	dBm	17.5	14.0	A1
	远泵功率增强光放大器增益	dB	0.0	11.0	A2
	远泵前置光放大器增益	dB	0.0	18.0	A3
	参考点 R′ 接收机灵敏度	dBm	46.0	43.0	A4
	传输损伤	dB	– 0.5	– 0.5	A5
	设备老化	dB	– 1.0	– 1.0	A6
	寿命开始（BoL）设备功率预算	dB	63.0	84.5	A7 = A1+A2+A3+A4+A5
	寿命终了（EoL）设备功率预算	dB	62.0	83.5	A8 = A7+A6
海底光缆功率预算	海缆长度	km	300	420	B1
	BoL 海缆衰减系数	dB/km	– 0.181	– 0.181	B2
	BoL 海缆损耗	dB	– 54.3	– 76.0	B3 = B1×B2
	EoL 海缆衰减系数	dB/km	– 0.186	– 0.186	B4
	EoL 海缆损耗	dB	– 55.8	– 78.1	B5 = B1×B4
	安装损耗	dB	– 1.0	– 1.0	B6
	维修冗余	dB	– 3.0	– 3.0	B7
	BoL 海缆总损耗	dB	– 55.3	– 77.0	B8 = B3+B6
	EoL 海缆总损耗	dB	– 59.8	– 82.1	B9 = B4+B6+B7
寿命开始（BoL）系统冗余		dB	5.7	7.5	C1 = A7+B8
寿命终了（EoL）系统冗余		dB	1.2	1.4	C2 = A8+B9

在系统 2 中，发射功率定义了在远泵功放的输出端（S′ 点）的功率，接收灵敏度也定义了在远泵前放的输入端（R′ 点）的功率。这时，远泵光缆段损耗可以增加到设备功率预算中。

用寿命开始（BoL）系统冗余可以检测系统刚刚安装运行后的工作状态，而寿命终了（EoL）系统正值（+）冗余值可以保证寿命期内系统具有较好的性能。

无中继海底光缆线路可能数百千米路由均处于浅海，为避免所预留维修余量过大，最大维修余量应不超过 5 dB[110]。

5.4.2　数字线路段（DLS）*Q* 参数预算

一个典型的数字线路段（DLS）或点对点传输系统的 *Q* 参数预算如表 5-6 所示。

表 5-6 海底光缆传输数字线路段（DLS）性能 Q 参数预算表 [3]

编号	项 目	符号	寿命开始（BoL）Q_{BoL}（dB）	寿命终了（EoL）Q_{EoL}（dB）
1	基于 OSNR 性能的 Q_{OSNR} 参数，由式（5.14）计算	Q_{OSNR}	17.7	14.7
1.1	传输损伤 Q_{imp}（由光纤色散和非线性效应相互作用引起）	Q_{imp}	2.0	2.0
1.2	非理想预均衡损伤 $Q_{pre\text{-}em}$（见图 5-10）	$Q_{pre\text{-}em}$	0.4	0.4
1.3	监控损伤（低频信号调制光信号，额外调制带来的损伤）Q_{sup}	Q_{sup}	0.2 调制指数 <10%	0.2 调制指数 <10%
1.4	制造和环境损伤（同一厂商生产同一个产品性能偏差）Q_{man}	Q_{man}	1	1
1.5	偏振波动（Fluctuation）使平均性能下降 Q_{flu}	Q_{flu}	1.2	1.2
2	传输损伤合计：$\sum Q_{imp}=Q_{imp}+Q_{pre\text{-}em}+Q_{sup}+Q_{man}+Q_{flu}$	$\sum Q_{imp}$	4.8	4.8
3	线性性能计算：$Q_{line}=Q_{OSNR}-\sum Q_{imp}$	Q_{line}	12.9	9.9
4	海底光缆线路线路终端设备（LTE）Q_{LTE}（输入—输出相连测试 Q 值）	Q_{LTE}	24.1	22.9
5	计算区段 Q_{seg} 注 1：$\frac{1}{Q_{seg}^2}=\frac{1}{Q_{line}^2}+\frac{1}{Q_{TTE}^2}=\frac{1}{12.9^2}+\frac{1}{24.1^2}$	Q_{seg}	11.4	9.1
6	FEC 前要求的最小 Q_{min} 注 2	Q_{min}	8.7	8.7
7	系统冗余计算：$Q_{mar}=Q_{seg}-Q_{min}$	Q_{mar}	2.7	0.4

注 1：编号 5，计算区段 Q_{seg} 值：

$$\frac{1}{Q^2_{seg}}=\frac{1}{Q^2_{line}}+\frac{1}{Q^2_{TTE}} \tag{5.28}$$

注 2：编号 6，FEC 前要求的最小 Q_{min}，为了 FEC 后达到要求的传输性能，FEC 前就要满足最小 Q 参数要求。该值与使用的 FEC 有关。

5.4.3 光中继系统 OSNR 计算

由于中继器、光纤老化和光缆维修，计算出的寿命结束（EoL）和寿命开始（BoL）OSNR 参数有所变化。在 25 年寿命期内，系统 BoL 和 EoL 的输出 OSNR 所用到的参数如表 5-7 所示 [97]。

表 5-7 光中继系统 OSNR 计算参数

编号	项目名称	项 目 内 容	数 值
1	光纤衰减系数	系统寿命开始（BoL）参数	0.2 dB/km
2	中继器输出功率	所有中继器输出功率均相同，不管传输距离长短	0 dBm
3	泵浦 LD 失效	5% 的中继器泵浦失效，泵浦失效中继器典型输出功率下降值	3 dB
4	光纤老化	25 年寿命期内光纤衰减每 km 增加值	+0.002 dB /km
5	光缆维修增加的额外损耗	深水 >1 000 m，每 1 000 km 维修一次	3 dB
		浅水 < 1 000 m，每 20 km 维修一次	0.5 dB

续表

编号	项目名称	项 目 内 容	数 值
6	短距离系统	传输距离（含 1 000 km 浅水）	< 2 000 km
		中继器数量	30 个
		中继间距	70 km
		中继器输入光功率	–14 dBm
7	长距离系统	传输距离（含 1 000 km 浅水）	6 000 km
		中继器数量	120 个
		中继间距	50 km
		中继器输入光功率	–10 dBm

光中继系统寿命结束（EoL）OSNR 与寿命开始（BoL）OSNR 之比用下式表示：

$$\frac{\text{OSNR}_{\text{BoL}}}{\text{OSNR}_{\text{EoL}}}=\sum_{j=1}^{k}\frac{P_{\text{in}}}{kP_{\text{in},j}} \tag{5.29}$$

式中，$P_{\text{in},j}$ 是 EoL 时第 j 个中继器每个波长平均输入光功率，k 是系统光中继器数量。当所有中继器间距损耗和中继器输出光功率都相等，且 ASE 功率与信号功率相比可以忽略不计时，P_{in} 是 BoL 中继器每个波长平均输入光功率。

对于有 30 个光中继器的 2 000 km 线路，式（5.29）计算参数如下。

系统寿命开始（BoL）时，光中继器输入光功率 $P_{\text{in}}=-14$ dBm。

系统寿命结束（EoL）时，在 25 年期间内遭受了泵浦激光器故障、深水浅水光缆维修，具体情况包括如下内容：

有 14 个光中继器遭受了光缆浅水维修，增加损耗 1.75 dB，这 14 个中继器的输出光功率为 –14–1.75–0.35 = –16.1 dBm，其中 0.35 dB 是光纤老化损耗。

有 14 个中继器的输出光功率为 –14–0.35 = –14.35 dBm，其中 0.35 dBm 是光纤老化损耗。

有一个中继器泵浦 LD 发生故障，增加损耗 3 dB，这一个中继器的输出光功率为 –14–3–0.35 = –17.35 dBm，其中 0.35 dB 是光纤老化损耗。

有一个中继器进行了光缆深水维修，增加损耗 3 dB，这一个中继器的输出光功率为 –14–3–0.35 = –17.35 dBm，其中 0.35 dB 是光纤老化损耗。

已知，光中继器数量 $k=30$，$P_{\text{in}}=-14$ dBm，将刚计算出的 $P_{\text{in},j}$ 值代入式（5.29），就可以计算出光中继系统寿命结束（EoL）OSNR 与寿命开始（BoL）OSNR 之比为：

$$\frac{\text{OSNR}_{\text{BoL}}}{\text{OSNR}_{\text{EoL}}}=\sum_{j=1}^{k}\frac{P_{\text{in}}}{kP_{\text{in},j}}=\frac{10^{-14/10}}{30}\left(\frac{14}{10^{-16.1/10}}+\frac{14}{10^{-14.35/10}}+\frac{2}{10^{-17.35/10}}\right)=1.4$$

所以，OSNR 下降了 10 lg1.4 = 1.5 dB。

对于有 120 个光中继器的 6 000 km 线路，式（5.29）计算参数如下。

系统寿命开始（BoL）时，光中继器输入光功率 $P_{in} = -10$ dBm。

系统寿命结束（EoL）时，在 25 年期间内，有 20 个光中继器遭受了光缆浅水维修，增加损耗 1.25 dB，这 20 个中继器的输出光功率为 −10−1.25−0.25 = −11.5 dBm，其中 0.25 dB 是光纤老化损耗。

有 89 个中继器的输出光功率为 −10−0.25 = −10.25 dBm，其中 0.25 dBm 是光纤老化损耗。

有 6 个中继器泵浦 LD 发生故障，增加损耗 3 dB，这 6 个中继器的输出光功率为 −10−3−0.25 = −13.25 dBm，其中 0.25 dB 是光纤老化损耗。

有 5 个中继器进行了光缆深水维修，增加损耗 3 dB，这 5 个中继器的输出光功率为 −10−3−0.25 = −13.25 dBm，其中 0.25 dB 是光纤老化损耗。

已知，光中继器数量 $k = 120$，$P_{in} = -10$ dBm，将刚计算出的 $P_{in,j}$ 值代入式（5.29），就可以计算出光中继系统寿命结束（EoL）OSNR 与寿命开始（BoL）OSNR 之比为：

$$\frac{\mathrm{OSNR_{BoL}}}{\mathrm{OSNR_{EoL}}} = \sum_{j=1}^{k} \frac{P_{in}}{kP_{in,j}} = \frac{10^{-10/10}}{120}\left(\frac{20}{10^{-11.5/10}} + \frac{14}{10^{-10.25/10}} + \frac{2}{10^{-13.25/10}}\right) = 1.21$$

所以，OSNR 下降了 10 lg1.21 = 0.85 dB。

由此看来，似乎 OSNR 下降短距离系统要比长距离系统多些。

5.5　海底光缆通信系统技术设计

5.5.1　光中继海底光缆通信系统技术设计考虑

在光接收过程中，不可避免地发生随机的比特误码。光中继器 EDFA 和电子元器件产生的光、电噪声与畸变的信号脉冲，使送到再生器判决电路的信号质量下降。传输路径设计的目的就是选择合适的中继器和海缆，以有效、经济的方法限制 OSNR 降低，使比特误码率低于系统设计指标的要求。

光中继海底光缆通信系统应使用专为光中继系统设计生产的光缆，该光缆含有向水下中继器供电的导体，有浅水和深水之分，其直流电阻（通常 1.0 Ω/km）和绝缘强度应满足供电设备（PFE）对所有海底中继器的要求。中继段光纤可以是同类光纤，也可以是不同类光纤，同一段内也可以用两种不同种类的光纤（如正色散 G.652 光纤和负色散 G.655 光纤）连接，进行色散管理（见第 2.5 节）。海底光缆的选择见第 6.4 节。

光中继海底光缆与无中继海底光缆相比，光纤芯数较少，通常只有 4 ～ 8 芯，通信容量主要依赖波分复用和提高线路速率。所以，需选择在系统寿命 25 年内可以一直使用的光纤光缆，如用 G.652、G.655 和 G.656 光纤制成的深水、浅水应用的轻铠（LW 和 LWA）、单铠（SD）和双铠（DA）等多种保护结构的缆型（见表 6-1 和表 6-2），如系统需升级只需更换传输设备即可。

光中继传输系统距离长（>12 000 km），为了提高线路输出端 OSNR，要求线路中继器的输入功率高、噪声指数和增益低，这样就限制了中继段长。通常，两个相邻放大器的平均损耗为 10 ～ 20 dB，这取决于线路总长和光纤非线性效应允许的放大器信号输出功率。事实上，克尔效应（自相位调制、交叉相位调制）、四波混频使每信道最大功率约为 0 dBm。EDFA 输出光信号功率已从 +12 dBm（几个信道）增加到 +17 dBm（≥100 个信道）。由于信道比特速率由 10 Gbit/s 增加到 100 Gbit/s，高 OSNR 要求线路信号功率保持较高，从而限制了 EDFA 的增益电平 [97]。

目前，由于 PM-QPSK 调制 / 相干检测和大有效面积光纤的使用，长距离海底光缆系统信道速率一般采用 100 Gbit/s，线路色散也不需要补偿，可使用独立设计的转发器。这种系统使用 C 波段 EDFA 中继，可实现 150×100 Gbit/s WDM 信道传输，频谱效率可达 300%。设计较短距离系统时，采用高阶调制格式，频谱效率还可大于 300%[67]。

中继海底光缆需对光纤色散、衰减和非线性效应进行优化。在串接上百个掺铒（Er）光纤放大器延伸数千千米的线路中，为防止信号展宽，减小非线性畸变，必要时要周期性插入一段具有负色散的成缆色散补偿光纤，进行周期性补偿（见第 2.5.2 节）。

光中继系统构成见第 3.1.1 节。

对于一个高斯噪声限制比特误码率（BER）的海底光缆通信系统，BER 与 Q 有关，见式（5.5）。设计系统的 Q 值在开始使用时要足够大，以便允许系统老化和维修后也能正常工作。中继系统在系统寿命终了后仍应留有 1 dB 的 Q 值余量，见表 5-3 和图 5-9。光中继系统光功率预算见第 5.3 节，系统维修冗余考虑见表 5-3 [注 5]。

设计海底光缆系统时，维修余量应这样考虑，在寿命期内，登陆点到登陆站之间的陆地光缆段可按每 4 km 维修一次计算，但不宜少于两次，每次维修的每个接头损耗可按 0.14 dB 计算；近岸段和浅海段可按每 15 km 维修一次计算，但不宜少于 5 次；深海段可按每 1 000 km 维修一次计算；海底光缆每次维修增加的损耗应包括入海光缆本身的衰减和接头损耗，插入光缆长度可按海水深度 2.5 倍计算，每次维修的接头损耗可按 0.4 dB 计算 [110]。

中继海底光缆系统应采用一线一地的远供恒流供电方式，对于点到点线型系统，应采用双端供电；在一端远供电源设备出现故障情况下，另一端远供电源设备应能自动对整个系统供电；在海底光缆发生接地故障情况下，远供电源设备可自动调整输出工作电压，实现新的供电平衡 [110]。

对于分支型海底光缆系统，在正常工作情况下，其中两个登陆站之间应双端供电，第三个登陆站到海底分支单元应单端供电；在连接海底分支单元的一个分支发生故障情况下，海底分支单元可实现供电倒换，实现另两个分支之间双端供电或分别对海底分支单元单端供电。供电设备的供电转换模块应 1+1 冗余配置 [110]。

对光中继器的供电要求是，供电电流要小，通常为 1 A 左右；直流压降也要小，通常为 20 ～ 30 V；应具有较小的热阻，以利散热，但应有高的绝缘强度。供电电路设计见第 3.4 节。中继海底光缆通信系统供电电压预算如表 5-8 所示。

表 5-8　光中继海底光缆通信系统远供电压预算 [87]

序 号	项 目	表示符号	计 算 公 式		备 注
1	光缆每 km 压降	V_{cab}	远供电流 I（A）× 光缆直流电阻（Ω/km）	$I\times\Omega$	
2	光缆总压降	V_{tol}^{cab}	光缆每 km 压降 × 总长 L_{tol}（km）	$V_{cab}\times L_{tol}$	
3	中继器总压降	V_{tol}^{rep}	每个中继器压降 V^{rep}× 中继器数量 m	$V^{rep}\times m$	
4	地点位总压降	V_{tol}^{ear}	地电位差 V_{ear} × 电极间距离 L	$V_{ear}\times L$	V_{ear}= 0.1 ～ 0.3 km
5	地电极总压降	V_{tol}^{pol}	接地电阻 R × 远供电流 I × 2	$R\times 2I$	终端站各一个电极
6	维修光缆总压降	V_{tol}^{mai}	光缆每 km 压降 × 维修光缆总长 L_{mai}(km)	$V_{cab}\times L_{mai}$	注 1
7	维修接头总压降	V_{tol}^{con}	远供电流 I × 维修接头直流电阻 R_{mai}	$I\times R_{mai}$	注 2
8	远供电压总压降	V_{tol}	$V_{tol}=V_{cab}+V_{tol}^{cab}+V_{tol}^{rep}+V_{tol}^{ear}+V_{tol}^{pol}+V_{tol}^{mai}+V_{tol}^{con}$		

注 1：平均每次维修深水段增加 2 倍水深的光缆，约 1 000 km，浅水段增加 15 ～ 30 km，每次维修增加 2 个电接头。

注 2：陆缆按 2 个终端站每侧 4 次维修考虑，每次增加 2 个电接头。

5.5.2　光中继间距设计

通常设计长距离海底光缆传输系统的目标是，对于给定的传输距离和容量，减少中继器的数量。中继器间距计算通过以下步骤实现 [97]。

第 1 步，计算系统寿命开始要求的区段 Q_{seg}^{BoL} 参数（见图 5-9 和表 5-3）。

$$Q_{seg}^{BoL}=Q_{lim}+Q_{mar}+Q_{rep} \tag{5.30}$$

式中，$Q_{\rm lim}$ 是系统寿命开始要求的最小 Q 值，$Q_{\rm mar}$ 是系统寿命终了要求的维修冗余，$Q_{\rm rep}$ 是允许光缆维修和老化的 Q 值。

第 2 步，估计中继器每个波长最大输出功率和有关的传输损伤。

在长距离传输系统中，发射功率由于非线性效应被脉冲展宽和色散所限制。产生高 Q 值的中继器输出功率可从实验室传输实验中获得。脉冲畸变取决于系统长度、WDM 波长数、波长间距、光纤类型（有效面积、色散）和调制方式。

在短距离系统中，发射功率主要受限于中继器可用泵浦功率。

第 3 步，计算 BoL 时要求的 OSNR。

首先，基于 OSNR 的 Q 参数可从下面公式得到：

$$Q = Q_{\rm seg}^{\rm BoL} + Q_{\rm pro} + Q_{\rm TVSP} + Q_{\rm pre\text{-}em} + Q_{\rm sup} + Q_{\rm man} \tag{5.31}$$

式中，$Q_{\rm seg}^{\rm BoL}$ 是系统开始时的区段 Q 参数，$Q_{\rm pro}$ 是传输损伤，$Q_{\rm TVSP}$ 是随时间变化的 Q 参数损伤（Time-Varying System Performance），$Q_{\rm pre\text{-}em}$ 是非理想预均衡损伤，$Q_{\rm sup}$ 是监控损伤，$Q_{\rm man}$ 制造损伤（见表 5-3）。

然后，通过式（5.14a）$Q^2 \approx {\rm OSNR}$，就可以计算 OSNR。假如需要，我们可以把级联光中继器中的光放大器非一致频谱响应引起的 OSNR 下降损伤值考虑进去。

最后，用式（5.16b）计算出所需要中继器的数量 $N_{\rm amp}$，即：

$$\text{OSNR(dB)} = P_{\rm out} - 30 - F_{\rm n} - \frac{L\alpha}{N_{\rm amp}} - 10\ \lg M_{\lambda} - 10\ \lg N_{\rm amp} + 88 \tag{5.32}$$

式中，$P_{\rm out}$ 是中继段光纤的输入光功率，即中继器输出光功率（dBw），$F_{\rm n}$ 是 EDFA 噪声指数，M_{λ} 是 WDM 系统使用的波长数，L 是光中继系统总长度，α 是光纤衰减系数。

图 5-12 表示典型海底 / 陆地光缆通信系统传输距离与要求的中继器间距的关系。

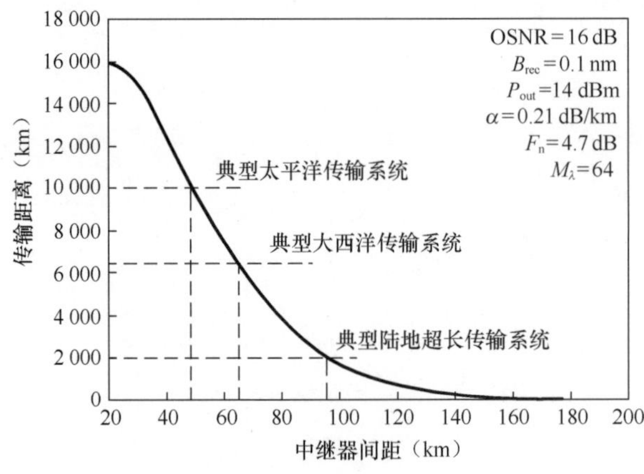

图 5-12　典型海底 / 陆地光缆通信系统传输距离与中继器间距的关系

对于 80×150 Gbit/s 系统的典型中继器间距与线路长度的关系如图 5-13 所示。

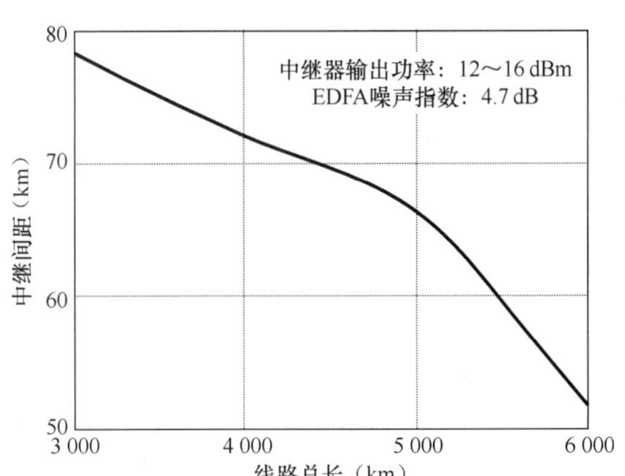

图 5-13 80×150 Gbit/s 系统中继器间距与线路长度的关系

5.5.3 无中继海底光缆通信系统技术设计考虑

无中继系统与中继系统相比具有三个特殊的要求。

首先，传输容量自系统开始运营后常常进行不断地扩容，这就要求系统具有能够不断扩容的能力。

其次，大部分无中继系统敷设在浅水区，因此海缆的强度可以降低，成本也可以减小。但是，当近海海缆敷设在渔场和港口区时，为了防止人为的抛锚损坏，海缆的强度要加强，常采用单铠或双铠光缆，此外还要把海缆深埋入海底（见第 6.4.3 节）。

最后，无中继系统常用于连接具有许多登陆点的地区网和本地网，系统结构变得很复杂，要求网络管理能力很强。

无中继系统设计的主要任务是，在满足用户提出的性能要求的前提下使成本降低。然而，高性能的要求常常要付出高成本的代价。设计者的任务就是在这两者之间取得折中。例如低损耗光纤的色散要稍大，而具有最小色散的 G.653 色散移位光纤的损耗又偏大。若选用色散偏大而损耗最小的 G.654 光纤（1.55 μm），则要求较好的光发射机，特别是在高比特率使用时，因为此时色散是影响系统性能的主要因素。所以设计一个高性能无误码传输的无中继系统是一项艰巨的任务。

典型的设计方法是，从各种可能的拓扑结构中，选择一种满足用户要求的路径、长度和容量，进行损耗预算。损耗预算的目的是，根据现有可用的技术和收发终端性能，计算光路上的允许损耗，然后和路径上的光纤损耗、连接器接头损耗，以及各种损伤、冗余之和进行比较，判定是否满足设计要求，如表 5-3、表 5-4 和表 5-5 所示。

当今无中继海底光缆通信系统的传输技术有光纤和光缆技术、高性能光发射机和接收机技术、先进的复用（如偏振复用）技术和 BPSK、QPSK 和 QAM 调制技术、前向纠错技术、色散管理和补偿技术、线路增益均衡滤波技术、脉冲整形技术，以及最重要的掺铒光纤集中放大（EDFA）和分布式拉曼放大技术等（见第 2 章）。

无中继海底光缆系统一般采用陆地光缆 WDM 设备或陆地光缆 SDH 设备，所以性能指标设计宜参照中国陆地光缆 WDM 和 SDH 传输系统的设计规范。在建设单位和设备供应商双方同意的情况下，无中继 WDM 系统也可按照有中继 WDM 系统性能指标设计[110]。

无中继传输系统海缆敷设及其维护可以使用当地较小的船只进行，无须使用高性能的专门海缆敷设船，这样就可大大减少无中继系统的费用。无中继海缆网络管理系统应该与陆上网络的兼容，因为海底和陆上系统可能由用户作为一个统一的网络来维护。

无中继系统是中继系统的支系统，故障定位简单。

5.6 海底光缆通信系统升级

大多数海底光缆通信系统最初运行时，其容量低于设计容量。从商业和技术角度考虑，供货合同规定可逐渐提升其容量。在一些情况下，终端设备使用先进的技术可超过设计容量，如图 5-14 所示，此时，如何升级，能升多少，就很有挑战性。

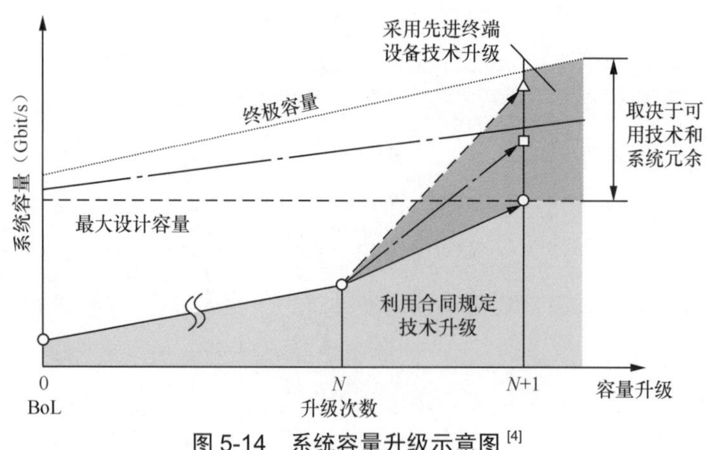

图 5-14 系统容量升级示意图[4]

增加信号比特率和 / 或 WDM 信道数可以扩大传输容量，在设备 25 年寿命期内，我们可有效重新使用海底光缆。信道速率已从 140 Mbit/s 增加到 5 Gbit/s、10 Gbit/s、40 Gbit/s，甚至 100 Gbit/s。单根光纤容量已从 140 Mbit/s 通过波分复用、偏振复用和空分复用不断增加到接近 100 Tbit/s（见图 1-5）。C+L 波段 10 Gbit/s WDM 信道已达到了 300 个 [3]。有人对信道速率 100 Gbit/s 的 294 个 WDM 信道进行了 7 230 km 的传输实验 [81]。

系统容量升级后，海缆从最初传输低比特率信号提升到传输高比特率信号，实现了最佳化。即使系统升级了，最初使用低比特率的传输终端，其输出也要遵从 SDH 或光传送网（OTN）的技术规范，以便与标准陆上设备兼容。

比如 SEA-ME-WE 海底光缆通信系统，1999 年开通时，DWDM 系统容量 8×2.5 Gbit/s，2002 年 9 月升级后，在不改变海底线路状态下，系统容量升级到 8×10 Gbit/s，系统性能平均 Q 值都能达到 13.7 dB 以上，长期检测 Q 值基本保持不变。2011 年 SMW-4 升级到 40 Gbit/s，2017 年 SMW-5 升级到 100 Gbit/s，传输容量达到 24 Tbit/s（见第 3.8 节）。

所以，系统升级也要考虑最初安装的海缆未来可能载运更多信道的需要。

增加信道信号比特率或增加信道数使系统升级，与系统设计时的许多特性不同，这些特性涉及前置 / 后置放大器输入 / 输出功率、功率预算、光信噪比、光纤色散和非线性。因此建议，设计者在设计系统时，就要适当考虑未来系统升级的可能性。

水下分支单元允许系统具有多个登陆点，增加路由选择功能，使构建多种多样的系统结构成为可能，从而满足电信业务日益增长和出现故障尽快恢复的需求。随着电信业务的增长和技术的进步，为了满足用户更多选择的需求，海底光缆通信系统要具有适应性强和升级容易的特性。

5.6.1 在现有设备基础上升级

光功率预算至关重要，在系统 25 年寿命期间，厂商有责任保证系统运行的性能，特别要保证系统寿命开始（BoL）要求的最小 Q 值（Q_{comlim}），以及寿命终了（EoL）的各种冗余，如图 5-9 所示，这里 Q_{comlim} 与信道数量无关。

通常，系统具有可扩展的模块化结构，合同允许逐渐升级。事实上，系统在达到最大容量前，可以进行几次升级，因为实验证明，现有设备使用现有技术完全可以增加容量。有时，升级计划就附在合同后面，作为增加信道数的指南。对于宽带系统，信道应均匀地分布在带宽中，以避免增益频谱洞穴（SHB，Spectral Hole Burning）效应 [4]（见第 2.1.1 节）。

对现有设备升级，可能要对一些设置，如预均衡、海底有源均衡器特性进行调整，或在线自动进行。

通常，系统设备由不同厂商提供，要求这些设备相互兼容（见第 6.5 节）。

5.6.2 利用先进终端设备技术升级

利用先进技术升级，可使系统拥有者受益，因为升级后它们可以继续使用比设计容量大的现有海底光缆通信系统，从而得到更好的投资回报。

在确定系统终极容量前，首先要收集尽可能多的系统信息，显然，实际数据要比合同参数更有用。这些参数是：发送机和接收机的预均衡设置、系统端对端增益频谱形状、信道输出频谱展宽程度和 OSNR 性能；系统色散图；Q 参数随时间变化情况（Q 分布形状）、系统稳定性、FEC 限制的平均冗余或最新的 Q_{comlim}。

收集数据的目的是要详细估算系统总的冗余，以及如何用来增加系统容量。有 4 种冗余可以考虑，它们是维修冗余、系统寿命终了（EoL）时的 1 dB 冗余、功率预算时的未分配冗余和安全冗余，还有在设备制造过程中，实际测量到的数据与功率预算时假定的数据比较得到的冗余。要想使系统升级，就必须设法增加系统平均 Q_{mean} 值，同时减小各种传输损伤 Q_{imp} 值（见表 5-3），从而使 $Q_{mean} - Q_{imp}$ 最大。

增加系统容量的一种技术是替换终端站原有收发终端，增加信道数据速率。在一些情况下，即使利用原有设备，也需要调整光滤波器带宽，或者终端内的 WDM 复用 / 解复用器参数。OSNR 总是随比特速率线性增加，而受传输损伤影响严重，大多数情况下这是数据速率增加的限制因素。

增加系统容量的另外一些技术是先进的调制检测方式，如偏振复用（PM）相干检测 QPSK/QAM 调制技术、数字信号处理（DSP）色散补偿技术、传输信号频谱整形技术等（见第 2 章）。

还有一种增加系统容量的关键技术是超强前向纠错（SFEC）技术，旧系统使用 SFEC 纠错技术后，可显著增加系统可用冗余（见第 2.3 节）。

如果现有系统端对端增益形状和信道冗余允许，可在终端设备上插入一些额外信道，增加系统容量。此时，可使用更有效的 FEC 和调制方式，以降低对接收机新信道 Q 参数的要求。因此，新信道接收机 OSNR 减少，误码纠错后对 BER 也没有影响。这种扩容方式有两种解决方式，一种是保留信道间距不变，扩展相应带宽；另一种是保持带宽不变，改变信道间距。通常，这两种方法可实现互补。其新信道色散累积代价、相对功率和信道间距可借助实验室实验和 / 或数学模拟估算。实际上，可用光耦合器连接旧设备（如果还保留现有信道）和新设备（增加的新信道）。新旧设备在终端站中的占比，在对所需容量、所投资金和占多大空间调查后，根据实际情况确定。

比如环球海底光缆（FLAG）1997 年开通时，信道速率只有 5 Gbit/s，历经 2006 年和 2013 年的技术升级，通过替换终端设备、采用先进终端技术的终端，信道速率分别已提升到 10 Gbit/s 和 100 Gbit/s（见表 1-5）。

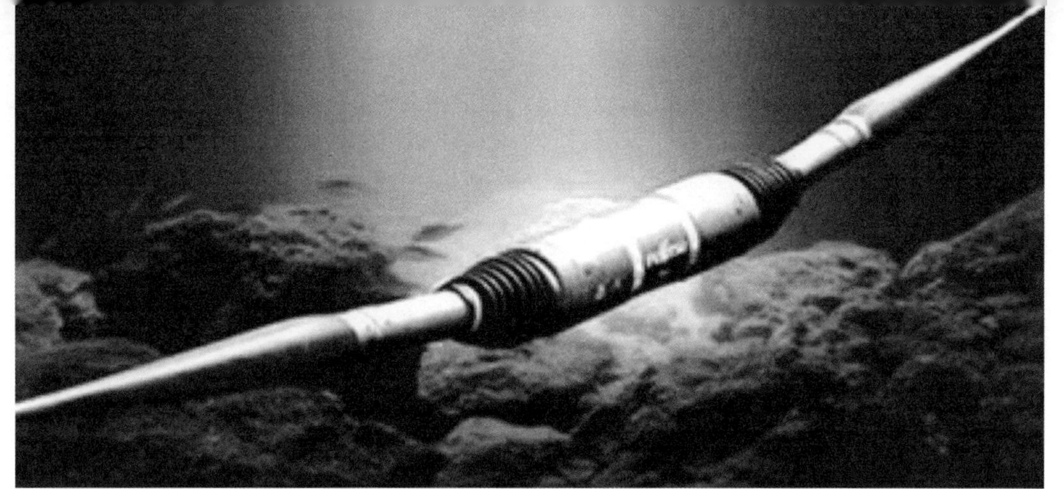

第 6 章 海底光缆通信系统工程设计

6.1 海底光缆通信系统工程设计概述

海底光缆通信系统的传输容量、系统制式、传输系统配置以及陆上终端设备选型和安装等均与陆上光缆通信工程设计基本相同[4]，这里不再叙述。本节主要介绍海底光缆通信系统的路由选择原则、系统拓扑结构、海底光缆分类及其选择、海底光缆通信系统设备选购时的兼容性考虑。

6.1.1 海底光缆路由预选

对海底光缆路由进行选择时，首先，要进行路由 / 登陆点预选，但系统所有者必须经其上级主管部门审批同意后才可以进行预选。预选时系统所有者要搜集路由区自然环境即工程地质概况，包括海底地形、地貌、地质、海洋气象、海洋水文和海底稳定性等资料；路由区现有海洋开发利用活动及海洋开发规划，包括渔业、交通、矿业、电力、邮电、市政、军事及其他开发活动和规划；路由区海底岩礁障碍物和人为障碍物，如沉船、海洋工程及其废弃物等。

然后，根据路由区自然环境特征及海洋开发利用活动情况，提出拟调查的路由，并初拟铺设方案，据此提出路由调查要求，编写技术申请书和路由调查方案。当有关部门同意后，系统所有者就可以进行路由调查。

6.1.2 海底光缆路由勘察

海洋路由勘察是海底光缆线路工程的重要环节，它直接影响到设计准确性和施工质量。一条可靠、安全和经济的路由，通常要根据海洋勘察资料、海上船泊渔业活动情况、敷设施工方法，以及光缆的技术指标等，进行综合分析比较，最终选定光缆在浅海、深海的路由、光缆登陆点和光缆终端站。

登陆点的勘察一般采用卫星定位系统准确定位出登陆点和海滩接口处的位置，并以大地坐标系记录天然的、文化的重要物体位置及照片，并在近岸图中标出[87]。

潮间带和近岸路由勘察，在 20 m 水深之内的近岸浅水区域，用便携式回声探测仪，坐小船进行详细调查。以拟定的路由为中心，在 500 m 范围内进行测深。主测线应平行路由中心线，间距 100 m，并在垂直方向上布设足够多的横向测线。为确定海底表层沉积物性质，每隔一定距离采用重力柱状取样器进行柱状采样，备作化验分析。中国海岛之间一般属于浅水区域。

主海域勘察，包括测深、侧扫声纳和浅地层探测、海底采样、底层水温、海流资料等项目。海底勘察的主要内容包括：海底地形、海底地质、海底沉积物层、海底沉船、海底缆线以上海水温度的垂直分布、海水对光缆的腐蚀和潮流活动等。

海洋现场勘察结束后，勘察部门应向建设单位提供详细的路由调查报告。

6.2 系统路由 / 登陆点选择原则

6.2.1 系统路由选择原则

海底光缆路由选择（Route Selecting）是决定通信系统故障的主要因素，所以要详细勘察和仔细分析[3][40]。

（1）在浅海区，应选择易于埋设的海底；在深海处，应选择无剧烈起伏的海底。

（2）选择海流平缓的海域，避开海底自然障碍物（如基岩、沙坡、沙脊、浅层气区等）和人为障碍物（如沉船、废弃建筑物、抛弃贝壳堆等）。

（3）海底光缆的路由应尽量减少与其他海缆或管线的交越，即使两条海缆平行，也应使两者间的距离大于 2 海里（1 海里 = 1.852 千米）。

（4）要避开海底峡谷、陡斜坡、火山群和岩石剧烈起伏地区。

（5）要避免海底光缆路由通过河道入口。

（6）要避开海缆易遭受腐蚀的严重污染海域，如海水和海底硫化物、有机物含量较低、红树木、珊瑚礁发育不易的海域。

（7）铺设路由要避开海底地形急剧起伏地区（如隆起的岛礁、礁盘、海底山、深槽、海沟），斜坡倾斜角度也不易大于 30°。

（8）选择捕捞活动不影响光缆及管道铺设和维护的海域，避开船舶抛锚点。

（9）选择没有海洋开发活动及海洋开发利用规划海域，如渔业、交通、矿产、电力、邮电、市政、军事等开发海域。

6.2.2　系统登陆点选择原则

选择海底光缆登陆点时，系统所有者要对海岸的地理概貌、船泊航运、渔业活动、陆地通信干线的汇接点等情况进行综合考虑，应遵循以下原则[40]：

（1）登陆点最好路由较短、没有岩礁和深陷；

（2）登陆段应选择在地形平缓，无基岩出露、无砂跞分布、泥沙层较厚、人烟稀少、无冲沟的开阔地上；

（3）有登陆作业场地，工程船只易靠近，陆上交通条件好，便于施工；

（4）有建设登陆房屋场地，便于与陆上光缆连接，并易于维护保养光缆设施；

（5）海岸附近潮流较弱，风浪平稳，不受分化侵蚀；

（6）附近没有港湾、护岸设施；

（7）无船泊抛锚，无渔业捕捞作业；

（8）尽量避开现有及规划中的开发活动热点区、旅游区、养殖区、填海造地区等。

海底光缆登陆站距离登陆点一般不超过 15 km。当海底光缆登陆站不得不在较远地方设置时，设计者宜将远供电源设备单独安装在距登陆点较近的机房内[110]。

6.3　海底光缆系统拓扑结构

海底光缆系统拓扑结构（Topology）有点到点、星形、分支星形、干线分支形、花边形、环形以及分支环形等[1][4]，现分别对其进行介绍。

6.3.1　点对点系统

点对点（Point to Point）系统拓扑结构是位于不同终端站的两个终端传输设备由海底光缆连接在一起的通信系统，如图 6-1（a）所示。这是海底光缆通信系统的两种基本拓扑结构之一。

6.3.2 星形

星形（Star）结构包含一个陆上汇接站，从这里由多根海缆将要设立登陆点的各个方向上不同国家的终端站连接起来。在基本的星形结构中，一个国家的电信业务从汇接站出来后，不需要经过其他国家传输，它只需一根海缆和相应的登陆点终端设备和汇接站相连。这是相当经济的。然而，星形结构与其他结构相比，每个国家都需要单独的海缆，因此从这个意义上讲，当一个国家距汇接站较远时，它又是相当昂贵的，因为海缆费用与终端设备费用相比要贵得多。

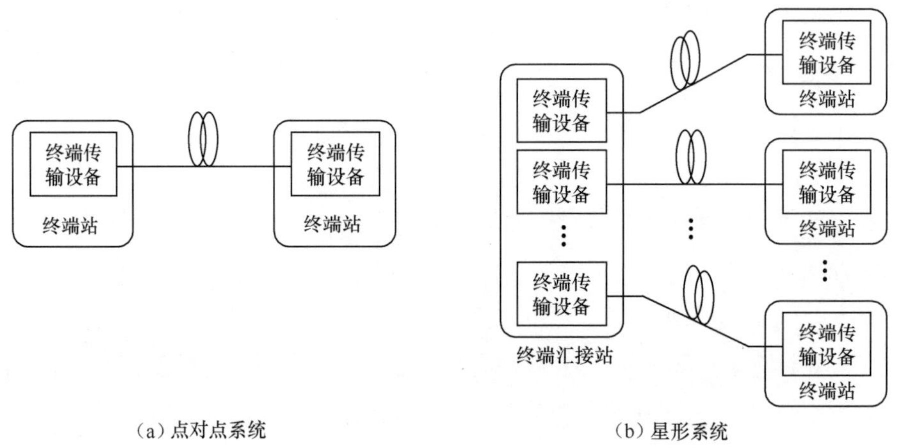

图 6-1　海底光缆通信系统拓扑结构

6.3.3 分支星形

分支星形（Star-BU）如图 6-2 所示。除电信业务分出是在海缆分支单元（BU，Branching Unit）完成外，其余功能与基本星形结构相同，但是它减少了较远登陆点使用单独海缆的费用。波分复用技术还可使分支单元具有波长分配功能。

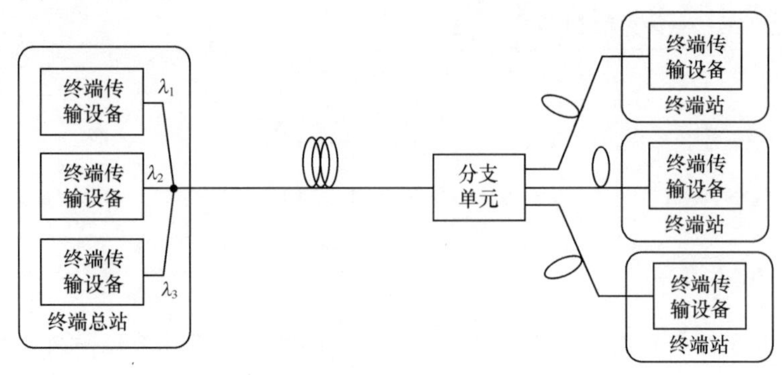

图 6-2　分支星形

6.3.4　花边形

图 6-3 所示为花边形（Coastal Festoon）拓扑结构。它是连接沿海主要城市的一串半环，形似一条花边，所以称它为花边形。花边形几乎是无中继系统。根据未来扩大传输容量的需求，为了节省今后新的安装费用，这些无中继系统通常使用多光纤光缆，而不是仅仅考虑目前最初的需求。今后扩容时，系统所有者只需增加一些新的终端设备即可。这种结构常常用来当作现有陆上系统的补充和备用路由。此外，这种结构设备费用适中，结构简单，可采用模块化设备，系统升级性能好，电源供给方式、安装和维护都很简单。缺点是敷设于浅海区的海缆较长，海缆损坏的可能性增大，同时一旦海缆损坏或终端站出现故障，整个网络就被分割成两段。

花边形与干线分支形海缆结构相比，优点是站与站之间距离较短，几乎所有的路径均不需要中继器，也不需要电源供给设备，所以费用较低；缺点是因为需较长的海缆登陆，也就是说与干线分支形相比，有较长的海缆敷设于浅海区，因此发生海缆故障的概率增大，要求海缆的质量高，在海底 200 m 以内要单层铠装，且要深埋（一般 0.6 ～ 1.5 m 以上），所以敷设费用较高。

研究分析表明，影响总费用的主要因素是海缆长度及其结构（单铠和双铠）、敷设于浅水区海缆的长度、光中继器和分支单元的数量以及远供设备数量等。对花边形和干线分支形两种结构所需费用的数值分析表明，对于给定的最佳条件，每一种结构均可以获得最低的费用，然而其差别相当小，到底选用哪种方案，系统所有者必须综合考虑其他方面的因素。

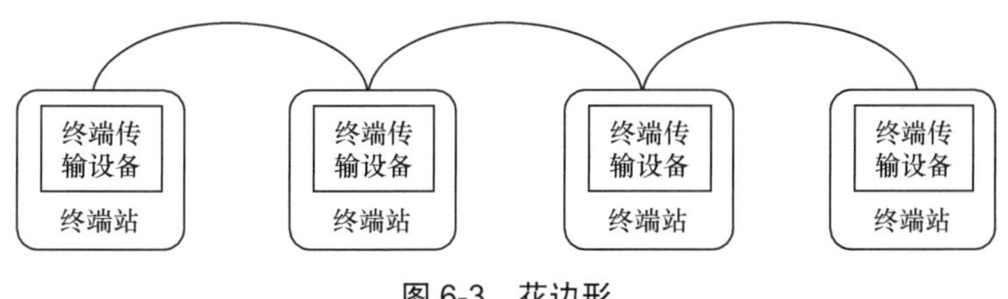

图 6-3　花边形

6.3.5　干线分支形

这是海底光缆通信系统的两种基本拓扑结构之一。

图 6-4 所示为干线分支（Trunk Branching）拓扑结构。借助分支单元，从干线海缆上将信号分给几个国家。分支海缆可能相当短，从而实现简单的无中继分支传输。

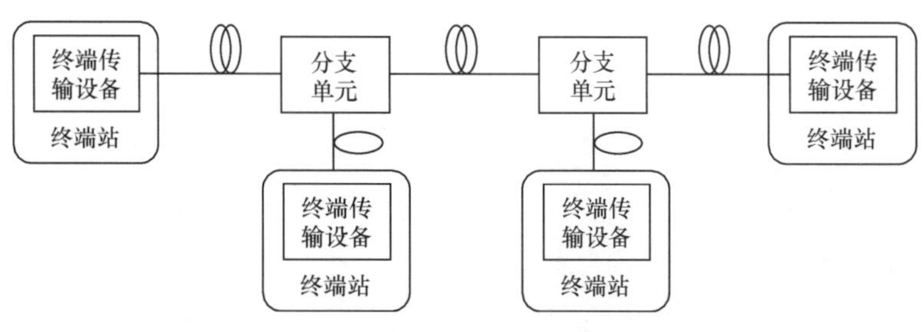

图 6-4　干线分支形

图 6-5（a）和图 6-5（b）分别表示无源分支（Passive Branching）和有源分支（Active Branching）拓扑结构。

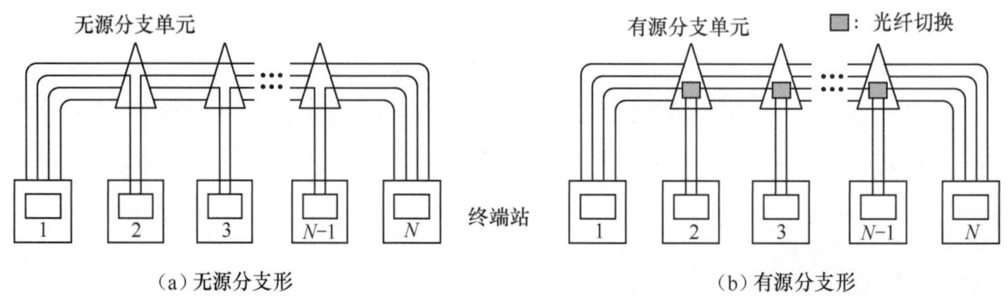

图 6-5　无源 / 有源分支拓扑结构

无源分支结构的优点是：当终端站发生故障和分支海缆损坏时，可以提供有限的恢复功能；缺点是：供电系统复杂，安装和维修也困难，同时相邻登陆站之间的距离受到限制。

有源分支结构的优点是：当某终端站发生故障或分支海缆被损坏时，主干线仍可以正常运行；缺点是系统费用高，有源分支单元的可靠性设计要求高。

图 6-6 所示为具有光分插复用器（OADM）的海底光缆干线和分支网络示意图，这种网络允许光纤对波长再利用，增加可用带宽的连接性。

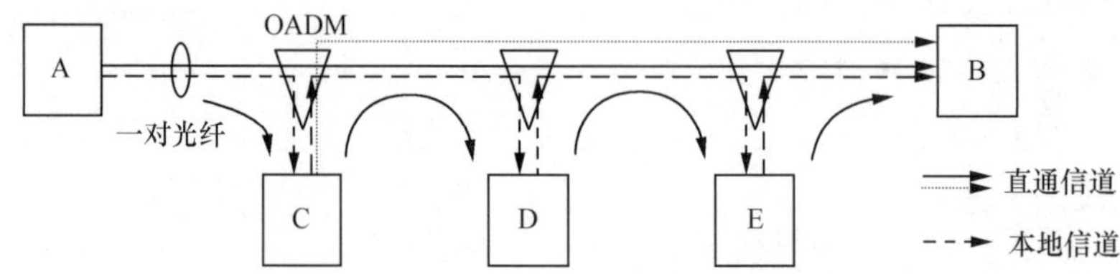

图 6-6　光分插复用器（OADM）海底光缆干线和分支网络

6.3.6　环形及其保护

早期的海底光缆系统都是点对点系统。随着传输容量的增大，海底光缆系统多采用环形结构。SDH 支持 4 纤复用段共享保护环，环路切换支持 G.841 要求的越洋应用协议。当环路发生故障时，切换发生在业务电路的源、宿点，而不是故障点的两个相邻节点，从而避免切换后，业务电路多次越洋，造成传输延时增大。环形结构在海缆断开情况下可以实现网络的自动恢复。

SDH 使用环状拓扑已非常流行，在这种应用中，任何一对节点之间提供两条独立分开的路径。

环路保护有双纤环保护和四纤环保护，图 6-7（a）和图 6-7（b）分别是 SDH 环路径保护和复用段保护的原理图。在图 6-7（a）所示的路径保护下，工作正常时，A 节点的输入信号经光纤 1 到节点 B，然后再到节点 C 的输出端；当 BC 间路径发生故障后，A 节点的输入信号切换到光纤 2，经光纤 2 到节点 E 和 D 再到节点 C 的输出端。在图 6-7（b）所示的复用段保护下，当 BC 段发生故障后，B 节点将故障段环回（用虚线表示），输入信号经光纤 2 返回到节点 A，经节点 E 和 D 到节点 C 的输出端。

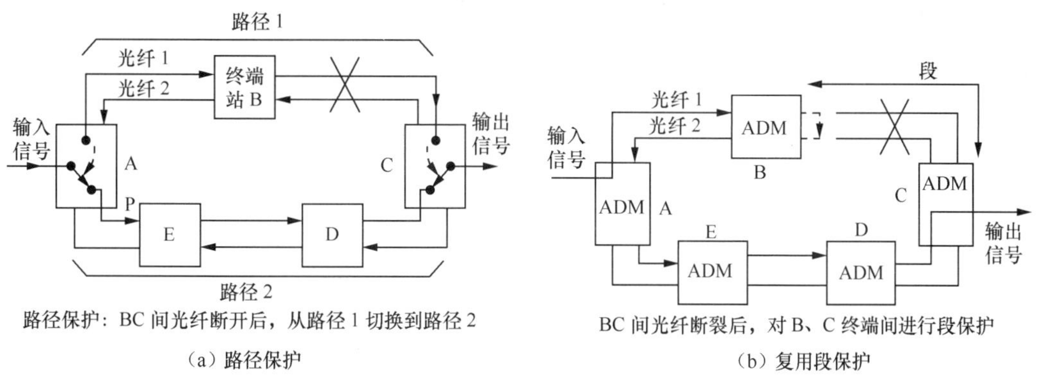

图 6-7　SDH 环路保护

图 6-8 所示为目前常用的单向环（Uni-directional Ring）路径保护的工作原理。单向环通常由两根光纤构成，一根光纤为工作光纤，用 S 表示；另一根为保护光纤，用 P 表示。输入的光信号同时在工作光纤和保护光纤传输。保护切换是由一个倒向开关完成的。

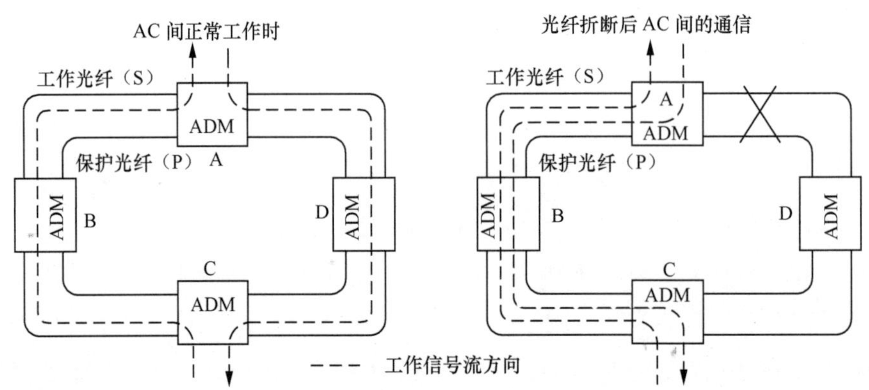

（a）AC间正常工作时（保护环电流方向没有画出）　（b）AD间被切断，保护切换后AC间的信号流方向

图 6-8　SDH 分插复用器（ADM）单向环路径保护

除单向路径保护双纤环外，还有双向路径保护四纤环，但分析表明，从节点成本、系统复杂性及产品兼容性等方面考虑，单向路径保护双纤环最优。

工作方式分为可逆方式和非可逆方式。在可逆方式中，当工作段已经从故障状态恢复正常时，工作路径自动切换回工作段；在非可逆方式中，即使工作段已经恢复正常，工作路径仍然在保护段不变。一般 1+1 保护既可以在可逆方式下工作，也可以在非可逆方式下工作，而 1:n 保护只允许在可逆方式下工作。

6.3.7　分支环形

图 6-9 所示的分支环形是具有分支单元的环，它保留了环网的自愈能力特性，同时提供了与陆上汇接站的独立连接。它具有分支星形和环形网的大部分优点，所以分支环形可当作分支星形和环形的混合。

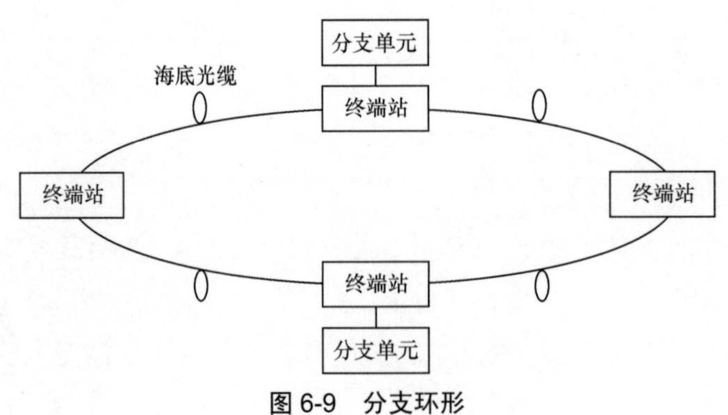

图 6-9　分支环形

对于给定的应用环境，选择最佳的海底光缆网络拓扑结构，不仅要考虑现在电信业务的需要和最初登陆点的设置，而且要考虑未来发展的需要。不断升级的系统技术（见第 5.6

节）可以在系统寿命期内，对最初的网络结构不断地加以修改扩容，使之更加完善。

6.4　海底光缆选择

6.4.1　海底光缆分类及应用

ITU-T G.978 对海底光缆参数进行了规范 [16]。

1. 海底光缆分类

从应用方面来看，海底光缆可分为中继海底光缆、无中继海底光缆和可浸水陆地光缆。中继海底光缆内有远供电系统使用的铜导体，而无中继海底光缆却没有。无中继海底光缆应用于浅滩和深水，可浸水陆地光缆适用于穿过湖泊和河流。

从是否受到保护方面来看，海底光缆可分为轻型（LW）光缆、轻型保护（LWP）光缆、单铠装（SA）光缆、双铠装（DA）光缆和岩石铠装（RA）光缆，典型海底光缆结构如图 6-10 所示。轻型（LW）光缆和轻型保护（LWP）光缆适用于水深 1 000 m 以上，单铠装（SA）光缆适用于水深 20 ～ 1 500 m 以上，双铠装（DA）、岩石铠装（RA）光缆适用于水深 0 ～ 20 m[110]。

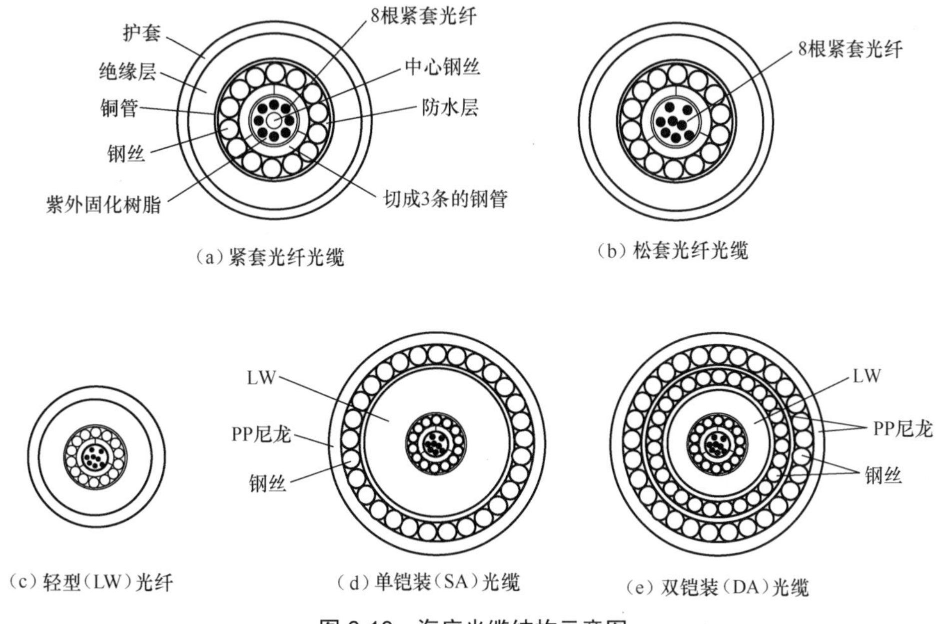

图 6-10　海底光缆结构示意图

图 6-11 所示为轻型光缆、轻型保护光缆、单铠装光缆和双铠装光缆的结构。

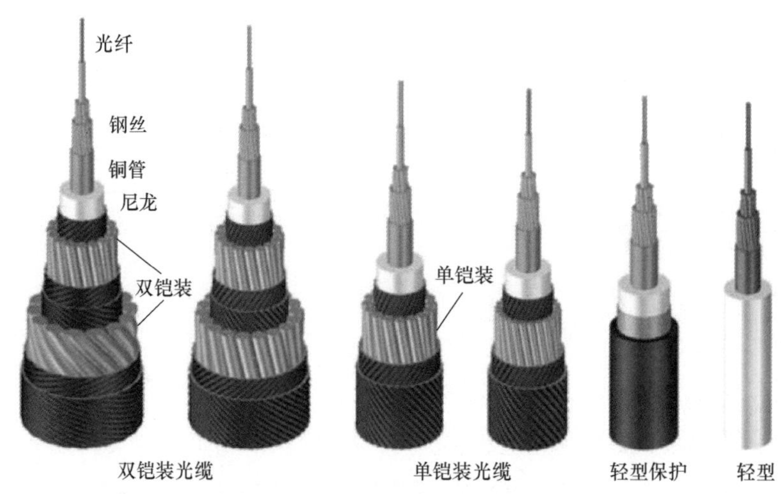

图 6-11　几种典型的海底光缆结构

为了保护光纤，通常采用紧套光纤和松套光纤，如图 6-10（a）和图 6-10（b）所示。在紧套光纤光缆结构中，光纤受力基本上与光缆的相同。在松套光纤光缆中，光纤可以自由移动，不受力，拉长值比光缆的短。

海底光缆由护套、钢丝、钢管、填充物、远供导体铜管和光纤组成，通常使用的国际海底光缆纤芯为 8 ～ 16 芯。钢管按经线方向装配组合在光纤单元外，主要作用是抵抗压力，外径标称值一般为 6.1 mm。数根钢丝以左右方向绕在钢管外围，以增强抵抗力。

中国中天科技海缆有限公司已有多种型号的海底光缆提供给国内外用户使用。

2. 中继系统海底光缆

对以光放大器为基础的长距离中继系统海底光缆的基本要求是：光纤要满足大容量传输线路的独特性能，光缆要经得起海洋严酷环境的考验。

海底光缆要承受海水压力、浸蚀和拖网渔船的侵扰，为此，对光缆的机械强度和密封性能要求很高。一般要用一层或多层镀锌圆钢丝进行铠装，以保护缆芯和护套。

由于海洋环境的特殊性，海底光缆的设计和制造要求十分严格。

光缆设计要求使光纤与电导体和海洋环境隔离，以保护缆芯免受侵害。光缆设计与制造应在最低成本条件下，可靠地保持光纤的特性。光缆的保护程度取决于海水深度，大陆架暗礁比深海平地更加严酷。设计者要根据海洋环境的实际状况，设计不同类型的光缆，以适应不同环境的使用。海底光缆包括 4 个主要部分：光纤构件、组合电导体、聚乙烯绝缘层和铠装保护。典型铠装材料是钢带或钢丝，制造不同类型光缆的方法是改变铠装材料和厚度，或用多层铠装。常用海底光缆的特性见表 6-1。

表 6-1　海底光缆特性

特性	深水（DW）	特殊应用（SPA）	轻型保护（LWA）	单铠装（SA）	双铠装（DA）
外直径（mm）	21.0	31.7	38.0	42.2	51.0
最大张力强度（kN）	107	107	181	223	434
无余长张力强度（kN）	81	82	147	187	325
光缆模量 $\left(kN/mm^2\right)$	22.4	19.8	7.5	8.3	8.4
最大工作深度（m）	6 000	4 500	1 500	1 300	400

深水（DW）海缆是基本的海底光缆，由光纤构件、组合电导体和聚乙烯绝缘层组成，适合深海应用。

特殊应用（SPA）海缆包含 DW 光缆，用纵向金属隔离层保护，并覆盖高密度聚乙烯保护层。这种光缆适用于有鱼类啃咬和存在意外磨损的区域，以及计划的光缆连接处。

轻线铠装（LWA）海缆包含 DW 光缆，单层中等强度钢丝铠装保护，适用于埋入海洋。

单铠装（SA）海缆和 LWA 光缆相似，用单层钢丝铠装，强度较大，适用于非埋设应用。

双铠装（DA）海缆是在 DW 光缆上施加两层钢铠装保护，适用于靠近海岸的区域，这种地方受到损坏的危险最大。

3. 无中继系统光缆

无中继系统海底光缆一般可以选择三种类型的传输光纤：纤芯为纯 SiO_2 的 G.654 光纤、掺锗（GeO_2-SiO_2）的 G.652 光纤、色散移位光纤 G.653 和 G.655，这些光纤的特性见表 6-6。在远离岸边的海底光缆中接入一段 20 ～ 50 m 掺铒光纤，可从终端站对其泵浦提供增益，延长中继距离。虽然掺铒光纤的传输特性和传输光纤不同，但是与传输光纤同样可靠，也可以成缆。

无中继海底光缆和中继光缆的结构相似，只是直径约为中继光缆直径的 60%，这样设计可降低浅水应用的光缆成本。这种无中继光缆的组成要求包括：光纤构件包含的光纤达 24 对；加强件提供抗张强度，防止操作时拉伸；铜导管在故障定位时作为电导体；绝缘套防止海水渗透；铠装保护由金属带与聚乙烯和铠装钢丝组成。

各种类型无中继海底光缆的结构和主要参数见表 6-2，这些光缆的应用和特点见表 6-3。

表 6-2　各种无中继光缆的主要参数

型 号	LW	SPA	100-SA
外直径（mm）	11.4	14.6	22.6
在空气中重量（kN/km）	3.62	4.7	13.2
在海水中重量（kN/km）	2.58	3.0	9.7
比重	3.52	2.78	3.79
最大断裂强度（kN）	51	51	190

表 6-3　无中继光缆的应用和特点

类 型	应 用	特 点
深水（LW）	良好的流沙海底，深度达 4 000 m	芯缆轻保护，成本最低
特殊应用（SPA）	有岩石的海底，有鱼类啃咬的危险，水深 3 000 m	芯缆加金属带和第二层聚乙烯外套，增加磨损保护，增加成本

6.4.2 海底光缆电气及机械性能

海底光缆的电气性能有绝缘电阻、直流电阻、耐直流电压和绝缘寿命，如表 6-4 所示。

表 6-4　海底光缆的电气性能

特性	无中继海底光缆电导体	有中继海底光缆电导体	测试方法
绝缘电阻（MΩ·km）[110]	≥ 10 000	≥ 100 000	电导体（金属管）对地，500 V 直流电压测试
直流电阻（Ω/km）	≤ 6.0	≤ 1.6[110]	
耐直流电压（kV）	≥ 5	≥ 45	电导体（金属管）对地，加压时间 5 min 不击穿
绝缘寿命（kV，h）		直流 100 kV，12 h 加速老化不击穿	电导体（金属管）对地

无中继海底光缆系统可采用有供电导体的海底光缆，导体直流电阻可不严格限制，但应满足光缆故障检测的需求 [110]。

光纤在松套管中应具有一定的余长，光纤余长应满足光纤最小弯曲半径和机械性能对光纤应变的要求。

海底光缆的机械性能有永久拉伸负荷（NPTS，Nominal Pernanent Tensile Strength）、工作拉伸负荷（NOTS，Nominal Operating Tensle Strength）、短暂拉伸负荷（NTTS，Nominal Transient Tensle Strength）、断裂拉伸负荷（CBL，Cable Breaking Load）、反复弯曲要求、抗压要求和冲击要求，如表 6-5 所示。

海底光缆的机械性能应按表 6-5 的规定进行实验，当实验后光纤衰减变化绝对值不大于 0.03 dB 时，可判定为无明显的残余附加衰减。

短暂拉伸负荷按规定实验后，试样应无裂纹、开裂或断裂。短暂拉伸负荷下，保持 1 分钟，光纤应变不应大于 0.15%。实验后，光纤应无残余附加衰减。

工作拉伸负荷、反复弯曲按规定实验后，试样应无裂纹、开裂或断裂。短暂拉伸负荷实验后，光纤应无残余附加衰减。

表 6-5 海底光缆典型的机械性能

	轻型（LW）及轻型保护（LWA）	单铠装（SA）	双铠装（DA）	岩石铠装（RA）
永久拉伸负荷（kN）	10	40	80	50
工作拉伸负荷（kN）	20	60	120	70
短暂拉伸负荷（kN）	30	110	240	120
断裂拉伸负荷（kN）	50	180	400	300
反复弯曲要求（次数，最小弯曲半径（m））	50 0.5	50 0.8	30 1.0	30 1.0
抗压要求（kN/100（mm））	10	15	40	40
冲击要求（J）	100	240	390	390

6.4.3 海底光缆用光纤

根据系统要求，用于海底光缆的光纤有 [4] 以下几种。

G.652 标准单模光纤（SMF），在 1 300 nm 附近色散为零，即非色散移位单模光纤（NDSF），其中 G.652D 有效面积 84 μm^2。

G.653 色散移位单模光纤（DSF），在 1 550 nm 附近色散为零。

G.654 截止波长位移单模光纤（CSF），这是一种 1.55 μm 波长的纯石英芯单模光纤，专为海底光缆长距离通信需求开发，通过降低光纤包层的折射率，提高光纤 SiO_2 芯层的相对折射率。该光纤具有较大的有效面积（大于 110 μm^2），超低的非线性和损耗。它在 1.55 μm 波长附近仅为 0.151 dB/km，可以减少使用 EDFA 的数量，并具有良好的氢老化稳定性和抗辐射特性，特别适用于 1 530 ～ 1 625 nm 波段的无中继海底 DWDM 传输。G.654 光纤在 1.3 μm 波长区域的色散为零，但在 1.55 μm 波长区域色散较大，约为 17 ～ 20 ps/(nm·km)。G.654 光纤目前分为 A、B、C、D 四个品种，ITU-T 正在制定具有大有效面积、低 / 超低损耗特性的 G.654.E 标准，以便应用于未来 400G 网络。

G.655 非零色散移位单模光纤（NZ-DSF）零色散波长不在 1.55 μm，而是在 1.525 μm 或 1.585 μm 处，可消除色散效应和四波混频效应的影响，特别适用于 1 530 ～ 1 565 nm 波段的 DWDM 海底光缆系统。

G.656 宽带非零色散移位单模光纤（WNZDF），消除了 1 360 ～ 1 460 nm 波段的损耗峰，并可工作在 1 600 nm 波长。在 S+C+L 波段，WNZDF 具有合适的色散系数、适中的有效面积，可有效地抑制非线性效应，因此该光纤可应用于 S+C+L（(1 460 ～ 1 625)nm）波段的 DWDM。此外，该光纤还具有优异的偏振模特性、几何性能和机械性能。

色散补偿单模光纤（DCF），具有大的色散值，符号取决于系统的色散管理。例如，现已敷设的 1.3 μm 标准单模光纤，在 1.55 μm 波长具有 +17 ～ +20 ps/（nm·km）色散系数，并且具有正的色散斜率，在这些光纤中加接具有负色散系数的色散补偿光纤，可进行色散补偿。通常，DCF 在信号工作波长具有大的色散值，用于补偿正色散单模光纤（PDF）或负色散单模光纤（NDF）的累积色散。

正色散单模光纤（PDF），正色散值可以减小非线性效应对 DWDM 系统的影响，大部分 G.65*x* 序列单模光纤在 1 550 nm 波长附近具有正的色散值。

负色散单模光纤（NDF），负色散值可以减小非线性效应对 DWDM 系统的影响，G.655 单模光纤在 1 550 nm 波长附近具有负的色散值。

大有效芯径面积单模光纤（LEF），在工作信号波长具有大的有效面积，可以减小非线性效应对 DWDM 系统的影响。

典型的 DCF 特性见表 6-6 最右列。

表 6-6　ITU-T G.65*x* 光纤和色散补偿光纤的性能比较 [3]

光纤类型	标准光纤 SMF G.652	色散移位光纤 DSF G.653	截止波长移位单模光纤 CSF G.654	非零色散移位光纤 NZ-DSF G.655	非零色散移位宽带光纤 WNZDF G.656	色散补偿光纤 DCF
零色散波长（μm）	1.3 附近	1.55 附近	1.3 附近	1.525 或 1.585 附近	1.525 或 1.585 附近	1.7 以上
1.55 μm 色散 *D*（ps/（nm·km））	+17 ～ 20	～ 0	+17 ～ 20，最大 22	±(2 ～ 3)	>+(2 ～ 3)	– (70 ～ 200)
色散斜率 *S*（ps/（nm^2·km））	0.09	0.075	0.07	～ 0.1		–0.15
模场直径（μm）（测量波长）	8.6 ～ 9.5（1.3）	7 ～ 8.5（1.55）	9.5 ～ 13（1.55）	8 ～ 11（1.55）	8.12 ～ 9.03（1.55）	5
1.55μm 最大衰减（dB/km）	0.4	0.35	0.22	0.35	<0.3	0.3 ～ 0.5

要对中继海底光缆性能，包括光纤的色度色散、偏振模色散、非线性效应和衰减进行优化，在串接上百个掺铒光纤放大器、延伸数千千米的线路中，对零色散波长进行精确安排，使带宽增益峰处在 1 ～ 2 nm 的窄波段内。实验表明，虽然系统沿线保持

这种零色散，但是信号展宽还是很大。这是由于信号光功率超过一定限度而产生的光纤非线性效应的结果。为了减小非线性畸变，必要时要周期性地插入一段具有负色散的成缆色散补偿光纤，进行周期性补偿。

理想圆对称光纤可以在给定的距离内以相同的传输时间传播两个正交的 HE_{11} 模。但是实际光纤的纤芯并非理想圆对称，所以具有残留各向异性应力。这种缺陷破坏了正交模式的简并，产生双折射，使两个正交偏振模的延迟不同，称这种效应为偏振模色散（PMD）。PMD 的存在严重损害系统的性能。损害的程度取决于比特率、系统长度、光纤传输线路的 PMD 特性及其他缺陷，如光纤非线性效应的相互作用。然而，实际光纤传输系统存在传播模之间的分布耦合，这引起模式之间的能量交换。这种耦合的产生有内部和外部的原因：内部原因如光纤制造时尺寸不规则；外部原因如光缆在缆盘上或敷设时受力不均匀。由于模耦合的随机性，在光纤输出端的偏振态是不稳定的，所以 PMD 是个统计量。对于很短的光纤，即长度小于耦合长度，PMD 与光纤长度成正比；对于足够长的光纤，典型值为 2 km 以上，PMD 与长度平方根成正比。

长距离系统光纤折射率要受到传输信号强弱的影响，虽然非线性效应产生的折射率变化很小，但由于在长距离光纤线路中的积累，会使系统性能恶化。

G.655 色散移位光纤的衰减略高于普通光纤，因为纤芯掺入的 GeO_2 浓度较高，使瑞利散射损耗增大。在拉丝而未连接的状态，平均衰减典型值为 0.2 dB/km，成缆、连接和安装后，大约为 0.205 dB/km。

表 6-6 给出了长距离海底光缆 G.655 色散移位光纤的典型特性。为了得到优良的性能，相关人员必须进行周密的光纤设计和选择严谨的制造工艺。设计海底光缆光纤的模场直径比其他色散移位光纤直径稍大些，但仍然满足对弯曲灵敏度的要求。这种设计使纤芯有效面积增大，减小了光功率密度，非线性效应达到最小。光纤制造时，从石英管、预制件到拉丝都非常严格，以保证优良的同心度和椭圆度。成缆时，每组光纤的零色散波长、PMD 和衰减要进行精细地监测、选择和平衡，以达到色散和衰减波动最小的要求。

GB/T 51154-2015《海底光缆工程设计规范》中，推荐海底光缆所用光纤为 G.652、G.654、G.655 光纤和色散补偿光纤。

6.4.4　海底光缆选择注意事项

海底光缆铺设在极其复杂的海洋环境中，海缆长，铺设深度不一，所遇到的情况千差万别。铺设在浅海区及靠近岸边的海缆，要经受海底物质、污泥、微生物、鲨鱼、海水流动、海浪等的影响和侵蚀，以及许多外来因素，诸如抛锚、渔网的袭击；铺设在深海区域的海缆，相对来说比较平静，外来因素较少，但受到海水压力较大，铺设打捞时所受的张力较大。因此，对铺设在不同深度的海缆有不同的技术要求[40]。通常，要注意以下问题。

（1）段长

为了提高海底光缆系统的可靠性，要求在中继段海缆中无接头，即要求光缆制造长度和中继段长度一致，通常海底光缆的制造长度要达到 25 km 或更长。

（2）抗张力

海底光缆在铺设、打捞时都要经受张力的影响。铺设时受到与海缆自重、铺设深度有关的张力；打捞时受到的张力还与铺设所在海区的海底物质有关。此外，铺设在浅海区域的海缆还要考虑被船锚、渔具等牵拉钩起受到的张力，此张力与渔具、船锚所在船只的动力有关，一般来说需抗 100 kN 的拉力。

（3）耐水压

海底光缆铺设在海底，水深每增加 10 m，就要增加一个大气压力，越洋海底光缆铺设深度极限值考虑为 8 000 m，这就要经受 800 个大气压力。这不仅要求海缆径向能承受这样大的压力，而且要求其纵向也要在这样的压力下具有一定的阻水能力。

按照 ITU-T G.976 的规范，海缆的渗水性能属于可靠性的范畴。对海缆进行纵向渗水实验，以量化海缆有关长期暴露于海水，以及如果海缆断裂潜在腐蚀及浸水对传输性能的影响。

海底光缆要能够经受敷设水深的静水压力，表 6-7 给出海底光缆对渗水的要求，通常要求在给定的水压下，持续 14 天的渗水长度不大于一定的值。

表 6-7　海底光缆环境适应性

水压（MPa）	5	10	35	50
渗水长度（m）	200	500	700	1 000

（4）抗弯曲扭结

要求海底光缆在铺设和打捞过程中不产生扭结现象，而且具有能够承受反复弯曲的能力。

（5）耐腐蚀

浅海区海底淤泥中硫化氢会腐蚀海缆外面的保护层，另外还有潮流引起钢丝电腐蚀，因此铺设在浅海区的海底光缆中的钢丝要受到足够多得保护，并具有良好的抗腐蚀性能。

海底光缆可分为浅海型和深海型两大类。浅海和深海的界限一般为 500 ～ 800 m。深海处可使用无铠装光缆，可直接沉放在海底；浅海可使用单铠装光缆或轻型铠装光缆。在水深不足 20 m 的情况下，由于海缆易受波浪、船锚的损伤，需采用岩石铠装海底光缆。

6.5　海底光缆通信系统的设备选购

海底光缆通信系统距离长、设备需求多，系统所有者可能需要向数个公司同时采购设备，用在不同的地方，它们之间能否互联互通，这是系统工程设计师必须考虑的问题。本节介绍海底光缆无中继和光中继 DWDM 通信系统终端设备之间的横向兼容性和纵向兼容性问题[4][99][100]。

海底光缆通信系统的物理层兼容性所使用的术语与陆上系统标准 ITU-T G.957、G.691、G.693、G.959.1 推荐的相同。

这里只介绍点对点系统的物理层兼容性问题。

6.5.1　无中继设备选购及兼容性考虑

（1）终端设备选购

终端设备应符合中国有关 SDH 或 WDM 系统相关技术的要求；终端设备应技术先进、安全可靠、经济实用、便于维护；品种少、配置灵活，易于系统扩容升级；同时应符合节能减排的环保要求。设备供应商应具有技术研发、设备升级、网络管理系统升级和售后服务等能力。

（2）无中继设备纵向兼容性考虑

系统两终端站同一条线路使用同一公司的终端设备称为纵向兼容，如图 6-12(a) 所示。但不同线路可以使用不同公司的产品。此时，要对光缆特性参数（衰减、色散、群延迟和反射）进行规范。

（3）无中继设备横向兼容性考虑

系统两终端站同一条线路使用不同公司的终端设备称为横向兼容，如图 6-12(b) 所示。此时，MPI-S 和 MPI-R 的接口参数都需要给予规范。

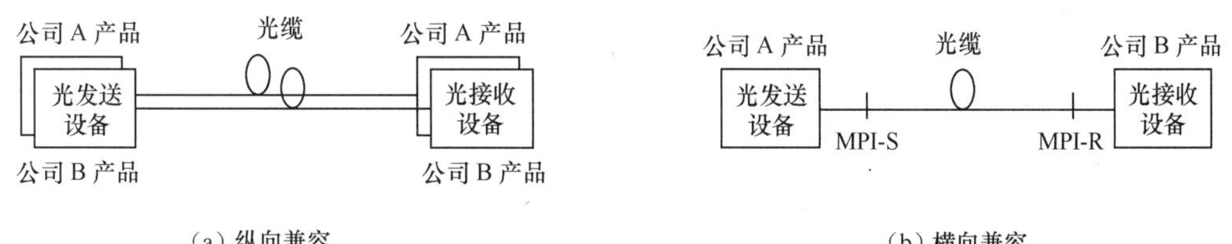

图 6-12　无中继海底光缆通信系统设备兼容性考虑

（4）无中继 WDM 系统设备横向兼容性考虑

图 6-13 表示无中继 WDM 海底光缆通信系统光发送端设备由 A 公司提供，光接收

端设备由 C 公司提供，而 DWDM 网元对又由 B 公司提供。这是一种更为复杂的横向兼容性，所以要求在不同的 S、R 点和 MPI-S、MPI-R 点设备间都要互相兼容。

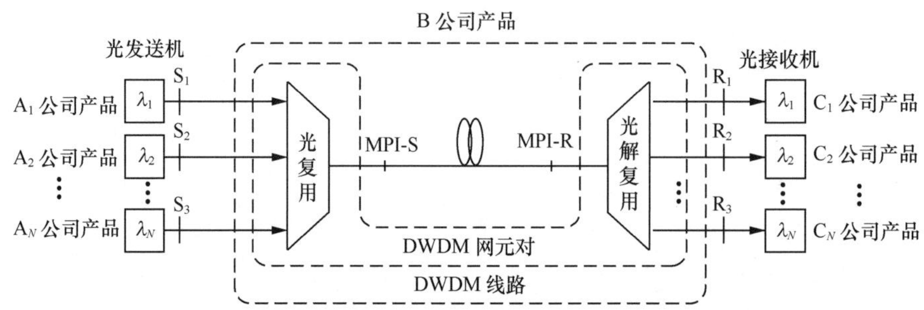

图 6-13　无中继海底光缆通信系统设备横向兼容性 [4][100]

6.5.2　光中继设备选购及兼容性考虑

1. 海底设备选购

海底设备包括海底光中继器、分支单元和在线光功率均衡器等。海底设备除应满足现有海底光缆施工船布放设备对外形尺寸的要求、设备所处最深海水压力的要求、高绝缘强度的要求外，还应符合下列规定：

（1）光中继器应具备远供电源电涌保护功能；

（2）光中继器和分支单元的重要器件应具有冗余配置，以满足系统可靠性指标要求；

（3）光中继器应具备自身状态监测回路或 C-OTDR 光纤监测回路；

（4）光分支单元应选择具备光纤分支功能或 OADM 功能的系统结构；

（5）光分支单元应选择具备远供电路倒换功能的远供电源系统结构；

（6）具备远供电路倒换功能的分支单元应具有远供电源电涌保护功能；

（7）根据光均衡器输入端的光功率频谱图，在线光功率均衡器应选配相反波形的增益频谱滤波器。

2. 光中继单链路设备全横向兼容性

图 6-14 表示光中继单链路系统光发送机、光接收机、光中继器和光均衡器均由不同公司提供，为了实现不同设备间的互联互通，要求规范每段光纤损耗值、器件输入 / 输出功率值、色散、偏振模色散、线路累积增益频谱形状和整个线路需管理的非线性。

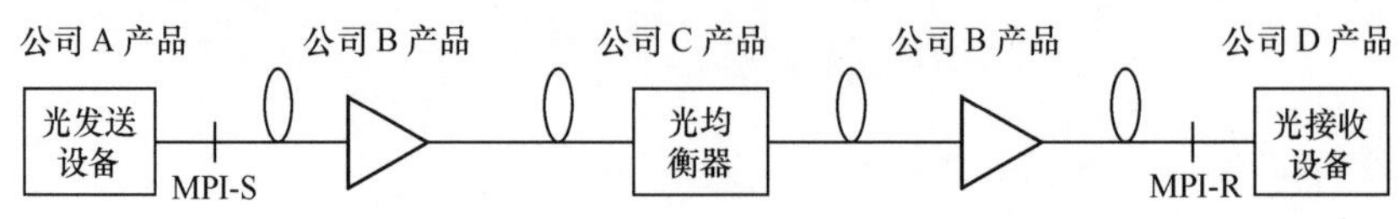

图 6-14　光中继通信系统设备全横向兼容

对于由多个中间段组成的光中继系统，横向兼容性至今也没有实现，因为所有的光纤对均使用相同的中继器，也就是说，每根光纤的放大器模块位于由同一个公司提供的同一个中继器盒内。对于其他海底设备，如均衡器、分支单元等也是如此。

3. 光中继单链路设备部分横向兼容性

图 6-15 所示为光中继系统设备部分横向兼容构成图，这里光收 / 发端机由公司 A 提供，光中继器和光均衡器均由公司 B 提供。这种部分横向兼容的要求与图 6-14 表示的全横向兼容相同，但信道部分除外。另外，可能要对系统工作波长范围提出要求。

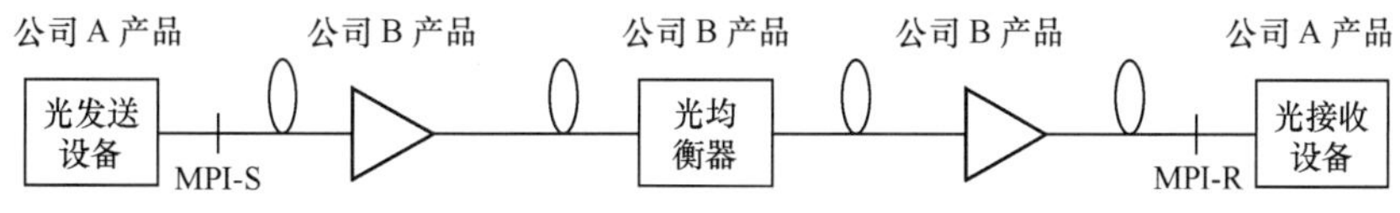

图 6-15　光中继系统设备部分横向兼容

4. 光中继多链路设备横向兼容性考虑

图 6-16 所示为另一种部分横向兼容构成图，图中只有一条线路的收 / 发终端设备由公司 B 提供，其他光中继器、均衡器和另一条线路的所有设备均由公司 A 提供。

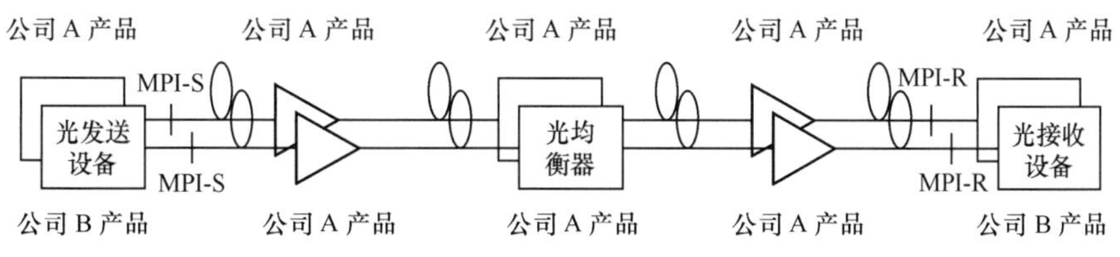

图 6-16　光中继系统多链路设备部分横向兼容

5. 光中继 WDM 系统设备横向兼容性考虑

图 6-17 所示为光中继 WDM 系统设备横向兼容图，光发送机由不同的 A 公司提供，光接收机由不同的 C 公司提供，其余 DWDM 网元对、光中继器和光均衡器均由公司 B 提供。

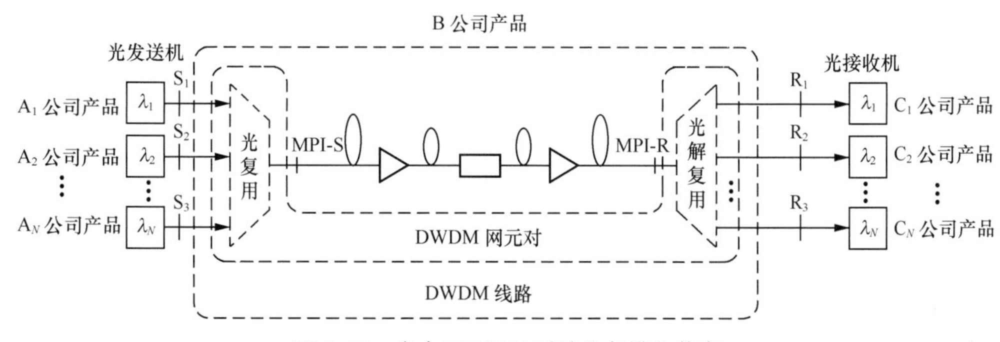

图 6-17　光中继 WDM 系统设备横向兼容

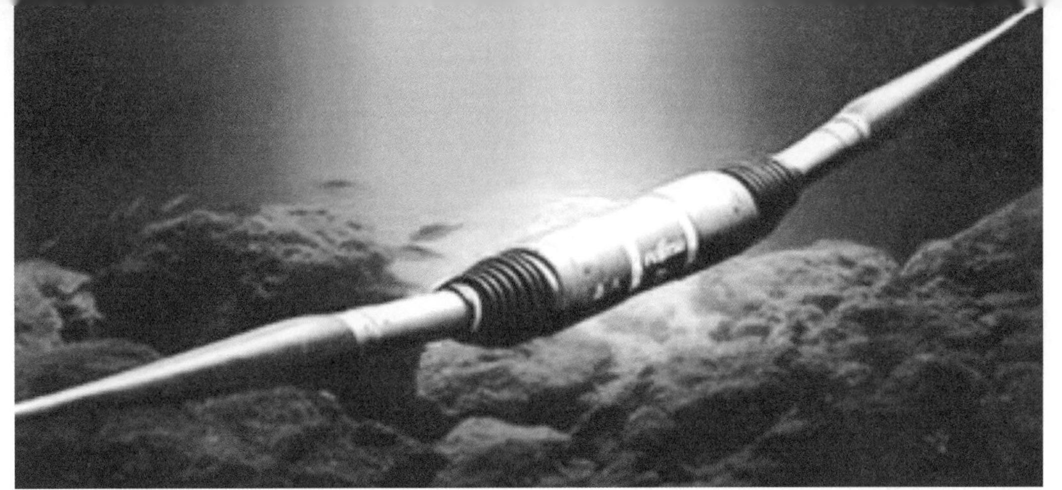

第 7 章 海底光缆通信系统可靠性设计及安全性考虑

7.1 海底光缆通信系统可靠性设计

为方便可靠性预算（Reliability Estimation），我们把海底光缆网络分为海底设备和陆上设备两部分。第一部分有中继器、均衡器和分支单元；第二部分有供电设备（PFE）和线路终端设备（LTE）。海底设备故障可能导致网络长期中断，排除故障的方法是用海缆船收回整个故障中继器，重新放置一个新设备，而不必在现场花时间维修。通过故障率预算，能够预计在网络寿命期内要求海缆船维修的次数。

海底光缆系统要求可靠、抗毁，以避免高昂的海底光缆、中继器 / 分支单元等海底设备的维修费用。此外，考虑到在系统寿命期内不确定因素，系统所有者在系统寿命一开始就要建立一套维修体系，确保在合同有效期内系统能够得到维修。

7.1.1 可靠性参数及可靠性要求

可靠性定义为在给定时间内规定条件下，器件或支系统应完成要求功能的概率。可靠性可用故障率 η 或两次连续故障间平均时间（MTBF，Mean Time Between Failures）表示。

1. 故障率

通常，发生的故障率 η 用故障时间 FIT（Failure In Time）表示。1 FIT 表示在 1 小

时工作期间内，故障概率为 10^{-9}；或者说，在 10^9 小时 [$10^9/(365\times24)\approx114\,155\approx1.14\times10^5$ 年] 里发生一次故障；也可以说，10^9 个器件中有一个器件发生故障[3][4][11]。1 FIT 表示在系统寿命 25 年内发生的故障率为 2.2×10^{-4}（25/114 155）。该值与温度有关，所以在记录 FIT 时要标明工作温度[4]。

单元（部件）故障率 η_{u} 是组成该单元（unit）所有 n 个器件（device）故障率 $\eta_{\mathrm{d}i}$ 之和[90]，即：

$$\eta_{\mathrm{u}}=\pi\sum_{i=1}^{n}\eta_{\mathrm{d}i}(i) \tag{7.1}$$

式中，π 是与环境温度有关的系数，对于空调环境 π = 1；当环境温度为 45 ℃～ 50 ℃时，π = 2。

系统故障率 η_{s} 是组成该系统所有 m 个单元（部件）故障率 $\eta_{\mathrm{u}j}$ 之和，即：

$$\eta_{\mathrm{s}}=\sum_{j=1}^{m}\eta_{\mathrm{u}j}(j) \tag{7.2}$$

请注意，这些统计数据对于单个器件并无意义，它只是给出了概率，而不是绝对的要求。

通过故障率可以估算每个支系统和每个器件的可靠性。在给定系统寿命期内，器件可靠性可用故障率 η 或 MTBF 表示。

2. MTBF

两次连续故障间平均时间（MTBF）用年表示，即表示第一次故障发生后多少年后可能发生下一次故障，与故障率 η 或每 10^9 小时发生一次故障有关，MTBF 用下式表示：

$$\mathrm{MTBF}=\frac{1.14\times10^{5}\ \text{年}}{\eta} \tag{7.3}$$

3. 其他可靠性参数

系统或支系统还用到以下一些可靠性参数。

平均维修时间（MTTR，Mean Time to Repair），排除故障需要的时间。通常，典型海底设备 MTTR 值为两周，而陆地设备为两小时[4]。

运行中断时间 = MTTR/MTBF，网络不可用时间，用分钟 / 年表示。

网络可用性（%）= [(总时间 – 运行中断时间)/ 总时间]×100%。

4. 可靠性要求

海底光缆系统中，对置于海底部分的可靠性要求包括如下内容。

（1）从系统验收测试数据与合同规定的一致开始，系统设计寿命是 25 年，并在设计寿命期间内性能不得劣化。

（2）一个 25 年寿命的跨洋系统，非外部因素引起的需用维修船协助维修的故障，即由器件损坏引起的故障，应不多于三次[4][11][15]。

在海底光缆系统整个寿命周期内，为了实现系统可靠性目标（减少内部故障）和制定可用的维修对策，可把引起故障的原因分为器件级、支系统级和系统级三个级别。为此，必须保证在系统 25 年寿命周期内所用的器件是可靠的。通常，使用 ITU-T G.911、IEC TR 62380 和厂商提供的器件数据进行可靠性预算。

海底光缆系统海底部分不但维修费用高，而且维修周期长。因此，海底光缆系统的购买者和运营者要求海底光缆及其设备具有极高的可靠性。长 7 000 km 约有 175 个中继器的横跨大西洋海缆通信系统，每对光纤需海缆船介入维修的次数不能多于 1 次。

终端设备故障可引起通信中断、严重误块秒（SES），要求维修和替换故障器件。然而，陆上设备采用备份制和保护切换结构，可以减少业务中断到能接受的程度。

通常，合同规定每个数字线路段（DLS）投入使用（Commissioning）所要求的最小 Q_{comlim} 值。为了对光中继海底光缆通信系统工程可靠性进行验收测试，所有配置的通道按花边型（菊花莲）连接，进行连续 7 天的误码性能测试，假如测量到的每个信道性能 Q 值均大于投入使用的 Q_{comlim}，就说明有足够的冗余用于维修、老化和用户需求（见图 5-9）。

7.1.2　故障率分析

在海底光缆系统寿命周期内，发生的故障可能是内部故障（光纤损耗增加、中继器故障），也可能是外部故障（由抛锚、捕鱼活动引起）。

1. 内部故障

内部故障分为初期故障、随机故障和老化。

初期故障是海底光缆系统投入使用时内部器件发生的故障，这类故障表现为开始故障率高，随着时间的推移，故障率逐渐减少，如图 7-1 所示，通常为 1 ～ 2 年。初期故障产生的主要原因是非理想的生产过程（材料器件不合格、不合理操作、环境污染、无效检验或者不当的装船和处理）。对于海底设备，老化筛选过程将避免初期故障的发生。

紧随初期故障的是故障率比较少的随机故障，该故障是随机分布、不可预测的，几乎是恒定的。

最后阶段是老化故障阶段，一直延续到寿命终了（EoL）。老化出自器件老化、材料疲劳、过分使用、环境腐蚀毁坏等。

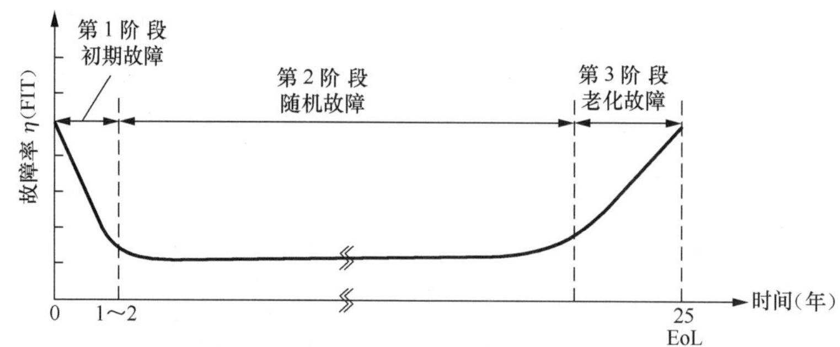

图 7-1　在系统寿命周期内典型的故障率曲线[4]

从可靠性考虑，海底光缆系统的海底设备比陆地设备更关键，因为海底设备的维修平均时间（MTTR）两周要比陆上设备的两小时更长些。海底光缆系统的关键设备是中继器，因为中继器包含许多电子器件、光学器件和光电子器件，尤其是中继器使用的泵浦激光器的故障率是个严重的问题。例如，陆上网络放大器故障率 η 是 1 000 ～ 10 000 FIT，而海底光放大器是 10 ～ 100 FIT，对应的故障率分别为 $0.22 \sim 2.2\times10^{-4}\times$（1 000 ～ 10 000）和 $2.2\times10^{-3} \sim 2.2\times10^{-2}$。

设计超可靠性的海底光缆系统意味着在系统寿命期内发生损坏的故障率几乎为零，并且尽可能减少随机故障率。

无论什么原因引起的内部损伤都会直接影响传输质量。因此，必须采取合适的预防机制来防止或者减小故障的发生，特别是一根光纤发生故障不得影响其他光纤的系统性能。

通过器件仔细筛选、材料严密控制、强壮简化设计、精心制造和质量控制，可取得低的故障率。采用加速环境实验，使故障尽早发生，从而挑选质量可靠的器件是必须的。应该认识到，这样一个复杂的系统包括许多不同的制造过程和装配程序，每一个过程和每一道程序工作人员都应进行认真地测试。每个故障应归咎于单个故障机理，而与测试器件和测试程序本身的相互作用无关。无论从经济性考虑，还是从技术可行性考虑，为达到可靠性要求使用加速实验是必须的。

为了达到可靠性要求，相应减少支系统的故障率，通常要进行冗余配置。例如，为了达到放大器的可靠性指标，通常要配置冗余的泵浦激光器。

2. 外部故障

外部故障一般发生在光缆段。实际上，发生故障的主要原因是一些破坏行为，如海底捕鱼拖捞船、海流、地质事件（地震和火山）和超载发热故障。几乎 90% 的故障由捕鱼活动和船锚破坏引起。为了保护海缆不受这些因素的破坏，可通过填埋来保护浅海段的海底设备。

一旦海底设备发生故障，就需要进行海底维修，而且还需要铺缆船的配合。损坏的海缆段被切断、收回并用船上备用的海缆取代。海底设备故障维修平均时间（MTTR）一般是 1 ～ 3 周，这取决于故障位置、水深、船只可用性、损坏原因和天气状况。

为了减小故障对传输业务的影响，通过备用路由（如有可能）可增加网络的可用性。当海底设备发生故障导致传输中断时，通常把受影响的业务切换到保护路径上。

3. 外界损坏和电压过冲保护

在供电系统中，海缆断裂可产生 200 A 以上的冲击电流，使器件损坏。因此，为了保护器件，在中继器供电路径中要加入抗过涌线圈和滤波器电路，如图 3-29 所示。同样，电源供给设备（PFE，Power Feed Equipment）也不应被这种海缆断开产生的过冲而损坏，必须把海底设备与电火花和电压过冲引起的瞬变冲击隔离。

7.1.3　质量控制和可靠性保证措施

海底光缆网络可靠性的基石是质量控制和器件资质认证。质量控制包含一整套过程，从最初规划设计开始，路由勘察、器件及其供应商选择，设计制造生产，测实验收，最后到系统运行监控和故障排除维修。所有这些过程及结果必须得到控制，并有详细的文字记载。为了提高可靠性，要采用冗余配置，减少共用故障通道。利用以前类似器件的现场实验数据、制造商的原始数据，或各种准确可靠的手册数据，进行故障率估算。

一旦选定了满足设计指标的器件，就要借助资质认证测试，进行器件可靠性估算。因为可靠性要求是 25 年，需在加速条件下对样品进行可靠性测试，测试样品尽量与实际需要量一致。施加应力可增强或加快潜在故障出现，半导体器件常见的一些加速因素是温度、湿度、电压和电流。通常，加速因素是温度，JESD22-A103 是用存储烘烤进行器件资质认证测试的规范。测试温度与拟要工作的温度有关。通过测试，可确定器件故障概率分布，从该分布可推断出期望工作条件下预测的可靠性。为了避免过高的温度，可能出现没有代表性的故障模式，要在正常工作条件下进行类似的测试[3]。

一些海底光缆系统器件，特别是无源器件，即使在加速测试期间，也可能显示没有故障。因此，必须用工程学确定切实可行的故障率上限，对器件制造商提出非常严格的质量要求。进行破坏性测试，确定应力和强度间的关系，开发可使用的非破坏性筛选方法，减少制造的缺陷产品，而不影响产品寿命。

最初的加速寿命测试可以确定失效机制、早期寿命故障范围或初期故障。在设备安装前，器件常常在加速测试时就被烧毁，可用来去除初期故障。

为了实现系统的高可靠性，需采用特殊的系统设计。第 2.1 节已经提到，由于

EDFA 具有增益压缩特性，正好可以满足单波长系统设计的要求。此外，对中继器元器件要进行大规模的老化、振动、冲击、应力、筛选和可靠性测试，同时要广泛采取冗余技术和自愈技术。

部件故障率是该部件所含器件故障概率的平方。也就是说，假如在 25 年内单个泵浦激光器故障概率是 1%，那么泵浦激光器对中继器故障率的贡献将是 0.01%。为了提高中继器的可靠性，要对中继器内的关键泵浦激光器进行备份保护。实现监视的原理相当简单，所需的器件也很少，每个放大器只有一个光耦合器，而无须切换监视控制信道或任何其他附加的器件，就可以提高中继器的可靠性。由于单个激光器故障引起的增益下降，可由与之串联的工作在增益压缩状态的光放大器的增益来补偿，因此该中继器的可靠性很高。

另外，与光—电—光中继系统相比，光放大技术减少了中继器内的元器件数量和类型，从而有助于系统可靠性的大幅度提升。

为了保证供电设备（PFE）的可靠性，减少停机时间或不可用时间，我们要简化 PFE 设计，使用冗余配置，对插件、单元备份，并存储一定数量的备件。为便于维修更换，同时采用模块化结构。另外，采用双端供电，即使一端发生故障，另一端也可以为全程供电（见第 3.4.2 节）。每端又有备份 PFE，共有 4 套 PFE，应该说它们同时发生故障是罕见的。对于 10 kV 供电的 PFE 运行一年后，设备不可用时间变得很少（见图 7-1）。使用器件故障率可以预见终端站保留备件的数量和种类，以便减少不可用性（维修时间一般为 2 ～ 4 小时）。假定平均维修时间为 2 小时，在 25 年寿命期内，每年平均不可用时间为 10 s。假如单端供电，不可用时间增加到每年 40 s。在正常情况下，单端供电 PFE 也可以给分支单元供电。两个 10 kV 供电，PFE 不可用时间平均约为 20 s。通常，替换故障中继器需要几天，所以 PFE 的不可用时间要比中继器少得多 [3]。

由于系统使用了保护切换技术和多路径保护措施，并把位于同一海域中的多个系统互联起来，因而可以在传输路径发生故障时，保证对高优先权用户的服务。在许多情况下，保护切换可以在不影响高优先权业务传送的情况下进行。

各公司设计的海底光缆系统的性能满足或超过国际电信联盟（ITU-T）对产品的要求。性能下降由岸上终端设备或海底中继设备引起。对于包括电源供给设备的终端设备，性能下降的主要来源是元器件故障，为此要求配置备份子系统，以便在必要时替换故障支系统。终端设备本身也有备份部件，当某部件发生故障时可自动切换，平均每次故障引起 1.1 次严重误块秒 [5]。

通常，复用器、发射 / 接收终端具有全双工结构和保护切换，因此某一个单元的故障不会导致系统中断。

7.2 海底光缆通信系统可靠性预算

7.2.1 光中继器故障率 / 故障概率预算

1. 光中继器故障率预算

海底光缆通信系统设备可靠性的工业标准是，对于两对光纤横贯大西洋（7 000 km）的网络，在 25 年服务寿命期内，假定海底温度为 5℃，要求不能多于一次海缆船维修。根据该标准，两对光纤中继器的故障率 η 不能超过 26 FIT。借助使用器件质量控制工程、应用备份和故障容忍中继器设计协议，可满足该目标的要求 [3]。

在中继器内关键通道上，故障率 FIT 较多的器件使用备份配置。例如，供电电路桥式整流器二极管通常使用备份。在中继器和分支单元中，最关键的器件是泵浦激光器，每个激光器故障率典型值是 30 ～ 100 FIT，并与激光器类型（波长）、输出功率和温度有关。因为激光器故障率 FIT 比一对光纤的故障率还多，因此，在每个放大器对中，强制使用多个泵浦激光器作为备份。因为电子器件故障率通常随温度急剧上升，所以要使中继器内这些器件与中继器外壳热接触良好。

在非 WDM 系统中，中继器 EDFA 设计工作在压缩饱和状态，当前一个中继器发生故障或光缆老化等因素引起输入到中继器的光功率显著下降时，处于压缩饱和状态的中继器可以补偿这种下降，如图 2-4 所示，所以这样设计的中继器使网络具有故障容忍功能。使用 4 个激光器对双向铒光纤共同泵浦（见图 3-8），只要有一个激光器工作，就可以对正反向 EDFA 泵浦，只有 4 个激光器同时失效才使中继器停止工作。假如有两个激光器失效了，一些线路损耗可由激光器控制电路反馈控制补偿，另一些损耗由 EDFA 压缩饱和补偿。下一步是采用备份结构，将 4 个激光器分成两对，每对有自己的控制电路，在每对激光器中，一个激光器工作，另一个备份。

当 4 个激光器中的三个失效后故障率是 1 FIT，于是典型放大器对的故障率是 5 FIT（海水温度 5℃）。中继器故障率预算如下：每个放大器对的故障率约 5 FIT，与此有关的监控电路故障率约 5 FIT，它的供电电路约 1 FIT，中继器供电电路故障率为 0.2 FIT，每个放大器对合计故障率为 11.2 FIT。如使用 6 个光纤对，利用式（7.1），环境温度 5℃中继器的总故障率为 [3]：

$$\eta_{\mathrm{u}}=\sum_{i=1}^{n}\eta_{\mathrm{d}i}\left(i\right)=\left(5+5+1+0.2\right)\times 6=67.2\ \ \mathrm{FIT}$$

2. 光中继器故障概率预算

在 4 重备份泵浦制式的中继器设计中，假定系统寿命是 25 年，每个泵浦激光器的故障概率为 [4]：

$$p=1-\exp\left(-t_{\text{sys}}\eta\right) \tag{7.4a}$$

故障率为：

$$\eta=\frac{-\ln\left(1-p^{n}\right)}{t_{\text{sys}}} \tag{7.4b}$$

式中，n 是激光器备份数；η 是故障率，假定是常量，用 FIT 表示，故障率 1 FIT 表示系统有 10^9 个器件，其中 1 个器件发生故障；或者说，在 10^9 小时中发生 1 次故障；t_{sys} 是在系统寿命 25 年内每个器件发生故障的时间，其值为：

$$t_{\text{sys}}=\frac{24\times365\times25}{10^{9}}=2.19\times10^{-4}\ \text{h/device} \tag{7.5}$$

举例说，中继器可靠性为：

$$R_{\text{rep}}=\exp\left(-\eta t_{\text{sys}}\right) \tag{7.6}$$

故障率为中继器所有器件的故障率之和。对于海底光缆系统中继器元器件，所有器件的故障概率都很小，所以式（7.6）可近似表示为 $R_{\text{rep}}=1-\eta t_{\text{sys}}$。所以系统故障率可用所有器件的故障率之和表示 [97]：

$$\eta=\sum_{i}^{n}\eta(i) \tag{7.7}$$

图 7-2 所示为在 25 年寿命期间内，海底光缆系统泵浦激光器故障数量与故障率 η 的关系，该系统是只有一对光纤但有 150 个中继器的横跨大西洋海底光缆系统。典型的海底光缆系统中继器泵浦激光器故障率为 25 FIT，如图 7-2 所示。这些故障在传输线路上随机分布，即无法预料是哪个中继器，或是哪个传输损伤引起故障。发生故障的泵浦激光器数量等于故障概率 p 与系统所有中继器泵浦激光器总数 N 的乘积。

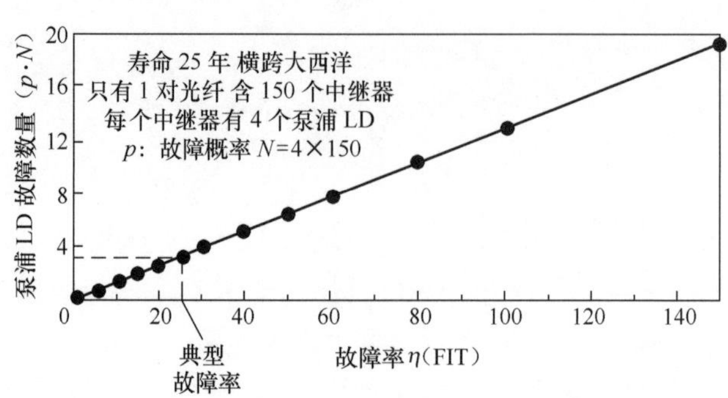

图 7-2 海底光缆系统中继器泵浦 LD 故障数量与故障率 η 的关系

假定泵浦激光器的故障概率是 p(Probabilit)，泵浦激光器总数是 N(4 倍中继器数)，则在整个系统中只有一个 LD 发生故障的概率计算如下。

每个泵浦激光器 X_i 是随机变化的，即 $X_1 \leqslant X_i \leqslant X_N$，于是就有 N 个随机变化的泵浦激光器，并且遵守下面的规律：

如果泵浦激光器 $X_i = 0$，即没有一个泵浦激光器在 $X_1 \leqslant X_i \leqslant X_N$ 范围内，故障概率为 $p\left(X_i = 0\right) = p$，即表示由其他因素引起系统的故障概率；

如果泵浦激光器 $X_i = 1$ 工作，故障概率为 $p(X_i = 1) = 1 - p(X_i = 0) = 1 - p$。

预计泵浦激光器发生故障的数量为 $p \cdot N$，发生故障的概率为 $pN(1-p)$。该概率遵守二项式定律，在系统寿命期内，n 个泵浦激光器发生故障的概率为：

$$P\left(n, N\right) = \frac{N!}{\left(N - n\right)!n!} p^n \left(1 - p\right)^{N-n} \tag{7.8}$$

假如已知中继器内有一个泵浦 LD 发生故障，在该中继器内第二个 LD 发生故障的概率为（这里 $n = 1$，$N = 3$）

$$P_2\left(N\right) = P\left(1,3\right) = 3p\left(1 - p\right)^2 \tag{7.9}$$

对于与图 7-2 所示的同一个系统，使用式（7.1）和式（7.3）计算出第一次故障发生后平均第二次故障发生需要的时间（MTBF），如图 7-3 所示。由图可见，如果典型的故障率为 25 FIT，则 MTBF 等于 1 500 年。

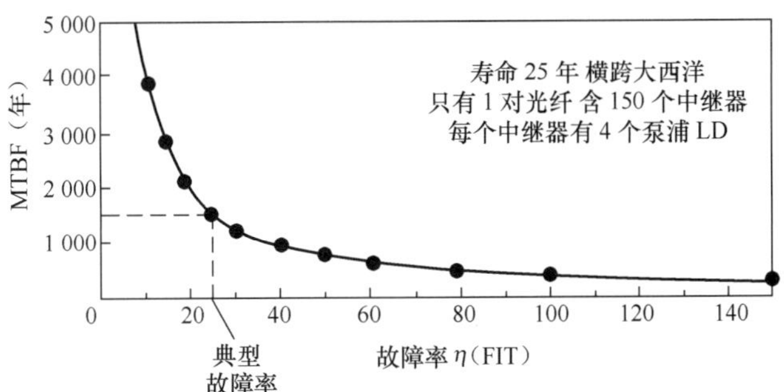

图 7-3　光中继海底光缆系统 MTBF 与故障率 η 的关系

7.2.2　插件板故障率 /MTBF 预算

1. 插件板故障率预算

表 7-1 举例给出了一块由 1 300 nm 激光器、集成电路、电阻、电容等分离器件构成的电路插件板故障率预算。该插件板安装在远端终端站，遭受振动、高温和潮湿环境，环境温度为 45℃～ 50℃，所以环境温度系数 $\pi = 2$。如果安装在中心站空调房，则 $\pi = 1$。

表 7-1　插件板故障率预算 [90]

所含器件	数量	故障率 η（FIT）	故障率合计
1 300 nm 激光器	1	20 000	20 000
晶体管	10	25	250
IC 集成电路（30 个二极管门电路）	8	10	80
IC 集成电路（200 个 NMOS 门电路）	6	130	780
电容、电阻分离元件	6	12	72
插件板故障率合计（FIT）	/	/	$\eta_{\mathrm{u}}=\pi\sum_{i=1}^{n}\eta_{\mathrm{d}i}(i)=2\times 21182$

2. 电路插件板 MTBF 预算

第 7.1.1 节介绍了 MTBF 的概念，它表示部件 / 系统故障发生后，多少年以后可能发生下一次故障。表 7-2 给出了由不同数量的激光器、集成电路、电阻、电容和连接器组成的电路插件板的 MTBF 预算。由式（7.3）计算得到该电路板可能要在 28.9 年后发生下一次故障。

表 7-2　电路插件板 MTBF 计算举例 [90]

单元 / 部件类型	数量	单元故障率 η（FIT）	总故障率 η（FIT）	MTBF（年）
激光器	1	1 500	1 500	/
集成电路	5	300	1 500	/
电阻	4	123	492	/
电容器	7	57	399	/
连接器	1	27	27	/
PWB	1	27	27	
合计	/	/	3 945	$\mathrm{MTBF}=\frac{1.14\times 10^{5}}{\eta}=\frac{1.14\times 10^{5}}{3\,945}=28.9$

7.2.3　系统 MTBF/ 维修次数预算

1. 系统 MTBF 预算

表 7-3 给出了由 5 个信道、4 个供电单元、4 个中继器、1 个微处理器板和 1 个监控板组成系统的 MTBF 预算。由式（7.3）计算得到该系统可能要在 0.878 年后发生下一次故障。

表 7-3　系统 MTBF 计算举例 [90]

单元 / 部件类型	数量	单元故障率 η（FIT）	总故障率 η（FIT）	MTBF（年）
信道数	5	8 000	40 000	/
供电单元	4	6 500	26 000	/
中继器	4	12 050	48 200	/
微处理板	1	12 300	12 300	/
监控板	1	3 400	3 400	/
合计	/	/	129 000	$\text{MTBF}=\frac{1.14\times10^5}{\eta}=\frac{1.14\times10^5}{129000}=0.878$

2. 需要维修船协助维修次数预算

下面估算系统中继器（或分支器和均衡器）在 25 年寿命期内需要维修船协助维修的次数。例如，4 对光纤每个中继器的故障率约是 45(11.2×4)FIT，25 年故障概率是 1.0%($2.2\times10^{-4}\times45$)。一个使用 4 对光纤的横跨大西洋海底光缆网络可能含有 175 个中继器，所以需要维修船协助维修的次数是 1.75(1%×175)。也就是说，在 25 年系统寿命期内，预计需要维修船协助维修的次数将是 1 ～ 2 次 [3]。

SL2000 系统具有两对光纤，每个中继段的平均 FIT 为 10.76，相当于每个中继段需船维修的次数为 0.002 4($2.2\times10^{-4}\times10.76$)。

对 AT&T 的 SL2000 海底光缆水中设备的可靠性分析表明，对于具有 270 个中继器的两对光纤系统，在 25 年的系统寿命期限内，海缆船维修的次数为 0.65 次（270×0.0024 = 0.65）；当具有 4 对光纤时，海缆船维修的次数为 0.999 次，均满足可靠性设计的要求，见表 7-4[20] ~ [26]。

表 7-4　AT&T SL2000 海底设备可靠性分析

光纤对	每个中继段平均 FIT	每个中继段需船维修的次数	具有 270 个中继器需船维修的次数
1	7.78	0.001 7	0.459
2	10.76	0.002 4	0.65
3	13.74	0.003 0	0.81
4	16.72	0.003 7	0.999

7.3　海底光缆通信系统安全考虑

ITU-T G.664 提供光网络接口光安全工作条件的技术指南和要求，主要应用领域是使用光纤拉曼放大器的 DWDM 系统的光网络系统设计。

IEC 60825-2(2010) 提供光纤通信系统（OFCS，Optical Fibre Communication Systems）安全操作和维修的具体要求和详细规范。该标准的目标是保护人们免遭 OFCS 的光辐射损伤，为制造、安装、运营、维修安全提出要求，以便建立操作程序，提供一些注意安全措施的信息[92]。

光纤通信系统使用的最大平均光功率危险级别分类如表 7-5 所示[92]，设备危险等级在受限地方不应超过 1M，在可控地方不应超过 3B。所谓受限地方指借助行政手段或工程控制手段使公众难以触及的地方，但未经激光安全培训的个人经授权可以触及。所谓可控地方指授权给经激光安全培训的个人触及的地方。

表 7-5　光纤通信系统激光器 / 光放大器输出功率危险等级划分[92]

波长（单模光纤）	危险级别		
	1	1M	3B
980 nm	1.8 mW/+2.6 dBm	2.66 mW/+4.2 dBm	500 mW
1 310 nm	25.8 mW/+14.1 dBm	42.8 mW/+16.3 dBm	500 mW
1 420 nm	10.1 mW/+10 dBm	115 mW/+20.6 dBm	500 mW
1 550 nm	10.2 mW/+10.1 dBm	136 mW/+21.3 dBm	500 mW

对于占空比 10% ～ 100% 的最典型系统，峰值功率随占空比的减小而增加。然而，对于占空比≤ 50%，最简单的是限制峰值光功率到两倍平均光功率。

对于 WDM 系统，危险级别与光功率和波长有关。例如，假如两个 WDM 信道波长都短于或长于 1 400 nm，复用后的危险就高些；如果一个 WDM 信道波长短于 1 400 nm，而另一个波长长于 1 400 nm，复用光信号的危险就不会增加。

IEC 60825-1 从安全角度已给出激光产品辐射危险级别分类表，在端对端光纤通信的使用、维修、故障发生或在拔下活动连接器的过程中，皮肤、角膜或虹膜可能受到激光辐射而受伤。

但 IEC 60825-2 并没有把整个光纤通信系统按 IEC 60825-1 的危险级别划分，这是因为光纤通信系统的光辐射完全是封闭的，如果严格按 IEC 60825-1 理解，光纤通信系统可能都将划分在级别 1 中，而这又可能没有准确地反映潜在的危险。

基于上述陈述，ITU-T G.664 把光纤通信系统 / 网络确定为 1 类产品[91]，这是因为，在正常条件下，激光辐射完全是封闭的，就像一台激光打印机，没有激光辐射出机房。光纤通信系统只有在光纤断裂或光纤连接器卸下时，人们才可能接触到辐射，并且光发射机或光放大器输出光足够强，才有可能受到伤害。因此，需要对系统每个输出端口的光功率危险进行评估。危险等级与波长有关[92]。

在一定条件下，高功率工作的光纤和光纤连接器可能损坏，比如，污染的光连接器可能因局部发热而起火、光纤连接器或熔接点受热会产生损耗、灰尘 / 污染可使光纤连接器端面损坏，以及光纤弯曲过度会使光纤包皮烧毁 / 融化等。特别是，强光在已熔化光纤传输时可能产生火灾危险。

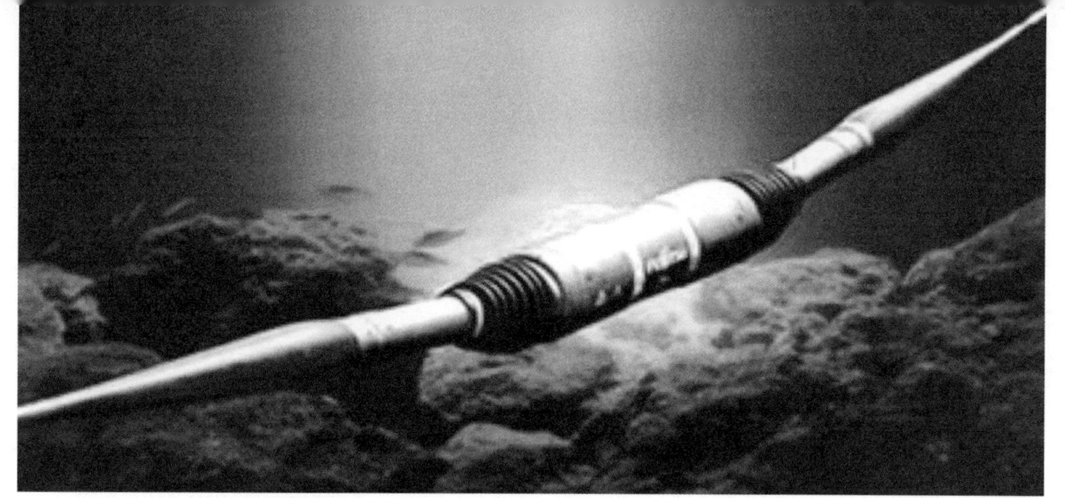

第 8 章
海底光缆通信系统测试技术及仪器

8.1 光纤通信测量仪器

海底光缆系统维护可分为海底维护段和陆地维护段。为满足系统日常运行维护的需要，系统应配置维护工具及仪表。本章，除万用表、绝缘电阻测试仪外，对常用的光电仪表进行介绍。

8.1.1 光功率计

光功率计是测量光功率的仪表，可用来测量线路损耗、光发射机 / 光放大器输出功率和接收机灵敏度、光无源器件插入损耗和光纤拉曼增益系数等。它是光通信领域最基本、最重要的测量仪表之一。

光功率计由主机和探头组成。普通探头采用低噪声、大面积光电二极管，根据测量用途不同，可选择不同波长的探测器（Ge：750 ～ 1 800 nm，InGaAs：800 ～ 1 700 nm）。光功率计采用微机控制、数据处理和防电磁干扰等措施，实现测试的智能化和自动化，具有自校准、自调零、自选量程、数据平均和数据存储等功能。测量显示 dBm/W 和 dB，可随时按需切换。

普通光功率计的原理如图 8-1（a）所示。在光探头内安装的光电检测器将入射的光信号功率转变为电流，光生电流与入射到光敏面的光功率成正比。如果入射光功率很小，则产生的光电流也很小，比如 1 pW（10^{-12} W）的光功率仅产生约 0.5 pA（10^{-12} A）的电流（如果探测器的灵敏度是 0.5 A/W）。这样微小的电流是无法检测到的，为此采用一个电流 / 电压变换器，该变换器采用低噪声高输入阻抗的运算放大器，在其输入和输出端之间跨接 10 倍量程的电阻 R，如 10 MΩ、100 MΩ 甚至更大的电阻，则 I/V 变换器的输出电压 $V = I\,R$，I 为探测器产生的光生电流。如果 R = 100 MΩ，输入光功率为 10^{-11} W，在 I/V 变换器的输出端可产生约 0.05 mV 的电压（$0.5\times10^{-12}\times100\times10^{6}$），如采用斩光同步检测技术，还可以提高测量灵敏度。

图 8-1（b）表示手持式光功率计的外形图，测量范围为 –70 ～ 3 dBm 或 –50 ～ 23 dB。

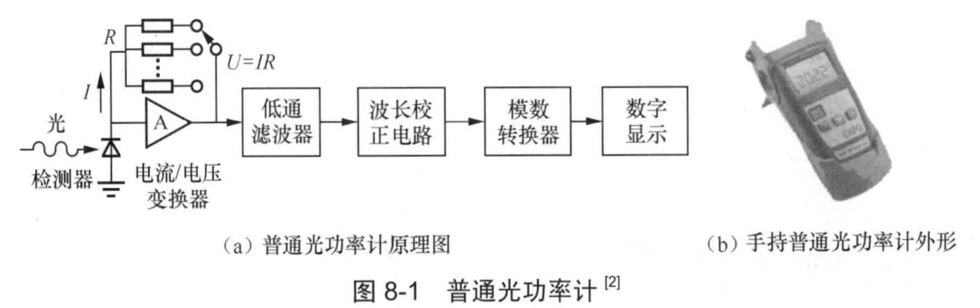

（a）普通光功率计原理图　　（b）手持普通光功率计外形

图 8-1　普通光功率计 [2]

另外，还有校准用的光功率计，通常有 0.001 dB 的分辨率和 ± 0.01 dB 的线性度，采用带制冷的 Ge 探测器。

8.1.2　光纤熔接机

光纤熔接机是光纤固定接续的专用工具，在两根端面处理好的待连接光纤对准后，采用电弧放电的加热方式熔接光纤端面，具有可自动完成光纤对准、熔接和推断熔接损耗的功能。根据被连接光纤的类型，光纤熔接机分为单模光纤熔接机和多模光纤熔接机；根据一次熔接光纤芯数，分为单纤熔接机和多纤熔接机，另外，还有保偏光纤熔接机和大芯径单模光纤熔接机。熔接损耗单模光纤 0.03 dB，多模光纤 0.02 dB，保偏光纤 0.07 dB。

光纤熔接机主要由高压电源、放电电极、光纤对准装置、张力测试装置、监控系统、光学系统和显示器（显微镜和电子荧屏）等组成。张力测试装置和光纤夹具装在一起，用来测试熔接后接头的强度，如图 8-2（a）所示。图 8-2（b）是光纤熔接机外形图；图 8-2（c）是光纤熔接机专用的切割刀。

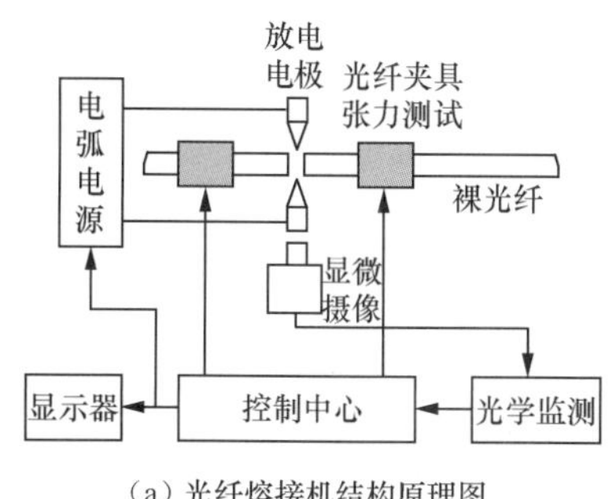

（a）光纤熔接机结构原理图

（b）光纤熔接机外形图

（c）光纤熔接机切割刀

图 8-2　光纤熔接机结构原理图 [2]

光纤熔接机的使用方法如下。

（1）用多芯专用软线把熔接机的熔接部分和监控部分连接起来，然后接上电源，开启电源开关。

（2）根据待熔接光纤的类型，用按钮选择好单模或多模工作状态。

（3）处理待熔接光纤的端面，端面处理的好坏将直接影响接头的损耗，要求端面完整无破裂（不能凹凸不平）并垂直于光纤轴，一端套上保护用的热可塑套管，然后把它放在光纤平台的夹具内，盖上电极盖。

（4）按下“定位 / 开始”按键，监控装置开始全自动工作。首先由 TV 摄像管送来某一方向（比如 X 方向）的画面，将两根待熔接光纤拉近后，开始在 X 方向对接耦合；然后自动转至 Y 方向，再在 Y 方向对接耦合，并反复几次，直至中央微处理机认为耦合达到最佳，这时开始自动点火熔接。

（5）中央微处理机计算熔接损耗，并在监视屏幕上显示出来（多模光纤不显示）。

（6）按复位按键，进行张力测试，如认为满意，取出光纤，将预先套上的热可塑套管移至接头处，用光纤熔接机附带的加热器，加热可塑套管，对接头进行永久性保护。

在自动熔接过程中，如果操作者认为光纤端面处理不理想或其他原因需中止熔接机工作，可随时按复位按键。如果发生异常状态，机内蜂鸣器会响几秒钟，并在监视器屏幕上显示故障位置。

8.1.3　光时域反射仪（OTDR）

OTDR 是利用光纤传输通道存在的瑞利散射和菲涅尔反射特性，通过监测瑞利散射的反向散射光的轨迹，制成的光传输测试仪器。利用它不仅可以测量光纤的衰减系数（dB/km）和光纤长度，而且可以测量连接器和熔接头的损耗，观测光纤沿线的均匀性和确定光纤故障点的位置，OTDR 在工程上得到了广泛应用。这种仪器采用单端输入和输出，不破坏光纤，使用非常方便。

OTDR 的工作原理如图 8-3（a）所示，其中脉冲发生器用来产生不同脉宽的窄脉冲信号，然后调制电 / 光（E/O）变换器中的激光器，变成很窄的脉冲光信号，经耦合器送入待测光纤。光信号在光纤中传输，由于光纤结构的不均匀、缺陷和端面的反射，信号光发生反射，这种反射光经耦合器送至光 / 电（O/E）变换器中的探测器，转换成电信号，经放大处理后送到显示器，以曲线的形式显示出来。

本节以后向散射法测量光纤衰减为例，说明 OTDR 的用法。

瑞利散射光功率与传输光功率成正比，后向散射法就是利用与传输光方向相反的瑞利散射光功率来确定光纤损耗的，如图 8-3（b）所示。

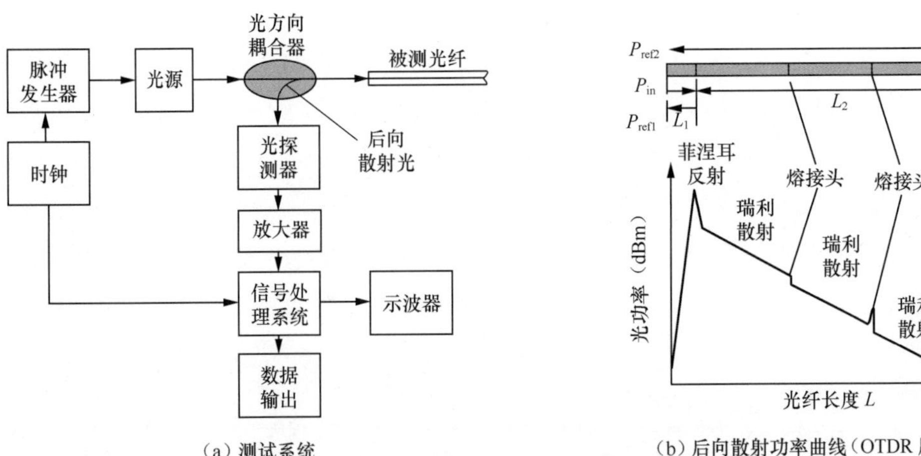

图 8-3　后向散射法（OTDR）测量光纤衰减系数 [2]

设在光纤中正向传输光功率经过长 L_1 和 L_2 的两段光纤传输后反射回输入端的光功率分别为 $P_{ref\,1}$ 和 $P_{ref\,2}$，如图 8-3（b）所示。经分析可知，正向和反向衰减系数的平均值为：

$$\alpha=\frac{10}{2\left(L_2-L_1\right)}\lg\frac{P_{ref\,1}}{P_{ref\,2}} \tag{8.1}$$

后向散射法不仅可以测量衰减系数，还可以利用光在光纤中传输的时间来确定光纤的长度，显然，

$$L=\frac{ct}{2n} \tag{8.2}$$

式中，c 为光速，n 为光纤纤芯的折射率，t 为光脉冲在光纤中传输的来回时间。

8.1.4 相干光时域反射仪（C-OTDR）

光缆断点定位一般在业务中断情况下进行。通常，使用光时域反射仪（OTDR，Optical Time Domain Reflectometry）定位。但在光中继海底光缆系统中，因为 EDFA 光中继器内有光隔离器，所以后向散射光信号是通过光耦合器进入返回通道的，如图 3-7 所示。然而，这种技术使返回 EDFA 的 ASE 噪声和发送光纤的后向散射信号同时在返回光纤上传输，导致 OTDR 信号 SNR 很低，严重降低了 OTDR 的动态范围，因此不适合超长距离海底光缆线路的监测。另外，传统 OTDR 光源带宽有数十纳米，必定覆盖部分 WDM 系统波长，从而对该波长的通信产生严重干扰，所以 OTDR 不适合在线监测。

为此，在线监测、故障定位使用相干光时域反射仪 OTDR（C-OTDR，Coherent OTDR），如第 3.3.3 节介绍，它灵敏度高、频率选择性好、动态范围大。本振 LD 波长可以远离通信波长，有利于在线监测。

C-OTDR 是在 OTDR 的基础上增加一个频率为 ω 的窄线宽本振外腔激光器构成，该激光器输出光信号通过一个 90:10 耦合器，90% 的光用于发送测试光，10% 的光用于接收本振光，如图 8-4 所示。发送测试光通过一个声光调制器（AOM，Acoustic-Optic Modulator），受到微波频率为 Ω 的信号调制，在声光调制器的输出端，输出一个 $\omega+\Omega$ 的测试光信号 [112]。该测试光在沿光纤传输过程中，受到光纤结构不均匀、缺陷和光纤断裂端面发生散射。这种后向色散光进入平衡检测器与本振光混频，产生一个频率为 Ω 的中频信号，经带通滤波滤除噪声后，进入模数变换器，变成数字信号送入数字信号处理器，最后用显示器显示测试光沿光纤发生后向散射的轨迹。

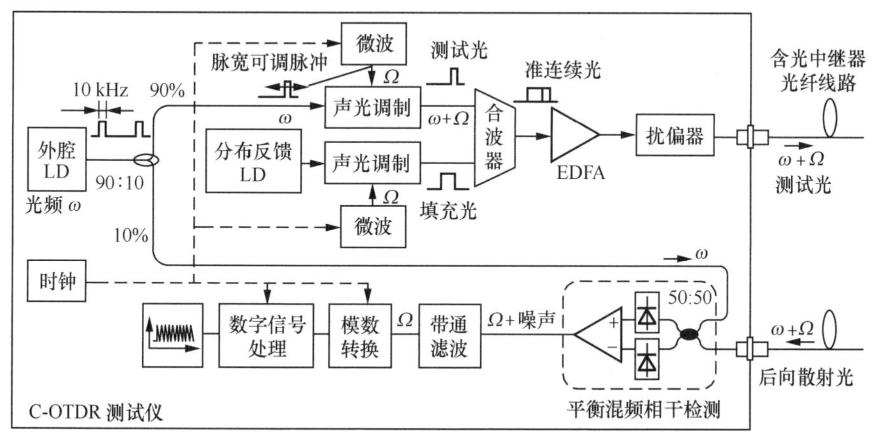

图 8-4 C-OTDR 测试仪原理构成图

通过改变微波频率 Ω，可以改变中频频率信号的脉冲宽度 T。C-OTDR 的分辨率为 $\delta = \upsilon T/2$，当 T = 10 μs，$\delta = \upsilon T/2$ = 1 km 时，分辨率为 1 km。可见，分辨率由 C-OTDR 测试光信号的脉冲宽度决定。通常，这种仪器提供多种光脉冲宽度，供用户选择。

声光调制器的基本原理是基于光弹性效应，通过电极施加在压电晶体上的微波调制信号，在晶体表面产生应力，从而产生表面声波，该声波信号通过声光材料传输，产生随声波幅度周期性变化的应力，使该材料的分子结构产生局部的密集和疏松，相当于使折射率 n 产生周期性的变化，其结果是声波产生了可以对光束衍射的光栅，如图 8-5 所示。

假如 ω 是入射光波的角频率，由于多谱勒（Doppler）效应，衍射光束随着声波传输的方向，要么频率高一点，要么低一点。假如 Ω 是声波频率，衍射光束具有一个多谱勒频移，其值为 $\omega' = \omega \pm \Omega$。当声波传输方向与入射光束相对传输时，如图 8-5 所示，衍射光束频率为 $\omega' = \omega + \Omega$，否则为 $\omega' = \omega - \Omega$。很显然，借助调制声波的频率，可以调制衍射光束的频率（波长），此时衍射角也相应改变。

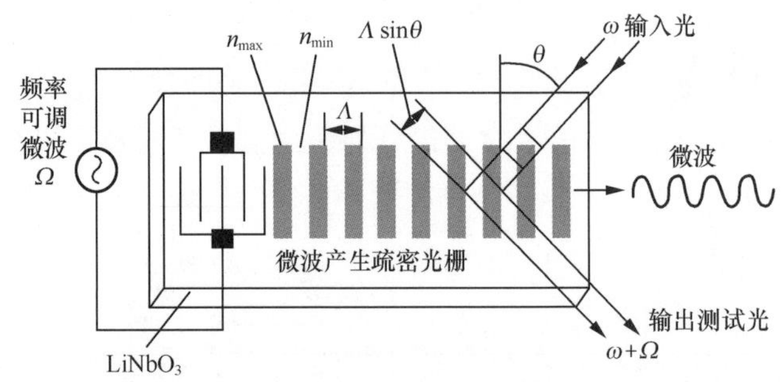

图 8-5 声光调制器[112]

由于 EDFA 在无光输入期间，大量的铒离子处于激发态，在光脉冲到来时，EDFA 增益会突然增大，即光信号会产生光浪涌现象，使输出光信号功率出现起伏。为此，利用一路与测试光脉冲互补的填充光，使两者合成为准连续光，可以很好地消除这一现象。

后向散射光与本振光偏振态失配也会带来偏振噪声，扰偏器可以消除这种噪声的影响。

由于测试光线宽极窄（小于 10 kHz），相干性很好，使瑞利散射信号功率出现随机起伏，产生相干瑞利噪声，显示的轨迹曲线剧烈波动。如果进行多次测量取其平均值，就可以消除瑞利噪声，使曲线变得平滑。

相干接收机的电 SNR 为：

$$\mathrm{SNR}_{\text{C-OTDR}} = \frac{P_{\text{bs}}}{2N_{\text{ASE}}B_{\text{e}}}$$

式中，N_{ASE} 是本振 LD 自发辐射（ASE）噪声功率频谱密度，$B_{\text{e}} = 2/T$ 是 C-OTDR 接收机电带宽，P_{bs} 是接收到的后向散射光信号功率。为了减小返回光纤上的噪声功率，使 C-OTDR 的发送光波长与携带业务信号的 WDM 光波长不同是有必要的。

提高 SNR 的一种方法是进行 m 次 C-OTDR 测量。P_{bs} 经返回路径上的 EDFA 放大，同时这些 EDFA 的噪声也叠加在该信号上，但是，P_{bs} 信号强度与 m 成正比，而 P_{bs} 信号在返回路径上的 EDFA 自发辐射噪声与 $m^{1/2}$ 成正比，所以，经过 m 次测量后，P_{bs} 信号的信噪比提高了 $m^{1/2}$ 倍。

图 3-13 表示用 C-OTDR 对由 4 个光中继器组成的通信系统线路的测试，表 8-1 给出了 OTDR 和 C-OTDR 的性能参数。

表 8-1　OTDR 和 C-OTDR 性能参数 [14]

名称	单位	OTDR	C-OTDR
测量距离范围	km	0.5 ～ 200	100 ～ 12 000
平均时间	/		2^8 ～ 2^{24}
脉冲宽度	μs	可调整	1、10、100，可调整
中心波长	nm	1 310/1 490/1 550/1 625/1 650	1 535.03 ～ 1 565.08
IOR	/	1.400 000 ～ 1.699 999	1.400 000 ～ 1.699 999
测量衰减精度	dB	≤ 1	≤ 1
测量动态范围	dB	> 45	> 17
测量盲区	km	≤ 1	≤ 1
测量距离精度	m	无中继器系统，± 1 m ± 3×10^{-5} × 测量到的距离 ± 读数分辨率	有中继器系统，± 50 m ± 5×10^{-6} × 测量到的距离
平均测量时间	s	/	取决于测量距离和平均时间

8.1.5　误码测试仪

PCM 通信设备传输特性中重要的指标是误码和抖动，PCM 误码和抖动测试仪表可测量这项指标，而且两者往往合在一起，通称为 PCM 传输特性分析仪，简称误码仪。

图 8-6 所示为误码仪的原理框图，误码仪发送部分主要由时钟信号发生器、伪随机码 / 人工码发生器，以及相应的接口电路组成。它可以输出（2^7−1）～（2^{23}−1）比特

的各种不同序列长度的伪随机码和人工码，满足 ITU 对不同速率测试序列长度的要求。发送电路伪随机码发生器输出 AMI 码、HDB_3 码、NRZ 码和 RZ 码，经被测信道和设备传输后，再由误码仪的接收部分接收。接收部分产生一个与发送码发生器图案完全相同且严格同步的码型，以此为比对标准。如果被测设备产生任何一个错误比特，就被检测出一个误码，并送到误码计数器显示。

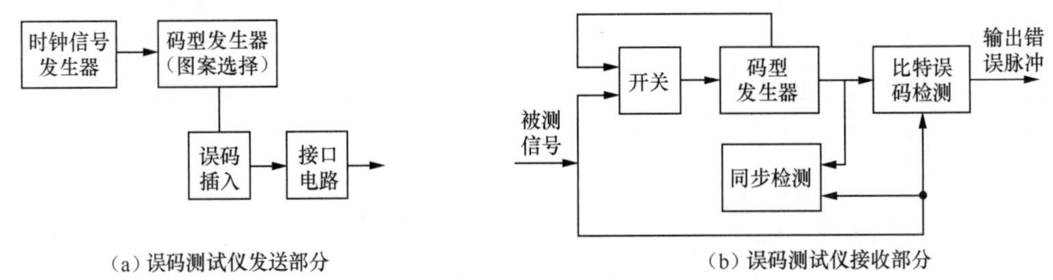

图 8-6　误码测试仪原理方框图 [2]

8.1.6　光谱分析仪

在光纤通信中，从系统各点测量到的光谱中得到的各种信息是评价光通信速率高低和容量大小的重要参数。

在光纤通信中，基本的光谱测量有：

测量激光器、发光二极管等发光器件的中心波长、峰值波长、光谱宽度和光功率；

测量光纤的波长损耗特性、光滤波器等的衰减特性、透射特性和截止波长；

分析光纤放大器的增益特性和噪声指数；

分析光传输信号的光信噪比等。

目前，有的光谱仪采用内置参考可调激光器，可对 DWDM 信号特性进行分析，可自动测试 1 250 ～ 1 650 nm 波长范围内的有源和无源器件的光谱特性，不仅能够测量调制光信号的功率和波长，还能测量其相位，通过傅里叶变换，还可计算得到啁啾和脉冲强度信息。

图 8-7(a) 所示为光谱分析仪测量信号光谱的原理，光带通滤波器采用光学棱镜或衍射光栅对输入光进行分光，通过旋转光带通滤波器，对波长范围进行扫描。光带通滤波器的带宽越窄，光谱分析仪的分辨率就越高；其中心波长的精度越高，光谱仪测量波长的精度也越高。输入光被光带通滤波器分割成多个狭窄的频段，通过光电二极管转换成电信号。在扫描光带通滤波器中心波长的同时，测量并分析分光后不同光波长的光功率，就可以得到输入光信号的光谱。

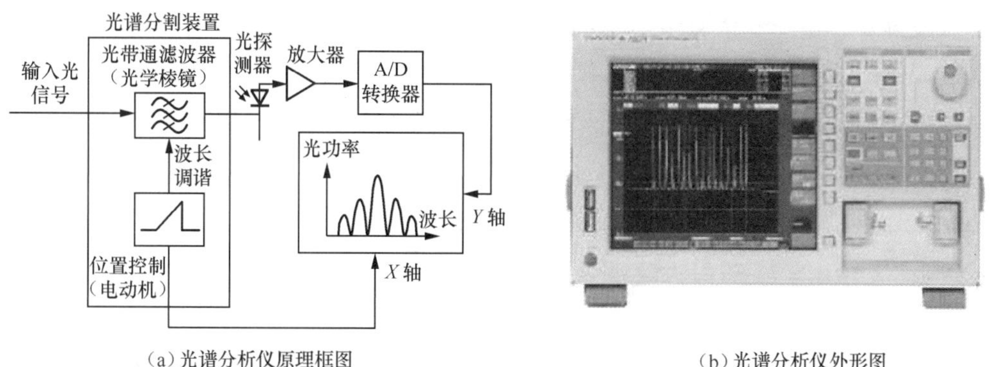

（a）光谱分析仪原理框图　　（b）光谱分析仪外形图

图 8-7　光谱分析仪 [2]

8.1.7　多波长光源

多波长光源也称宽带光源。有一种多波长光源是将一个高输出功率的超发射 LED（SLED）作为光源，其波长可满足所有波段的通信要求。在单模光纤通信系统中，它提供了比白光源更宽的光谱范围和更高的功率密度。这种光源可应用于粗波分复用（CWDM）网络测试、CWDM 和 DWDM 元件生产和测试、光纤传感器的测试。

使用 980 nm 波长强激光泵浦掺铒光纤，将产生受激辐射噪声（ASE），利用 ASE 可制成无极化光源，输出功率大于 11 dBm，在 1 532 ～ 1 560 nm 波长范围内具有良好的平坦性（< 2 dB），可应用于滤波器、WDM 耦合器和布拉格光栅等器件的特性测试 [2]。

另一种 C 波段 WDM 多波长光源采用改进的反射式 M-Z 干涉滤波器或阵列波导光栅（AWG），对掺铒光纤的放大自发辐射（ASE）光信号进行光谱分割，对其放大和平坦、自动功率控制和精密温度控制，可制成多波长光源。该光源的优点是波长和功率稳定性高，比采用 DFB 激光器的多波长光源性价比和可靠性高。

使用阵列波导光栅（AWG）和半导体放大器（SOA）的组合还可以制成 WDM 光源，提供 ITU-T 规定的通道间隔为 25 GHz、50 GHz 或 100 GHz 的多波长光源，输出光功率 10 dBm，波长范围 1 528 ～ 1 600 nm。

多波长光源可用于测量掺铒光纤放大器（EDFA）、半导体光放大器（SOA）和拉曼（Raman）光放大器，以及 WDM 系统。

8.1.8　光衰减器

光衰减器是对入射光功率衰减的器件，它可使光接收器件和设备的响应特性不至于失真或饱和。在光纤传输线路上，调整接入衰减器的衰减量等于调节实际使用光纤的传输损耗，以模拟其实际使用情况。

对光衰减可采用吸收一部分光、反射一部分光、空间遮挡一部分光或用偏振片调整光的偏振面来实现。光衰减器分为可变光衰减器和固定光衰减器两种，如图 8-8 所示。可变光衰减器又可分连续可变衰减器和分档可变衰减器。最大衰减可达 65 dB，插入损耗一般为 1 ～ 3 dB，允许最大输入功率为 25 dBm[2]。

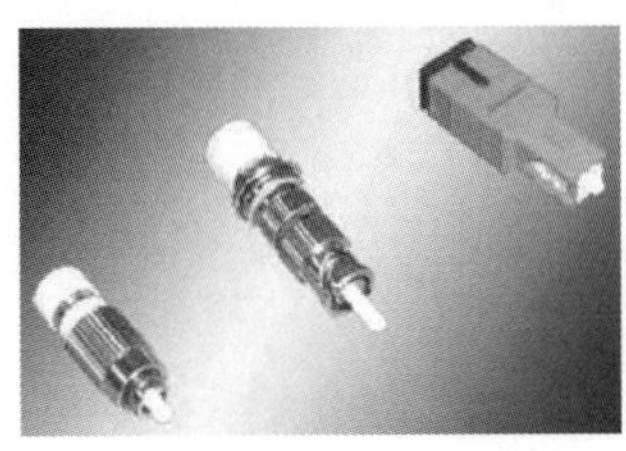
（a）阴阳固定光衰减器

（b）小型可变光衰减器

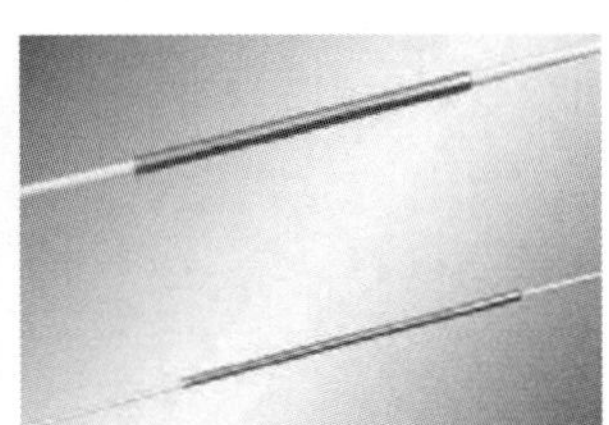
（c）在线式固定光衰减器

图 8-8　光衰减器

8.1.9　综合测试仪

能够测试多个项目的仪器叫综合测试仪，目前已有一些综合测试仪器，如图 8-9 和图 8-10 所示，用于测试无源器件和波分复用系统。有的光谱分析仪除有光功率测量功能外，还内置固定波长光源和偏振控制器，可以测量损耗（IL）、偏振相关损耗（PDL）以及反射损耗（ORL）。

有一种基于激光干涉技术的仪器，通过一次激光扫描，除完成器件的 IL、PDL、ORL 损耗测试外，还可进行色散（CD）、偏振模色散（PMD）测量。同时该仪器还可以扩充为光频域反射计（OFDR），类似于传统的 OTDR，能对器件、系统内部的缺陷、故障进行诊断，定位并测量这些因素引起的损耗 [2]。

还有一种 DWDM 无源器件测试系统，它内置了可调波长激光源、多通道光功率计、波长参考模块和偏振状态调节器，能够测试 DWDM 无源器件的 IL、PDL 和 ORL 损耗。

图 8-9　手持光万用表

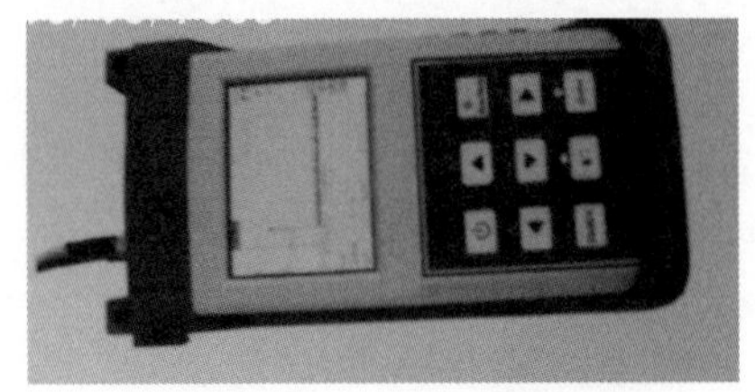
图 8-10　手持光时域反射仪

8.1.10　电脉冲反射测试仪（电时域反射仪）

第 3.3.3 节和第 8.1.3 节已经介绍了光时域反射仪（OTDR），即利用光波在光纤中传输时反射的轨迹判断光纤故障情况。脉冲反射故障定位仪（PEFL，Pulse Echo Fault Localizaition）的工作原理与 OTDR 类似，即利用电波在导体中传输时的反射轨迹判断导体的故障情况。所以，脉冲反射故障定位仪也被称为电时域反射仪（ETDR，Electronic Time Domain Reflectometry），与 OTDR 不同的是，传输信号、传输介质和传输速度不同，如表 8-2 所示。电磁波的传播速度 $\upsilon = c/n$，n 为传输介质折射率，光波也是电磁波，所以它与电波的传播速度相同，在真空中均为 $c = 3\times10^8$ m/s。对于光纤中传播的光波，传播速度是 $\upsilon = c/n \approx 200$ m/μs，n 为光纤折射率（取 1.5）；对于铜导体中传播的电波，传播速度 $\upsilon = c/(\mu\varepsilon)$，即与导体介质磁导率 μ 和导体介电常数 ε 有关，而与芯线材料和截面积无关，比如塑料电缆为 170 ～ 180 m/μs，橡胶电缆为 220 m/μs，海底光缆铜导体传输速度是 95.5 m/μs。

表 8-2　光时域反射仪（OTDR）和电时域反射仪（ETDR）比较

	传输信号	传输介质	工作原理	传播速度
光时域反射仪（OTDR）	光脉冲信号	光纤（光导体）	光波在光纤传输的后向瑞利散射和菲涅耳反射	200 m/μs
电时域反射仪（EODR）	电脉冲信号	电线（电导体）	电波在导体传输时遇到导体开路 / 短路处的反射	95.5 m/μs

电时域反射仪（ETDR）可以用来测量光缆故障点（断裂、短路）位置（距测试端光缆长度）、光缆绝缘层损坏位置，在海缆工程维修上得到了广泛使用。这种仪器采用单端输入和输出，不破坏光缆，使用非常方便。

电磁波是行波，最简单的行波是正弦波，所以脉冲回波测试法也被称为行波测距法。这种方法是利用低压电脉冲发射装置向故障光缆线路铜导体发射电磁行波（脉冲电压、阶跃电压或钟形电压信号等），并根据测量端与故障点之间行波往返时间差和行波速度来确定故障点的位置。通常，电缆故障测试仪测试长度为几十千米和上百千米，测试精度为 5 m 左右 [102]。

脉冲反射故障定位仪即电时域反射仪（ETDR）的工作原理是，将电脉冲注入海底光缆铜导体，该脉冲波在海底光缆供电导体传输时，当碰到低阻、短路和开路故障时，反射波形会有变化，光缆开路故障为正反射，短路故障为负反射，如图 8-11 所示。通过测量故障点反射脉冲与发射脉冲的时间差，可判断故障点的位置。电时域反射仪由脉冲发生器和显示器（示波器）组成 [103]。

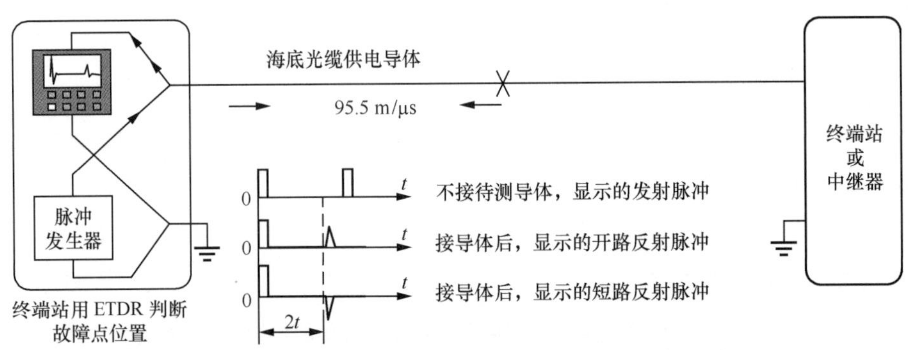

图 8-11　电脉冲反射（回波）测试仪（电时域反射仪）工作原理

光缆故障点距测试端用米表示的距离为：

$$L=\frac{ct}{2\mu\varepsilon}=\frac{95.5}{2}t \tag{8.3}$$

式中，c 为光速，t 为电脉冲在导体中传输的来回时间，单位为 μs。

8.2　光纤传输特性测量

8.2.1　衰减测量

光纤衰减测量有两种基本方法，一种是测量通过光纤的传输光功率，称为剪断法和插入法；另一种是测量光纤的后向散射光功率，称为后向散射法。后向散射法已在第 8.1.3 节中做过介绍，本节将介绍剪断法光纤衰减测量。

光纤衰减（损耗）系数为：

$$\alpha_{\mathrm{dB}}=\frac{1}{L}10\lg\left(\frac{P_{\mathrm{in}}}{P_{\mathrm{out}}}\right) \tag{8.4}$$

式中，L 为被测光纤长度（用 km 表示），P_{in} 和 P_{out} 分别是光纤的输入和输出光功率（用 mW 或 W 表示）。由式（8.4）可知，为了测量 α_{dB}，只要测量 P_{in} 和 P_{out} 即可。首先测量长度 L_2 的输出光功率 P_{out}；其次，在注入条件不变的情况下，在离光源 2 ～ 3 m 附近剪断光纤，测量长度 L_1 的输出光功率，如图 8-12（b）所示，当 $L_2>L_1$ 情况时，该功率就是长度 $L=L_2-L_1$ 光纤的输入光功率 P_{in}，这样由式（8.4）就可以计算出光纤的衰减系数。

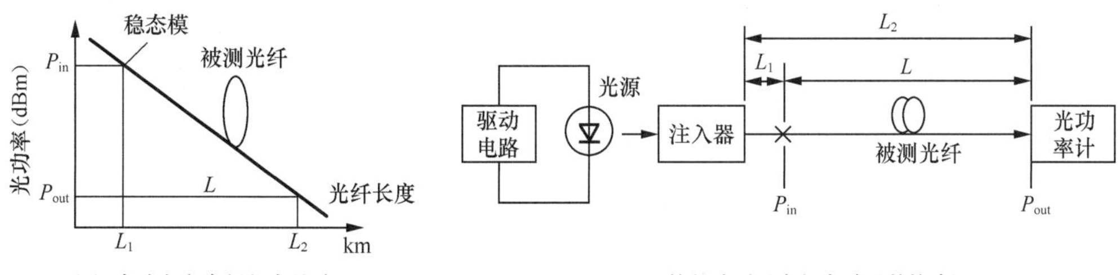

（a）光功率和光纤长度的关系　　（b）剪断法测量光纤衰减系数构成图

图 8-12　剪断法测量光纤衰减系数 [2]

图 8-12（b）所示为用剪断法测量光纤衰减系数的配置图，光源通常采用谱线足够窄的激光器。注入器的作用是在测量多模光纤的衰减系数时，使多模光纤在短距离内达到稳态模式分布；在测量单模光纤的衰减系数时应保证全长为单模传输。多模光纤用的注入器即扰模器，通常是以较小曲率半径周期性弯曲的与被测光纤相同的多圈光纤，以便充分引起模式变换，使光功率在光纤内的模式分布稳定不变，以模拟多段光纤接续起来的情况。因为单模光纤的传输模只有一个，所以不用多模光纤的扰模器，而只用 1 ～ 2 m 的单模光纤作为激励。

剪断法是根据衰减系数定义直接测量传输光功率，所用的仪器简单，测量结果准确，因而被确定为基准方法。但这种方法是破坏性的，不利于多次重复测量。在实际应用中，可用插入法替代。

插入法是在注入条件不变的情况下，首先测出注入器（扰模器）的输出光功率，然后再把被测光纤接入，测出它的输出光功率，据此计算出衰减系数。这种方法使用灵活，但应对连接损耗进行合理地修正。

8.2.2　带宽测量

高斯色散限制的 3 dB 光带宽（FWHM）为：

$$f_{3\mathrm{dB,op}}=\frac{0.440}{\Delta\tau_{1/2}} \tag{8.5}$$

式中，$\Delta\tau_{1/2}$ 是光纤引起的脉冲展宽，单位是 ps，由式（8.5）可见，光带宽的测量即测量$\Delta\tau_{1/2}$。$\Delta\tau_{1/2}$ 由光纤输入端的脉冲宽度$\Delta\tau_{1/2\,\mathrm{in}}$和输出端的脉冲宽度$\Delta\tau_{1/2\mathrm{out}}$决定，即：

$$\Delta\tau_{1/2}=\sqrt{(\Delta\tau_{1/2\,\mathrm{out}})^2-(\Delta\tau_{1/2\,\mathrm{in}})^2} \tag{8.6}$$

根据以上分析，可用时域法对光纤带宽进行测量，测试系统如图 8-13 所示。测试步骤如下：先用一个脉冲发生器调制光源，使光源发出极窄的光脉冲信号，并使其波形尽量接近高斯分布。注入装置采用满注入方式。首先用一段短光纤将 1 和 2 点相连，这时从示波器上观测到的波形相当于输入到被测光纤的输入光功率，测量其脉冲半宽 $\Delta\tau_{1/2\,\text{in}}$。然后将被测光纤接入到 1 和 2 两点，并测量此时示波器上显示的脉冲半宽，该带宽相当于 $\Delta\tau_{1/2\,\text{out}}$。最后，利用式（8.6）和式（8.5）得到高斯色散限制的 3 dB 光纤带宽。

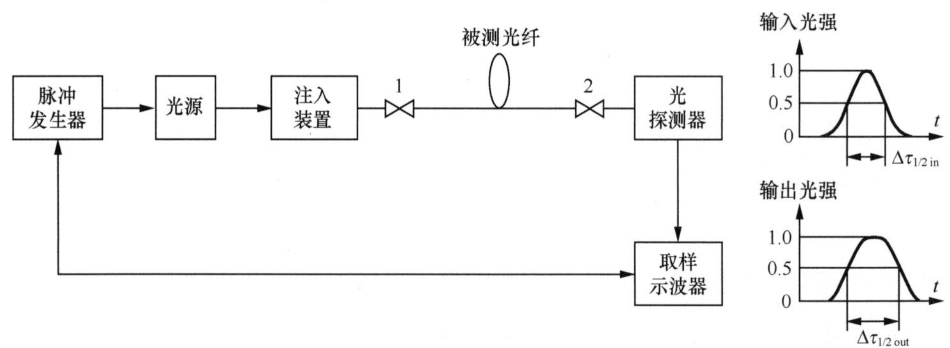

图 8-13　时域法测量光纤带宽 [2]

8.2.3　色散测量

对于单模光纤，色散与光源谱线的宽度密切相关。光源的谱宽越窄，光纤的色散越小，带宽越大。光纤色散测量有相移法和脉冲时延法，前者是测量单模光纤色散的基准方法，这里我们只介绍相移法。

用角频率为 ω 的正弦信号调制波长为 λ 的光波，经长度 L 的单模光纤传输后，其时间延迟 τ 取决于波长 λ。不同的时间延迟产生不同的相位 ϕ。用波长为 λ_1 和 λ_2 的受调制光分别通过被测光纤，由 $\Delta\lambda = \lambda_2 - \lambda_1$ 产生的时间延迟差为 $\Delta\tau$，相位移为 $\Delta\phi$。根据色散定义，长度 L 的光纤总色散为：

$$D(\lambda)L = \frac{\Delta\tau}{\Delta\lambda}$$

把 $\Delta\tau = \Delta\phi/\omega$ 代入上式，得到光纤的色散系数为：

$$D(\lambda) = \frac{\Delta\phi}{L\omega\Delta\lambda} \tag{8.7}$$

图 8-14 所示为相移法测量光纤色散的系统，要求光源 LD 具有稳定的光功率强度和波长。相位计用来测量参考信号与被测信号间的相移差。为避免测量误差，一般要测量一组 λ_i 和 ϕ_i，再计算出 $D(\lambda)$。

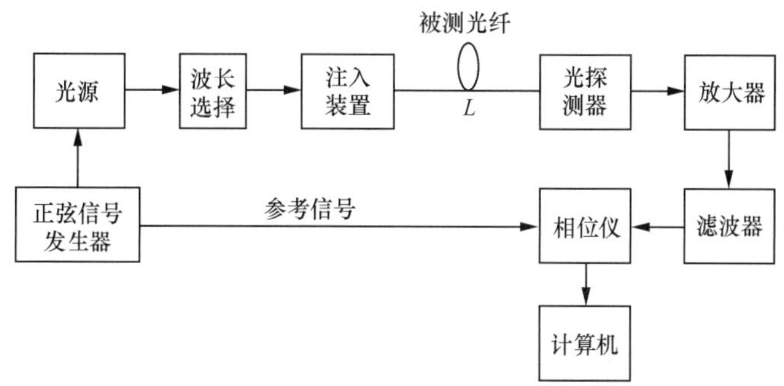

图 8-14　相移法测量光纤色散系统框图 [2]

8.2.4　偏振模色散测量

偏振模色散已经成为限制系统容量升级和扩大传输距离的主要因素，所以测量现已铺设光纤线路的 PMD 色散已是必不可少的工作。

图 8-15 所示是干涉法测量 PMD 的原理，LED 发出的非偏振光经起偏器变为线性偏振光，经待测光纤传输后，送入保偏光纤耦合器，分成两束光，分别送到末端有反射镜的光纤传输，其中一根光纤末端的反射镜由步进马达控制，可以左右移动，这种设计构成迈克尔逊（Michelson）干涉仪。这两束光被反射回耦合器混合发生干涉，其中一路光送入光探测器，由于光源 LED 是空间相干性差的含有多个波长的光源，因此相干长度很短，当两臂臂长完全相等时，两束反射光发生相长干涉，探测器可检测到光功率。当移动一臂的反射镜位置，相长干涉条件被破坏；当发生相消干涉时，探测器检测不到光功率。

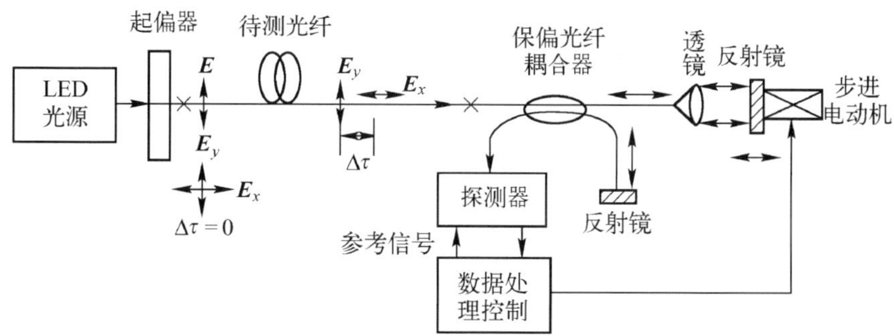

图 8-15　干涉法测量偏振模色散（PMD）原理 [2]

由于待测光纤的 PMD 特性，两臂中的正交偏振光（$\boldsymbol{E}_x$ 和 $\boldsymbol{E}_y$）并不同时到达反射镜，而是 $\boldsymbol{E}_x$ 比 $\boldsymbol{E}_y$ 传输得快，因此产生时间延迟$\Delta\tau$。如果改变透镜输出光纤到某个特定位置，使一个臂的快轴光（$\boldsymbol{E}_x$）与另一臂的慢轴光（$\boldsymbol{E}_y$）同时到达探测器（$\Delta\tau = 0$），相长干涉条件重新建立，那么探测器就又可以探测到光功率。但是，由于是部分干涉，强度较弱，这样通过测量出现较弱干涉时的反射镜移动的距离，就可以直接计算出器件的 PMD 值。干涉法测量 PMD，具有速度快、设备体积小的优势，特别适用于现场测量。

8.3 光器件参数测量

8.3.1 拉曼开关增益和增益系数测量

由第 2.1.2 节已知，光纤分布式拉曼放大（DRA）利用系统中的传输光纤作为其增益介质。强泵浦光通过光纤传输时产生受激拉曼散射，组成光纤的硅分子振动和泵浦光之间发生作用，使弱信号光放大，获得拉曼增益。拉曼增益系数表示单位光纤受激拉曼散射对光信号放大的能力。当泵浦光源确定后，光纤的拉曼增益系数随信号波长变化而变化。因此，要在一定的信号波长范围内，进行拉曼增益系数测量。就石英玻璃光纤而言，1 450 nm 泵浦光波长与待放大信号光波长之间的频率差大约为 13 THz，增益曲线的半最大值全宽约为 7 THz（55 nm），如图 2-9（b）所示。

1. 连续光波测量光纤拉曼开关增益和增益系数

首先，我们介绍利用两个没有调制的信号连续光和泵浦连续光，测量单模传输光纤的拉曼增益系数，评估拉曼放大传输系统的光纤性能[94]。光纤拉曼增益系数测量系统构成如图 8-16 所示。

信号光源可以是宽带光源，如 LED、放大自发辐射（ASE）或窄带光源（几个调谐 LD）。如果使用宽带信号光源，就需要一个或几个调谐光滤波器。信号光波长 λ_s（或频率 f_s）与泵浦光波长 λ_p（或频率 f_p）应满足 $\lambda_s = \lambda_p + 160\ \text{nm}$ 或者 $f_s = f_p - 20\ \text{THz}$，选择信号光功率既不能太大，使拉曼放大饱和；也不能太小，使探测 SNR 不足。

泵浦激光器输出光 P_p 通过光环形器送入待测光纤，产生受激拉曼散射（SRS），同时分出一小部分泵浦光用于监视。我们选择偏振度小于 10% 的非偏振光激光器，这样的激光器在市场上很容易买到。如果泵浦 LD 频谱由几个谱线组成，中间功率最大的为 λ_p，它的波长在测量期间要保持不变。当泵浦光功率在光纤中产生受激布里渊散射（SBS）时，该散射光与泵浦光的光谱宽度有关，使泵浦光频谱宽度足够宽（约 1 nm），以便抑制 SBS，但也不要宽于泵浦激光器使用的波长锁定滤波器带宽。几个泵浦激光器不能同时被用来测量光纤的拉曼增益系数。选择泵浦光功率足够大，以便产生受激拉曼散射，同时可减少 ASE 噪声和放大双瑞利后向散射信号功率。通常，输入光纤的泵浦功率为 200 ～ 300 mW。另外，为减小 ASE 噪声，使 $P_{s1}^{out} > P_{s2}^{out}$。

光的分路 / 合路可以采用光耦合器、WDM 器件和光环形器，图 8-16 是使用光环形器实现的。图中的光谱分析仪也可以用光功率计替换，此时，在测量 P_{s2}^{out} 和 P_{s3}^{out} 时，光功率计将检测所有频谱内的 ASE，而不像光谱分析仪只检测信号波长附近频谱内的 ASE。对于小的 ASE，这不是问题。假如信号光源是宽带 LED 或 ASE，则用光谱分析仪测量 P_s^{out}，要求其分辨率足够高，以便能清楚地分辨光纤受激拉曼散射增益峰值。

2. 光纤拉曼增益系数测试

（1）接通信号光源，关掉泵浦光源，测量 P_{s1}^{out}。该功率是信号光经待测光纤和光环形器等衰减后到达光谱分析仪的信号，也包括信号光的双瑞利后向散射功率。

（2）关掉信号光源，接通泵浦光源，测量 P_{s2}^{out}。该功率为 ASE 功率。

（3）同时，接通信号光源和泵浦光源，测量 P_{s3}^{out}。该功率是测量到的拉曼放大信号功率、ASE 功率和放大光信号的双瑞利后向散射功率。

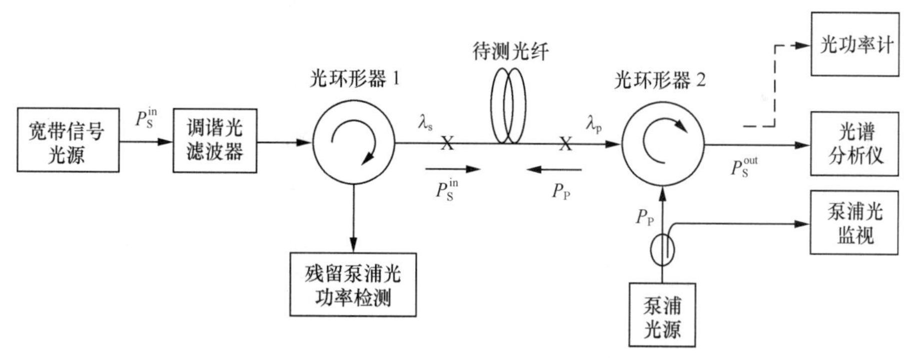

图 8-16　光纤拉曼增益系数测量系统构成图

每选择一个信号光波长 λ_s，就测量以上三个相对应的光功率参数，光纤拉曼放大开关增益为：

$$G_{on/off}(\lambda_s)=\frac{P_{s3}^{out}-P_{s2}^{out}}{P_{s1}^{out}} \tag{8.8}$$

式中，功率单位为 W 或 mW，无量纲增益用来计算非偏振光的光纤拉曼增益系数。

$$g_R(\lambda_s)=\frac{\ln\left[G_{on/off}(\lambda_s)\right]}{P_s^{in}L_{eff}} \tag{8.9}$$

式中，P_s^{in} 是进入待测光纤的泵浦光功率，用 W 表示；L_{eff} 是用泵浦光波长计算出的光纤有效长度，用 km 表示，其值为：

$$L_{\text{eff}} = \frac{1-\exp(-0.23\alpha L)}{0.23\alpha} \tag{8.10}$$

式中，α 是光纤衰减系数（dB/km），L 是光纤长度（km）。当 $0.23\alpha L >> 1$ 时，$L_{\text{eff}} \approx 1/0.23\alpha$，此时，光功率在光纤传输时减小了 1/e。例如，$\alpha$ = 0.25 dB/km 时，L_{eff} = 17.4 km。考虑有效长度是为了减小光沿光纤传输时的非线性影响。

选择多个 λ_s，经多次测量后，就可以画出光纤拉曼增益系数 $g_R(\lambda_s)$ 与波长差 $\delta\lambda = \lambda_s - \lambda_p$ 或频率差 $\delta f = f_p - f_s$ 的关系曲线，如图 2-9、图 2-10 和图 8-20 所示。

表 8-3 给出两个用这种测试方法成功测出 C 波段（1 530 ～ 1 565nm）光纤拉曼增益系数的例子。

表 8-3　测量到的拉曼增益系数举例

举例	泵浦波长（nm）	进入待测光纤的功率（mW）	单模光纤类型	光纤长度（km）	光纤有效面积（μm^2）	光纤峰值拉曼增益系数 [1/（W·km）]
1	1 455		标准单模光纤	13.2	80	0.38
2[95]	1 400	250	标准单模光纤	23.3	83	0.45

3. 拉曼增益系数分布测量

现在介绍单模光纤 / 光缆拉曼增益系数纵向分布测量方法[58]。

拉曼增益系数分布测量技术测量的是拉曼放大后的信号光，如图 8-17 所示。由图可见，连续信号光和脉冲泵浦光传输方向相反，由于拉曼效应，连续信号光得到放大，通常，放大后的脉冲调制信号光很小，接近于连续信号光功率值。为了提高信噪比和动态范围，我们一般使用强泵浦光源。此外，也要调整泵浦光源的脉冲宽度，以便提高分辨率和动态范围。例如，当脉冲宽度为 4 ～ 20 μs，分辨率为 400 ～ 2 000 m，可测量 110 ～ 135 km 长的光纤。但要切忌高阶模在待测光纤中传输，为此，在待测光纤两端接入参考光纤。色散移位光纤（DSF）的拉曼增益系数（1.97/(W·km)）比标准单模光纤（SMF）的 [0.85/（W·km）] 大，如果待测光纤选 DSF，而参考光纤选 SMF，则 OTDR 显示放大后的波形就如图 8-17 中的插图所示。由图 8-17 可见，由于拉曼放大，信号光放大后功率增加了，但因泵浦光随距离增加而衰减，所以放大信号光功率也随距离减小了。

参考光纤应该比放大后信号光测量死区长些，该死区与泵浦光源 A 脉冲宽度有关。用 IEC/TR 62324 文件给出的测量技术（见图 8-16），提前测量好参考光纤的拉曼增益系数 $g(z_{\text{ref}})$。该参考光纤可用来估计待测光纤 / 光缆拉曼增益系数的绝对值。

在图 8-17 中，光源 A 和光源 B 分别对应泵浦脉冲光和信号连续光，光滤波器用于消除脉冲光源 A 引起的光纤中的瑞利色散。接收光功率不稳定直接影响测量精度，为此，保持光功率稳定度小于 0.1 dB，拉曼增益系数测量误差可以减少到 2% 以下。

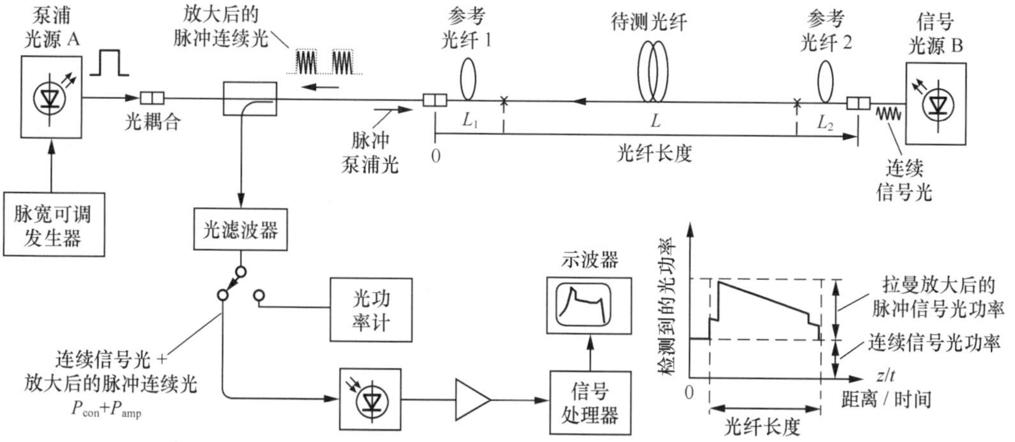

图 8-17　拉曼增益系数分布测量构成

测量步骤如下所述。

连接参考光纤到待测光纤的两端。

对准两根光纤，分别测量待测光纤和参考光纤同向（光纤从头到尾）和反向光纤（光纤从尾到头，即光纤反转过来），如图 8-18 所示，经拉曼放大后的信号功率分布，则在待测光纤上的拉曼增益系数归一化分布为：

$$\frac{g(z)}{g(z_{\text{ref}})}=\sqrt{\frac{P_{\text{amp}}(z_t)P_{\text{amp}}^{\text{rev}}(z_t)}{P_{\text{amp}}(z_{\text{ref}})P_{\text{amp}}^{\text{rev}}(z_{\text{ref}})}} \tag{8.11}$$

式中，$P_{\text{amp}}(z_t)$是泵浦光发射进入如图 8-18（a）所示的待测光纤上放大后的光功率分布，$P_{\text{amp}}^{\text{rev}}(z_t)$是如图 8-18（b）所示待测光纤反转测量的光功率分布，$P_{\text{amp}}(z_{\text{ref}})$是如图 8-18（c）所示泵浦光在参考光纤上放大后的光功率分布，$P_{\text{amp}}^{\text{rev}}(z_{\text{ref}})$是如图 8-18（d）所示参考光纤反转测量的光功率分布，z_t是待测光纤上的一点，z_{ref}是参考光纤上的一点，$g(z_{\text{ref}})$是已经测量得到的参考光纤拉曼增益系数。测量得到$P_{\text{amp}}(z_t)$、$P_{\text{amp}}^{\text{rev}}(z_t)$、$P_{\text{amp}}(z_{\text{ref}})$和$P_{\text{amp}}^{\text{rev}}(z_{\text{ref}})$后，由式（8.11）可以求得待测光纤的拉曼增益系数 $g(z)$。

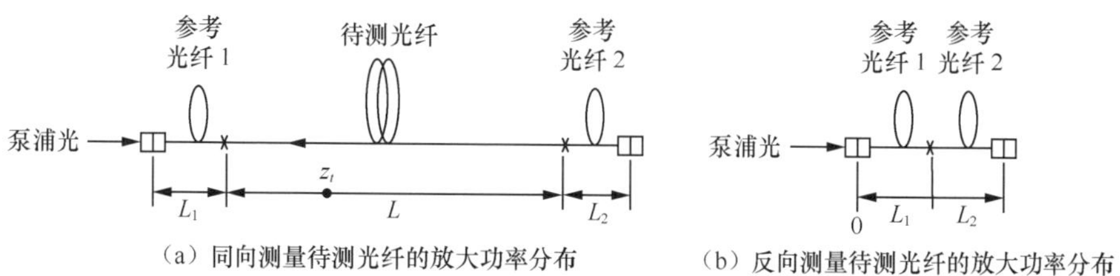

（a）同向测量待测光纤的放大功率分布　（b）反向测量待测光纤的放大功率分布

图 8-18　归一化测量拉曼增益系数时待测光纤和参考光纤的不同安排

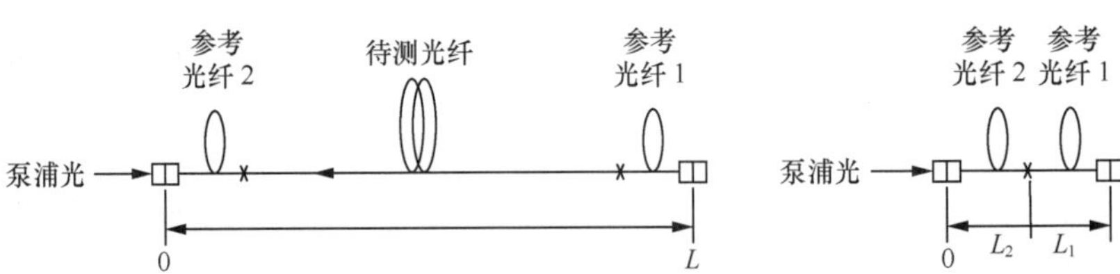

（c）同向测量参考光纤的放大功率分布　　（d）反向测量参考光纤的放大功率分布

图 8-18　归一化测量拉曼增益系数时待测光纤和参考光纤的不同安排（续）

图 8-19（a）表示测量得到的光纤拉曼放大光功率，图 8-19（b）表示测量得到的光纤拉曼增益归一化分布系数，参考光纤选用标准单模光纤，拉曼增益系数为 0.85/(W·km)，待测光纤选用色散移位光纤（DSF），测得的拉曼增益系数约为 1.97/(W·km)。

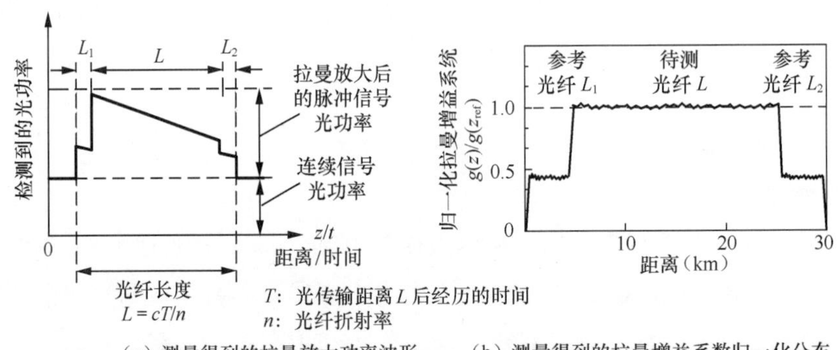

（a）测量得到的拉曼放大功率波形　　（b）测量得到的拉曼增益系数归一化分布

图 8-19　测量到的光纤拉曼增益

图 8-20 表示反色散光纤（RDF，Reverse Dispersion Fiber）、非零色散移位光纤（NZDSF）和标准单模光纤（SMF）在 1 486 nm 波长光泵浦时，测量到的拉曼增益系数 g_R。由图可见，RDF 光纤的拉曼增益系数最大，标准单模光纤的最小，其差别是由它们的有效面积和 Ge 浓度不同造成的。

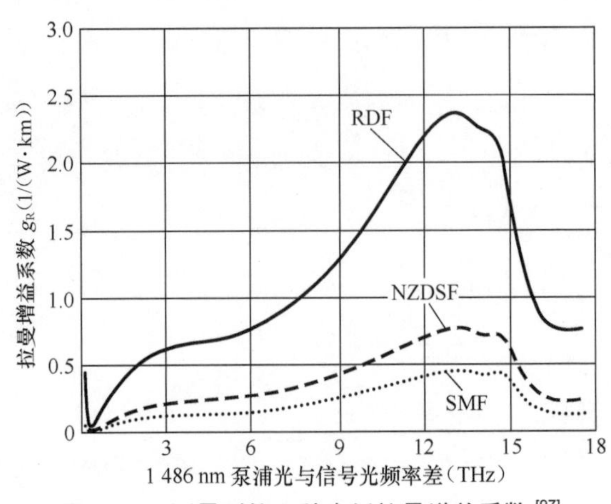

图 8-20　测量到的 3 种光纤拉曼增益系数 [97]

8.3.2　光源参数测量

通常，我们采用光谱分析仪直接测量 LD 的光谱特性，可以注入直流，也可以在一定的偏置下加不同的调制信号。从光谱特性曲线可以得到 LD 的峰值波长（中心波长）、光谱宽度和边模抑制比。中心波长定义为最大峰值功率对应的波长。光谱宽度定义为峰值功率下降 3 dB（50 %）所对应的波长宽度。边模抑制比定义为峰值波长功率与相邻次高峰值波长功率之比。

8.3.3　无源光器件参数测量

无源光器件种类很多，较为典型的是 WDM 器件。WDM 器件的主要参数有插入损耗和偏振相关损耗、中心波长和通道特性、信道间隔和隔离度等。本节将介绍 WDM 器件常用参数的测试方法[2]。

1. 中心波长和带宽测量

通道特性指 WDM 器件各信道的滤波特性，ITU-T 规定可用 1 dB、3 dB、20 dB、30 dB 带宽表示，3 dB 带宽中心点对应的波长为信道的中心波长，这些参数均应符合 ITU-T G.692 的要求，测量系统如图 8-21 所示。宽谱光源的输出送入 WDM 器件的输入端，用光谱分析仪测量 WDM 器件每个输出信道的滤波特性，从中可以得到中心波长和 3 dB 带宽。

2. 插入损耗测量

WDM 器件的插入损耗（IL，Insert Loss）测量系统如图 8-22 所示，当测量某一信道，如 λ_1 信道时，首先要使波长可调光源的输出为 λ_1 信道，用光功率计测出其光功率，然后测出波分解复用器 λ_1 信道的输出光功率，二者之差就是该信道的插入损耗。重复前面的过程，就可以测出其他波长信道的插入损耗。

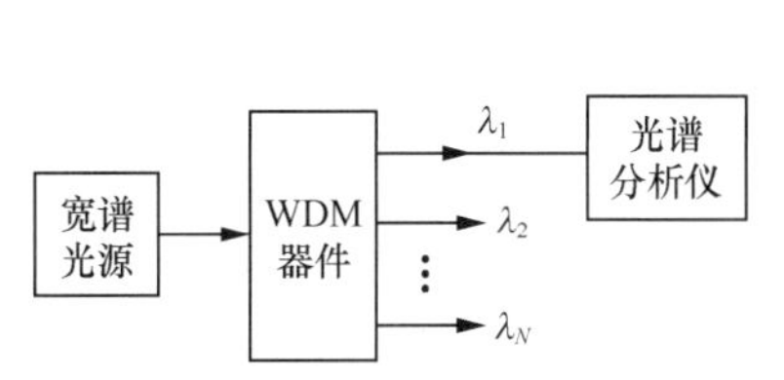

图 8-21　波分复用器中心波长和带宽测量系统

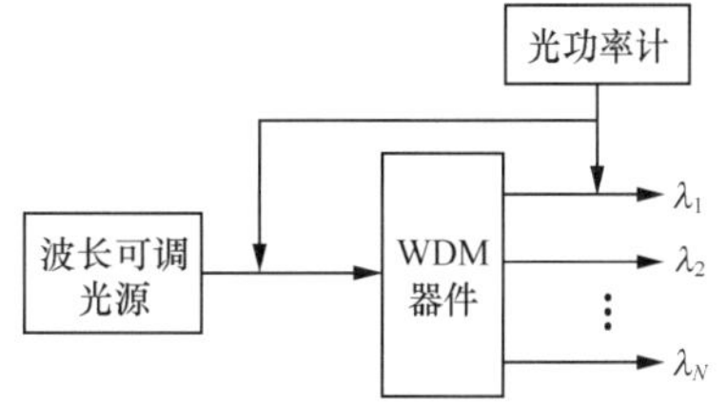

图 8-22　波分复用器插入损耗测量系统

3. 隔离度和串扰测量

定义 y 信道对 x 信道的隔离度（ISO）为：

$$\mathrm{ISO}=10\ \lg\frac{P_{\mathrm{x}}}{P_{\mathrm{yx}}} \tag{8.12}$$

式中，P_{yx} 是 x 信道功率通过 WDM 器件耦合到 y 信道上的功率，它是在解复用器输出端测量得到的，P_x 是解复用器 x 信道上的输出信号功率。在理想 WDM 器件中，一个信道的功率不应该耦合到其他信道，即 $P_{yx}=0$，所以由式（8.12）可知，隔离度为无穷大。隔离度越大越好。

串扰是由一个信道的能量转移到另一个信道引起的。这种串扰是因为解复用器件，如实际调谐光滤波器的非理想特性，引起相邻信道功率的进入，从而产生串话，使误码率增加。

用分贝表示的串扰为：

$$\delta_{\mathrm{CT}}=10\ \lg\frac{P_{\mathrm{yx}}}{P_{\mathrm{x}}} \tag{8.13}$$

式中，P_{yx} 是在 y 信道上测量得到的 x 信道串扰到 y 信道的功率，P_x 是 x 信道上的信号功率，它们都是在解复用器的输出端测量到的。由式（8.12）和式（8.13）可知，隔离度和串扰是一对相关联的参数，绝对值相等，符号相反。

隔离度和串扰测量和插入损耗测量系统相同，如图 8-22 所示，只是测量信道功率的位置有所不同，如图 8-23 所示。比如测量信道 1 对信道 2 的隔离度，将波长可调光源的输出波长调到信道 2 的标称波长上，分别测量信道 1 和信道 2 的输出光功率，由式（8.12）就可以计算出信道 1 对信道 2 的隔离度。一般要求相邻信道的隔离度大于 25 dB，非相邻信道的隔离度大于 22 dB。

4. 偏振相关损耗测量

偏振相关损耗（PDL，Polarization Dependent Loss）体现了一个器件对不同偏振态的敏感度，比如某个器件，由于入射光的偏振态不同，其插入损耗也不同。PDL 定义为不同偏振态光通过器件后最大光功率 P_{max} 与最小光功率 P_{min} 的比值，用对数表示为：

$$\mathrm{PDL}=10\ \lg\frac{P_{\max}}{P_{\min}} \tag{8.14}$$

理想情况下，各向同性器件对各个偏振态的损耗相同，PDL = 0。起偏器在理想情况下，对一个偏振方向没有损耗，而在正交方向损耗为无穷大，PDL 趋近于无穷大。

PDL 测试方法很多，但是最大值 / 最小值搜寻法系统简单、使用方便、测试速度快、测试数据准确，是性价比很高的 PDL 专业测试技术。本节只介绍这一种测试方法。

最大值 / 最小值搜寻法测试系统如图 8-24 所示，比如在测量 WDM 器件某一信道的偏振相关损耗时，将波长可调光源的输出波长调整到该信道（λ_1）的标称波长上，通过偏振控制器改变测试光信号的偏振状态，测量不同偏振光对应的插入损耗。计算出不同偏振状态下的插入损耗的最大和最小值的差，即该信道（λ_1）的偏振相关损耗。改变光源的输出波长，测出各个信道的偏振相关损耗，其中最大者为波分复用器的最大偏振相关损耗。

图 8-23　波分复用器隔离度和串扰测量系统　　图 8-24　波分复用器偏振相关损耗（PDL）测量系统

目前，已有一些可以同时测量器件插入损耗、反射损耗、偏振相关损耗、色散和偏振模色散的仪器。

8.4　光纤通信系统指标测试

光纤通信系统指标测试主要有光路指标和设备指标测试，现分别加以介绍。光路指标是衡量一个光通信系统优劣的重要参数。光路测试需要的测试仪表有 PCM 传输特性分析仪、光功率计和光衰减器。测试时，设备必须至少工作半小时无误码，才能开始测试。

8.4.1　系统 Q 参数测量

为了评估端对端海底光缆通信线路性能的好坏，以及系统的冗余，需进行 Q 参数测量。Q 参数与 BER 有关，Q 参数测量实际上是测量 BER。BER 测量系统如图 8-25 所示，计算出 BER 后，当 $Q > 3$，并假定平均信号电流 I_1 和 I_0 为高斯概率分布时，通常使用式（5.5）或（5.15b）将 BER 的近似值和 Q 值联系在一起，即：

$$\mathrm{BER} = \frac{1}{Q\sqrt{2\pi}}\exp\left(-\frac{Q^2}{2}\right) \tag{8.15}$$

测量时，把光接收机的线性输出电信号分成两路，一路用于测理想的判决阈值，另一路用于测可变的判决阈值。理想判决阈值的判决电路输出与可变判决阈值判决电路输出经异或门电路进行比较，判断其误码数，然后送入误码计数器计数。统计出 BER 后，利用式（8.15）或（5.15b）就可以计算出 Q 值。

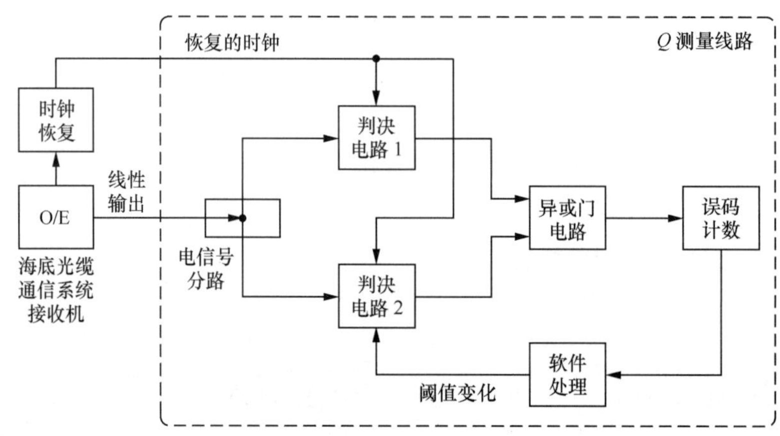

图 8-25 测量 Q 参数系统设备 [14]

测量 Q 的过程中，系统接收端输入光功率应在正常的范围内。在规定的时间间隔进行多次测量，求出其平均值。Q 的平均值减去 5 倍标准偏差（$Q = Q_{mean}-5\sigma$）就是测量值。对于 WDM 系统，对每个波长要进行测量。

8.4.2 平均发射光功率和消光比测试

平均发射光功率 $\overline{P}$ 是设备在正常工作条件下，送入光缆线路的平均光功率。平均发射光功率与信号的占空比有关，对于 NRZ 码，当占空比为 50% 时，则 $\overline{P}$ 为峰值功率的 1/2，而对于 RZ 码则为 1/4。实际工作的输入信号都可以认为是占空比为 50% 的随机码。

发射光功率指标比较灵活，它随工程的要求而定。一般在满足线路要求的情况下，发射光功率尽可能小，以便延长光源的使用寿命。

工程中不能采用剪断法来测量实际进入线路的光功率，一般是用替代法，即用一根两头带活动连接器的光纤短线（跳线），分别接在光端机发送端活动连接器插座和光功率计上，此时测出的光功率作为实际进入光线路的光功率。由于每个光活动连接器之间存在偏差，测量结果与实际值略有误差。单模光纤误差为 ±0.2 dB，多模光纤误差为 ±0.4 dB。

平均发送光功率和消光比测试按图 8-26 连接，测试方法如下。

1. 光端机平均发射光功率测试

（1）将码型发生器的输出连接到待测设备的输入端。根据 ITU-T 建议，不同速率的光纤通信系统要求送入不同的 PCM 测试信号：2 Mbit/s 和 8 Mbit/s 系统送入长度为 $2^{15}-1$ 的 HDB3 伪随机码，34 Mbit/s 系统送入 $2^{23}-1$ 的 HDB3 伪随机码，140 Mbit/s 系统送入 $2^{23}-1$ 的 CMI 伪随机码。

（2）用光纤跳线把待测设备发送端连接器插座和光功率计探头连接起来，此时光功率计显示器上的读数就是待测设备的平均发射光功率（包括连接器的损耗）。在连接光功率计前，应将探头帽盖好，对光功率计调零。

2. 消光比测试

第 5.2.3 节介绍了消光比概念，这里将对消光比进行测试。定义消光比（EXR，Extinction Ratio）为：

$$\mathrm{EXR} = P_0 / \overline{P}_1 \quad 或 \quad \mathrm{EXR} = 10\lg(P_0/\overline{P}_1) \tag{8.16}$$

式中，$\overline{P}_1$ 是发射全“1”码时的平均发射光功率，P_0 是发射全“0”码时的平均发射光功率。所以消光比的测试就是测试 $\overline{P}_1$ 和 P_0。因为码型发生器是伪随机码发生器，基本上我们认为发送“1”码和“0”码的概率相等。因此，全“1”码时的光功率应为测出平均光功率 $\overline{P}_1$ 的 2 倍，则消光比表示为：

$$\mathrm{EXR} = P_0 / 2\overline{P}_1 \quad 或 \quad \mathrm{EXR} = 10\lg(P_0/2\overline{P}_1) \tag{8.17}$$

测试原理图仍是图 8-26，码型发生器根据相应的速率送出 2^N-1 伪随机码测试信号，测出发射机的 $\overline{P}$，然后断开光端机的输入信号，再测出此时的发射光功率，即 P_0，根据式（8.17）就可以算出 EXR。

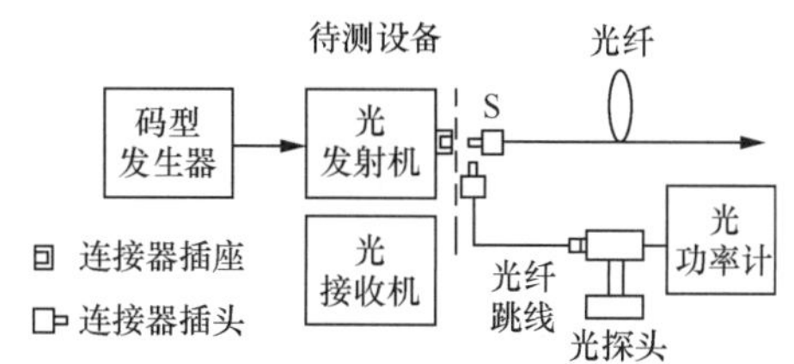

图 8-26　光端机平均发射光功率和消光比测试示意图 [2]

对于拉曼光放大器消光比的测量，使用一个声光开关控制拉曼放大器的输入信号，使用另一个声光开关取样放大器的输出信号，既可以同步测量瑞利散射功率，也可以异步测量。这种方法要求消光速度快的声光开关，如使用半导体光放大器（OSA）作为光开关，则效果更好 [18]。

8.4.3　光纤通信系统误码性能测试

比特误码率（BER）定义为码元在传输过程中出现差错的概率，工程中常用一段时间内出现误码的码元数与传输的总码元数之比来表示。

误码率是一个统计平均值，不同传输速率的系统，统计误码的时间也不同（见表 8-4）。误码率可表示为：

$$误码率 = 误码个数/(码速率 \times 观察时间) \tag{8.18}$$

图 8-27 表示用误码仪测量系统误码的连接框图，工程测试时，一般采用图 8-27（b）所示的远端环回测试。误码仪向被测光端机送入测试信号，PCM 测试信号为伪随机码，长度为 2^N-1，根据测试系统的速率选择长度为 N。例如 4 次群 139.264 Mbit/s 光通信系统，设定测试信号长度为（$2^{23}-1$），要求观察时间为 71.8 s，在该时间间隔内记录到两个误码，则误码率为 2×10^{-10}。

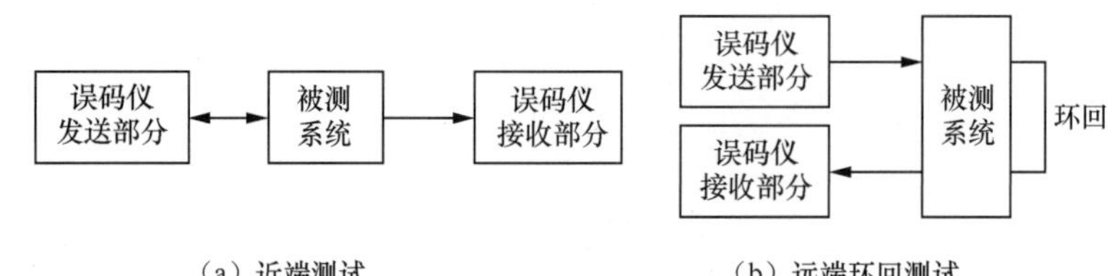

图 8-27　用误码仪测量系统误码的连接框图

表 8-4　统计误码的最短观察时间

误码率	2 Mbit/s	8 Mbit/s	34 Mbit/s	140 Mbit/s	156 Mbit/s	622 Mbit/s	2 448 Mbit/s
$\leqslant 10^{-8}$	50 s	12 s	3 s	0.7 s	0.6 s	0.2 s	0.04 s
$\leqslant 10^{-9}$	8.3 min	2 min	29.1 s	7 s	6 s	2 s	0.4 s
$\leqslant 10^{-10}$	83 min	21 min	4.8 min	71 s	64 s	16 s	4 s
$\leqslant 10^{-11}$	/	/	49 min	12 min	11 min	2.7 min	40 s

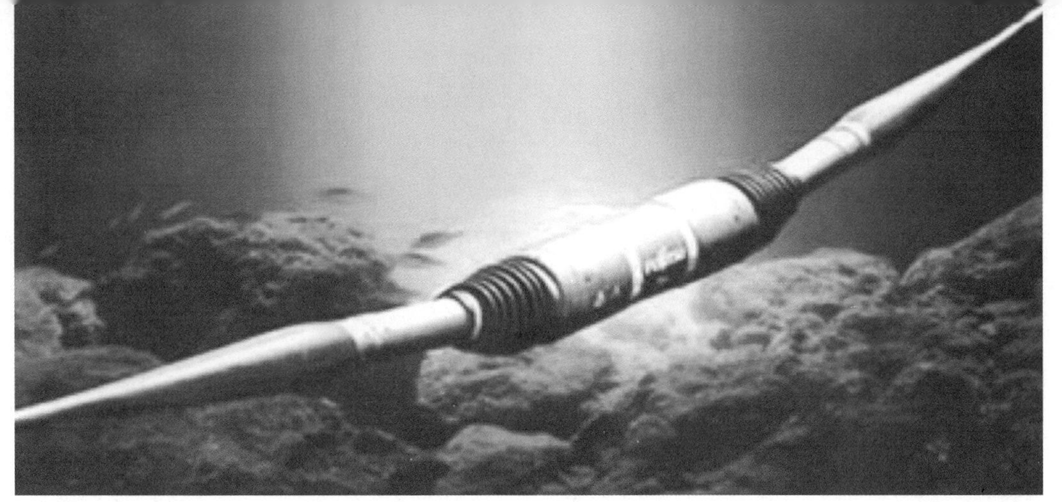

第 9 章
海底光缆通信系统运行管理和维护（OA&M）

9.1 海底光缆通信系统运行和管理

9.1.1 对网络管理系统的要求

光纤通信系统工程网管系统设计必须执行中国现行相关网络技术体制、进网要求、技术标准的规定。在执行行业规范和国家标准有矛盾时，应以国家标准为准。工程设计中采用的设备应取得有关当局的电信设备入网许可证。电信基本建设中涉及国防安全的，应执行原信息产业部颁发的《电信基本建设贯彻国防要求的技术规定》。

GB/T 51154-2015《海底光缆工程设计规范》对网络管理系统（NMS，Network Management System）进行了规范。

无中继 WDM 和 SDH 海底光缆通信系统的管理功能和性能宜分别符合 YD/T 5113《WDM 光缆通信工程网管系统设计规范》和 YD/T 5080《SDH 光缆通信工程网管系统设计规范》的有关规定。新建工程的网络管理系统配置应根据建设单位的运行维护体制及要求综合考虑，同一供应商的网络管理设备在已建工程中已配置的，应优先考虑利用现有设备，所增网元一并纳入已有网管系统进行管理。

光中继 WDM 海底光缆通信系统的 NMS 宜配置统一的网元级管理系统，统一管理终端设备、海底设备、远供电源设备和线路监控设备；对海底光缆数字信号传输系统、远供电源系统和线路监测系统应具有故障管理、配置管理、性能管理和安全管理功能；应具有海底分支单元远供电源状态倒换控制功能。

不管是无中继系统，还是光中继系统，每个海底光缆登陆站均宜配置一套本地维护终端和一套网元管理系统。网络管理系统（NMS）数据通信网（DCN，Data Communication Network）应由海底光缆系统内置的数据通信信道（DCC，Data Communications Channel）和外部保护信道组成（见图 9-5）。

9.1.2 电信管理网（TMN）和网络管理系统（NMS）概述

海底光缆通信系统具有与陆地光纤通信网络互连互通的能力。为使海底光缆通信系统可靠、安全、有效地运行，需要对组成系统的所有陆上设备和海底设备及其部件进行有效管理、维护和控制。

网络运行管理和维护（OA&M，Operation，Administration and Maintenance）功能可以分为网元管理、网络管理、业务管理和商务管理 4 部分，由网络管理系统（NMS）进行管理，提供系统配置、状态查询、线路维护、性能管理，以及故障探测、分析定位和维修等功能，如图 9-1 所示[97]。网元层属于被管理层，由一套网元管理系统（EMS）软硬件管理平台进行管理，但它本身也有一定的管理功能，如系统启动、关闭、备份、数据库管理及运行情况记录等。

电信管理网（TMN，Telecommunication Management Network）是 ITU-T 从 1985 年以来定义的一套电信管理网框架规范。TMN 网管系统框架位于最底层的通信子网，包含各类业务（数据、话音、分组交换等），这些业务的管理信息经由专用数字通信网络（DCN）集中传送至位于顶层的网络操作系统（OS），实现统一网络管理。一般而言，TMN 框架内提供一个服务器，综合协调各通信子网、DCN、OS 之间的消息传递和管理。在各大电信运营商和通信设备厂商之间采用通用网络管理模型，采用标准信息模型和标准接口，实现通信网络内部不同厂商、不同设备的统一管理。

ITU-T M.3000 给出电信管理网（TMN）的逻辑分层结构，它把管理内容从低到高分为网元层、网元管理层（EML，Element Management Layer）、网络管理层（NML，Network Management Layer）、业务管理层（SML，Service Management Layer）和商务管理层（BML，Business Management Layer），每一层从较低层管理系统获得管理信息进行管理。

除图 9-1 列出各层管理的内容外，下面进一步说明各层的管理功能。

（1）网元管理层（EML）

网元（LTE、PFE）性能数据管理，搜索、存储、显示和测量数据的传输质量，如背景误码块（BBE，Background Block Error）、误码秒（ES）、严重误码秒（SES），以及不可用秒（UAS）。

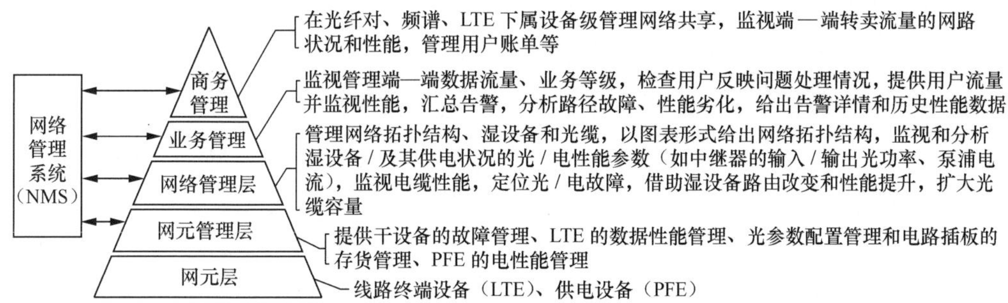

图 9-1　TMN 层结构及网络管理系统（NMS）对各层的管理功能

网元配置管理，光参数配置，包括在网元中添加和拆除设备，如电路板架等。

网元故障管理，搜索、存储和显示网元提供的所有类型告警、事件和系统信息。

网元管理系统（EMS）应具有基本的数据通信管理能力，即 EMS 与网元（NE）、EMS 和 NMS 之间应能建立或中断通信、监视通信状态、设置和修改通信协议参数及地址分配等。

（2）网络管理层（NML）

网络配置管理，使用网元提供的数据管理端对端路径。

网络故障管理，管理网元提供所有海底设备和光缆的各种告警、事件和系统信息，并且在网络拓扑结构图上用显著的标记显示该信息，进行光电故障定位。

网络性能管理，管理网元提供所有海底设备（中继器、分支器和 ROADM）和传输光缆的光 / 电性能参数，如 EDFA 中继器的输入 / 输出光功率、泵浦 LD 的泵浦电流，电子监视供电设备（PFE）的工作状态，并在网络拓扑结构图上显示该信息，以便操作者监视网络何处性能已经下降。

当维修断裂光缆时，借助海底设备光路和供电路径的重新配置，可以抢救部分中断的业务。

（3）业务管理层（SML）

业务管理由业务管理者进行，业务管理内容有提供端—端数据流量，检查用户信誉，处理问题，提供用户路径并监视性能，汇总告警，分析路径故障、性能劣化，给出告警详情和历史性能数据。

路径故障，收不到信号，信道完全无法通信，这是由于光缆断裂，设备线路板卡故障等。

性能劣化，信道可以传输，但是通信中出现误码，原因则是光缆物理性能降低、设备编码模块故障、接头有灰尘等。

（4）商务管理层（BML）

商务管理由商务管理者进行，共享光纤对、波长和 LTE 下属设备，监视转售的端—端流量状况和性能，管理用户提供的账单、故障通知等。

在电信五层管理系统中，电信设备开发商更关心下三层的管理活动，其中网元层和网元管理层与硬件设备紧密相关，所以必须由电信设备厂商完成。网络管理层一般也需要电信设备厂商提供，但是因为当前制定了标准接口，所以也可以由非设备厂商来开发，例如有的网络管理软件是由电信运营商自行开发的。网络管理层不一定仅有一层，尤其在目前多子网环境下，高层的网管系统一般是通过底层的网管系统代理同网元管理层联系，完成管理和控制。

上两层的商务管理层和业务管理层因为关系到电信运营商的服务形象和水平，所以电信运营商更为关心。这两层也可以被认为是通常的运营支撑系统（OSS，Operation Support System）。

9.1.3 海底光缆通信系统的监视系统

ITU-T G.979（10/2012）是光中继海底光缆系统的监视系统特性建议，包括监视系统功能结构、监视设备和监视参数。制定该标准的目的是帮助用户在系统运行和维护中，诊断和有效使用海底光缆系统。

根据监控机理，用于监视海底光缆系统海底设备状态的监控设备（ME）可分为两类：无源监视设备（PME）和有源监控设备（AME），如图 9-4 所示。PME 的海底设备和监视设备没有通信联系，但是要用 OTDR/C-OTDR 仪器检测光通道的状况，进行海底设备状态监视，所以需要海底设备有一个返回通道。AME 的海底设备和监控设备借助相互之间的通信联系，监控海底设备的状态（见第 3.2.3 节）。

可从海底设备同期性地收集其性能数据以实现对系统状态的监控。有两种不同的配置方法实现监控设备在终端站中的连接，分别如图 9-2（a）和（b）所示，图 9-2（a）监控输出从光线路终端（LTE）发出，图 9-2（b）监控输出从监控设备（ME）发出。携带了监控信号的业务信号在监控输出接口 M 输出。作为监控系统的一部分，通常监控设备通过管理接口连接到监视控制器。

无源监视中，通过检测光或电信号获得性能参数。发送探测信号到海底设备，分析反映系统性能状况的返回信号，例如探测和处理 OTDR/C-OTDR 后向散射光，就可以了解海底设备的运行情况。一个无源监视设备（PME）可监视海底光缆系统的一个方向的性能，为了双向监视，每个终端站均应配置一个 PME。无源监视可监视光通道的状态变化，如光纤断裂、中继器增益变化、光纤衰减或反射出现异常。

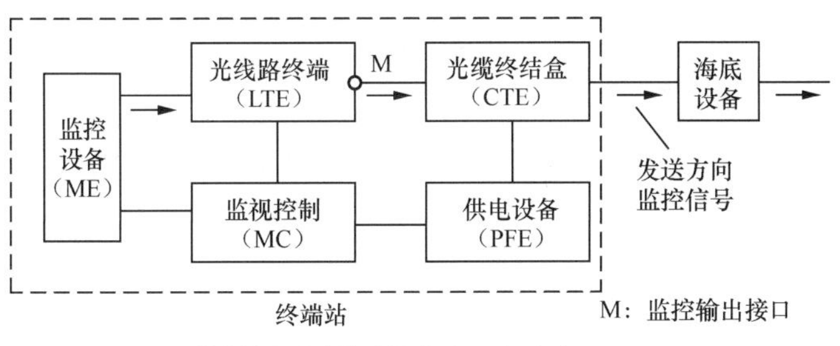

（a）监控输出从光线路终端（LTE）发出

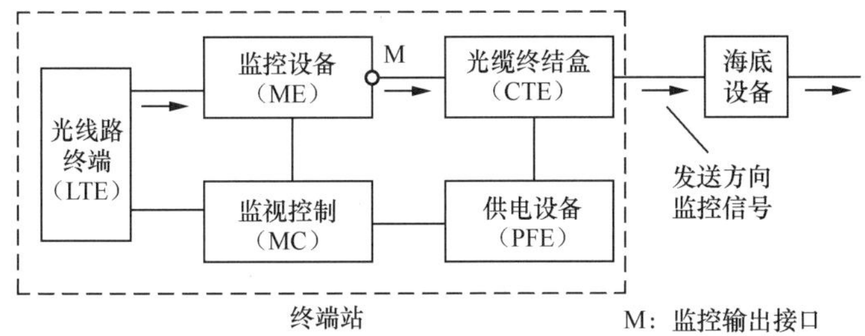

（b）监控输出从监视设备（ME）发出

图 9-2 监控设备在海底光缆通信系统终端站中的位置 [17]

无源监视中，通过有问题系统与正常工作系统 OTDR/C-OTDR 后向散射光信号强度与线路长度的轨迹比较（见图 8-3），在工作条件不变的情况下，直接获得系统损伤或故障引起系统状态的变化。所以，每次系统维修或重新配置后，就要收集其正常运行的性能轨迹图。

中断业务情况下，用手工操作基于 OTDR/C-OTDR 机理的无源监视设备，或者直接采用 OTDR/C-OTDR 仪器实现故障定位。

有源监控中，监视设备直接收集海底设备的性能状态信息，如输入功率、输出功率、LD 泵浦电流等，并进行必要地控制。

监视 / 监控参数与设备有关，不同的系统有不同的监视参数。为了用户维护方便，需要一套最少的参数。对于无源监视，监视参数有中继器增益、光纤衰减、光纤断裂位置；对于有源监控，监控参数有中继器（EDFA）输入 / 输出功率、泵浦激光器工作电流 / 输出功率。

9.1.4 线路终端设备（LTE）和 OA&M 监控功能

在终端站内，网元管理系统（EMS，Element Management System）对线路终端（LTE）和供电设备（PFE）进行管理，如图 9-3 所示，这是图 9-2（a）的结构，即监视输出从光线路终端（LTE）发出。EMS 监视和管理整个网络和它内部的器件，并提供到 NMS 的接口。NMS 管理包括陆上网络的大量网络。

LTE 的所有告警和状态信息由 OA&M 电路收集，OA&M 为 LTE 内部和外部管理系统设备间的接口工作。OA&M 提供告警和状态指示和 LTE 内部的必要控制，同时提供 LTE 和网元管理系统（EMS）间的接口和终端站的告警接口信息。

LTE 的每个电路插板均分别装有告警和状态 LED 指示。

在 OA&M 电路，LTE 的每个电路插件引起的所有单个告警分为紧急告警或非紧急告警，OA&M 产生音视频站告警，OA&M 也提供站告警的外部输出。

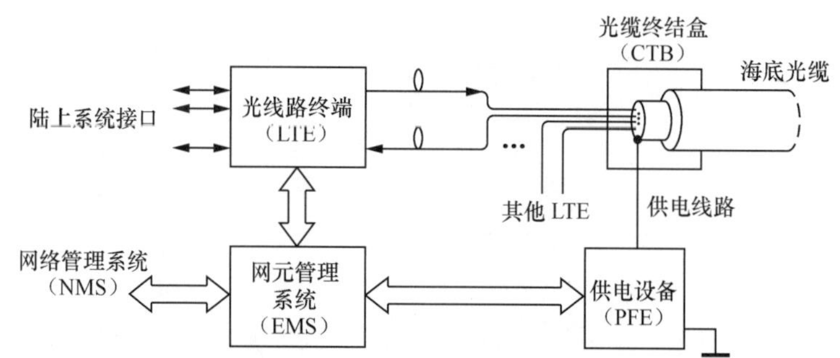

图 9-3　网元管理系统在终端站内对 LTE、PFE 管理

LTE 具有监控接口功能，以便确定哪个海底设备需要适当的管理。通过 EDFA/ 拉曼放大增益单元，监控单元以低频方式调制线路信号，把监控命令信号叠加到线路信号上，发送到海底光缆设备，如图 9-4 所示。它既有无源监视，也有有源监控。

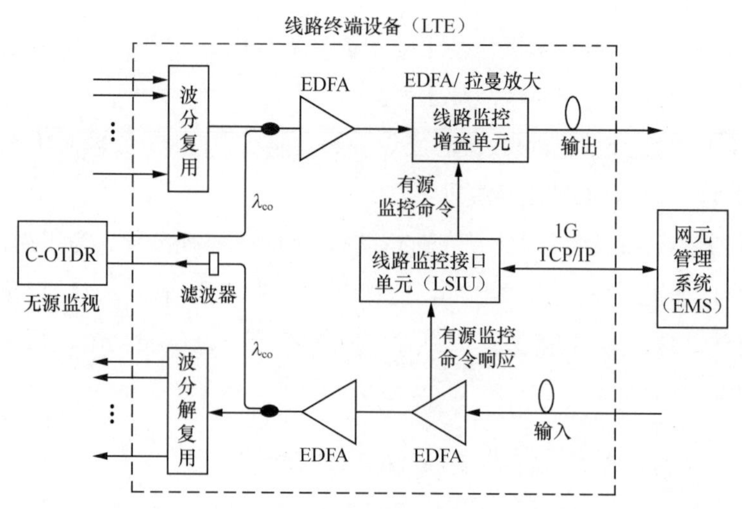

图 9-4　海底光缆 WDM 通信系统线路终端（LTE）监控功能原理图[97]

在发送方向，LTE 内的线路监控接口单元（LSIU，Line Supervisory Interface Unit）接收来自网元管理系统（EMS）的 500 bit/s 串行数据监控命令。该监控命令包含海底设备（中继器、分支器）地址、控制项目和奇偶校验比特的信息比特。在监控接口单

元（LSIU），所有命令比特被转换成便于传输的脉宽调制低频（150 kHz）载波信号。然后，在线路光纤放大器单元（EDFA 或拉曼放大），该信号被叠加在线路信号上，如图 3-45 和图 9-4 所示。所有中继器接收探测该低频载波包络形状线路监控命令信号。这是一种有源监控。

在接收方向，中继器将接收到的监控命令信号恢复成每个中继器的线路信号。LTE 内的监控命令响应信号包括一些放大器地址、监控项目数据和奇偶校验比特的信息比特。

在中继器内，以同样的方式，产生低频载波脉宽调制监控命令，然后，该信号调制 EDFA 的泵浦电流，以便将该监控命令信号叠加到线路信号上。不过，该调制泵浦电流的载波频率要比监控命令信号的低些，这是因为泵浦电流和 EDFA 的特性所限制，具体数值取决于中继器和分支器的类型。第 3.2.3 节介绍了光中继器信令的最佳调制频率是 10 ～ 50 kHz。

在 LTE 监控接口单元（LISU），该光响应信号被解调成电串联数据信号，被发送到网元管理系统（EMS）。

LTE 能发送互不相同的监控命令到海底设备。对于配备有 EDFA 的中继器和分支器（BU），可获取每个 EDFA 的输入功率、输出功率、LD 泵浦电流和间断发生故障标识；设置泵浦 EDFA 的电源接通 / 断开；重置间断发生故障标识；设置光放大器输出功率。

对于分支器，设置电源配置和 ROADM 配置。

LTE 与网元管理系统（EMS）的接口采用 TCP/IP 协议的 1G Base 局域网（LAN），这是因为 LTE 的 WDM 支路很多，发送到 EMS 的数据量很大，要求有更有效的接口。

LTE 到网元管理系统的告警与状态信息报告，从持续方式变为偶尔方式，以避免 LTE 与网元管理系统接口的流量堵塞。

光监视信道也可以使用一个单独波长，用于监视线路光放大器的工作情况，以及系统内各信道的帧同步字节、公务字节、网管开销字节，如图 2-58 所示。

LTE 提供自动性能监测功能。每个信道中，LTE 连续不断地分别监视和收集各种信号性能参数，并存储最近 48 小时每 15 min 的性能参数数据（共 192 组）。每 15 min 发送该数据给 EMS。性能参数包括：经软件判决 FEC 纠错后的线路误码率、来自段开销（B1 字节、8B/10B 字节等）监视的用户接口性能参数。该性能参数有背景误块比（BBER）、误码秒（ES）、严重误码秒比（SESR）和不可用秒（UAS）。

9.1.5 海底光缆通信系统运行管理和维护（OA&M）功能

海底光缆通信系统维护管理技术复杂、环节众多，要求工作人员必须严格执行海底光缆通信系统运行管理和维护（OA&M）的规定，科学管理，确保海底光缆通信线路畅通有效。海底光缆通信系统的运行管理和维护内容，主要有网元（LTE、PFE）管理、网络（拓扑结构、海底设备）管理、流量管理，网络线路故障监测和修复、海底设备和岸上设备的运行管理和维护等。

（1）性能管理

NMS 管理从海底光缆通信系统设备收集或监测所有性能数据，这些设备有线路终端设备（LTE）、供电设备（PFE）、光中继器、光分支器（BU）、可重构光分插复用器（ROADM）和光缆段损耗等。

光传输性能有 ITU-T G.8201 规定的光传输网（OTN）性能参数、ITU-T G.802.3 和 G.828 规定的以太网性能参数、ITU-T G.828 规定的 SDH 性能参数，如背景误块比（BBER，Background Block Errored Ratio）、误码秒（ES，Errored Second）、严重误码秒比（SESR，Severely Errored Second Ratio），以及不可用秒（UAS，Unavailable Seconds）。

中继器的光电性能参数有 EDFA 中继器的输入 / 输出光功率、泵浦 LD 的泵浦电流。

供电设备参数有输出电压、输出电流、终端站地电流、海洋接地系统数据，以及终端站地与海洋接地的电压差数据，并可在网管系统中查看相应的数据 [110]。

这些性能数据存储在 NMS 的历史数据库中，NMS 提供各种设施，供用户检索、下载图表、导出数据、复制存档、打印输出等。

（2）端—端流量管理

面对容量巨大的网络，需尽力跟踪流量状况和性能。这里，NMS 帮助分析和找出设备和传输故障和高度受影响路径的相关性，并确定故障位置。NMS 端对端业务管理功能的目标是帮助用户尽快了解哪个路径受到影响，分辨性能降低的原因，尽快定位原因，找出故障电路插件卡和器件，了解故障类型和可能的纠正措施。

用 NMS 提供的历史数据，分析网络性能随时间的变化过程，用户很容易找到网络故障的起因。网络所有的 LTE 能提供更多的数据，如设备故障、传输故障、性能参数和发生告警的性能阈值。基于对网络拓扑结构的了解，NMS 收集所有这些 LTE 数据，通过图形用户接口（GUI，Graphical User Interface）给用户提供有关的综合信息，不过用于更详细分析的数据除外。

（3）故障管理

NMS 管理每个由 LTE、PFE 发出的告警、事件和状态信息，包括设备故障、信号丢失（LOS）、帧丢失（LOF）传输故障告警、传输光 / 电性能下降告警等。NMS 还可能产生一些基于中继器、分支器、ROADM 的性能参数超过阈值的告警项目。一些 NMS 系统告警可能由 NMS 本身发出，如由数据流量配额管理发出的溢出告警。

这些告警项目被 NMS 以当前告警清单和历史告警数据库管理。NMS 为用户提供各种设施，如搜索、过滤、声音报警、确认、导出、打印、归档 / 检索、配额、备份 / 恢复、清除等。

（4）光路故障定位

NMS 周期性测量 LTE、中继器、分支器、ROADM 的光学性能参数，PFE 的电学性能参数（直流电压 / 电流特性和绝缘电阻）和光缆段的损耗，自动提供超过阈值的告警，提醒用户任何参数的性能下降。NMS 提供所有这些参数和告警的历史数据，以便帮助用户全程监视网络状况和性能。

NMS 提供故障诊断和定位，用 OTDR 测试在几分钟之内就可以完成。相干光时域反射仪（C-OTDR）可提供更精确的光纤断裂定位，但需要几个小时的光学测量时间（见第 3.3.3 节和第 8.1.4 节）。

借助所有这些光学告警和诊断，NMS 帮助用户做出正确的决定，例如是遥控调整远端设备光学参数，还是维修陆上光缆，或者派遣维修船更换故障海底光缆。

（5）电路故障定位

NMS 帮助用户检查和定位电子故障，该方法被称为供电配置分析，并且一直在进行以下诊断：评估网络供电状态；诊断供电故障，如电缆断裂或漏电、分支器电位意外发生变化、供电设备接地模式异常；确定电缆发生分流或断裂故障。

该过程实时对每个恒流供电设备（PFE）的供电导体输出电压（V）进行测量，用欧姆定律（$R = V/I$）把测量值 R 与构成网络的所有电缆特性值（R）比较（见第 9.3.3 节），并尽快提交电缆供电状况改变的分析报告。这种诊断使工作人员可以尽早探测到电缆漏电故障，以免发生如电缆断裂使 WDM 业务中断的更严重故障。

9.1.6　海底光缆通信网络管理系统（NMS）

（1）网络管理系统（NMS）结构

根据 ITU-T M.3010 文件对电信管理网络（TMN）综合网管的定义，其典型的海底光缆通信网络管理系统（NMS）如图 9-5 所示。由图可见，它由操作系统（OS）、数据通信网（DCN）和海底光缆通信系统（含网元管理、网络管理和流量管理）组成。最顶层操作系统（OS）通过数据通信网络（DCN）进行网元管理、网络管理和流量管理。目前，NMS 还没有实现商务管理。客户端操作台或遥控操作台（当操作台不在光缆登陆站时）可以是手提电脑或台式计算机，使用 Window 或 Linux 操作系统（OS），提供人机操作界面。NMS 也可以在手机上提供互联网应用。

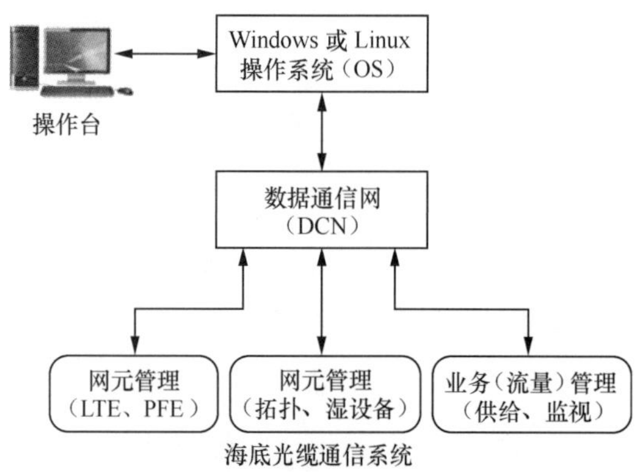

图 9-5 网络管理系统（NMS）结构

NMS 由运行在系统分散硬件设备上的服务器、客户机/图形用户接口（GUI）、打印机、数据通信设备（如集线器、网卡、路由器、调制解调器等）组成，数据通信网提供服务器、客户机和所有岸上设备间的通信支持。软件平台应能支持开放型操作系统。

NMS 应能与多公司的子网络管理系统（SMS）/EMS 互联，管理 WDM/SDH 网络。SMS 必须能管理本公司所有 EMS 和 SDH 网元。NMS 应具有远端接入能力，支持多厂商同时操作。

NMS/SMS 应具有基本的数据通信管理能力，即 EMS 与 SMS 之间应能建立或中断通信、监视通信状态、设置和修改通信协议参数及地址分配等。

（2）NMS 服务器

服务器与组成网络的网元（LTE、PFE、海底设备）通信，并管理和处理在这些网元上收集到的所有数据。

支持 NMS 服务器的硬件平台随时都在发展，目前，有效的解决办法是从指定的硬件设备迁移到一台虚拟服务器平台上，即集中式 NMS 服务器是位于安装在用户选择的硬件设备上的 Linux 虚拟服务器。大部分时间，因虚拟服务器之间的集群式结构，集中式 NMS 是安全的。这种灵活的解决办法允许用户优化其资产，不管该资产是自己的还是由用户管理的，或者是从云端租来的。

（3）NMS 用户端

用户端机向终端用户显示数据和信息，并允许在网络上操作。客户可以在操作台（OP）操作，当 NMS 不在光缆登陆站时，也可以在遥控操作台（ROP）上操作。操作台（OP，Operation Panel）或遥控操作台（ROP，Remote OP）可以是手提电脑或台式计算机，使用 Window 或 Linux 操作系统（OS），提供人机操作界面。

目前的趋向是连接所有构成海底光缆通信系统的部件到互联网上，以便工作人员使用互联网浏览器监视和控制系统。所以，目前 NMS 提供的系统功能是如此强大，以致工作人员的工作如此高效。

（4）数据通信网（DCN）

数据通信网（DCN）支撑网络管理系统（NMS）和海底光缆通信系统网元（LTE、PFE、中继器）之间的通信，DCN 支持 TCP/IP 协议，如图 9-6 所示。LAN 设备（如路由器）使用工作信道、备用信道和 NOC 信道提供连接。

工作信道可用海底光缆收发终端设备数据帧（如 STM-*N* 帧）中的开销字节建立一个或几个 10 Mbit/s 信道（开销信道）建立连接，称这种信道为数据通信信道（DCC，Data Communications Channel）。比如已投入使用的 10 Gbit/s WDM 系统，采用 TCP/IP 10 Base-T LAN 接口，在 LTE 与网元管理系统（EMS）之间实现高速数据传送（见第 3.7.4 节）。目前，因为 LTE 的 WDM 支路很多，发送到 EMS 的数据量很大，该接口倾向采用 1G Base-T LAN。

备用信道使用光缆站间备用的保护链路建立连接。通常，在海底光缆断裂期间，备用信道用于恢复通信。

NOC 信道是数据通信网（DCN）与网络运行中心（NOC，Network Operations Center）建立的保护性连接。NOC 管理除终端站外的整个网络，还能进行端—端流量供应、状况检查、性能监视管理，海底设备光性能参数测试和调整、路径变更监视和控制，终端站设备管理，岸上 / 海底设备故障定位和检修，用户接入授权安全管理，NMS 虚拟服务器管理（状况检查、数据统计、备份 / 恢复）等。网络运行中心（NOC）简直就是海底光缆通信系统的“大脑”。

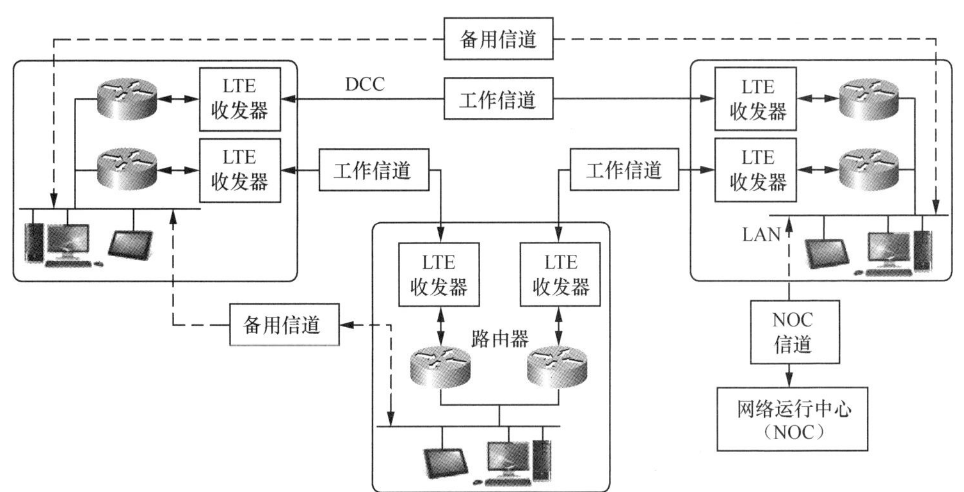

图 9-6　数据通信网络（DCN）概念图

为了给 DCN 提供更多的可用性，采用工作信道和备用信道建立多个路径。备用路由器也一直处于开机状态，使用热备份路由器协议，随时准备替换有故障的工作路由器。

DCN 也是公务（业务）联络系统，在设计该系统时，设计者应根据工程的具体情况和维护要求，配置适当的业务联络系统，各登陆站均宜配置业务联络终端[110]。

9.1.7 亚太 2 号海底光缆通信系统网络管理系统简介

亚太 2 号海底光缆通信系统（APCN-2，Asia Pacific Cable Network-2）设置 10 个登陆站，除在中国登陆外，还在日本、韩国、马来西亚、新加坡、菲律宾登陆，全长 1.9×10^4 km，每波长传输速率 10 Gbit/s，采用 64 个波长的密集波分复用（DWDM），4 对光纤环型结构，4 纤复用段共享保护。2001 年开通时，系统容量只有 160 Gbit/s；2011 年，信道传输速率从 10 Gbit/s 提高至 40 Gbit/s，系统总容量达到 2.56 Tbit/s；2014 年系统又升级到 100 Gbit/s。

亚太 2 号海底光缆通信系统 OA&M 系统分为两大类：网元管理系统（EMS）和网络管理系统（NMS）。NMS 主要管理网络管理层（NML）的海底设备物理状态监测，对业务保护、配置等通常不予监测。而 EMS 则主要管理网元管理层（EML）的网络保护设备（NPE，Network Protection Equipment）的 SDH 功能，并对网络保护功能进行监控和执行。亚太 2 号海底光缆通信网络的 OA&M 系统的示意图如图 9-7 所示，其提供者为朗讯公司。该系统各设备之间使用标准的协议进行通信，各个登陆站网管主机采用 TCP/IP 组网，采用朗讯公司的 LTE 设备和网络管理系统。网管系统（NMS）服务器和网元管理系统之间的通信利用 SDH 设备传输开销带内通道。NMS 与客户端通信采用建立在广域网（WAN）基础上的浏览器 / 服务器（B/S，Browser/Server）结构。

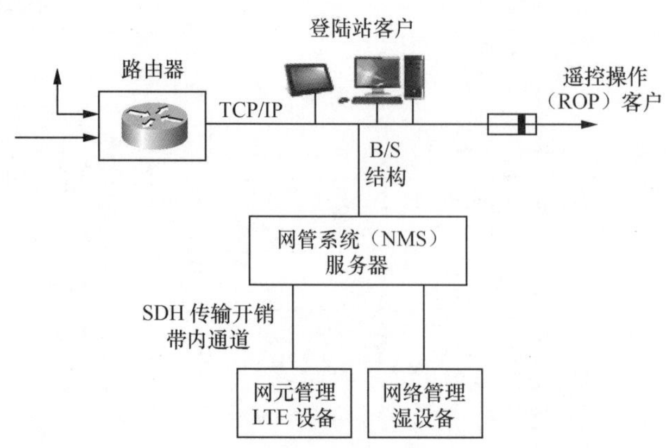

图 9-7　亚太 2 号网络管理系统（NMS）示意图

亚太 2 号海底光缆通信系统 NMS 主要是为进行日常维护、业务管理而设计，其核心部分为网管服务器，完成网元告警收集、配置信息上传下发、性能设置及收集。图 9-8 表示网管系统（NMS）服务器软件功能。软件功能模块主要分为系统层和应用层两层。其中，系统层采用 HP Unix 操作系统。应用层分为两部分：服务应用软件和客户端应用软件。服务应用软件包括服务器数据库和网络管理层的四大功能模块：告警管理、配置管理、性能管理、安全管理。遥控客户（ROP）应用采用 Windows XP 操作系统，利用 Microsoft Explore 浏览器实现对服务器提供管理功能的远程连接。

网络增强模块（NME，Network Module Enhancement）是 Cisco 2800 和 3800 系列路由器的网络模块。NME 与现有网络模块比较，集成密度更高，提供的性能更多。NME 插槽为 IP 电话和 Cisco Aironet & Reg 接入点提供了符合 IEEE 802.3af 的 PoE 和思科馈线电源。

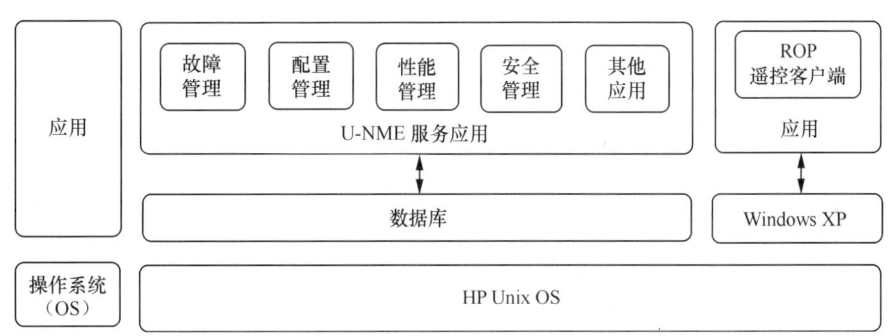

图 9-8　亚太 2 号网管系统（NMS）服务器软件功能

就整体而言，网管系统架构中的核心部分是网管服务器，通过服务器运行网管应用服务程序，从而将各个网元管理层的告警信息、配置信息、性能信息、安全信息等收集到服务器数据库，进而提供更高层次的管理服务。

OMS 系统硬件方面，网管服务器是内配 HP Unix 操作系统的惠普服务器。服务器通过 TCP/IP 网络与客户端应用系统（Windows XP）通信，而与网元（NE）之间的通信则通过海底光缆通信网络管理系统（NMS）内的数据通信网（DCN）实现。图 9-9 为亚太 2 号网络管理系统（NMS）的硬件配置图。系统采用基于 Web 的 GUI 计算机平台，可选择北向接口，具有灾难恢复选择功能。

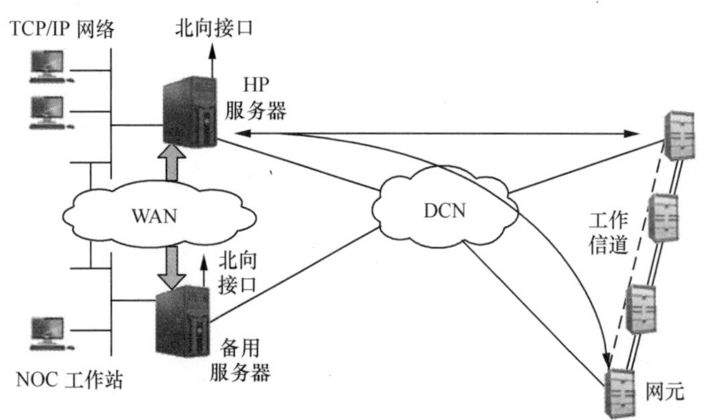

图 9-9　亚太 2 号海底光缆通信系统网络管理系统（NMS）硬件构成图 [108]

9.1.8　通信系统网络管理接口技术

由图 9-5 可知，从概念上讲，TMN 其实就是一个用户和通信系统底层联系的网络，特别是为网元设备与上层管理设备之间提供一些标准接口，使用户定制的需求能在通信网络中得以传递，进而实现更高层次的管理功能。因此，本节将对通信系统网络管理接口技术进行简单介绍。

目前，被广泛采用的网管通信接口主要有 Q3、CORBA 和 XML 三类接口。

Q3 接口是 ITU-T 为 TMN 体系结构设计的系列接口中的一个，可用于操作系统（OS）之间、OS 和 DCN 网络之间、DCN 网络和网元设备之间通信的标准接口。Q3 接口由于跨越整个 OSI 的 7 层模型，接口实现过于复杂。为了降低技术难度、减少开发周期，厂商在实际应用时，往往根据具体需要，挑选自己最需要的部分进行独立开发，设计出一些过渡型的简化接口 Qx。这种接口在 Q3 功能上的实现并不完善，各厂商取舍并不一致，常常造成此类接口互联困难。

公用对象请求代理结构（CORBA，Common Object Request Broker Architecture）接口是对象管理组织（OMG，Object Management Group）在 1991 年提出的技术规范，为解决在分布式处理环境中，软硬件系统互联而提出的一种解决方案。CORBA 在大中型企业中被广泛应用，实现系统间的通信。

可扩展标记语言（XML，eXtensible Markup Language）接口是结构化信息的一种标准文本格式，没有复杂的语法和包罗万象的数据定义。XML 已经发展成为一种数据库技术领域的一门新兴、主流技术，并得到了广泛的应用，逐步被网络协议所引用。

以亚太 2 号网管系统为例，设计者遵从大多数通信和计算机行业标准，特别是对 ITU-T 提出的 TMN 规范 M.3010、M.3100 和 M.3400 进行了良好地支持，同时对电信网络管理论坛（TMF）提出的 TMF 814 综合网管技术标准进行了支撑。

图 9-10 给出了亚太 2 号海底光缆通信系统的网络管理系统接口示意图。

底部设备层通过两类方式与上层接口，一种方式是光网元通过 TMN 规范定义的 CMISE 及 FTAM 接口协议与网络适配器通信，然后与网络层网管相连；另一种方式则是朗讯的传统网元经子网元管理系统（Subtending EMS）用 CORBA 或者 XML 接口协议与网管系统进行通信。

亚太 2 号网管系统在顶层提供了一个图形用户接口（GUI）Web 服务器，通过 HTTP 协议，客户端可以通过浏览器进行网络管理。另外，该网管系统特意提供了 ITU-T TMN 综合网管运营支撑系统（OSS）接口，通过此接口，电信运营商可以进行面向业务的综合网管系统的开发。

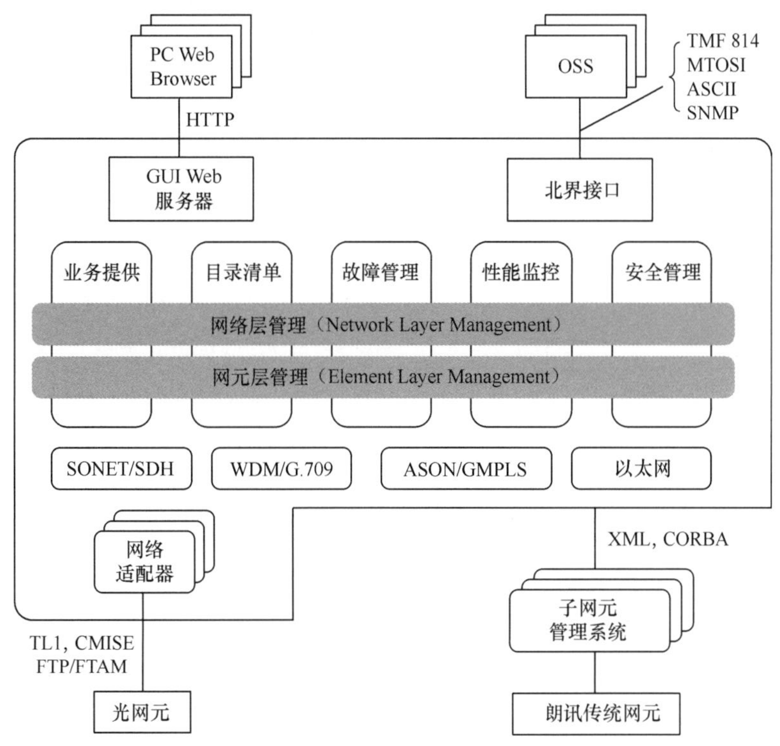

图 9-10　亚太 2 号海底光缆通信系统的网络管理系统接口框架 [108]

北界接口（NBI，North Bound Interface）是网元管理系统（EMS）和网络管理系统（NMS）之间的接口，有人称之为北向接口，北界 CORBA 接口遵循 CORBA 协议、FTP 协议。NMS 通过北界接口获取 EMS 相关信息（如告警数据、配置数据、性能数据等），并下发相关的操作指令。北界接口可以提供不依赖于系统平台、编程语言的规范性模块应用，有利于第三方以及电信运营商进行个性化运营维护软件的开发。比如既可以采用简单网络管理协议（SNMP）接口，也可以采用统一开放的多技术操作系统接口（MTOSI，Multi-Technology Operations System Interface），MTOSI 接口适用于从底层 SONET/SDH 到高层 VoIP 的所有通信技术。

9.2 海底光缆通信系统线路维护

9.2.1 海底光缆保护组织及其作用

海底光缆通信系统作为当代信息跨洋高速大容量传输的重要手段，在国家或地区经济发展、人文交流中，发挥着越来越重要的作用。可以说，一个国家或地区所拥有海底光缆通信系统数量的多少，直接反映其经济发展水平与对外开放程度。由于海底光缆通信系统所承载的信息量巨大，一旦故障发生，系统设备或传输线路遭受渔业捕捞等外力损坏，导致信息传输中断，后果将十分严重。为此，自 1980 年海底光缆通信系统诞生以来，世界各国就进行积极地探索和努力，建立了保护国际海底光缆组织，制定了保护海底光缆通信系统的法律法规。

1958 年 5 月 22 日，英美等国发起成立第一个全球性的海底电缆保护组织——国际海底电缆保护委员会（ICPC，International Cable Protection Committee），总部设在英国，原名为“电缆故障委员会”，其主要职能是分析、研究造成海底电缆故障的原因。1967 年，“电缆故障委员会”更名为“国际海底电缆保护委员会”，其主要职能转变为保护海底电缆通信系统安全有效地运行。1980 年，英国在国内沿海建立了第一条 10 km 光缆、只有一个中继器的通信系统。1988 年，第一条连接美国、法国和英国的横跨大西洋海底光缆 TAT-8 系统，以及连接日本、美国横跨太平洋的 HAW-4/TCP-3 海底光缆系统开通。自此以后，远洋洲际通信系统就不再铺设海底电缆了，ICPC 的主要职能也就变为“国际海底光缆保护委员会”了。目前，它是世界上规模最大、最具权威的国际海底光缆保护组织，通过收集和发布全球海底光缆的故障信息，研究、分析海底光缆故障产生的原因，提出改进海底光缆保护的方法、措施与途径。同时，ICPC 还通过推荐最新的保护国际海底光缆技术，介绍世界各国颁布实施的保护海底光缆的法律法规，发布电子海图等一系列活动来引领、指导世界各国开展国际海底光缆保护工作。

9.2.2 海底光缆通信系统线路维护

海底光缆通信系统路由所处环境复杂多变，受潮汐、海流、海底地质、船泊抛锚、捕捞作业等因素影响较大，所以，加强对海底光缆通信系统的维护管理，采取必要的保护措施是非常重要的。

海底光缆通信系统的日常维护管理工作主要由海底光缆维护分队或驻岛部队的通信人员负责，其维护工作包括如下内容。

（1）海水低潮时，查看近岸埋设的海底光缆是否出现外露情况，巡查滩涂光缆有无裸露、磨损等情况。海底光缆维护中，维护人员应针对季节和气候变化，在暴雨、台风前后，对易遭受暴雨、洪水冲刷的地段进行认真的检查，关键部位和薄弱环节应重点加固，各种防护设施应及时检修。

（2）查看近岸（岸上）海底光缆路由附近是否有船只抛锚、捕捞、挖沙、建筑、挖掘、航道疏浚及其他危及海底光缆安全的施工作业。凡在海底光缆通信线路附近发现有影响线路安全的施工作业，应立即予以制止，并及时向上级报告，必要时要派人现场盯守，以确保线路安全。

（3）检查标志牌、警示牌及其他附属设施有无损坏、丢失等情况。

（4）加强护线宣传走访，采取有效措施减少沿海工程施工等对海底光缆线路安全的危害，及时发现和处置危及线路安全的隐患，严防损坏海底光缆事件的发生。检查中发现问题维护人员应立即进行处理，不能处理的重要情况必须及时报告。

9.2.3　海底光缆线路施工维护措施

作为数据信息传输通道，海底光缆传输线路是海底光缆通信系统的重要组成部分。为保证海底光缆通信系统长期稳定工作，系统所有者应认真执行相关维护管理制度，防止船只抛锚、捕捞作业等人为损坏。根据中国保护海底光缆的规定和国际公约，海底光缆线路施工维护措施有以下几种。

（1）浅海海底光缆线路实行埋设化

海底光缆埋设后能有效地防止抛锚、渔捞的损坏，并能减轻电化学和生物对其外护层的侵蚀，延长海底光缆的使用寿命，这是保护海底光缆线路最经济有效的办法。

（2）设立海底光缆线路保护禁区

禁区的划分应根据有关规定，充分考虑海区具体情况，并征求海洋主管部门意见。在军用海底光缆保护禁区内，禁止船舶抛锚、拖网、养殖、捕捞，以及其他一切危及海底光缆安全的作业。

（3）加强保护法规宣传教育

加强保护海底光缆通信线路法规宣传教育，使更多的人认识到，通信海底光缆的重要性，以及一旦遭到损坏其后果的严重性和危害性，从而使保护海底光缆成为一种自觉行动。

（4）严肃追究肇事者法律责任和经济赔偿

加强对损坏海底光缆线路行为的查处。当线路中断后，维护人员要及时分析中断原因。如人为所致，维护人员应尽快查找线索，严肃追究肇事者的法律责任和经济赔偿。查找过程就是向群众宣传教育保护海底光缆线路的过程。

9.2.4　海底光缆线路故障种类

海底光缆通信线路常见故障有绝缘体故障、开路故障、光纤故障以及中继器或分支器故障等。

（1）绝缘体故障

绝缘体故障（Shunt Fault）被称为漏电故障，它是海底光缆故障中最为常见的现象，主要原因是海底光缆护套和铠装受外力影响破损。虽然，海底光缆光纤和供电导体并未断裂，但这种破损将导致供电导体和海水形成回路而直接接地。当发生绝缘体故障时，由于供电回路和光纤正常，系统仍能正常工作。但是，两个终端站供电设备（PFE）因零电位位置发生变化，导致靠近故障点的海底光缆终端站供电设备输出电压降低，远离故障点的海底光缆终端站供电设备输出电压升高。若在同一个光缆段，中继器的两侧都发生绝缘体故障，系统将被迫中断。

（2）开路故障

开路故障（Open Fault）是海底光缆的供电导体受损断裂，但绝缘层完好无损，线路输出电流为零（通常海底光缆系统是恒流供电），供电设备输出电压迅速上升，直至在超出一定值时，因 PFE 设备的保护功能，自动关闭使输出电压为零，导致中继器 / 分支单元工作中断。这种故障现象在海底光缆系统实际运行中极少发生。

（3）光纤故障

光纤故障（Optical Fiber Fault）是由于海底光缆受外力的影响，导致海底光缆光纤断裂中断业务，但此时的供电系统仍能正常工作。

（4）短路故障

短路故障（Short Fault）是海底光缆全部断裂，光缆中的光纤、供电导体和绝缘层全部被切断，供电导体与海水直接接地成短路状态，使系统传输信号中断。

（5）中继器或分支器故障

海底光缆系统中的主要部件（中继器或分支器）发生故障，将导致海底光缆通信业务中断。

9.3 海底光缆线路故障监测定位

海底光缆通信系统传输线路发生各类故障时，陆上终端站会有不同的反应。

本节介绍海底光缆故障种类、定位维修设备和方法。维护人员可用海底中继器监视设备（SRME，Submerged Repeater Monitoring Equipment）、供电设备（PFE）、OTDR、C-OTDR、脉冲回波测试、音频电极测试和电阻 / 电容测试等设备和仪表，进行故障分析和定位。故障有光纤断裂、导电体断裂开路或短路、绝缘体损坏等故障。

9.3.1 线路故障定位概述

大多数情况下，精心设计的海底光缆通信系统也不能保证不发生故障。为了减少对业务的影响，维护人员需快速诊断并排除故障，因此，要监控关键参数，及时发现突发的或慢性的失效，以及它们的位置。

根据情况，一些测试可以由终端站在线完成，另一些测试则需中断业务。通常使用 OTDR 监测位于线路终端设备（LTE）和第一个入水中继器间的海底光缆质量，而 C-OTDR 则用于长距离中继系统故障定位 [3][4][89]。

在维修期间，维护人员可能使用电极技术定位海底光缆路径，及时回收海底光缆故障段或者海底设备。

光中继海底光缆系统故障定位已在第 3.3 节进行了介绍。

9.3.2 海底光缆光纤故障定位

光纤断裂故障可由多种因素造成，可能是在光缆铺设过程和维修期间，由施加在光纤上的过大应力或加载到光缆上的过大张力引起，或因光缆弯曲直径太小造成。维护人员使用海底中继器监视设备（SRME）可定位发生故障的中继段。

光纤故障定位可分测试点与故障点之间有 / 无中继器两种情况讨论。

当测试点与故障点之间无中继器时，如系统终端站和第一个中继器之间发生断裂，维护人员可使用普通的光时域反射仪（OTDR）判断故障点的位置（见第 8.1.3 节），可直接从 OTDR 显示屏上读出其时间位置（T），接着由光在光纤中传输的速度（光速 c/光纤折射率 n）转换为距离 $D=(c/n)\cdot(T/2)$，准确判断测试点到故障点的光纤长度。然后，根据光纤和光缆的长度系数，维护人员可精确地计算出海底光缆故障点的具体位置。此外，维护人员在维修过程中，将故障区段的海底光缆回收后，也可以采用这一方法，确定光纤故障点的位置。

当测试点与故障点之间有中继器时，维护人员则需使用相干光时域反射仪（C-OTDR）判断故障点的位置（见第 3.3.3 节、第 8.1.4 节）。

9.3.3 海底光缆绝缘体故障定位

绝缘体故障定位方法有供电设备压降测试法、脉冲回波测试法和 25 Hz 探音测试法三种。

（1）供电设备（PFE）压降测试法

当绝缘层损坏后，在登陆站，使用恒流供电设备（PFE）对海底光缆的供电导体进行供电导体电阻值（R）测试，计算海底光缆故障点的位置。其工作原理是，供电电压经过一段光缆和几个中继器传输降压后，通过计算压降值（V），得出传输段的电阻值（$R = V/I$），从而根据海底光缆技术规范中的每千米电阻值（见表 6-4）和中继器的电阻值，计算出海底光缆故障点的位置。通常，登陆站和海底光缆维修船都配备此设备。这种方法称为 PFE 压降测试法。由于电压值容易受测试时的海底温度、洋流变化、绝缘层损伤程度等影响，该测试方法精度较差，其测试结果通常只提供给海底光缆维修船作为参考。

（2）绝缘电阻测试法

绝缘层损坏的海底光缆被打捞回收上来后，切去损坏处，是否存在其他绝缘损坏点还需要监测，维护人员可采用绝缘电阻测试法进行测试判断。其工作原理是，登陆站将海底光缆开路，维护人员对所回收的海底光缆进行绝缘测试，以确保故障点已完全被清除。

（3）电脉冲回波测试法（电时域反射仪）

第 3.3.2 节和第 3.3.3 节已介绍了光时域反射仪，即利用光波在光纤中传输时，根据反射波的轨迹判断光纤故障情况。第 8.1.10 节也介绍了电脉冲回波定位仪（电时域反射仪）的工作原理。

电脉冲回波故障定位仪即电时域反射仪（ETDR）的工作原理是，将高压电脉冲（脉冲宽度和幅度可以调节）注入海底光缆铜导体，该脉冲波在海底光缆供电导体传输时，当碰到低阻、短路和开路故障情况，其反射波形都会有变化，通过测量故障点反射脉冲与发射脉冲的时间差，判断故障点的位置。对于海底光缆绝缘体故障，脉冲波形表现为向下跳变峰，如图 9-11 所示。已知脉冲在导体中传播速度为 95.5 m/μs，只要测出故障点反射脉冲与发射脉冲的时间差，维护人员就可获得准确的故障点位置。但因这种测试方法存在导体路径损耗（电阻），通常电导体直流电阻小于 1.6 Ω/km（20℃），因此其测试距离最大约有 200 km。

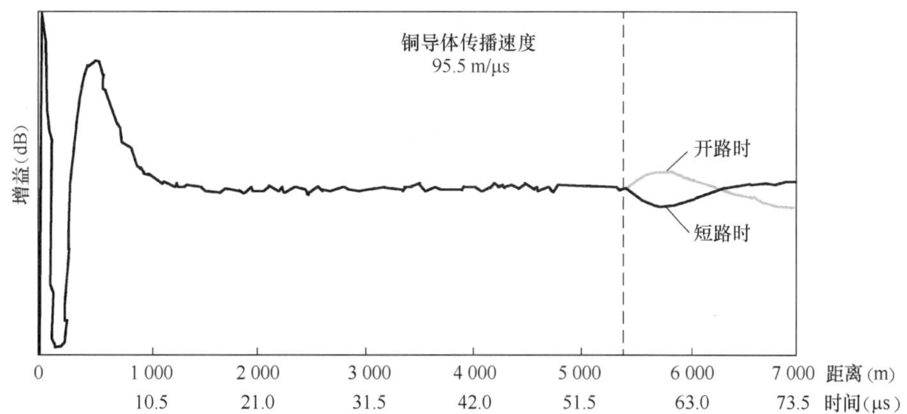

图 9-11　当短路 / 开路故障发生时，电脉冲在供电导体中的回（反射）波波形

9.3.4　海底光缆电极法定位

当发生光缆泄露 / 短路故障时，维护人员除可用回波法测试外，还可以用 4 ～ 50 Hz 电极信号进行探测。其工作原理是，登陆站终端传输设备用 25 Hz 低频信号调制供电设备的供电电流 [110]，维修船终端设备拖放一个音频探测器（磁性传感器）电极到海底，跟踪外部损坏源移动的方位，如图 9-12 所示，当该电极遇到海底光缆故障点时，就可以探测到海底光缆携带的低频信号的变化，如果供电导体与海床接触，音频电脉冲信号完全消失；如果光缆泄露，维修船可探测到泄露低频信号的变化，进而发现和确定泄露 / 短路点位置。该方法准确度高，一般在距离泄露 / 短路点几十米范围内就会发现泄露 / 短路点位置。

在传输系统正常工作的情况下，在供电设备直流输出电流上，调制较小幅度的低频探测信号，业务电路性能不会发生劣化；在传输系统中断的情况下，直流输出电流上可调制更高幅度的低频探测信号，以实现更远距离的故障定位。

该方法既可以在线定位，也可以离线定位。在线模式时，±80 mA 探测信号叠加在正常馈电电流上，而不会影响正常的信号业务。离线模式时，±160 mA 探测信号叠加在 DC 馈电电流上，离终端站 500 km 均可以以 10 mA（均方值）的强度探测到该信号。如果系统线路长度小于 500 km，对方终端站就会对这个电极信号做出反应 [97]。

图 9-12 25 Hz 探音测试作业

9.3.5 海底光缆开路故障测试

开路故障测试有电容测试和脉冲回波测试两种方法。

（1）电容测试

当海底光缆发生开路故障时，由于系统无法通过海底光缆导体供电，所以不能利用光缆供电导体进行压降测试、脉冲回波测试和音频电极测试。因此，维护人员只能采用电容测试，电容测试过程采用单端测试，其工作原理是对海底光缆进行直流电容 / 电阻测试，获取绝缘体中供电导体对大地之间的电容 / 电阻数据，根据该数据推算出故障点的大致位置。

（2）脉冲回波测试

海底光缆开路故障也可以使用第 9.3.3 节介绍的电脉冲回波测试仪进行测试，其工作原理相同，不同的是故障点表现为向上跳变峰，而不是向下跳变峰，如图 9-11 所示。由此维护人员不仅可以判断海底光缆的故障情况，同时还可以获得较为准确的故障点位置。

9.3.6 中继器或分支单元故障定位

通常，中继器和分支单元故障比较少见，因为它们有非常高的可靠性标准，一般规定要求系统在 25 年寿命期内，只能有 2 ～ 3 次故障。根据文献介绍，由于器件失效海底光缆系统故障约有 5% 的概率。

大多数线路故障来源于拖网渔船、抛锚停泊和磨损擦伤，使供电构件暴露在海底，使之成为漏电通道，同时可能使光缆内光纤损坏。但这类故障通常不会使供电导体损坏，所以可以继续给线路供电，即使断裂了，也可以单端供电。所以，定位故障中继器和分支单元，通常使用海底中继器监视设备（SRME），本书第 3.3.4 节已详细介绍了其定位方法。在系统寿命期内，规定要求维护人员进行例行的监视测试，以便比较它们的性能变化，尽早发现其故障。

当两个登陆站中继器或分支单元发生故障时，通常，两个登陆站同时进行测试。测试过程是，首先确认两登陆站间的光缆是否存在故障，如光缆没有故障，再用排除法，确定中继器故障。两个登陆站同时给中继器供电，确定两登陆站之间的中继器是否工作正常。若某个中继器供电后无法被激活，维护人员就可以判断该中继器 / 分支单元是否发生了故障。

若测试点与故障点间有中继器，维护人员则使用相干光时域反射计（C-OTDR）判断故障点的位置（见第 3.3.3 节、第 3.3.4 节），这是因为 C-OTDR 采用相干探测技术，本地激光器和测试光产生的差频（中频）信号，通过窄带滤波器可滤除大部分噪声，从而提高 OSNR，并进行 *m* 次 C-OTDR 测量，扩大单程动态范围（SWDR）。C-OTDR 的测试光穿越中继器时，要求中继器处于正常工作状态，在系统正常供电情况下，C-OTDR 判断中继器光纤故障很准确。但 C-OTDR 的功能较为复杂，价格昂贵，一般只配置在登陆站内。

通常，在海底光缆终端站与第一个中继器之间发生光纤故障时，维护人员会用 OTDR 定位故障点（见第 3.3.3 节），测试结果准确性高，可提供测试点与故障点间的光纤长度。此外，维护人员在维修过程中，将故障区段的海底光缆回收后，也采用这一方法来确定光纤故障点的位置。

9.4　海底光缆线路故障修复

9.4.1　海底光缆线路故障修复程序

承担海底光缆通信系统传输线路故障维修工作的海底光缆维修船，通常都有一套成熟、规范的故障修复作业程序，该程序能够保证顺利地修复故障，尽快恢复通信业务 [89]。

（1）维修工作启动

海底光缆通信系统传输线路发生故障时，根据维护协议，负责该系统维护的有关当局将及时通知在维护区待命的海底光缆维修船运营者及有关部门，并要求立即启动海底光缆维修船维修工作。该系统的相关维护当局需要把发生故障的系统名称、时间、中继段、故障性质、光缆类型、电压压降、距登陆站大致长度，以及故障点附近水深等信息通报给船舶运营者和相关当局。然后，维护当局根据维护协议，确定派遣进行维修的海底光缆船。船舶营运者收到要求维修的传真或电子邮件后，随即启动维修工作程序。

（2）维修前期准备

船舶营运者根据相关维护当局通报的故障情况，着手制订维修工作方案和计划，列出所需备品、备件的装载清单等，然后上报维护当局批准。一旦获得批准，海底光缆维修船就开始装载备用海底光缆、接头盒和中继器等。如故障点所在的海域在相关国家的领海内，船舶运营者还需将维修方案、计划等上报给相关国家的海洋、海事主管部门审批并获得施工许可。在获得批准后，相关主管部门会通过一定形式和方式公开发布“航行通告”，以保证海底光缆维修船在实施故障维修作业过程中的船舶与人员安全。当海底光缆维修船获得施工许可后，即可离开港口实施维修作业。负责维修工作的维护当局派出若干名代表，随船一同前往维修现场监督整个维修过程。系统的相关所有者和客户能及时得到海底光缆维修船每天提交的维修日报，了解和掌握维修工作进展情况。

（3）维修现场工作

维护人员在前往故障现场过程中，从权威气象预报机构获取相关海域的天气预报信息，以掌握气象条件，控制整个维修作业过程。同时，维护当局的代表将与船长或施工经理等共同商定维修实施方案，并抄送给相关登陆站。在维护人员抵达维修现场后，维护人员向各相关登陆站发出供电安全信息（PSM，Power Safety Message）传真，要求登陆站将维修系统的电源控制权（PSC，Power Safety Control）转交至海底光缆维修船上的工作人员，由他们负责管理和控制。

（4）后冲埋

故障修复后，当接头盒放置到海底后，维护人员通过 PSM 传真将电源控制权交还给登陆站。原采用埋设的海底光缆，维护人员还需对修复后的海底光缆进行埋设作业，即采用冲埋工艺，将海底光缆埋至一定深度的海床下，以达到保护海底光缆的目的。在实施冲埋作业前，维护人员会要求登陆站在海底光缆上加送 25 Hz 低频信号（通信业务不受影响），然后海底光缆维修船施放水下机器人进行冲埋作业。水下机器人通过探测 25 Hz 低频信号，找到修复后的海底光缆，用水枪进行来回多次的冲埋作业，直至该段海底光缆全部被埋设到海床下，并用水下机器人检测冲埋深度是否达到要求。当维护人员对冲埋深度、现场维修作业结果等全部予以确认，并同意返航时，维修作业即告结束。

（5）维修后期工作

海底光缆维修船回到港口后，除了在码头卸载维修作业中剩余的备品、备件外，根据规定，船舶营运者要向维护当局提交海底光缆维护人员维修作业工作小结，并在维修工作完成后的 1 个月内，向该海底光缆系统相关的维护当局提交维修报告，按照维护协议的规定，结算发生的实际成本和费用。

9.4.2　海底光缆线路故障修复过程

维修作业首先要判断故障点的位置，根据不同的水深条件，采取不同的探测方法和设备。若故障发生在浅水海域，维护人员可采用 25 Hz 的探音设备；若水深小于 2 500 m，且海底有一定的能见度，可采用水下机器人潜入海底直接寻找故障点的位置，判断海底光缆的损坏情况；若水深大于 2 500 m，可根据登陆站提供的测试数据，直接推断出故障点的位置[89]。

根据确定的故障点水深、埋深等数据，海底光缆维修船施放相应的打捞工具，在打捞到海底光缆后，海底光缆维修船先将故障点右侧海底光缆切断，如图 9-13 所示，将右侧光缆打捞上船（步骤 1 和步骤 2）。对打捞起的海底光缆要进行水密、光纤和电气等性能指标的测试。

测试合格后，维护人员要对该端头进行密封处理，根据水深条件、维修作业进程安排，分别采用模压密封和铜帽密封的处理工艺。若水深较深，且气象因素会影响到后续的维修作业，密封处理后的光缆末端可能会在海底放置一段时间，经受一定的海水压力，在这种情况下，对光缆末端采用模压密封工艺最为妥当。若在浅水海域，天气条件允许可持续进行维修作业，维护人员可采用成本低、效率高的铜帽密封工艺。在经过密封处理后，光缆末端可系上浮标放入海中（步骤 3）。然后，海底光缆维修船再打捞左侧海底光缆（步骤 4 和步骤 5），切除故障部分，按对右侧光缆一样的方法进行处理。

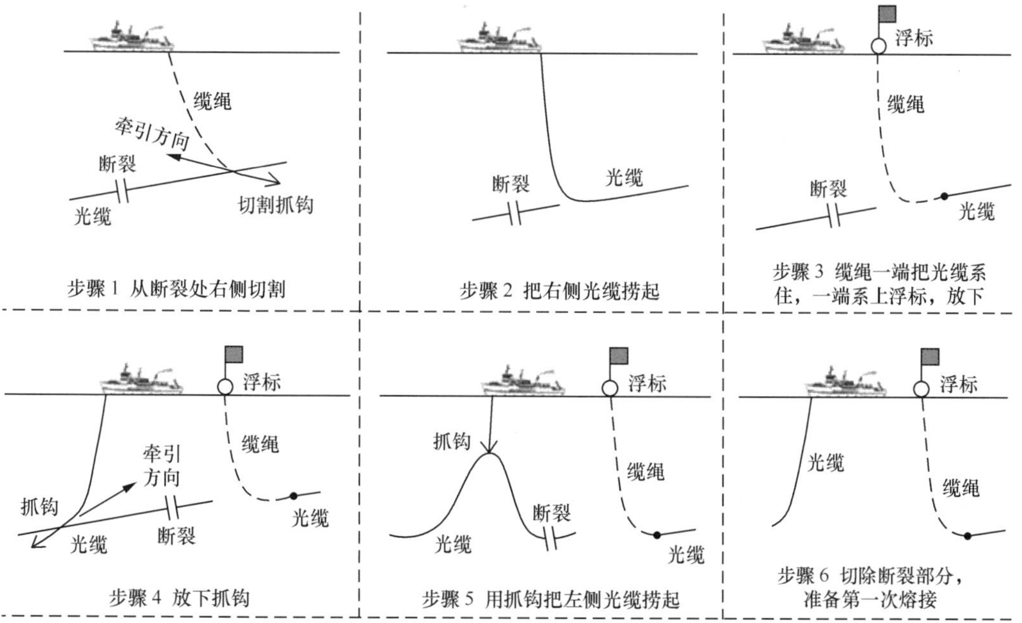

图 9-13　海底光缆维修船对光缆故障修复的典型过程及其用到的设备和工具[97]

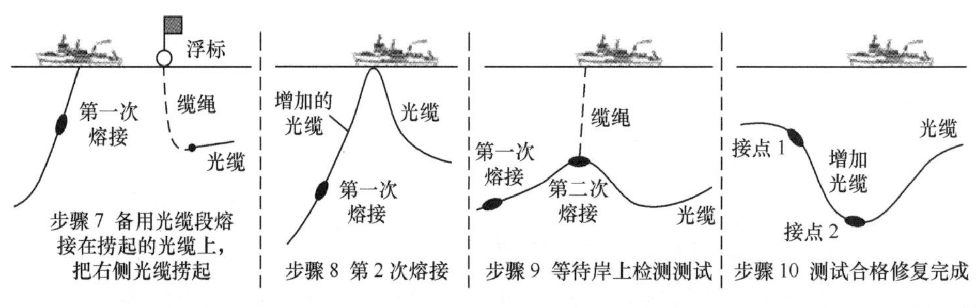

海底光缆维修船

比目鱼抓钩

深水液压切割抓钩

图 9-13 海底光缆维修船对光缆故障修复的典型过程及其用到的设备和工具[97]（续）

海底光缆维修船将打捞起的海底光缆与船上备用的海底光缆进行第一次接续（步骤 6）。整个接续工作，从光缆的末端处理、光纤熔接、绝缘体模压、X 光检测到恢复外部铠装，一般需要持续 24 h。第一次接续完成后，海底光缆维修船按照所设定的路由开始布放接头盒和备用光缆至右侧光缆末端所系的浮标处（步骤 7）。海底光缆维修船将左侧光缆打捞上船，并回收一定长度的海底光缆，经过再次验证测试，确认没有故障后，进行最后接续（步骤 8）。

同时，将所预计的最终接续的完成时间通知相关登陆站，登陆站做好最终测试和安排恢复电路的工作计划。海底光缆维修船完成最终接续后，将修复的海底光缆放入海中，但此时需要用专门的绳索将最后接续的接头盒拉住，等待登陆站的测试结果（步骤 9）。维护人员在接到登陆站测试合格的通知后，维修船才可将最终接续的接头盒连同海底光缆一并施放到海底（步骤 10）。

在修复过程和修复作业完成后，维护当局要对系统进行测试。采用的测试方法主要有光时域反射仪（OTDR）测试法、绝缘电阻测试法、PFE 电压测试法以及 C-OTDR 测试法等。为了保证质量，作业过程中需要对每一操作进行是否达到指标要求的确认测试，只有确认达到指标要求后才能进行下一步的操作。重要操作确认测试的内容和分工如下：

正式接续前对海底光缆两个端头的测试，由海底光缆维修船维护人员负责；

当两个端头处理好后光纤接续前的测试，由海底光缆维修船维护人员负责；

光纤接续完成并盘整好光纤后的测试，由登陆站维护人员负责；

海底光缆绝缘体模压完成后的测试，由登陆站维护人员负责；

接头盒关闭合拢后的测试，由登陆站或海底光缆维修船维护人员负责；

接头盒放入海中或到达海底后的测试，由登陆站维护人员负责；

故障修复、海底光缆重新投入使用前的系统测试，由登陆站维护人员负责。

无论维修船维护人员负责测试，还是终端站维护人员负责测试，都要遵循供电安全程序，即对于海底光缆的测试需要船上、岸间相互协同，按施工前约定的测试方案进行操作，确保测试人员的安全。船上、岸间海底光缆测试的通信联系目前主要以邮件确认为主、电话和传真确认为辅的方式。

此外，对光缆和其他备用设施的存储十分必要，在购买系统时，系统所有者需同时购买合适的备用光缆、中继器和其他系统特需的物品。这些物品必须妥善存储并定期测试。存储地点在海底光缆维修船容易抵达的地方，并尽可能靠近光缆系统。物流控制系统需要监测所需光缆和中继器的库存数量，及时补充所需品种和数量。

海底光缆维修因额外增加光缆使线路损耗也增加了，但要注意不要超过功率预算分配给的维修冗余值。

9.5　海底光缆通信系统设备管理和维护技术

海底光缆通信系统设备的维护分为海底设备维护和岸上设备维护两部分，其中海底设备部分包括光中继器、分支器、增益均衡器等；岸上设备主要包括 SDH 设备、WDM 设备、远供电源设备、线路监测设备、网络管理设备以及海洋接地装置（Ocean Ground）等。

9.5.1　海底光缆通信系统海底设备维护

线路监视设备（LME）完成对工作中的分支器、光中继器及增益均衡器的日常维护，报告各部件已发生的变化，并提供中断服务故障定位能力。

线路终端系统使用中继器反馈环耦合器组件，对海底中继器的每一级增益进行测试，监视其变化，通过增益变化情况很容易确定系统发生故障时性能变化的具体位置（见第 3.3.1 节、第 3.3.2 节和第 3.3.4 节）。

环路增益测量由线路监视设备承担，采用低频（150 kHz）载波脉宽调制信号，调制泵浦激光器的输出光强。然后，该调制信号叠加到中继放大器（EDFA）的线路信号上，发射一个线路监视信号，如图 3-9 和图 3-42 所示。该线路监视信号通过每个中继器的反馈环路又返回到线路终端设备。对于该信号产生的低电平固定返回延迟，利用数字信号处理技术，将每个已延迟的返回信号与发射出去的伪随机信号进行比较，测试出每个反馈环所在中继器的增益随时间变化的曲线。

海底光缆通信系统的日常维护管理工作主要由登陆站系统维护人员每周进行登陆点及终端设备的维护保养，检查登陆站内所有终端设备的工作情况，登陆站或海底光缆维护分队应对系统海底设备、岸上设备及线路线缆进行功能性能测试，并进行详细记录。

对于有中继系统，维护人员应每天或在每一个光中继器 / 分支单元施工后，在条件允许且必要时，进行 C-OTDR 测试，并记录测试结果。当条件允许且必要时，维护人员还要进行 WDM 系统增益光谱图、每个波长信道 OSNR 和 Q 值测试 [111]。

工程中，由于对 OSNR 的测量十分困难，通常维护人员通过对 Q 值的测试，计算 OSNR（因为 $Q^2 = \text{OSNR}$）。为此，首先测量每个波长信道的 BER，然后用式（5.5）或式（5.15b）计算 Q 值，最后按式（5.14）计算 OSNR，并按表 9-1 填写测量值。Q 值与 BER 的关系如图 5-3 所示，其换算如表 3-9 所示。另外，维护人员也可按第 8.4.1 节介绍的方法，直接进行 Q 值测试。

表 9-1　WDM 光中继海底光缆传输系统性能参数测试表

	λ_1	λ_2	…	$\lambda_{n/2}$	…	λ_n
BER			…		…	
Q			…		…	
OSNR			…		…	

采用相干接收的 WDM 系统一般不需要色散补偿调整。为了检查系统是否满足设计容量的规定，维护人员可简化性能测试，只测试波段两端波长和中心波长信道的光功率值 [111]。

9.5.2　海底光缆通信系统岸上设备维护

岸上设备主要包括线路终端设备（LTE）、SDH 设备、WDM 设备、远供电源设备（PFE）、线路监测设备、网络管理设备以及海洋接地装置（Ocean Ground）等。其中线路终端设备负责再生段端到端通信信号的处理、发送和接收；SDH 设备提供业务给线路终端设备，在环形网络的情况下，形成环路自愈保护；远供电源设备通过光缆导体以高压恒流的方式，向海底中继器馈电，并通过海水和海洋接地装置返回；线路监测设备自动监测海底光缆和中继器的状态，在光缆和中继器故障的情况下，自动告警并故障定位。

岸上设备维护管理方法与陆上 SDH 设备、WDM 设备维护管理的相同，宜分别符合 YD/T 5113《WDM 光缆通信工程网管系统设计规范》和 YD/T 5080《SDH 光缆通信工程网管系统设计规范》的有关规定，采用自环法、环回法、替换法、更改配置法、经验处理法和仪表测试法来排除故障、维护管理。

对于无中继系统，维护人员应每天或在分支单元施工后，以及在每一次接续后，进行 OTDR 和绝缘电阻测试，并记录测试结果 [111]。

远供电源设备（PFE）对系统中继器、分支器远程供电，这是国际海底光缆系统限制传输距离和光纤数量的主要因素之一。早期海底光缆系统，由于系统元器件抗高压特性不强，远供电压只能达到 5 000 V，光纤传输线对数不多于 4 对。随着技术的发展，20 世纪 90 年代末投入商用的系统，远供电压高达万伏，支持光纤线对数达到 8 对。

一个优秀的电源设备维护人员，不仅要熟悉终端站 PFE 设备，还要了解中继器、分支器和均衡器等负载设备的用途、型号、性能等。系统供电设备直接影响系统的性能，在系统中占据很重要的地位，需要电源系统维护人员更加尽职负责、规范和细致，具体要求如下。

（1）操作要细致规范

电源维护人员的工作是直接接触电源设备，多为带电作业，稍有不慎就有可能造成设备损坏、火灾，甚至人员伤亡等事故，因此维护人员在日常电源维护与处理电源故障时，必须按照操作规程进行。

（2）测量要精确

测量工作的价值完全取决于测量的准确程度，当测量误差超过一定程度，测量工作和测量结果不但变得毫无意义，甚至会给工作带来很大的危害。

（3）记录要明确

任何设备在出现故障前期，都会出现一系列的预警信息，主要表现为异常系统告警、频繁系统告警、重复性故障和下级负载的电流变化等。维护人员只有认真准确地做好记录工作，才会逐渐摸清设备性能，做到防患于未然。

例如，远供电源设备会出现光 / 电缆终端箱 / 机柜打开告警、电流和电压降低或升高告警、终端站接地 / 海洋接地故障告警、电池电压告警等。

对于有中继系统，维护人员应每天或在每一个光中继器 / 分支单元施工后，以及在每一次接续后，进行直流电压 / 电流特性和绝缘电阻测试，并记录测试结果 [111]。

表 9-2 给出了光中继海底光缆线路供电导体电压电流特性测量记录表。

表 9-2　光中继海底光缆线路供电导体电压电流特性测量记录表

I_{test}（A）	V_{PFE}（V）	R_{nor}（Ω）	R_{test}（Ω）
$I_{nor}\times1.04$			
I_{nor}			
$I_{nor}\times0.8$			
$I_{nor}\times0.6$			
$I_{nor}\times0.4$			
$I_{nor}\times0.2$			
$I_{nor}\times0.1$			

注：测量出的海底光缆线路供电导体电阻可用式 $R_{test}=(V_{PFE}-nV_{REG})/I_{test}-R_i$ 表示，式中，V_{PFE} 为远供电源设备供电输出电压；n 为供电线路上光中继器的数量；V_{REG} 为每个中继器的供电压降；R_{nor} 为要求的供电导体电阻指标值；I_{nor} 为要求的正常工作电流值；I_{test} 为供电设备输出电流，R_i 为供电设备内阻抗。

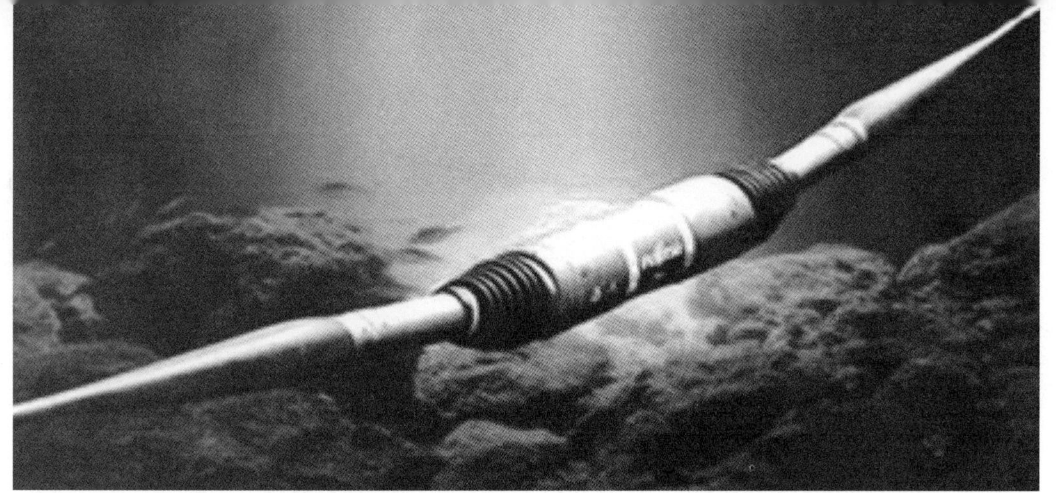

附　录
名词术语索引

（括号内数字表示术语所在章节位置）

B

Bandwidth	带宽（2.1.1）
Amplifier Bandwidth	放大器带宽
Optical Bandwidth	光带宽
Gain Bandwidth	增益带宽
Raman Amplifier Bandwidth	拉曼放大器带宽（2.1.3）
BBER（Background Block Error Ratio）	背景差错块比（5.1.2）（9.1.1）
BER（Bit-Error Rate）	比特误码率（5.2）
BML（Business Management Layer）	事务管理层（9.1.1）
BoL（Beginning of Life）	寿命开始（5.3）
BU（Branching Units）	分支单元（6.3.3）

C

CCSA（China Communications Standards Association）	中国通信标准化协会（2.11.1）
CD（Chromatic Dispersion）	色散（2.2.2）（2.4.1）（2.7）（2.8.1）（2.8.3）
CMOS（Complementary Metal-Oxide Semiconductor）	互补金属氧化物半导体（2.7.4）
C-OTDR（Coherent Optical Time Domain Reflectometry）	相干光时域反射仪（3.2.2）（3.3.3）（3.3.4）（8.1.4）
Coherence	相干（2.7）
Coherent detection	相干检测（2.7.3）
Coherent light	相干光（2.7）
CORBA（Common Object Request Broker Architecture）	对象请求代理结构接口（9.1.6）
CSF（Cut-off Shifted single-mode Fiber）	截止波长移位单模光纤（6.4.2）
CTB（Cable Termination Box）	海缆终结盒（3.7.1）
CTE（Cable Terminating Equipment）	光缆终结设备（3.1.1）（3.4.2）
CRZ（Chirped Return to Zero）	啁啾归零（3.7.4）
Cutoff Wavelength	截止波长（6.4.2）

D

DA（Double Armored）cable	双铠装光缆（6.4.1）（6.4.2）
DAC（Digital-to-Analog Converter）	数模转换器（2.2.6）（2.2.9）（2.9.2）（2.9.4）（2.11.2）
DBI（Digital Band Interleaving）DAC	数字宽带间插 DAC（2.2.9）
DCC（Data Communications Channel）	数据通信信道（9.1.5）

ES（Error Second） 误码秒（9.1.3）

ETDR（Electronic Time Domain Reflectometry） 电时域反射仪（9.3.3）

EXR（Extinction Ratio） 消光比（5.2.3）（5.2.4）

F

Fault fixed 故障定位（3.2.3）（3.3.4）（4.5）（8.1.4）（8.1.10）（9.3.1）

FEC（Forward Error Correction） 前向纠错（2.3）（3.1.2）（3.7.2）（3.7.4）

FGEQ（Fixed Gain Equalizers） 固定增益均衡器（3.6.1）

Fiber 光纤（2.4）

Fiber Amplifiers 光纤放大器（2.1）

 Distributed-Gain 分布式增益

 Erbium-Doped 掺铒光纤放大器

Fiber Dispersion 光纤色散（2.5）

Fiber Nonlinearity 光纤非线性（2.4.1）（2.5）（2.）

Filter 滤波器（2.6.3）（2.7）（2.8.1）（2.8.2）（2.8.3）（2.9.2）（3.2.2）

 AWG 阵列波导光栅（AWG）滤波器（2.6.2）

 GFF（Gain Flattening Filters） 增益平坦滤波器（2.9.3）

 TFF（Thin-Film Filters） （多层电介质）薄膜滤波器（2.6.3）（3.6.2）（3.8.2）

FIT（Failure In Time） 故障时间，表示故障率 h 的单位（7.1.1）

FRA（Fiber Raman Amplifiers） 光纤拉曼放大器（2.1.3）

G

Gain 增益（2.1）

 Raman on-off gain 拉曼开关增益（2.1.4）

 Net gain 净增益（2.1.4）

 Bandwidth Gain 增益带宽

 Coefficient Gain 增益系数（2.1.1）（2.1.3）

 Saturation Gain 增益饱和（2.1.1）

 Spectrum Gain 增益频谱（2.1.1）

 Gain Equalization 增益均衡（3.6）

 SHB（Spectral Hole Burning） 增益频谱洞穴（2.1.1）

GF（Gain Flatness） 增益平坦（2.1.3）

PDR（Phase-Diversity Receivers） 相位分集接收机（2.8.2）

PDR（Polarization Diversity Receivers） 极化分集接收（2.7.3）

PEFL（Pulse Echo Fault Localization） 脉冲回波故障定位仪（9.3.3）

PFE（Power Feeding Equipment） 馈电设备（3.1.1）（3.4）

PM（Polarization Multiplexing） 偏振复用(2.2.2)(2.2.5)(2.2.7)(2.7.2)(2.8.2)

PM（Phase Modulation） 调相（2.2.1）（2.2.5）

PMD（Polarization Mode Dispersion） 偏振模色散（2.2.5）（2.8.1）（2.8.2）

PM-mQAM（Polarization Multiplexing–mQuadraturc Amplitude Modulation）（m = 8, 16 等） 偏振复用 m 阶正交幅度调制(2.2.6)(5.5.3)（5.6.2）

PM-QPSK（Polarization Multiplexing QPSK） 偏振复用正交相移键控（2.7.4）（2.8.2）（2.8.3）（2.9.1）（2.9.3）

PM-QPSK（Polarization Multiplexing QPSK） 偏振复用正交相移键控（1.2.1）（1.2.2）（2.2.5）（2.7.4）（2.8.2）

Polarization 偏振（2.7）

- Analyzer 检偏器
- Beam Splitter 偏振分束器
- Control 偏振控制
- Linearly Polarized（LP） 线偏振
- Polarizer 起偏器

Polarization-Division Multiplexing 偏振分割复用，偏振复用（2.2.6）（2.7.2）（2.7.4）

Pre ROPA 远泵前置放大器（4.4.3）

PSCF（Pure Silica Core Fiber） 纯硅芯光纤（2.1.3）（2.4.1）（2.4.2）

Pumped Optical Source （3 级拉曼）泵浦光源（4.2.2）

Q

Q 性能参数(5.2)(5.3)(5.4)(5.5.2)(8.4.1)

QAM（Quadrature Amplitude Modulation） 正交幅度调制（2.2.1）（2.2.6）（2.2.7）

QPSK（Quadrature Phase-Shift Keying） 正交相移键控（2.2.5）

R

3R（Retiming, Reshape and Repowering） 再定时、再整形、再放大（1.3.2）（2.1.3）（5.1.2）

SEQ（Shape Equalizers） 形状均衡器（3.6.1）（3.6.2）

SESR（Severely Errored Second Ratio） 严重误码秒比（5.1.2）（7.1.1）（9.1.3）

SFEC（Super Forward Error Correction） 超强前向纠错（2.3）

SHB（Spectral Hole Burning） 增益频谱洞穴（2.1.1）

SML（Service Management Layer） 业务管理层（9.1.1）

SNR（Signal to Noise Ratio） 信噪比（2.2.7）（2.4.1）（2.8.1）

SPM（Self-Phase Modulation） 自相位调制（2.5.3）

SRS（Stimulated Raman Scattering） 受激拉曼散射（2.1.3）（2.1.4）

SWDR（Single Way Dynamic Range） 单程动态范围（3.3.3）

SWS（Single Wavelength System） 单波长系统（3.5.1）

T

TCP/IP（Transmission Control Protocol /Internetwork Protocol） 传输控制协议 / 网间协议（9.1）

TEG（Tilt Equalizers） 斜率均衡器（3.6.1）（3.6.3）（3.8.2）

TFF（Thin-Film Filters） （多层电介质）薄膜滤波器（2.6.3）（3.6.2）（3.8.2）

TGEG（Tunable Gain Equalizer） 调谐增益均衡器（3.6.1）

topology（architecture） 拓扑结构（6.3）

- PTP（Point to Point） 点对点（6.3.2）
- Star 星形（6.3.2）
- ring 环形（6.3.4）
- Coastal Festoon 花边形（6.3.4）
- Passive Branching 无源分支（6.3.5）
- Active Branching 有源分支（6.3.5）
- trunk branching 干线分支形（6.3.5）
- star branching 分支星形（6.3.3）
- Full fiber dropping BU 全光纤分插 BU
- ROADM 可重构光分插复用（2.9.1）

U

UAS（Unavailable Seconds） 不可用秒（9.1.2）

V

VOA（Variable Optical Attenuator） 可变光衰减器（3.2.2）（3.6.3）

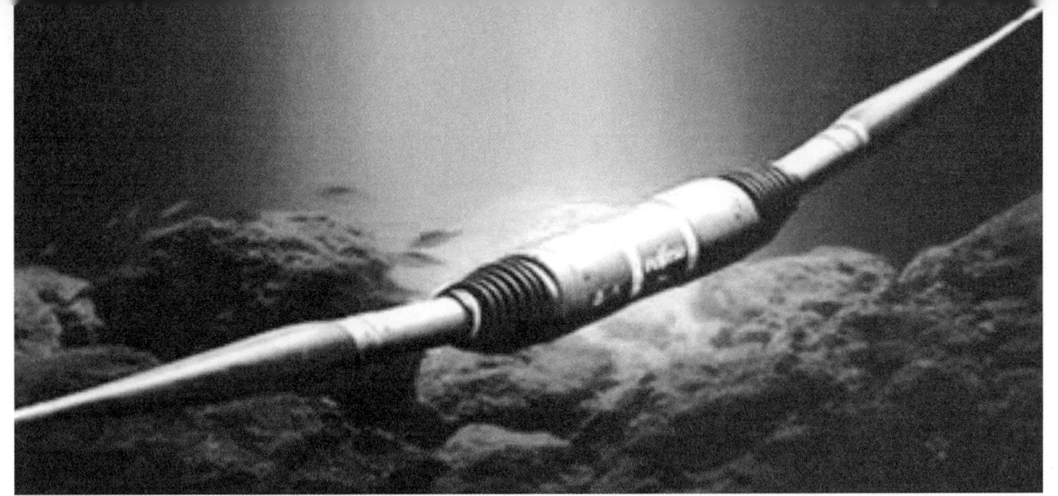

参考文献

[1] 原荣 . 光纤通信网络（第 2 版）[M]. 北京：电子工业出版社，2012.

[2] 原荣 . 光纤通信技术 [M]. 北京：机械工业出版社，2011.

[3] Jose Chesnoy. Undersea Fiber Communication Systems [M]. Elsevier Science (USA): Academic Press, 2002.

[4] ITU-T Series G Supplement 41 (06/2010). Design guidelines for optical fibre submarine cable systems [S].

[5] ITU-T Series G Supplement 39 (09/2012). Optical system design and engineering considerations [S].

[6] 原荣 . 光纤通信（第 3 版）[M]. 北京：电子工业出版社，2010.

[7] 原荣，邱琪 . 光子学与光电子学 [M]. 北京：机械工业出版社，2014.

[8] ITU-T G.971 (07/2010). General features optical fibre submarine cable systems [S].

[9] ITU-T G.972 (09/2011). Definition of terms relevant to optical fibre submarine cable systems [S].

[10] ITU-T G.973 (07/2010). Characteristics of repeaterless optical fibre submarine cable systems [S].

[11] ITU-T G.974 (07/2007). Characteristics of regenerative optical fibre submarine cable systems [S].

[12] ITU-T G.975 (10/2000). Forward error correction for submarine cable systems [S].

[13] ITU-T G.975.1 Corrigendum 2 (07/2013). Forward error correction for high bite-rate

DWDM submarine systems Corrigendum 2 [S].

[14] ITU-T G.976 (05/2014). Test methods applicable to optical fibre submarine cable systems [S].

[15] ITU-T G.977 (01/2015). Characteristics of optically amplified optical fibre submarine cable systems [S].

[16] ITU-T G.978 (07/2010). Characteristics of optical fibre submarine cable [S].

[17] ITU-T G.979 (10/2012). Characteristics of monitoring systems for optical submarine cable systems [S].

[18] ITU-T G.665 (01/2005). Generic characteristics of Raman amplifiers and Raman amplified subsystems [S].

[19] G. P. Agrawal. Fiber-Optic Communication Systems [M]. 2d ed., New Jersey: John Wiley & Sons, Inc., 1997.

[20] J. M. Sipress. Undersea Communications Technology [J]. AT&T Technical Journal，January/February 1995.

[21] J. C. Zsakany, et al. The Application of Undersea Cable Systems in Global Networking [J]. AT&T Technical Journal， January/February 1995.

[22] J. Schesserk. Design Requirements for the Current Generation of Undersea Cable Systems [J]. AT&T Technical Journal，January/February 1995.

[23] R. L. Mortenson, et al. Undersea Optically Amplified Repeatered Technology, Products and Challenges [J]. AT&T Technical Journal, January/February 1995.

[24] E. K. Stafford, et al. Undersea Non-Repeatered Technology, Challenges and Products [J]. AT&T Technical Journal， January/February 1995.

[25] J. M. Liss, et al. Network Planning, Operation and Maintenance Practices for Undersea Communication Systems [J]. AT&T Technical Journal, January/February 1995.

[26] R. L. Lynch, et al. Design and Employment of Optically Amplified Undersea Systems [J]. AT&T Technical Journal, January/February 1995.

[27] O. Gautheron, et al. 481km, 2.5Gbit/s and 501km，622Mbit/s unrepeatered transmission using forward error correction and remotely pumped postamplifiers and preamplifiers [J]. Electronics Letters, 1995 5:378.

[28] P. B. Hansen, et al. 529km unrepeatered transmission at 2.448Gb/s using dispersion compensation， forward error correction and remote post- and pre-amplifiers pumped by diode-pumped Raman lasers [J]. Electronics Letters, 1995(17):1460.

[29] C. Marra William, Joel, Schesser. AT&T Submarine Systems Inc. Africa ONE. The Africa

Optical Network [J]. IEEE Communications Magazine, 1996 2: 50-57.

[30] P. B. Hansen, et al. 442 km repeaterless transmissions in a 10Gbit/s system experiment [J]. Electronics Letters，1996 11: 1018.

[31] E. L. Goldstein, et al. Multiwavelength propagation in lightwave systems with strongly inverted fiber amplifiers [J]. IEEE Photonics Technology Letters，1994 2: 266.

[32] Y. K. Chen, et al. Demonstration of in-service supervisory repeaterless bidirectional wavelength-division-multiplexing transmission system [J]. IEEE Photonics Technology Letters, 1995 9: 1084.

[33] 高军诗 . 64×10 Gb/s 波分复用及海缆新技术在亚太二号国际海底光缆网络工程中的应用 [J]. 电信科学，2004(20)12.

[34] Chongjin Xie and Greg Raybon. Unrepeatered Transmission over 300 km of NZDSF Using 8x112-Gb/s Time-Interleaved RZ-PDM-QPSK with Coherent Detection and Forward Raman Pumping [C]. OFC 2011, JThA38.

[35] Kiyoaki Takashina, Eiichi Shibano, Hidenori Taga, et al. 1 Tb/s (100 ch×10 Gb/s) WDM Repeaterlesss Transmission over 200 km with Raman Amplifier [C]. OFC 2000, FC8-1.

[36] P. Bousselet, D. A. Mongardien, P. Brindel, et al. 485 km Unrepeatered 4×43 Gb/s NRZ-DPSK Transmission [C]. OFC 2008, OMQ7.

[37] P. Bousselet, H. Bissessur, J. Lestrade, M. Salsi, et al. High Capacity (64×43 Gb/s) Unrepeatered Transmission over 440 km [C]. OFC 2011, OMI2.

[38] H. Bissessur, P. Bousselet, D. A. Mongardien, et al. Ultra-long 10 Gb/s Unrepeatered WDM Transmission up to 601 km [C]. OFC 2010, OTuD6.

[39] L. Buet, F. Boubal, V. Havard, L. Labrunie, et al. Error-free 100×10 Gb/s unrepeatered transmission over 350 km [C]. OFC 2000, TuU5-1.

[40] 董向华，贾志勇 . 浅谈海底光缆通信工程的设计 [C]. 首届全国海底光缆通信技术研讨会论文集，2006 年 .

[41] J. X. Cai, A. Turukhin, W. T. Anderson, et al. 40 G Field Trial with 0.8 bits/s/Hz Spectral Efficiency over 6550 km of Installed Undersea Cable [C]. OFC 2011, NThB6.

[42] N. S. Bergano. The Capabilities of the Undersea Telecommunications Industry [C]. OFC 2010, OTuD3.

[43] A. Pilipetskii. Nonlinearity Management and Compensation in Transmission Systems [C]. OFC 2010, OTuL5.

[44] D. Qian, N. Cvijetic, Y. K. Huang, et al. 22.4-Gb/s OFDM Transmission over 1000 km

SSMF using Polarization Multiplexing with Direct Detection [C]. OFC 2009, OTuO7.

[45] A. H. Gnauck and P. J. Winzer. Phase-Shift-Keyed Transmission [C]. OFC 2004, TuF5.

[46] D. Foursa, Y. Cai, J. X. Cai, et al. Coherent 40 Gb/s Transmission with High Spectral Efficiency Over Transpacific Distance [C]. OFC 2011, OMI4.

[47] O. B. Pardo, J. Renaudier, H. Mardoyan, et al. Investigation of design options for overlaying 40 Gb/s coherent PDM-QPSK channels over a 10 Gb/s system infrastructure [C]. OFC 2008, OTuM5.

[48] S. Chandraekhar and Xiang Liu. Enabiing Components for Future High-Speed Coherent Communication Systems [C]. OFC 2011, OMU5.

[49] Yutaka Miyamoto. Ultra High Capacity Transmission for Optical Transport Network [C]. OFC 2011, OThX4.

[50] Greg Raybon. High symbol rate transmission systems for data rates from 400 Gb/s to 1 Tb/s [C]. OFC 2015, M3G.1.

[51] C. Rasmussen, Y. Pan, Aydinlik, et al. Real-time DSP for 100+Gb/s [C]. OFC 2013, OW1E.1.

[52] Kazuro Kikuchi. Coherent optical communication technology [C]. OFC 2015, Th4f.4.

[53] Leon W.Couch, II 著 . 罗新民，任品毅，田琛，等译 . 数字与模拟通信系统（第六版）（Digital and Analog Cpmmunication Systems, Sixth Edition）[M]. 北京：电子工业出版社，2002.

[54] OIF.100G ultra long haul DWDM framework document. OIF-FD-100G-DWDM-01.0. www.oiforum.com.

[55] OIF. Technology options for 400G implementation. OIF-Tech-Options-400G-01.0 (July 2015). www.oiforum.com.

[56] B. Zhu, C. Xie, L. E. Nelson, et al. 70 nm seamless band transmission of 17.3 Tb/s over 40′100 km of fiber using complementary Raman/EDFA [C]. OFC 2015, W3G.4.

[57] J. Leuthold, R. Schmogrow, D. H. llerkuss, et al., Nyquist pulse shaping in optical communications. Advanced photonic Congress [C], OSA2013, NW3C.1.

[58] K. Toge, et al. Technique for measuring longitudinal distribution of Raman gain characteristics in optical fiber. J. Lightwave Technol [J], 2003, vol. 21, No. 12, pp. 3349 ～ 3354.

[59] H. Bissessur, P. Bousselet, D. A. Mongardien, et al. Ultra-long 10 Gb/s unrepeatered WDM transmission up to 601 km [C]. OFC 2010, OTuD6.

[60] Masaaki Hirano. Ultralow loss fiber advances [C]. OFC 2014, M2F.1.

[61] ITU-T G.665 (01/2005). Generic characteristics of Raman amplifiers and Raman amplified subsystems.

[62] 王海鸿 . 海底光缆传输系统及其应用的研究 [D]. 南京：南京邮电大学硕士学位论文，2009/12/01.

[63] R. Schmogrow, M. Meyer, S. Wolf, et al. 150 Gbit/s real-time Nyquist pulse transmission over 150 km SSMF enhanced by DSP with dynamic precision [C]. OFC 2012, OM2A.6.

[64] Meng Yan, Zhenning Tao, Weizhen Yan, et al. Experimental comparison of no-guard-interval-OFDM and Nyquist-WDM superchannels [C]. OFC 2012, OTh1B.2.

[65] Le Nguyen Binh. Optical fiber communications systems: theory and practice with MATLAB and simulink models [M]. CRC press: Taylor & Francis Group, 2010.

[66] O. Bertran-Pardo, J. Renaudier, P. Tran, et al. Submarine transmissions with spectral efficiency higher than 3 b/s/Hz using Nyquist pulse-shaped channels [C]. OFC 2013, OTu2B.1.

[67] A. Pilipetskil. High capacity submarine transmission systems [C]. OFC 2015, W3G.5.

[68] S. Chandraekhar and Xiang Liu. Enabiing Components for Future High-Speed Coherent Communication Systems [C]. OFC 2011, OMU5.

[69] M. B. Astruc, L. Provost, G. Krabshuis, et al. 125 μm glass diameter single mode fiber with A_{eff} of 155 μm^2 [C]. OFC 2011, OTuJ2.

[70] T. Wuth, M. W. Chbat, V. F. Kamalov. Multi-rate (100G/40G/10G) transport over deployed optical networks [C]. OFC 2008, NTuB3.

[71] H. G. Bach, A. Matiss, C. C. Leonhardt, et al. Monolithic 90° hybrid with balanced PIN photodiodes for 100 Gbit/s PM-QPSK receiver applications [C]. OFC 2009, OMK5.

[72] V. Houtsma, N. G. Weimann, T. Hu, et al. Manufacturable monolithically integrated InP dual-port coherent receiver for 100 G PDM-QPSK applications [C]. OFC 2011, OML2.

[73] J. C. Geyer, C. R. S. Fludger, T. Duthel, et al. Efficient frequency domain chromatic dispersion compensation in a coherent polmux QPSK-receiver [C]. OFC 2010, OWV5.

[74] B. Chatelain, C. Laperle, K. Roberts, X. Xu, et al. Optimized pulse shaping for intra-channel nonlinearities mitigation in a 10 G baud dual-polarization 16-QAM system [C]. OFC 2011, OWO5.

[75] M. Salsi, C. Koebele, P. Tran, et al. Transmission of 96×100 Gb/s with 23% super-FEC overhead over 11 680 km, using optical spectral engineering [C]. OFC 2011, OMR2.

[76] Y. Horiuchi, S. Ryu, K. Mochizuki, ed al. Novel coherent heterodyne optical time domain reflectometry for fault localization of optical amplifier submarine cable systems[J]. IEEE Photon. Technol. Lett. 1990, vol. 4, No. 2.

[77] S. Furukawa, K. Tanaka, Y. Koyamada, et al. Enhanced coherent OTDR for long span optical transmission line containing fiber amplifiers[J]. IEEE Photon. Technol. Lett. 1995, vol. 4, No. 7.

[78] O. Gautheron, J. B. Leroy, P. Marmier. COTDR performance optimization for amplified transmission systems [J]. IEEE Photon. Technol. Lett. 1997, vol. 7, No. 9.

[79] B. Zhu, P. Borel, K. Carlson, et al. 6.3 Tb/s unrepeatered transmission over 402 km fiber using high power Yb-free clad pumped L-band EDFA [C]. OFC 2014, W1A.2.

[80] H. Bissessur, C. Bastide, S. Dubost, et al. 80×200 Gb/s 16-QAM unrepeatered transmission over 321 km with third order Raman amplification [C]. OFC 2015, W4E.2.

[81] H. Zhang, H. G. Batshon, D. G. Foursa, et al. 30.58 Tbit/s transmission over 7230 km using PDM Half 4D-16QAM coded modulation with 6.1 b/s/Hz spectral efficiency [C]. OFC 2013, OTu2B.3.

[82] H. Mardoyan, R. Rios-Mullser, M. A. Mestre, et al. Transmission of single-carrier Nyquist-shaped 1-Tb/s Line-Rate signal over 3000 km [C]. OFC 2015, W3G.2.

[83] S. Zhang, F. Yaman, Y. K. Huang, et al. Trans-Pacific transmission of quad carrier 1 Tb/s DP-8QAM assisted by LUT-based MAP algorithm [C]. OFC 2015, W3G.3.

[84] F. Buchali, L. Schmalen, A. Klekamp, et al. 50 Gb/s WDM transmission of 32 Gbaud DP-3-PSK over 36 000 km fiber with spatially coupled LDPC coding [C]. OFC 2014，W1A.1.

[85] X. Zhou, L. E. Nelson, R. Isaac, et al. 12 000 km transmission of 100 GHz spaced, 8×495-Gb/s PDM time domain hybrid QPSK-8QAM signals [C]. OFC 2013，OTu2B.4.

[86] J. Renaudier, O. B. Pardo, H. Mardoyan, et al. Spectrally efficient long haul transmission of 22-Tb/s using 40 Gbaud PDM-16QAM with coherent detection [C]. OFC 2012，OW4C.2.

[87] 董向华 . 端对端的有中继海底光缆系统设计探讨 [J]. 光通信技术，2014(2).

[88] YD 5018-2005. 海底光缆数字传输系统工程设计规范 [R]. 2006.

[89] 叶银灿，姜新民，潘国富，等 . 海底光缆工程 [M]. 北京：海军出版社，2015.

[90] ITU-T G.911(04/1997). Parameters and calculation methodologies for reliability an availability of fire optical systems [S].

[91] ITU-T G.664(10/2012). Optical safety procedures and requirements for optical transmission systems[S].

[92] IEC 60825-2(12/2010). Safety of laser products—Part 2: Safety of optical fiber communication systems（OFCS）[S].

[93] IEC 60825-1(05/2014). Safety of laser products—Part 1: Equipment classification and requirements [S].

[94] IEC TR 62324(01/2007). Single-mode optical fibres-Raman gain efficiency measurement using continuous wave method-Guidance [S].

[95] C.Fludger, A.Maroney, N.Jolley, et al. An analysis of the improvements in OSNR from distributed Raman amplifiers using modern transmission fibres [C]. OFC 2000, FF2-1.

[96] IEC 61290-3-3(11/2013). Optical amplifiers-Test methods-Part 3-3: Noise figure parameters-Signal power to total ASE power ratio[S].

[97] Jose Chesnoy. Undersea Fiber Communication Systems（Second Edition）[M]. Elsevier Science (USA): Academic Press, 2016.

[98] ITU-T G.663(04/2011). Application-related aspects of optical amplifier devices and subsystems [S].

[99] ITU-T G.973.1(11/2009). Longitudinally compatible DWDM applications for repeaterless optical fibre submarine cable systems [S].

[100] ITU-T G.973.2(04/2011). Multichannel DWDM applications with single channel optical interfaces for repeaterless optical fibre submarine cable systems [S].

[101] 徐丙垠，李胜祥，陈宗军 . 通信电缆线路故障测试技术 [M]. 北京：北京邮电大学出版社，2000.

[102] 邹成伟 . 电缆测试仪故障定位单元研制 [D]. 哈尔滨：哈尔滨工业大学工学硕士学位论文，201007.

[103] 彭波，黄福勇，王成，等 . 110 kV 电力电缆故障定位及分析 [J]. 湖南电力，2012(4).

[104] G. A. Cranch, C. K. Kirkendall, K. Daley, et al. Large scale remotely pumped and interrogated fiber optic interferometric sensor array[J]. IEEE Photon. Technol. Lett. 2003, vol. 15, No. 11, pp. 1579 ～ 1581.

[105] 韩民晓等 . 高压直流输电原理与运行 [M]. 北京 : 机械工业出版社，2012.

[106] T. Hoshida, T. Terahara, and H. Onaka. Performance prediction method for distributed Raman amplification in installed fiber systems based on OTDR data [C]. OFC 2001，

MI4-1.

[107] 原荣 . 海底光缆通信系统技术最新进展 [C]. 武汉：第三届海底光缆通信技术研讨会论文集，2012. 北京：机械工业出版社，2013.

[108] 原荣 . 海底光缆通信系统的技术进展和断代考虑 [J]. 光通信技术，2016（8）.

[109] 戴琦 . 简化型业务管理的海底光缆系统综合网管研究和实现 [D]. 上海：复旦大学硕士学位论文，20090327.

[110] GB/T 51154-2015. 海底光缆工程设计规范 [S]. 北京：中华人民共和国工业和信息化部，2015.

[111] GB/T 51167-2016. 海底光缆工程验收规范 [S]. 北京：中国移动通信集团设计院有限公司，2016.

[112] 原荣 . 光纤通信（第 2 版）[M]. 北京：电子工业出版社，2002.

[113] Flex Coherent DWDM Transmission Framework Documet [S]. OIF-FD-FLEXCOH-DWDM-01.0 (August 3rd , 2017). www.oiforum.com.

[114] Shaoliang Zhanaag, Fatih Yaman, and Ting Wang. Transoceanic Transmission of Dual-Carrier 400G DP-8QAM at 121.2km Span Length with EDFA-Only [C]. OFC 2014, W1A.3.

[115] Tiejun J. Xia, Glenn A. Wellbrock. Transmission of 400G PM-16QAM Channels over Long-Haul Distance with Commercial All-Distributed Raman Amplification System and Aged Standard SMF in Field [C]. OFC 2014, Tu2B.1.

[116] X. Zhou1, L. E. Nelson1, R. Isaac1, ed al. 12 000 km Transmission of 100 GHz Spaced, 8 495-Gb/s PDM Time-Domain Hybrid QPSK-8QAM Signals [C]. OFC 2013, OTu2B.4.

[117] H. Mardoyan, R. Rios-Muller, M. A. Mestre, et al. Transmission of single-carrier Nyquist-shaped 1-Tb/s line rate signal over 3 000 km [C]. OFC 2014, W3G.2.

[118] João Januario, Sandro Rossi, José H. Junior, et al. Unrepeatered WDM Transmission of Single-carrier 400G (66-GBd PDM-16QAM) over 403 km [C]. OFC 2017, Th4D.1.

[119] Hans Bissessur, Christian Bastide, Sophie Etienne, et al. 24 Tb/s Unrepeatered C-Band Transmission of Real-Time Processed 200 Gb/s PDM-16-QAM over 349 km [C]. OFC 2017, Th4D.2.

[120] Jin-Xing Cai. Advanced Technologies for High Capacity Transoceanic Distance Transmission Systems [C]. OFC 2017, Th4D.3.

[121] Sofia Amado, Fernando Guiomar, Nelson J. Muga. 400G Frequency-Hybrid

Superchannel for the 62.5 GHz Slot [C]. OFC 2017, Th4D.4.

[122] Matt Mazurczyk1, Jin-Xing Cai1, Hussam G. Batshon1, et al. 50GBd 64APSK Coded Modulation Transmission over Long Haul Submarine Distance with Nonlinearity Compensation and Subcarrier Multiplexing [C]. OFC 2017, Th4D.5.

[123] Ivan Fernandez de Jauregui Ruiz1, Amirhossein Ghazisaeidi1, Rafael Rios-Muller, et al. Performance Comparison of Advanced Modulation Formats for Transoceanic Coherent Systems [C]. OFC 2017, Th4D.6.

[124] Junwen Zhang1, Jianjun Yu1, 1ZTE tx. Single-carrier 400G Based on 84-GBaud PDM-8QAM Transmission over 2 125 km SSMF Enhanced by Preequalization, LUT and DBP [C]. OFC 2017, Tu2E.2.

[125] Yi Yu1, Yanzhao Lu1, Ling Liu1, Yuanda Huang, et al. Experimental Demonstration of Single Carrier 400G/500G in 50 GHz Grid for 1 000 km Transmission [C]. OFC 2017, Tu2E.4.

[126] Yann Loussouarn1, Erwan Pincemin1, Serge Gautier1, et al. Single-Carrier 61 Gbaud DP-16QAM Transmission using Bandwidth-limited DAC/ADC and Narrow Filtering Equalization [C]. OFC 2017, M2E.3.

[127] Junwen Zhang1, Jianjun Yu, Hung-Chang Chien, et al. WDM Transmission of 16-Channel Single-carrier 128-GBaud PDM-16QAM signals with 6.06 b/s/Hz SE[C]. OFC 2017, Tu2E.5.

[128] Karsten Schuh, Fred Buchali, Wilfried Idler, et al. 800 Gbit/s Dual Channel Transmitter with 1.056 Tbit/s Gross Rate [C]. OFC 2017, Tu2E.6.

[129] Takashi Kan1, Keisuke Kasai1, Masato Yoshida1, et al. 42.3 Tbit/s, 18 Gbaud 64QAM WDM Coherent Transmission of 160 km over Full C-band using an Injection Locking Technique with a Spectral Efficiency of 9 bit/s/Hz [C]. OFC 2017, Th3F.5.

[130] Do-Il Chang1, Wayne Pelouch1, Sergey Burtsev1, et al. High Capacity 150×120 Gb/s Transmission over a Cascade of Two Spans with a Total Loss of 118 dB[C]. OFC 2016, Th1B.6.

[131] Fan Li, Zizheng Cao, Junwen Zhang, et al. Transmission of 8×520 Gb/s Signal Based on Single Band/λ PDM-16QAM-OFDM on a 75-GHz Grid[C]. OFC 2016, Tu3A.3.

[132] ITU-T Recommendation G.709 (2016). Interfaces for the Optical Transport Network (OTN) [S].

[133] ITU-T Supplement 58 (2016). Optical transport network (OTN) module frame interfaces

(MFIs) [S].

[134] Steve Gorshe. Beyond 100G OTN Interface Standardization[C]. OFC2017, Th1I.1.

[135] Ivan Fernandez de Jauregui Ruiz, Amirhossein Ghazisaeidi, Rafael Rios-Muller, et al. Performance Comparison of Advanced Modulation Formats for Transoceanic Coherent Systems[C]. OFC 2017, Th4D.6.

[136] Chuandong Li, Zhuhong Zhang, Jun Chen, et al. Advanced DSP for Single-Carrier 400-Gb/s PDM-16QAM[C]. OFC 2016, W4A.4.

[137] Martin Schell, Gerrit Fiol, Alessandro Aimone. DAC-free Generation of M-QAM Signals with InP Segmented Mach-Zehnder Modulators[C]. OFC 2017, W4G.4.

[138] Yanzhao Lu, Yi Yu, Ling Liu, et al. Faster-than-Nyquist Signal Generation of Single Carrier 483-Gb/s (120.75-GBaud) PDM-QPSK with 92-GSa/s DAC[C]. OFC 2017, W2A.44.

[139] X. Chen, S. Chandrasekhar, P. Pupalaikis. Fast DAC Solutions for Future High Symbol Rate Systems[C]. OFC 2017, Tu2E.3.

[140] Antonio Napoli, Stefano Calabr`o, Danish Rafique, et al. Adaptive Digital Pre-Emphasis for High Speed Digital Analogue Converters[C]. OFC 2016, Th2A.36.